OPC UA 기술

OPEN PLATFORM COMMUNICATIONS
UNIFIED ARCHITECTURE

신승준

박영사

OPC UA(Open Platform Communications Unified Architecture)는 필요하면서도 어려운 기술입니다. 스마트 공장의 핵심 자산인 데이터를 수집하고 교환하기 위해서는 반드시 필요한 첨단 기술입니다. 그러나 통합 아키텍처(용어 자체도 어렵습니다)를 지향함에 따라 다양한 기술들을 포함하다보니 어려운 기술이기도 합니다. 이처럼 필요하면서도 어려운 OPC UA 기술을 국내에 소개하고자 이 책을 집필하였습니다.

이 책을 구상하기 시작한 때는 2019년 11월이었습니다. 2년 반이 훌쩍 지난 지금에서야 책을 출판하게 되었습니다. 많은 OPC UA 문건, 서적과 자료들을 독학으로 탐독하고 홀로 집필하다보니 많은 시간이 흘렀습니다. 사실, 집필 기간 동안 다른 OPC UA 서적이 먼저 출판되었기를 바랐었습니다. 참고할 만한 서적이 필요하였고, 그 서적에서 다루지 않는 부분에 나의 지식을 덧붙임으로써 보다 높은 완성도를 기하고자 하였습니다. 그러나 국내에서 출판된 OPC UA 서적을 찾기 어려웠습니다. 필요가 없기보다는 그만큼 집필하기가 쉽지 않기 때문이라고 짐작해 봅니다. 대신에 그나마 몇 개 있는 해외 OPC UA 서적들을 참고하였습니다.

OPC UA는 스마트 공장의 데이터 상호운용성을 위한 산업 표준입니다. OPC UA는 독일에서 주도하는 Industry 4.0의 핵심으로 다루어지고 있는 표준 기술이기도 합니다. 이처럼 중요한 기술임에도 불구하고, 국내에서는 OPC UA를 제대로 이해하고 활용할 수 있는 전문가가 부족한 실정입니다. 이러한 현실에서 OPC UA의 개념과 요소기술을 소개하고 구현하는 방법을 이 책에 담았습니다. 독자들이 OPC UA 정보 모델, 시스템과 서비스의 이해 및 개발에 대한 실무적 기술 수준을 높이고자 하는 것이 집필 의도이기도 합니다. 이 책이 대학·대학원 교재 또는 기업·학교·기관의 기술 지침서 역할이 될 수 있기를 희망합니다. 책의 구성은 다음과 같습니다.

- **Part 1 소개**: OPC UA의 전반적인 개념을 소개하였습니다. 1장에서는 개념, 2장에서는 OPC Foundation, 3장에서는 클래식 OPC, 4장에서는 필요성, 5장에서는 OPC UA에 대하여 알아야 할 것, 6장에서는 문헌사례를 다루었습니다.

- **Part 2 정보 모델링**: OPC UA의 데이터 영역인 정보 모델과 정보 모델링을 소개하였습니다. 1장에서는 개념, 2장에서는 그래픽 표기법, 3장에서는 어드레스 스페이스 모델, 4장에서는 표준 정보 모델, 5장에서는 도메인 특화 정보 모델을 다루었습니다.

- **Part 3 시스템 및 서비스**: OPC UA의 데이터 교환 영역인 시스템과 서비스를 소개하였습니다. 1장에서는 개념, 2장에서는 시스템, 3장에서는 서비스, 4장에서는 서비스 운영, 5장에서는 매핑을 다루었습니다.

- **Part 4 구현**: OPC UA 시스템의 구현 방법을 소개하였습니다. 1장에서는 접근법, 2장에서는 구현 도구, 3장에서는 구현 사례를 다루었습니다.

- **Part 5 전망**: 저자가 생각하는 OPC UA 전망을 소개하였습니다. 1장에서는 자산관리 쉘 통합, 2장에서는 상호운용적 산업 지능화, 3장에서는 맺음말을 다루었습니다.

이 책의 출판은 저 혼자만의 노력도 영광도 아닙니다. 먼저, 박영사 관계자 분들께 깊은 감사를 보냅니다. 인생의 첫 번째 책이다 보니 출판 과정이 이렇게 어렵고 힘든 과정인지 몰랐습니다. 정말 많이 고생하셨습니다. 연구실에서 함께 공부와 연구에 정진하는 첨단제조 연구실 재학생과 졸업생에게 감사를 드립니다. 그리고 함께 일하고 있는 한양대학교 산업융합학부 및 기술경영전문대학원 교원들과 직원들께 깊은 감사를 드립니다. 항상 든든한 지원자이면서 함께 삶을 살아가는 사랑하는 어머니, 형과 형수, 동생과 제수, 장인어른과 장모님, 처남과 처남댁, 귀여운 조카들 유찬, 예찬, 성현, 서윤 그리고 하늘에 계신 아버지께 깊은 감사를 드립니다. 너무나도 예쁘고 사랑스런 아영이와 아인이가 이 책의 집필에 큰 힘이 되었습니다. 마지막으로 묵묵히 저를 뒤받쳐 주고 함께 동고동락을 함께 하는 사랑하는 배우자 박미령에게 이 책을 바치고 싶습니다.

2022년 6월
저자 신승준

PART 01
소개

PART 02
정보 모델링

PART 03
시스템 및 서비스

Open Platform Communications Unified Architecture

PART 04
구현

PART 05

전망

OPC UA 기술

소개

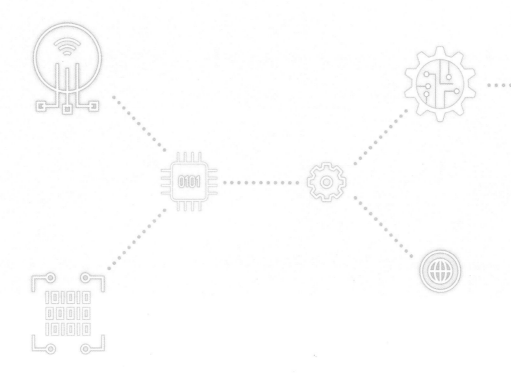

최근, 산업 분야에서 데이터 상호운용성 획득을 위한 표준 기술로 Open Platform Communications Unified Architecture(OPC UA)가 주목받고 있다. 산업 자동화 및 스마트 공장 관련 업무를 수행하는 독자들은 OPC UA를 들어봤을 것이다. 그러나 OPC UA를 제대로 이해하고 활용할 수 있는 독자들은 얼마나 많을지 궁금하다. OPC UA는 데이터 상호운용성 획득을 위한 것이므로 스마트 공장을 위해서는 반드시 필요한 기술이다. 그러나 〈그림 1〉과 같이 OPC UA는 표준·규격, 표준 기술, 정보 모델, 서비스, 시스템, 보안, 통신 프로토콜, 마이그레이션, 클래식 OPC 및 응용 기술 등을 망라한 통합 아키텍처이므로 어려운 기술이기도 하다. 1부에서는 전반적인 이해를 돕고자 OPC UA 기술을 소개한다. 1장에서는 개념, 2장에서는 주관단체인 OPC Foundation, 3장에서는 클래식 OPC, 4장에서는 필요성, 5장에서는 OPC UA에 대하여 알아야 할 것, 6장에서는 관련문헌을 소개한다.

〈그림 1〉 OPC UA 영역

CHAPTER 01

개념

OPC UA는 International Electrotechnical Commission(IEC) 62541로 표준화된 기술이며, 이기종 시스템 및 기기 간 규격화된 메시지 교환방식을 통하여 데이터 교환을 가능하게 하는 플랫폼 독립적인 프로토콜이다[1]. OPC UA는 산업 시스템 구성계층 간의 데이터 교환을 위한 정보 모델 및 교환 방식을 단일화함으로써, 왜곡 없고 막힘없는 데이터 교환 환경의 실현을 가능하게 하는 기술이다.

OPC UA가 주목받는 이유 중 하나는 독일이 제시한 Reference Architecture Model Industrie 4.0(RAMI 4.0)에서 커뮤니케이션 계층의 구현 기술로 OPC UA를 추천하고 있기 때문이다[2]. RAMI 4.0은 독일의 Platform Industrie 4.0 전략 구현을 위하여 생애주기, 가치사슬, 산업 계층 구조, 기능 계층 측면의 필요한 기술 및 표준들을 정의하고 있는 참조 모델이다. 스마트 제조 혹은 스마트 공장을 추진하고 있는 국가들은 RAMI 4.0을 벤치마킹 대상으로 많이 활용하므로, 커뮤니케이션 계층에서의 OPC UA가 주목을 받을 수밖에 없다.

최근 추세를 봤을 때, OPC UA 기술이 산업계 전반으로 확산 및 전개가 이루어질 것으로 전망한다. 이렇게 판단되는 이유는, 스마트 공장의 활성화에 따른 현장 데이터 획득의 필요성 급증, 글로벌 IT기업의 경쟁적 기술 사업화, 기술 자체의 우수성 및 확장성에서 기인한다. 이처럼 OPC UA 기술 확산에 따른 기술 국산화와 대응력 강화가 시급한 시점이다. 그러나 국내의 OPC UA 기술력 및 사업화 역량은 부족하다고 판단되며, 기술 종속의 탈피를 위하여 OPC UA에 대한 이해와 구현 능력의 획득이 필요한 실정이다.

1. 정의

OPC UA는 Open Platform Communications Unified Architecture의 약자로서, OPC UA의 개발 및 운영기관인 OPC Foundation에서는 다음과 같이 정의하고 있다[3]. 그 다음은 한글로 번역한 정의이다.

OPC UA is the interoperability standard for the secure and reliable exchange of data in the industrial automation space and in other industries. It is platform independent and ensures the seamless flow of information among devices from multiple vendors.

OPC UA는 산업 자동화 및 타 산업 분야에서 안전하고 신뢰성 있는 데이터 교환을 위한 상호운용성 표준이다. OPC UA는 플랫폼 독립적이면서, 다수의 벤더들이 제공하는 이기종 장치 간에 막힘없는 정보 교환을 보장한다.

OPC Foundation에서 발간하고 있는 OPC UA 규격(specifications)들은 다양한 파트로 구성된 집합체이며, 2008년 처음 릴리즈된 후 지속적인 업데이트와 확장이 이루어지고 있다. 원래, OPC의 명칭은 마이크로소프트사에서 개발한 'OLE(Object Linking and Embedding) for Process Control'의 약어였으며, 윈도우즈 운영 체제에서만 작동 가능한 공정제어용 객체 표현 규격이었다(이를 클래식 OPC라고 명명하고 있다). 그러나 OPC가 제조, 빌딩 자동화, 오일 및 가스, 에너지 및 유틸리티 등 여러 산업 분야로 확산되고, 통합 아키텍처 형태로 진화함에 따라 현재의 명칭을 사용하고 있다. 현재 OPC UA 규격은 International Electrotechnical Commission(IEC) 62541로 표준화되고 있다. 그리고 국내에서는 KS C IEC 62541로 국제표준 부합화가 이루어지고 있다. 그러므로, OPC UA는 표준 문건이기도 하고, 표준화 과정을 거쳤으므로 표준화 기술이기도 하다. 또한, OPC UA를 이용한 정보 모델 및 서비스 개발이 이루어지므로 표준 응용 기술이기도 하다.

2. 범위

OPC UA는 다양한 산업 분야에서 사용하는 산업용 장치 및 어플리케이션 시스템들에 적용가능하다. 예컨대, 산업용 센서, 액추에이터, 제어 시스템, 감시 제어 및 데이터 취득 시스템(Supervisory Control and Data Acquisition System: SCADA), 제조실행 시스템(Manufacturing Execution System: MES), 전사적 자원 계획(Enterprise Resource Planning: ERP), 사물지능통신(Machine to Machine: M2M) 및 산업 사물인터넷(Industrial Internet of Things: IIoT) 등이다[1]. 이러한 시스템들은 산업 프로세스를 위하여 현장 데이터, 명령 및 제어 정보를 교환하고 사용하는데, OPC UA는 이러한 정보 교환을 가능하게 하는 공통적 인프라스트럭쳐 모델을 제공한다. <그림 2>는 산업 시스템 구조의 수직적 통합 측면에서 OPC UA를 통한 일관형·표준형 데이터 교환 환경을 나타낸다. OPC UA Part 1(OPC UA의 규격과 번호를 의미함)에서는 다음과 같이 OPC UA가 포함하는 모델을 정의하고 있다[1].

- 구조, 행동 및 의미론을 표현하는 정보 모델(information model)
- 어플리케이션 간 상호작용을 위한 메시지 모델(message model)
- 엔드포인트 간의 데이터 전송을 위한 커뮤니케이션 모델(communication model)
- 시스템 간 상호운용성을 보장하기 위한 적합성 모델(conformance model)

<그림 2> OPC UA 기반 수직적 통합

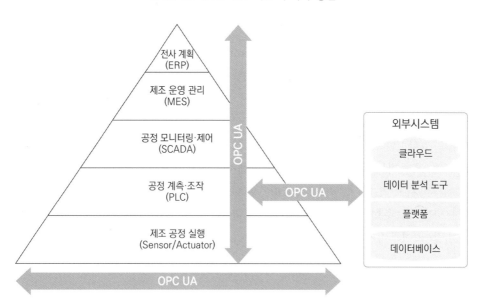

1. 접근법

OPC UA의 접근법을 요약하면, ① 산업 분야 컨소시엄과 OPC Foundation이 협력하여 OPC UA 규격을 준수하는 도메인 특화 정보 모델 개발, ② OPC UA 시스템 구조인 서버−클라이언트 형태로의 구현, ③ 서버 측에서의 표준 정보 모델과 도메인 특화 정보 모델에 기반한 데이터 생성 및 OPC UA 전송 메커니즘을 준수하는 데이터 전송, ④ 클라이언트 측에서의 OPC UA 전송 메커니즘을 준수하는 데이터 접근 및 사용이다.

<그림 3> OPC UA 개념 구조[4]

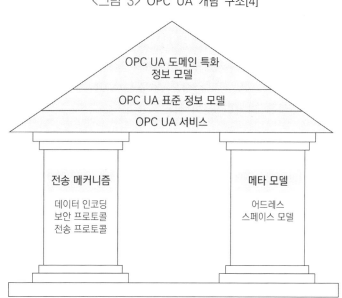

<그림 3>은 OPC UA 개념 구조를 나타낸다. 가장 근간이 되는 것은 정보 모델(information model)과 전송 메커니즘(transport mechanisms)이다. 먼저, 정보 모델은 어드레스 스페이스 모델, 표준 정보 모델, 도메인 특화 정보 모델로 구분할 수 있다.

■ 어드레스 스페이스 모델(address space model): 표준화된 메타 모델로서, OPC

UA 호환을 위한 노드 클래스, 타입과 제약사항을 규정한 모델이다.

- 표준 정보 모델(standard information model): 어드레스 스페이스 모델을 계승하며 기본 정보 모델과 접근 타입 규격으로 구성된다. 기본 정보 모델(base information model)은 일반적으로 사용하는 데이터 컨텐츠를 미리 정의하여 제공하는 모델이다. 접근 타입 규격(access type specification)은 데이터 접근(data access), 알람 및 상태(alarm and condition), 과거 데이터 접근(historical data access) 및 프로그램(program) 정보를 정의한 모델이다.

- 도메인 특화 정보 모델(domain-specific information model): OPC UA 규격에 맞추어 산업 도메인에 대한 정보를 모델링한 것으로서, 표준 정보 모델에서 포함하지 않는 도메인 정보를 교환하기 위한 것이다.

전송 메커니즘은 OPC UA 규격의 데이터 송수신을 위한 메커니즘을 정의한 것이다. 메커니즘은 데이터 인코딩, 보안 프로토콜, 전송 프로토콜을 다룬다.

- 데이터 인코딩(data encoding): OPC UA의 표현 언어라고 볼 수 있으며, 바이너리(binary), XML(eXtensible Markup Language) 및 JSON(Java Script Object Notation)을 지원한다. 많은 도메인 특화 정보 모델은 XML 형태로 공개되고 있는데, 이는 XML의 유용성에 의거한 것이다.

- 보안 프로토콜(security protocol): 인증을 통한 보안적인 연결을 허용하는 방식이며, 기본적으로 UA Secure Conversation을 채택하고 있다.

- 전송 프로토콜(transport protocol): 네트워크상에서 서버와 클라이언트를 연결하기 위한 방식이다. UA TCP(Transmission Control Protocol), HTTPS(Hypertext Transfer Protocol Secure) 및 웹소켓(WebSocket)을 지원한다.

이러한 정보 모델과 전송 메커니즘을 기반으로 OPC UA 시스템이 구축된다. 시스템은 서비스 지향 아키텍처(Service-Oriented Architecture: SOA) 개념이 적용되며, 기본적으로 서버-클라이언트 아키텍처 유형으로 구현된다.

- 서버(server): 정보 모델 및 인스턴스의 생성자 및 공급자 역할을 하고, 이들을 전송하는 역할을 한다.

- 클라이언트(client): 서버로부터 전송된 정보 모델 및 인스턴스의 소비자로서,

이들을 받아서 활용하는 역할을 한다.

<그림 4> OPC UA 계층 프레임워크[3]

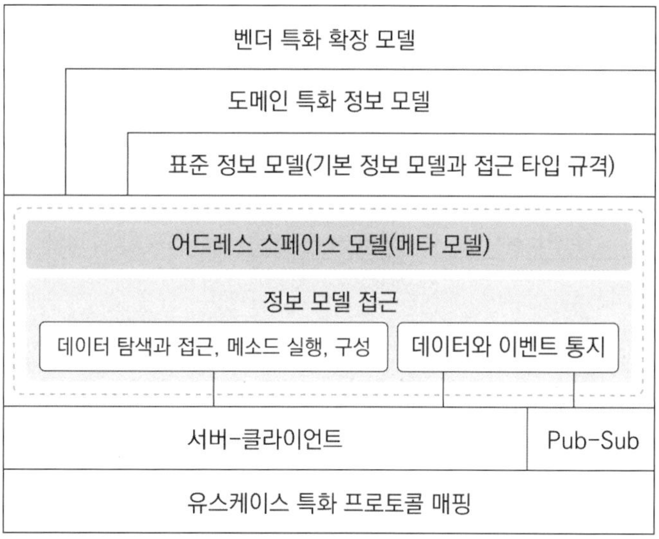

<그림 4>는 OPC UA 프레임워크를 나타낸다. 중간의 어드레스 스페이스 모델과 정보 모델 접근은 정보 모델링과 취득 방법을 나타낸다. OPC UA 정보 모델링의 기본 철학은 '객체지향 기술(object-oriented technology)'과 '메타 모델링(meta modeling)'이다. 그러므로, 정보 모델은 기본적으로 노드(node)와 참조(reference)로 이루어진다. 메타 모델인 어드레스 스페이스 모델에 존재하는 노드 클래스, 타입과 제약사항을 규정한 빌딩 블록들을 이용하여 표준 정보 모델과 도메인 특화 정보 모델을 개발하는 것이다. 정보 모델 접근은 정보 모델의 데이터를 취득하기 위한 메커니즘을 제공한다. 데이터 인스턴스의 가시화 및 탐색(browsing), 데이터의 읽고 쓰기(read and write), 메소드 실행(method), 데이터 갱신 및 이벤트에 대한 공지(notification) 등을 수행한다.

OPC UA 정보 모델은 노드와 참조 타입을 정의한 후, 노드와 참조 타입을 호출하여 실제 정보를 인스턴싱하는 방식이다. 객체지향 기술에서의 클래스 및 인스턴스와 유사하다. <그림 5>의 객체(object) 노드는 변수(variable)와 메소드(method)로 구성된다. OPC UA 어플리케이션에서는 객체 안의 변수값이 변경되었을 때 통지 받을 수 있고, 읽고 쓰기가 가능하다. 그리고 메소드를 호출하여 실행을 명령할 수 있고, 메소드 호출에 의한 이벤트가 발생하였을 때 이를 통지 받을 수 있다. 또한,

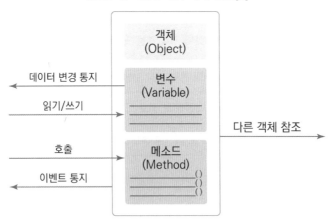

<그림 5> OPC UA 객체 모델[5]

객체 노드는 다른 객체들을 위하여 상속 또는 참조될 수 있다.

    <그림 6>과 같이 모터구동 밸브의 예를 들어보자. 먼저 모터구동 밸브 객체 타입(MotorizedValveType)을 정의하는 것이 필요하다. 이를 클래스라고 보면 된다. 그 다음, 모터구동 밸브의 기술적 상세를 위한 변수(예 State, Mode)들을 정의한다. 다른 객체 타입(예 Configuration)을 하나의 컴포넌트로 가져올 수도 있다. 필요시에는 메소드를 정의할 수도 있다. 모터구동 밸브 객체에 대한 타입이 정해지면, 실제 모터구동 밸브는 타입 정의(HasTypeDefinition)로 가져와서 인스턴싱하는 것이다. 이를 객체 인스턴스라고 보면 된다. 해당 타입을 그대로 가져올 수도 또는 변형하여 사용할 수도 있다. <그림 6>에서 상자로 표현한 것은 객체나 변수를 정의하는 표현법이다. 네모 상자는 객체, 끝이 둥근 상자는 변수를 표현한다. 그리고 선은 참조관계를 나타낸다. 선 모양이 각기 다르며 의미하는 바도 다르다. 타입 정의(HasTypeDefinition)는 끝이 꽉 찬 2개 화살표, 컴포넌트 타입(HasComponent)은 끝에 작대기 하나, 특성 타입(HasProperty)은 끝에 작대기 두 개를 긋는 식으로 표현된다. 변수 타입은 특징에 따라 데이터 변수(data variable)와 특성(property)으로 구분된다. 데이터 변수는 동적 성격인 반면(예 MaxResponseTime), 특성은 정적 성격이다(예 EngineeringUnit).

<антml>
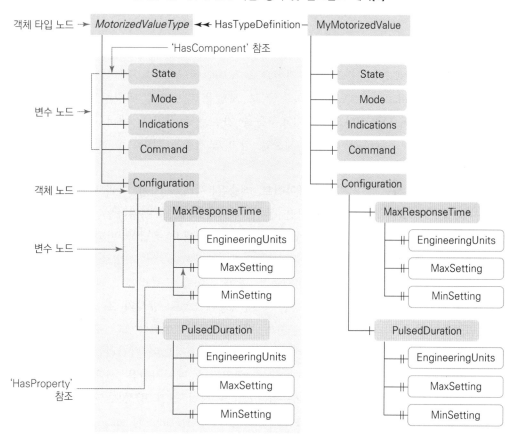

<그림 6> OPC UA 타입 정의 및 인스턴스 예시[5]

<그림 4> 상단은 정보 모델의 구조를 나타낸다. 표준 정보 모델(standard information model) 계층은 기본 정보 모델과 데이터 접근, 알람 및 상태, 과거 데이터 접근, 프로그램에 대한 정보를 포함한다.

- 데이터 접근(data access): 아날로그 혹은 디지털 데이터에 대한 읽기, 쓰기 및 모니터링에 대한 정보를 정의한다.

- 알람 및 상태(alarm and condition): 알람 관리 및 상태 모니터링을 위한 정보를 정의한다.

- 과거 데이터 접근(historical data access): 과거 데이터 및 이벤트에 접근에 대한 정보를 정의한다.

■ 프로그램(program): 프로그램의 시작, 조작 및 모니터링을 위한 정보를 정의한다.

도메인 특화 정보 모델(domain-specific information model) 계층은 어드레스 스페이스 모델 및 표준 정보 모델을 기반으로 도메인에 필요한 정보를 모델링한 것이다. OPC Foundation은 도메인 특화 정보 모델을 바탕으로 확장성을 도모하고 있으며, 이 계층이 OPC UA와 다른 표준들을 가르는 특징이다. 벤더 특화 확장 모델(vendor-specific extension model) 계층은 상기 모델들을 기반으로, 벤더별로 자신만의 모델을 만드는 것을 의미한다.

<그림 4> 하단의 서버-클라이언트 계층은 서비스 지향 아키텍처하에서 구현되며, 정보 모델과 인스턴스 접근을 통한 데이터 교환을 수행하는 주체이다. 서버는 클라이언트로부터 요청을 받아 처리하고 이에 대한 응답을 반환하며(response), 이때 보안 프로토콜을 통한 인증이 선행된다. 클라이언트는 서버로 서비스를 요청하고(request), 서버로부터의 응답을 받아 이를 목적에 맞게 활용한다. Publish-Subscribe(Pub-Sub) 계층은 서버-클라이언트 방식의 또 다른 형태로서, 서버로부터의 데이터 및 이벤트 공지의 발간과 클라이언트에서의 구독이 수행되는 방식이다. 발간자(publisher)인 서버는 메시지를 지속적으로 발간하는 동안, 구독자(subscriber)인 클라이언트는 관심이 있는 데이터나 메시지만을 선택적으로 취득한다. 서버-클라이언트는 일대다(one-to-many) 직접 연결 방식으로서 보장된 정보의 제공을 위해 주로 활용한다. Pub-Sub은 다대다(many-to-many) 방식에 최적화되어 있어서, 불특정 다수의 클라이언트가 동일한 데이터 및 이벤트 공지를 구독할 때 활용한다.

☑ **Explanation/ 서비스 지향 아키텍처(Service-Oriented Architecture)**

서비스 제공자가 요청을 받아 처리하고, 해당 요청에 대한 결과를 전송하는 방식. 컴퓨터 시스템을 구축할 때, 업무상의 일 처리에 해당하는 소프트웨어 기능을 서비스로 정의하여 그 서비스를 네트워크 상에 연동하여 시스템 전체를 구축해 나가는 방법론 [위키피디아]

OPC Foundation에서는 OPC UA의 특징(characteristics)을 다음과 같이 설명하고 있다[3].

- 기능적 일치(functional equivalence): OPC UA는 클래식 OPC로부터 태동되었으므로, 모든 클래식 OPC 규격을 지원하면서도 아래의 추가 기능들을 제공한다.
  - 탐색(discovery): 로컬 PC나 네트워크상에서 사용가능한 OPC 서버를 탐색할 수 있음
  - 어드레스 스페이스(address space): 모든 데이터가 계층적으로 표현되어 있어서 데이터 구조체를 구성할 수 있으며, 이러한 데이터가 OPC 클라이언트에 의해 탐색 및 활용이 가능함
  - 온디맨드(on-demand): 접근-허용 방식을 통하여 데이터의 읽고 쓰기가 가능함
  - 구독(subscription): 클라이언트별로 데이터 변경에 따른 데이터 모니터링 및 예외 보고가 가능함
  - 이벤트(event): 클라이언트에 따라 중요 정보를 공지할 수 있음
  - 메소드(method): 서버에서 정의한 메소드를 이용하여 클라이언트는 메소드 실행을 요청할 수 있음

- 플랫폼 독립성(platform independence): OPC UA는 하드웨어나 운영 시스템에 독립적으로 운영될 수 있다.
  - 하드웨어 플랫폼(hardware platform): 기존 PC, 클라우드 서버, 프로그래머블 로직 컨트롤러(PLC), 마이크로 컨트롤러 등 하드웨어의 제약을 받지 않음
  - 운영 시스템(operating system): 마이크로소프트 윈도우즈, 애플 OSX, 안드로이드 및 리눅스 등 운영시스템의 제약을 받지 않음

- 보안(security): 보안은 기술 선택에서 가장 중요한 고려사항 중 하나이며, OPC UA는 방화벽(firewall) 친화적인 보안 제어 기능을 제공한다.
  - 전송(transport): 다양한 전송 프로토콜을 제공하여 선택적으로 사용할 수 있음. 예를 들면, OPC 바이너리 전송 프로토콜, 웹소켓상에서의 JSON 전송 프로토콜이 있음

- 세션 암호화(session encryption): 다양한 암호화 계층에서 메시지들이 암호화 되어 교환됨
- 메시지 서명(message signing): 데이터 수취인은 메시지 서명을 통하여 수령된 메시지의 출처(origin)와 무결성(integrity)을 확인할 수 있음
- 순차적 패킷(sequenced packets): 패킷들의 순차번호 기입을 통한 해커의 반복적인 공격에 대한 노출을 방지함
- 인증(authentification): 서버와 클라이언트는 X.509 인증(연결되는 어플리케이션과 시스템들을 인증)을 통하여 식별함
- 사용자 제어(user control): 어플리케이션들은 사용자에게 로그인 자격, 권한, 웹토큰 인증을 요청할 수 있음. 또한 어드레스 스페이스의 뷰(view) 및 접근 권한을 이용하여 사용자의 데이터 접근을 제약할 수 있음
- 감사(auditing): 사용자나 시스템의 활동이 접근 감사 추적(access audit trail)을 이용하여 로그 이력으로 기록될 수 있음

■ 확장성(extensibility): OPC UA 다계층 구조는 미래지향적 프레임워크를 제공한다. 새로운 전송 프로토콜, 보안 알고리즘, 표준 인코딩, 어플리케이션-서비스 등의 혁신적인 기술 및 방법론들을 포괄함과 동시에 기존 제품들과도 호환을 유지할 수 있다.

■ 정보 모델링과 접근(information modeling and access): 정보 모델링 프레임워크는 데이터를 정보로 변환하게 한다. 객체지향(object-oriented) 개념을 통하여, 복잡하면서도 다계층의 정보 구조도 모델링되고 확장될 수 있다. 이 프레임워크는 OPC UA 기반 정보 모델링에 필요한 규칙과 기본 빌딩 블럭들을 정의하고 있다. OPC UA는 이미 많은 산업 분야에 적용될 수 있는 핵심 모델들을 개발하였으며, 다른 기관들도 OPC UA를 통한 상세 모델을 개발할 수 있다. OPC UA는 아래의 정보 모델 접근 메커니즘을 정의하고 있다.
- 인스턴스들과 그들의 의미(semantic)의 위치에 대한 색인 메커니즘(look-up mechanism)
- 현재 데이터와 과거 데이터들의 읽기 및 쓰기 오퍼레이션
- 실제 구동을 정의하는 메소드(method) 실행
- 데이터 변경이나 이벤트 발생에 대한 통지(notification)

OPC Foundation 홈페이지에서 OPC UA 규격 문건을 공유하고 있다[3]. OPC UA는 규격(specifications)과 협력 규격(companion specifications)으로 구분할 수 있다. 규격은 OPC UA에 필요한 기본적인 정보 모델, 접근 및 유틸리티 등을 규정한 것이다. 협력 규격은 타 컨소시엄과 협력하여 목표 도메인(해당 산업 분야의 데이터·정보·지식 모델)을 대상으로 OPC UA 규격을 준수하는 상세 정보 모델을 규정한 것이다. <그림 7>은 OPC UA 규격을 정리한 것이다. 23개의 규격 문건들(2022년 1월 기준)이 존재하며, 계속 제·개정 중이다.

- 핵심 규격 부분(Core Specification Part): OPC 어드레스 스페이스 구조 및 서비스들을 정의한 문건들의 집합이다.

- 접근 타입 규격 부분(Access Type Specification Part): 데이터 접근(data access), 알람 및 상태(alarm and condition), 프로그램(program)과 과거 데이터 접근(historical access)과 관련한 상세 정보 모델들을 규정한 문건들의 집합이다.

- 유틸리티 규격 부분(Utility Specification Part): 구현 관련 부가적인 사항들을 정리한 문건들의 집합이다.

OPC UA의 가장 기본적인 목적은 산업 현장에서 생성되는 데이터를 수집하기 위함이므로 현재 데이터의 접근(Part 8), 이상 상황이나 상태에 대한 데이터 수집(Part 9), 제어에 대한 프로그램 수집(Part 10) 및 과거 이력 데이터 접근(Part 11)은 꼭 필요한 활동이라고 볼 수 있다. 접근 타입 규격 부분에서는 이러한 기본적인 목적을 위해 존재하는 고정적인 정보 모델을 제공하는 것이다. 이 접근 타입 규격 부분은 클래식 OPC를 계승한 것으로서, 클래식 OPC의 철학을 반영한 것이라고 볼 수 있다.

<그림 7> OPC UA 규격 구성

핵심 규격 부분
Part 1 – Concepts
Part 2 – Security Model
Part 3 – Address Space Model
Part 4 – Services
Part 5 – Information Model
Part 6 – Service Mapping
Part 7 – Profiles

유틸리티 규격 부분
Part 12 – Discovery & Global Services
Part 13 – Aggregates
Part 14 – PubSub
Part 15 – Safety
Part 16 – State Machines
Part 17 – Alias Names
Part 18 – Role-based Security
Part 19 – Dictionary Reference
Part 20 – File Transfer
Part 22 – Base Network Model
Part 100 – Device Information Model
Part 200 – Industrial Automation

접근 타입 규격 부분
Part 8 – Data Access
Part 9 – Alarms & Conditions
Part 10 – Programs
Part 11 – Historical Access

1. 핵심 규격 부분

- Part 1: OPC UA 컨셉과 개요를 설명한다. OPC UA를 이해하려면 읽어봐야 하며, 나머지 규격 문건들을 이해하는 데 도움이 된다.

- Part 2: OPC UA 보안 모델을 설명한다. 서비스를 구현하는 개발자는 시스템 보안의 이해가 필요하다. OPC UA는 개방형 데이터 교환을 지향하다보니 보안 기술이 필수적인데, 이러한 중요성을 일깨우고자 2번째 규격으로 제정한 것으로 유추된다.

- Part 3: OPC UA 메타 모델인 어드레스 스페이스(address space) 및 어드레스 스페이스 모델(address space model)을 정의한다. 표준 노드 클래스, 객체 및

변수 타입, 표준 참조 타입, 표준 데이터 타입, 표준 이벤트 타입 등의 상세를 정의하고 있다.

- Part 4: OPC UA 서비스를 정의한다. OPC UA 서버와 클라이언트 구조 및 구동 메커니즘을 정의한 것이다. Part 3과 Part 4는 어플리케이션 개발을 위한 핵심 문건이다.

- Part 5: OPC UA 기본 정보 모델을 정의한다. Part 3의 정보 모델을 기반으로 인스턴싱이 가능한 수준의 상세 사양을 정의하고 있다. 예를 들면, Part 3에서는 노드 클래스의 필수적 속성(mandatory attribute)을 정의한 반면, Part 5에서는 필수적 속성뿐만 아니라 선택적 속성(optional attribute)도 정의하고 있다. 그리고 Part 5에서는 서버-클라이언트 상에서 데이터 교환을 위한 정보 모델을 정의하고 있다.

- Part 6: 보안 모델(Part 2), 어드레스 스페이스 모델(Part 3), 정보 모델(Part 5) 및 물리적 네트워크 프로토콜 사이의 매핑 방법을 정의한다. 매핑은 데이터 인코딩(data encoding), 메시지 보안 프로토콜(message security protocol) 및 전송 프로토콜(transport protocol) 등 세 가지로 구성된다.

- Part 7: OPC UA 제품 인증을 위한 테스트 및 테스팅 환경을 정의한다. 그리고 OPC Foundation의 OPC UA Compliance Test Tool(자가 테스트 도구) 및 인증 테스트 랩을 설명한다.

2. 접근 타입 규격 부분

- Part 8: 데이터 접근 관련 정보 모델을 정의한다. 데이터 접근은 서버에서 자동화 데이터(automation data)의 표현 및 사용을 나타내는 것으로서, 제어기나 입출력(Input/Output: I/O) 모듈로부터 생성되는 데이터(이를 자동화 데이터라고 칭함)를 서버에서 생성하기 위해 필요한 기본적인 정보 모델을 제공한다.

- Part 9: 이벤트 중심의 프로세스 알람(process alarm), 상태 모니터링(condition monitoring), 상태 기계(state machine) 관련 정보 모델을 정의한다.

- Part 10: 상태 기계에 기반한 실행, 조작 및 모니터링에 대한 프로그램 관련

정보 모델을 정의한다. 프로그램을 통하여 기계가 제어되고, 기계의 상태가 변경되며, 이벤트가 발생하고 실행에 따른 결과 데이터가 생성되는데 이러한 정보를 표현한 것이다.

- Part 11: 데이터 및 이벤트 이력의 구성에 대한 정보를 표현하고 과거 데이터 취득 서비스의 사용 관련 정보 모델을 정의한다.

✔ **Opinion**

OPC Foundation에서는 규격 문건 및 개발 도구들을 무료 혹은 저가로 대중에게 공개하고 있는데, 이러한 전략이 OPC UA가 파급력을 갖게 되는 현실적인 원동력이라 생각한다. 예를 들어, 표준과 관련된 연구개발을 수행함에 있어서, 유료의 ISO 표준 문건을 입수해야 한다고 가정해보자. 시간지연, 구매의뢰 혹은 연구비 처리 등 번거로울 것이다. 반면, OPC UA 규격 문건은 무료로 다운로드 받을 수 있다. 이러한 운영의 차이도 연구개발자에게는 중요할 수 있다. Software Development Kit(SDK) 등의 개발도구도 마찬가지이다. OPC Foundation에 가입한 벤더들이 개발도구들을 무료 혹은 저가로 제공하고 있다. 저자도 OPC UA 연구개발 용도로 무료 혹은 저가로 사용할 수 있는 개발도구에 의존적일 수밖에 없었고 실제로 사용하였다. 만약, 이를 상업적 용도로 활용하는 경우는 과금이 필요할 것이다. 이러한 것이 새로운 비즈니스 모델이다. 우리나라에서도 스마트 공장과 관련한 많은 연구개발 사업이 진행중인데, 고정적이고 고립적인 연구개발물을 개발주체들끼리만 사용하는 것이 아니라, 유연하고 개방적인 연구개발물로 변환을 시도하는 것이 필요하다. 즉, 기술 생태계를 조성하여 연구개발물을 지속적으로 갱신하고 다수가 활용하는 형태로 변환함으로써, 파생되는 비즈니스 모델 개발로의 연계가 필요할 것이다.

3. 협력 규격

앞서 설명하였지만, OPC UA의 가장 큰 장점은 확장성이다. 이 확장성은 협력 규격을 통하여 구체화된다. 산업 현장에서 데이터 수집을 위한 데이터 접근, 알람 및 상태, 프로그램 그리고 과거 데이터 접근에 대한 확정적이고 고정적인 형태로 정보 모델을 제공하는 것도 우수한 장점이다. 그러나 다른 산업 컨소시엄과 공동으로 신규 협력 규격을 발간하고 발간된 협력 규격을 지속적으로 갱신함으로써, OPC UA 규격 및 기술을 유기체화 하는 것이 타 표준들과 차별화되는 점이다. <표 1>은 OPC Foundation에 공개된 35개의 협력 규격 목록이다(2022년 1월 기준). 앞으로도 더욱 많은 협력 규격이 공개될 것으로 예상된다. 참고로 2020년 8월에는 23개

협력 규격이 있었다.

◐ <표 1> OPC UA 협력 규격 목록

규격 번호	배포 연도	도메인	분야
OPC 10020	2015	ADI	분석 장비
OPC 10030	2013	ISA-95	ISA-95 공통 객체 모델
OPC 10040	2018	IEC 61850	전력 네트워크 제어
OPC 30000	2010	PLCopen	PLC(프로그래머블 로직 컨트롤러)
OPC 30010	2020	AutoID	AutoID기반 객체 식별 장치
OPC 30020	2018	MDIS	석유가스 산업의 마스터 제어 스테이션(MCS)과 분산 제어 시스템(DCS) 간 인터페이스 표준(MDIS)
OPC 30040	2016	AutomationML	AutomationML(생산시스템의 엔지니어링 프로세스 언어)
OPC 30050	2018	PackML	패키징 설비 객체 모델
OPC 30060	2017	TMC	담배 제조 설비
OPC 30070	2019	MTConnect	MTConnect(공작기계 모니터링 데이터 표준)
OPC 30080	2017	FDI	FDI(필드 디바이스 통합)
OPC 30081	2020	PADIM	프로세스 자동화 장치
OPC 30090	2016	FDT	필드 디바이스 기술 아키텍처 모델
OPC 30100	2017	Sercos	SERCOS(직렬 실시간 통신 시스템)
OPC 30110	2017	POWERLINK	이더넷 파워링크
OPC 30120	2018	IOLink	IO 연결 장치 및 IO 연결 마스터
OPC 30130	2017	CSPPlus For Machine	CSP+(제어 및 통신 시스템 프로파일)
OPC 30140	2020	PROFINET	PROFINET 표준 객체 모델
OPC 30200	2019	Commercial Kitchen Equipment	상용 부엌 장비
OPC 30250	2021	DEXPI	프로세스 산업에서의 데이터 교환
OPC 30260	2020	Open SCS	제품 시리얼 정보 교환
OPC 30270	2021	Asset Administration Shell	Industrie 4.0 컴포넌트의 자산관리쉘
OPC 40001	2019	Machinery	기계류 모션 디바이스

규격 번호	배포 연도	도메인	분야
OPC 40010	2019	Robotics	로봇 모션 장치
OPC 40084	2020	Plastics/Rubber Machinery	플라스틱 및 고무 생산 설비
OPC 40100	2019	Machine Vision	머신 비전 시스템
OPC 40200	2020	Scales	무게 측량 장치
OPC 40223	2021	Pump	펌프 및 진공 펌프
OPC 40250	2021	CAS	압축 공기 시스템
OPC 40301	2022	Flat Glass	평탄 유리
OPC 40550	2021	Woodworking	목재 프로세스
OPC 40451	2021	Tightening	체결 시스템과 부가 장치
OPC 40501	2020	Machine Tool	공작 기계
OPC 40502	2017	CNC	공작기계 수치제어 장치
OPC 40600	2021	Weihenstephan	Weihenstephan 표준 기반 식음료 생산 기계

일반적인 공식 표준들은 전문가들이 모여서 주어진 절차에 의거하여 핵심 개발자들의 주도하에 표준문안을 만들고, 참여자들의 검토 의견을 반영하여 수정한 후, 다수의 참여자들의 동의를 얻어내어 최종 문건으로 공표하는 방식으로 진행된다. 최종 문건이 공표된 후에는 주기적으로 해당 표준들을 수정 및 갱신하기도 한다. 그러나 이러한 유지보수 과정은 기간이 많이 소요되기도 하며, 해당 표준에 대한 관심이 줄어들거나 소멸되면 그 표준의 의미는 퇴색될 수밖에 없는 한계가 있다. 또 다른 문제는 많은 공식 표준들은 고정적이고 확정적인 정보 모델의 규정을 선호한다. 표준이기 때문에 어쩔 수 없이 정적인 모델로 규정할 수밖에 없을 수도 있다. 하지만, 이러한 정적인 모델은 유연성과 적응성이 떨어지기 때문에 급변하는 기술 환경의 변화에 표준이 따라가지 못하는 사후적 표준으로 머무는 한계를 가질 수 있다.

OPC UA는 메타 모델링 방식에 의거하므로, OPC UA에서 규정하는 모델 및 메커니즘을 준수하면 어떠한 분야에서도 적용할 수 있는 유연성과 적응성을 제공한다. 한 산업 분야에서 OPC UA 기반 도메인 특화 정보 모델이 필요하다고 하면, OPC Foundation에 제안서를 제출하고 OPC Foundation과 협의하여 전문가들과 함께 OPC UA 협력 규격을 만들고 발간한다. 버전 관리를 통하여 협력 규격의 유지보수를 수행하기도 한다. 메타 모델링 방식이 이해하기 어렵고 구현하기 어려운 것은 사실이나, 해당 방식을 이해한다면 원하는 분야에 자신만의 OPC UA 정보 모델 구축이 가능하다. 저자의 경우도 초반에는 OPC UA를 이해하는데 많은 어려움이 있었으나, 한 번 이해하고 나니 다른 영역에도 OPC UA 정보 모델을 개발할 수 있다는 자신감이 생겼다.

최근, 눈에 띄는 협력 규격은 MTConnect와의 협력 규격이다. 과거에는 공작기계 산업에서 MTConnect와 OPC UA를 경쟁적인 표준 기술로 다루었다. MTConnect는 미국 주도의 MTConnect Institute를 통하여 공작기계 모니터링 데이터를 표현하고 사용하기 위한 개방형 기술인 반면, OPC UA는 독일 주도의 기술로 여겨지고 있었기 때문이다. 즉, 미국과 독일 중에서 어느 국가가 공작기계 산업의 데이터 상호운용성에 대한 주도권을 잡느냐의 경쟁 관계로 보는 시각이 많았다. 그런데, OPC UA가 MTConnect와 협력하여 2019년에 협력 규격을 발간하였다. 이를 통하여 OPC UA가 승기를 잡았다는 일부의 시각도 있다. 하지만, 누가 승자이냐를 떠나서 이렇게 경쟁적인 표준 기술이 서로 보완적이고 협력이 가능하다는 점을 보여주었고, OPC UA와 MTConnect 간 상호운용성을 확보하였다는 데 큰 의미가 있다. 기술적 시각에서는 환영할 만한 일이다. 하지만, 산업적 시각에서는 우려가 크다. 데이터 확보가 필수적인 시점에서 앞으로의 공작기계 산업은 OPC UA든 MTConnect든 둘 중 하나의 기술을 채택하고, 필요시 구매할 수밖에 없는 형태로 전개될 수 있다. 즉, 이러한 협력 활동의 숨겨진 의미는 두 기술이 협력하여 시장의 파이를 키우면서 동시에 공작기계 데이터 시장을 공유하겠다는 것이다. 우리나라의 경우, 주도권을 쥐고 있는 공작기계 데이터 관련 표준이 부족하다. 결국 OPC UA나 MTConnect에 종속될 가능성이 높다. 관련 업체나 기관은 이러한 표준화 활동에 동참하여 표준을 공동으로 개발해 나갈 것인지 아니면 독자적인 표준을 개발하여 시장에 도전할 것인지 등의 전략적 선택이 필요하다.

SECTION 05 시스템

OPC UA 어플리케이션 시스템을 구현하고자 할 경우 OPC UA의 시스템 개념을 이해해야 한다. 기본적으로, OPC UA 시스템은 웹서비스 형태 아키텍처를 사용한다[6]. 그렇다면 왜 웹서비스 아키텍처를 취하였을까? 웹 서비스는 별개의 시스템 간 빠르고 유연한 상호작용을 제공하도록 분리되어 있는 즉, 디커플링된(decoupled) 시스템 구조로 설계된다. 그리고 주로 서버(server)-클라이언트(client) 구조로 구성된다. OPC UA는 많은 산업 현장에서 사용되는 다양하고 이질적인 센서, 컨트롤러, 장치, 설비 및 소프트웨어간 상호운용성을 보장하는 것이 핵심이다. 그런데 강력하게 커플링된 시스템 구조로는 이러한 유연성과 확장성을 보장하기 어렵다. 따라서, 웹서비스 구조를 취함으로써, 클라이언트에서의 요청(request) 그리고 서버에서의 응답(response) 형태로 많은 수의 하드웨어와 소프트웨어를 연결하는 것이 합리적인 선택이다. 또한, 커플링된 시스템의 M×N 구현이 아니라, 디커플링된 시스템의 M+N 구현이 가능해지므로 시간적·비용적 효과도 거둘 수 있다.

OPC UA 시스템은 서버-클라이언트 또는 발행-구독(Publish-Subscribe, 줄여서 Pub-Sub)의 두 가지 형태로 구현된다. 두 가지 형태는 웹 서비스 형태이고 서버-클라이언트로 이루어지는 점은 동일하다. 그러나 서버-클라이언트는 서버가 수동

✔ **Explanation/ 아키텍처 유형**

- 서버-클라이언트: 서버는 클라이언트가 요청하는 기능이나 자원을 제공하며, 클라이언트는 서버의 기능 및 자원을 사용하기 위하여 서버에 접속함
- 계층형: 소프트웨어 기능을 수직을 여러 층으로 분할하고, 각 층 사이에서 메시지를 교환함
- 이벤트 기반: 상태 기반 처리 형태로서, 이벤트 스트림을 생성하는 이벤트 생산자와 이벤트를 수집하는 이벤트 소비자로 구성됨
- MVC(Model-View-Controller): 사용자 인터페이스로부터 비즈니스 로직을 분리함으로써, 사용자 인터페이스나 비즈니스 로직을 서로 영향없이 쉽게 고칠 수 있음
- 파이프 필터: 필터 사이에 데이터를 이동시키면서 단계적으로 처리함
- 데이터 중심: 공유된 자료가 중요한 시스템에서 사용되며, 공유 데이터 저장소와 공유 데이터 접근자로 구성됨
- Peer-to-Peer: 모든 엔드 시스템이 동등한 기능과 책임이 있으며, 서버가 될 수도, 클라이언트가 될 수 있는 구조임

[최은만(2020) 소프트웨어 공학의 모든 것]

적이고(자발적 통지도 있으나, 주로 클라이언트 요청에 한 응답 처리가 이루어짐), 클라이언트가 정해져 있다. 반면, Pub-Sub은 서버가 능동적이고(자발적이고 지속적으로 정보를 발행) 클라이언트가 특별히 정해져 있지 않다.

1. 서버-클라이언트 구조

<그림 8>은 서버-클라이언트 구조를 나타낸다. 클라이언트는 서버를 찾고, 발견하고 연결하고 구성하며, 서버측으로부터 요청에 의한 정보를 얻는다. 반면, 서버는 클라이언트의 요청에 대응되는 응답을 보내주기도, 자발적으로 공지를 배포하기도 한다. 중간에 탐색 서버(discovery server)가 존재하여 클라이언트가 서버를 찾고 연결하는 형태로의 구성도 가능하다. 클라이언트는 다수의 서버와 연결이 가능하며, 서버도 다수의 클라이언트와 연결이 가능하다. 그리고 한 장치 내에서 클라이언트와 서버를 동시에 보유할 수 있다.

<그림 8> OPC UA 서버-클라이언트 구조

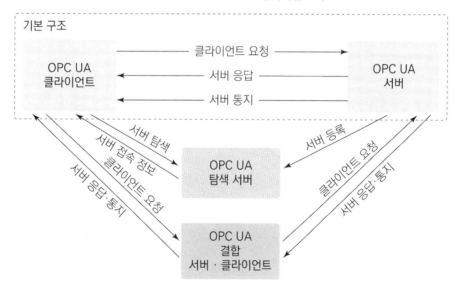

■ 서버

<그림 9>는 OPC UA 서버 아키텍처를 나타낸다. 서버 어플리케이션은 서버의 기능을 프로그래밍한 어플리케이션이다. 서버는 클라이언트와 메시지를 주고 받기

위하여 서버 어플리케이션 프로그래밍 인터페이스(Application Programming Interface: API)를 사용한다. 서버 API는 서버 어플리케이션을 OPC UA 커뮤니케이션 스택과 연결하기 위한 내부적 인터페이스다. 이 서버 어플리케이션은 물리적 장치 또는 가상적(소프트웨어적) 객체와 연결되어 있다. 어드레스 스페이스는 일종의 가상 정보 공간으로서, 클라이언트가 OPC UA 서비스를 이용하여 접근할 수 있는 노드들의 집합이다. 노드는 정보 빌딩 블럭(building block)이라고 보면 되고, 서버는 이러한 노드들을 클라이언트에게 제공하는 것이다. 서버는 참조(reference) 관계를 사용하여 자유자재로 노드들을 구성할 수 있다. 그리고 뷰(view)를 이용하여 클라이언트가 노드들을 볼 수 있게도 하지만 볼 수 없게도 할 수 있다. 구독(subscription)은 클라이언트가 관심 있는 노드들을 등록해두면 해당 노드들의 변경이나 이벤트를 클라이언트가 구독하도록 메시지를 전달한다. 관심 있는 노드들은 모니터 아이템(monitored item)으로 등록한다. 모니터 아이템은 데이터 변화나 이벤트·알람 발생시 구독을 통하여 클라이언트에게 통지된다.

<그림 9> OPC UA 서버 아키텍처[1]

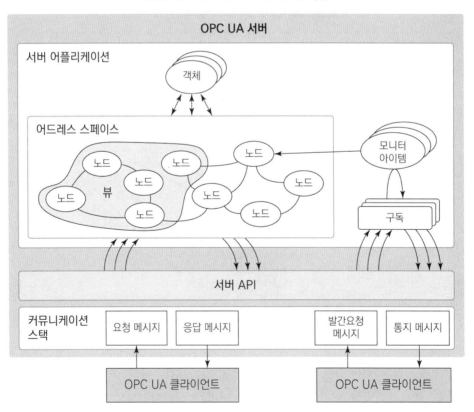

<그림 10>은 OPC UA 클라이언트 아키텍처를 나타낸다. 클라이언트 어플리케이션은 클라이언트의 기능을 프로그래밍한 어플리케이션이다. 마찬가지로, 클라이언트는 클라이언트 API를 이용하여 서버측에게 서비스 요청을 하거나 서비스 응답을 받는다. 클라이언트 API는 OPC UA 커뮤니케이션 스택으로부터 클라이언트 어플리케이션을 연결하기 위한 내부적인 인터페이스다. OPC UA 커뮤니케이션 스택은 클라이언트 API 호출을 메시지로 변환하고 메시지를 서버측으로 전달하는 역할을 수행한다.

- 클라이언트

<그림 10> OPC UA 클라이언트 아키텍처[1]

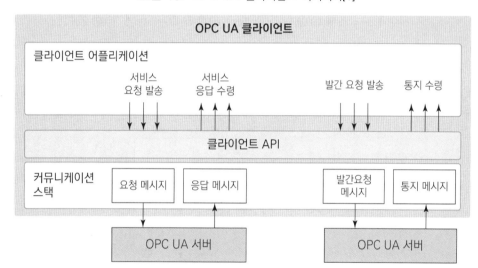

2. Pub-Sub 구조

<그림 11>의 오른쪽은 Pub-Sub 구조를 나타낸다. Pub-Sub에서는 어플리케이션들이 직접적으로 요청·응답 메시지를 교환하지 않는다. 그 대신, 발간자(publisher)는 구독자에 대한 정보 없이 메시지 지향 미들웨어(message oriented middleware)에게 메시지를 보낸다. 이때, 발간자는 어떤 데이터를 전송할지 사전에 결정한다. 마찬가지로, 구독자(subscriber)는 발행자의 정보 없이 메시지 지향 미들웨어를 통하여 관심 있는 데이터와 이에 대한 프로세스 메시지를 구독한다. 메시지 지향 미들웨어는 분산된 시스템 간 메시지 전송 및 취득을 지원하는 하드웨어 혹은 소프트웨어 인프

라이다. OPC UA Pub-Sub은 두 가지 형태의 메시지 지향 미들웨어를 지원한다. 하나는 메시지 브로커가 없는 형태로서, 발간자와 구독자는 사용자 데이터그램 프로토콜(User Datagram Protocol: UDP)을 이용하는 방식이다. 다른 하나는 메시지 브로커가 있는 형태로서, AMQP(Advanced Message Queuing Protocol)나 MQTT(Message Queuing Telemetry Transport)와 같은 표준 메시지 프로토콜을 이용하는 방식이다.

<그림 11> 서버-클라이언트와 Pub-Sub 통합 구조[7]

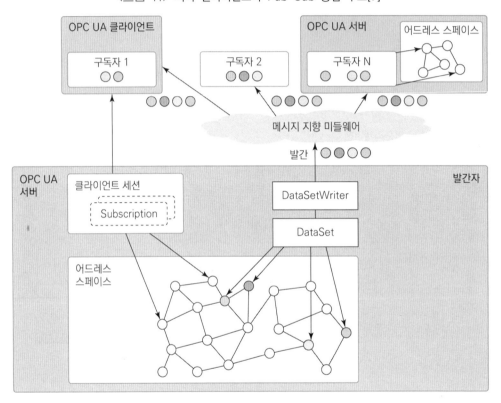

3. 클라이언트-서버와 Pub-Sub 통합

OPC UA는 서버-클라이언트와 Pub-Sub을 동시에 지원함으로써, 두 형태의 통합에 따른 시너지를 획득할 수 있다. <그림 11>과 같이 Pub-Sub은 서버-클라이언트 구조에 통합될 수 있다. 일반적으로 발행자는 서버가 될 것이고, 구독자는 클라이언트가 될 것이다. 반대로 클라이언트가 발행자, 서버가 구독자가 되는 형태로의 구현도 가능하다.

SECTION 06 적용 예시

앞 절들을 통하여 OPC UA 정보 모델과 시스템의 개념을 이해할 수 있을 것이다. 그러나 실제로 어떻게 정보 모델과 시스템을 설계할 수 있는지에 대한 이해가 부족할 수 있다. 본 절에서는 OPC UA 40502 협력 규격을 이용하여 공작기계 수치 제어 장치의 도메인 특화 정보 모델과 시스템 설계 구조를 살펴봄으로써 실제적인 이해도를 높이도록 한다.

수치 제어 장치(Computerized Numerical Controller: CNC)는 공작기계를 제어하는 데 사용되는 시스템이다. <그림 12>는 CNC 시스템 구조를 나타낸다. CNC 커널은 가공공구와 절삭물 간의 상대적인 움직임에 대한 서보모터 구동을 공작기계가 이해할 수 있는 코드로 생성하고 집행하는 것이 주요 역할이다. 그리고 프로그래머블 로직 컨트롤러(Programmable Logic Controller: PLC)와 연결되어 있다. PLC는 부가 기능 및 주변 장치 제어를 수행한다. 절삭유 공급장치의 온-오프 제어가 그 예이다.

CNC와 PLC는 필드버스 통신(fieldbus communication)을 이용하여 구동부의 모터 및 I/O 모듈과 실시간으로 연결 및 제어된다. 그런데 범용 공작기계들은 그 상위 계층의 시스템(예 SCADA)과는 비실시간적 통신이 이루어지거나 고립되어 있는 문제가 있다. 이러한 데이터 단절 문제로 인하여 공작기계의 지능화를 실현하는 서비스의 제공이 어렵다. 예를 들면, 실시간 핵심성과지표(KPI) 모니터링, 시간·품질·에너지 예측 및 최적화, 예측·적응 제어의 구현의 어려움이다. 과거에는 CNC 벤더별 고유의 그리고 블랙박스화된 데이터 인터페이스만 사용했기 때문에 벤더에 종속된 인터페이스나 소프트웨어의 추가 구매 없이는 데이터 획득이 어려웠다. 더불어, 다른 벤더의 CNC들도 존재하므로, 일일이 데이터 인터페이스를 구매해야 했고, 서로 다른 CNC들 간 데이터 인터페이스 통합은 기술적으로 어렵기도 하고 비싸기도 했다.

그러나 트렌드가 바뀌고 있다. 공작기계 구매기업에서 인공지능, 빅데이터, 사물인터넷 및 사이버-물리 시스템 등을 활용한 지능형 서비스를 구현하여 생산성 향상을 도모하는 움직임이 나타나고 있다. 이에 따라 공작기계 및 CNC 벤더 측에 공작기계 데이터 획득을 필수 사항으로 요청하는 일이 빈번하게 발생하고 있다. 이러한 변화에 CNC 벤더들도 데이터 개방화를 추구할 수밖에 없는 환경으로 변하고 있다. 대표적인 예가 일본 Mazak의 Smart Box이다. Smart Box는 MTConnect를 이용하여 공작기계 모니터링 데이터를 수집하고, 반대로 상위 계층의 정보를 CNC에

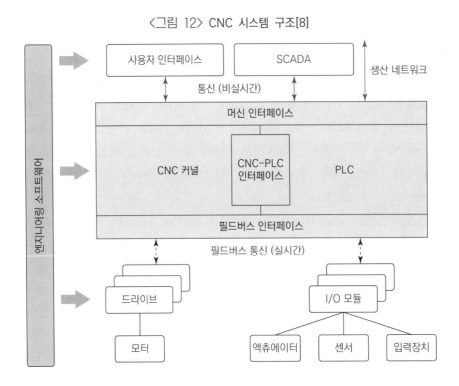

<그림 12> CNC 시스템 구조[8]

전달해주는 매개체 역할을 하는 시스템이다[9]. 결국, 공작기계 산업에서의 화두는 공작기계로부터 쉽고 빠르고 편리하게 데이터를 실시간으로 획득하여 상위 계층으로 전달할 수 있는지, 역으로 상위 계층의 정보와 의사결정을 공작기계로 전달할 수 있는지가 되었다. 이를 위하여 OPC UA 기술이 활용된다.

1. 정보 모델

<그림 13>은 CNC 데이터 인터페이스를 위한 도메인 특화 정보 모델의 최상위 수준을 나타낸다. 이 정보 모델은 CNC 데이터 인터페이스의 데이터 요소(element)들을 구성하고 객체의 공통화 및 그룹화를 위한 객체 타입(ObjectType)을 정의한다. 즉, 어드레스 스페이스 모델과 CNC 데이터 인터페이스 상세 정보 모델간의 중간자이다. 어드레스 스페이스 모델의 객체 타입, 관계 타입, 데이터 타입, 메소드 및 뷰를 계승하여 상세 정보 모델의 그 것들로 만든 것이다. 그래서 하위 타입(HasSubType)의 참조 관계를 갖는다. 상세 정보 모델에는 CNC 데이터 획득을 위한 축, 채널, 스핀들, 드라이브, 알람, 메시지 등의 정보 요소들을 포함하고 있다.

<그림 13> CNC 시스템의 OPC UA 정보 모델(최상위)[8]

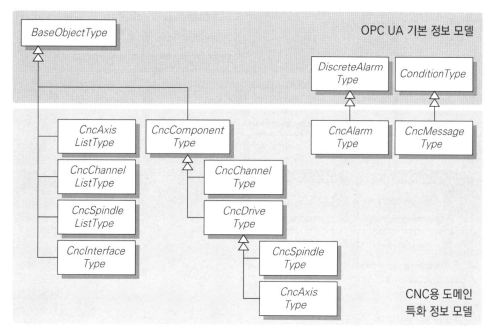

<그림 14> CncInterfaceType 정보 모델[8]

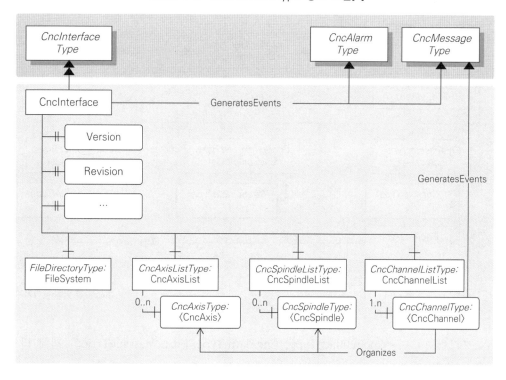

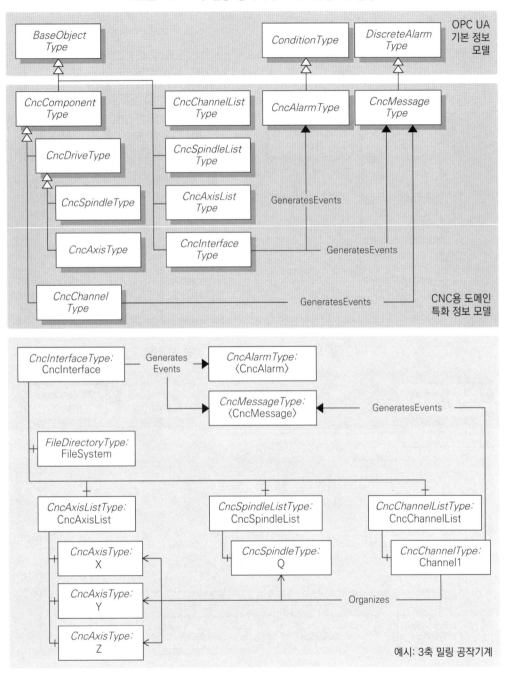

<그림 15> 3축 밀링 공작기계의 인스턴싱 예시[8]

<그림 14>는 CncInterfaceType, CncAlarmType과 CncMessageType의 객체 타입을 이용한 객체 및 변수를 나타낸다. 예를 들어, CncInterface 객체는 CncInterface

Type을 타입 정의(HasTypeDefinition) 관계로 받아와서, 객체로 인스턴싱한 것이다. CncInterface는 FileDirectoryType, CncAxisListType, CncSpindleType, CncChannelList Type의 객체 타입을 컴포넌트로 가지며, 각각은 FileSystem, CncAxisList, CncSpindle List, CncChannelList로 인스턴싱된 것이다. 그리고 CncInterface는 version과 revision 변수를 특성으로 가지고 있다.

    <그림 15>는 3축 밀링 공작기계에 대한 예시로서, CncInterfaceType의 객체를 나타낸다. 3축 밀링 공작기계는 X, Y, Z 3축으로 구성되므로, CncAxisType의 X, Y, Z 객체를 컴포넌트로 갖는다. 그리고 CncSpindleList와 CncChannelList 객체를 컴포넌트로 갖는다.

    <그림 13>, <그림 14>, <그림 15>와 같은 그래픽적인 OPC UA 정보 모델을 설계하였다고 끝나는 것은 아니다. 실제로는 각 타입별로 상세 정의가 수반되어야 한다. 이 그래픽 모델은 정보 모델의 구조 및 관계를 시각적으로 표현하기 위함일 뿐이다. 정보 모델이 완성되려면, 각 타입의 속성, 참조 관계, 노드 클래스, BrowseName(브라우즈명), 데이터 타입, 타입 정의, 모델링 규칙 등을 상세적으로 결정해야 한다. <표 2>는 CncInterfaceType, <표 3>은 CncDriveType 정의를 나타낸다.

◐ <표 2> CncInterfaceType 정의[8]

Attributes(속성)		Value(값)			
BrowseName(브라우즈 명)		CncInterfaceType			
IsAbstract(추상형 여부)		False			
References (참조)	NodeClass (노드 클래스)	BrowseName (브라우즈 명)	DataType (데이터 타입)	TypeDefinition (타입 정의)	ModellingRule (모델링 규칙)
BaseObjectType 상속					
GeneratesEvents	ObjectType	〈CncAlarm〉		CncAlarmType	
GeneratesEvents	ObjectType	〈CncMessage〉		CncMessage Type	
HasComponent	Object	CncAxisList		CncAxisList Type	Mandatory
HasComponent	Object	CncChannelList		CncChannel ListType	Mandatory
HasComponent	Object	CncSpindleList		CncSpindleList Type	Mandatory

References (참조)	NodeClass (노드 클래스)	BrowseName (브라우즈 명)	DataType (데이터 타입)	TypeDefinition (타입 정의)	ModellingRule (모델링 규칙)
HasComponent	Object	FileSystem		FileDirectory Type	Optional
HasProperty	Variable	CncTypeName	String	PropertyType	Optional
HasProperty	Variable	Fix	String	PropertyType	Optional
HasProperty	Variable	VendorName	String	PropertyType	Mandatory
HasProperty	Variable	VendorRevision	String	PropertyType	Mandatory
HasProperty	Variable	Version	String	PropertyType	Mandatory

<표 2>에서 브라우즈명은 CncInterfaceType, 비추상형(IsAbstract=false)으로 정의된다. GenerateEvents는 CncAlarmType 및 CncMessageType 객체 타입으로 정의되는 CncAlarm 및 CncMessage 리스트를 참조한다. 그리고 CncAxisList, CncChannelList, CncSpindleList, FileSystem이라는 객체를 컴포넌트 관계로 갖는다. 그리고 문자열 (string) 형태의 CncTypeName, Fix, VendorName, VendorRevision, Version 변수를 특성 관계로 갖는다. 여기서 ModellingRule은 모델링 규칙을 의미하는데, 필수값 (mandatory)인지 선택적(optional)값인지를 결정한다. 만약, 필수값으로 설정되어 있으면, 반드시 객체 및 변수 인스턴스를 가져야 한다.

<표 3>에서 CncDriveType은 추상형(IsAbstract=true)으로 정의된다. CncDriveType은 개념일 뿐이며, 실제로는 스핀들(CncSpindleType) 및 축(CncAxisType)용 드라이브로 존재하기 때문이다. 그리고 ActChannel, ActLoad, ActPower, ActTorque, CmdTorque, IsInactive, IsVirtual이라는 변수를 가진다. 여기서, 눈치 빠른 독자들은 왜 같은 변수(variable) 노드 클래스인데, <표 2>에서는 특성 관계로 정의되고, <표 3>에서는 컴포넌트 관계로 정의되는지 궁금할 것이다. OPC UA에서는 명칭, 단위, 버전과 같이 정적이거나 속성을 대변하는 변수들은 특성으로 정의하며 특성 관계로 참조한다. 반면, 측정값과 같이 센서를 통하여 얻는 동적 성질의 변수는 데이터 변수로 정의하며 이들을 컴포넌트 관계로 참조한다. 실제 모델링시에는 이러한 구분이 쉽지 않다[4]. 구분이 애매한 변수들은 도메인 지식이나 선례 및 구현조건 등을 통하여 결정하는 것이 일반적인 해결 방법일 것이다.

◯ <표 3> CncDriveType 정의[8]

Attributes(속성)		Value(값)			
BrowseName(브라우즈 명)		CncDriveType			
IsAbstract(추상형 여부)		True			
References (참조)	NodeClass (노드 클래스)	BrowseName (브라우즈 명)	DataType (데이터 타입)	TypeDefinition (타입 정의)	ModellingRule (모델링 규칙)
CncComponentType 상속					
HasComponent	Variable	ActChannel	NodeId	DataItemType	Mandatory
HasComponent	Variable	ActLoad	Double	AnalogItemType	Mandatory
HasComponent	Variable	ActPower	Double	AnalogItemType	Mandatory
HasComponent	Variable	ActTorque	Double	AnalogItemType	Mandatory
HasComponent	Variable	CmdTorque	Double	AnalogItemType	Mandatory
HasComponent	Variable	IsInactive	Boolean	DataItemType	Mandatory
HasComponent	Variable	IsVirtual	Boolean	DataItemType	Mandatory

✔ **Explanation/** OPC UA 정보모델 표현법

본 절의 그림 이해를 돕기 위하여 간단하게 그래픽적 표현법을 정리한다. 2부 2장에서 상세 설명하기로 한다.

<그림> OPC UA 정보모델 표현법

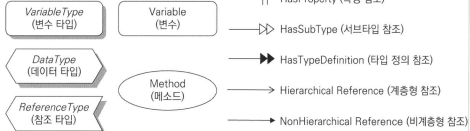

2. 시스템 설계

CNC 데이터 교환 시스템의 구현을 위한 구조 설계는 어떻게 할 수 있는지 설명

한다. <그림 16>의 구조는 하나의 예시이다. <그림 12>와 다른 부분을 찾아보자. 중간 부분의 OPC UA 서버 그리고 윗 부분의 OPC UA 클라이언트가 위치하는 것이 다르다. 이는 OPC UA를 기반으로 일관화된 데이터 교환 환경을 구축한다는 것을 의미한다. CNC 시스템에서 발생하는 데이터의 교환을 위하여 CNC에 연결된 서버가 CNC 인터페이스 데이터를 전송한다. 한편, 사용자 인터페이스나 SCADA에서는 클라이언트가 존재하여 서버로부터 전송되는 데이터를 수집하는 형태이다. CNC 및 PLC에서 생성되는 데이터가 서버를 통해 OPC UA 데이터로 변환되며 OPC UA 전송 메커니즘을 통하여 보내지는 것이다. 클라이언트는 서버로부터 전송된 데이터들을 수집하고 해석하여, 원하는 목적(예 공작기계 모니터링) 용도로 데이터를 활용한다. <그림 12>와 비교해 보면 CNC가 한 개일 경우 큰 차이는 없을 것이다. 그러나 여러 개일 경우는 차이가 커진다. <그림 12>에서는 CNC-어플리케이션 조합별 고유의 데이터 인터페이스가 필요하므로 M×N 구현이 필요하다. 반면, <그림 16>에서는 서버-클라이언트로 OPC UA로 단순화함으로써 M+N 구현을 가능하게 한다.

<그림 16> CNC 시스템용 OPC UA 서버-클라이언트 구조 예시[8]

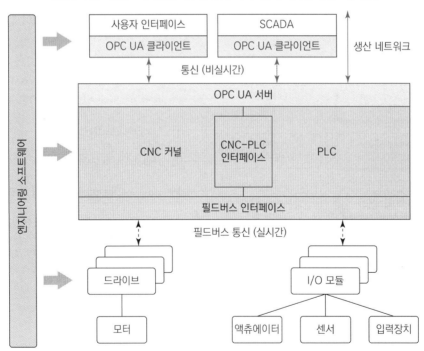

02

OPC Foundation

OPC Foundation은 OPC UA를 개발, 운영 및 인증하는 기관이다(https://opcfound ation.org/). 저자는 이 기관의 정식 회원이 아니므로, 숨어있는 정보나 최신 정보를 얻기가 어려움을 양해 바란다. 기관 홈페이지 및 문헌을 통하여 OPC Foundation 의 목적, 역사, 조직 구성, 멤버쉽 및 인증방법을 설명하고자 한다.

SECTION 01 목적

OPC Foundation은 홈페이지에서 다음과 같이 임무(mission)를 정의하고 있다[3]. 이 임무를 한글로 번역하면 다음과 같다.

The mission of the OPC Foundation is to manage a global organization in which users, vendors and consortia collaborate to create data transfer standards for multi−vendor, multi−platform, secure and reliable interoperability in industrial automation.

To support this mission, the OPC Foundation:

• Creates and maintains specifications

• Ensures compliance with OPC specifications via certification testing

• Collaborates with industry−leading standards organizations

OPC Foundation의 임무는 산업 자동화 영역에서 다양한 벤더와 다양한 플랫 폼상에서 안전하고 신뢰성 있고 상호운용적인 데이터 교환 표준을 개발하기 위 하여 사용자, 판매자, 컨소시엄들이 협력할 수 있는 글로벌 조직을 운영하는 데 있다. 이 임무를 수행하기 위하여, OPC Foundation은:

- 규격들을 개발하고 유지한다.
- 인증 시험을 통하여 OPC 규격 준수를 보장한다.
- 산업 표준 관련 조직들과 협력한다.

SECTION 02 역사

OPC Foundation의 창립 역사는 1990년 초반으로 거슬러 올라간다. 이후 30여 년 동안 진화를 거듭하여 산업 자동화 영역에서 무시할 수 없는 조직으로 성장하고 있다. 정부나 기관이 주체가 된 것이 아니라, 다양한 기업들이 자신의 필요와 공동의 목표를 위해 협력적으로 만든 컨소시엄으로 시작되었다. 영리를 추구하는 기업들의 집합체로 시작되어서 그런지 빠르고 유연하며 확장적인 조직 구조를 갖추고 있는 듯 하다.

1990년대 초반은 산업 자동화 영역에서 컴퓨터 및 소프트웨어 기반 자동화 시스템의 사용이 증가하던 시기이다. 특히, 윈도우즈(Windows)기반 컴퓨터는 사용자가 친숙한 이점을 이용하여 산업 자동화 영역에서 제어 및 가시화 용도로 많이 보급되었다. 그런데, 수많은 이기종 시스템, 프로토콜 및 인터페이스가 존재하였기 때문에 산업용 디바이스로부터의 데이터 접근이 큰 어려움이었다. 이러한 데이터 단절 문제는 산업 시스템의 고질적인 문제이며, 아직까지도 해결이 필요한 문제이다. 수평적 관점에서는 다양한 업체의 다양한 기기들이 존재하며 업체 종속적인 데이터 인터페이스를 사용하므로, 기기 간 데이터 교환이 불가하거나 어렵다. 수직적 관점에서도 산업 시스템의 각 계층은 각기 고유의 기능 그리고 자신만의 언어나 프로토콜을 사용할 수밖에 없으므로 각 계층 간 정보 단절 문제는 비일비재한 현상이었다. 그래서, 1990년대부터 산업 시스템에서의 데이터 단절 문제를 해결하고자 하는 노력이 시작되었다.

1995년에 Fisher-Rosemount, Rockwell Software, Opto 22, Intellution 및 Intuitive Technology 등 5개의 산업 자동화 업체들은 윈도우즈 시스템 기반 데이터 접근 표준을 개발하기 위한 태스크포스 팀을 구성하였다[3]. 이는 WinSEM(Windows for Science, Engineering and Manufacturing)으로 알려진 마이크로소프트 인더스트리 포커스 그룹의 초기 참여업체들이다. 이 그룹은 윈도우즈 기술을 사용하는 제품들을 개발하는 데 있어서 공통의 관심사를 가진 기업들로 구성된 그룹이다[10]. 이 태스크포스 팀의 목표는 윈도우즈 기술을 이용하여 표준화된 산업 자동화 데이터 획득을 위한 디바이스 드라이버의 플러그-앤-플레이(plug&play) 표준을 정의하는 것이었다. 여기서 사용된 기술은 컴포넌트 오브젝트 모델(Component Object Model: COM)과 분산 컴포넌트 오브젝트 모델(Distributed COM: DCOM)이다. 그리고 COM 및 DCOM 기술 기반인 객체 연결 삽입(Object Linking and Embedding: OLE)을 산업 자동화용 데이터 획득을 위하여 이용한 것이 바로 OPC(OLE for Process Control)의 시작이다. OLE는 마이크로소프트사가 개발한 기술로서, 윈도우즈의 응용프로그램 사이에서 서로 데이터를 공유하도록 객체를 서버로부터 연결하거나 아예 원본 데이터를 삽입하는 연결 규약이다. 예를 들면 마이크로소프트 파워포인트에서 개체 삽입 중 '파일로부터 만들기' 기능을 생각하면 될 것이다. OPC는 각종 어플리케이션들이 분산제어 시스템(Distributed Control System: DCS), PLC 및 SCADA 등 공정 제어 장비들로부터 데이터 수집을 가능하게 하는 표준 인터페이스로 정의할 수 있다. 즉, 어플리케이션들은 단 하나의 OPC 호환 드라이버만 설치하면 각기 다른 OPC 호환 서버들로부터 데이터 수집을 할 수 있게 된다[10].

1996년 시카고 ISA 박람회에서 OPC Foundation이 창립되었으며, 데이터 접근을 위한 최초의 OPC 규격이 릴리즈 되었다. 이는 1년 만에 규격이 완성된 것으로서, 기업의 컨소시엄이라는 조직적 특징과 핵심적인 기능만 포함하는 규격이기에 가능하였다.

1998년에 두 번째 버전의 OPC 데이터 접근(data access) 규격이 릴리즈 되었다. 이 규격은 아직까지도 중요한 규격이다. 1999년에 OPC 알람과 이벤트(alarm & event) 규격, 2001년에 OPC 과거 데이터 접근(historical data access) 규격이 릴리즈 되었다. 이 세 규격을 클래식 OPC(Classic OPC)라고 부르고 있으며, 아직까지도 OPC UA의 중요한 기본 정보 모델로 활용되고 있다.

2003년에는 13개 파트로 구성된 OPC UA가 만들어졌고, 2006년도에 첫 번째 버전의 OPC UA가 릴리즈 되었다. 그리고 산업 분야로의 서비스 지향 아키텍처의 보급과 함께 개방형 플랫폼 아키텍처를 채택하게 된다. 이에 부응하여 OPC의 약어도 OLE for Process Control로부터 Open Platform Communications로 변경되었다. 2012년에 OPC UA의 공식표준인 IEC 62541이 처음으로 발간되었다. 2010년 이후부터는 OPC UA 규격들 그리고 협력 규격들의 발간 및 확장이 이루어지고 있으며 현재 진행형이다. 이러한 노력을 통하여 OPC UA 규격 및 협력 규격들을 지속적으로 개발하고 유지하고 있다.

<그림 17>은 OPC Foundation의 조직도이다. 눈여겨 볼 점은 기술 관련 그룹과 함께 마케팅 관련 그룹이 병립하는 것이다. OPC Foundation에서는 4,200개 업체가 개발한 35,000개의 OPC 제품들이 1,700만회의 적용사례가 있다고 밝히고 있다[3]. 다음은 각 세부조직의 역할 및 활동을 설명한다(2020년 8월 기준).

<그림 17> OPC Foundation 조직도

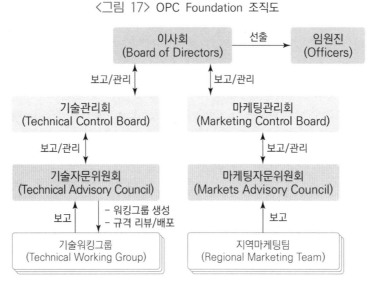

- Board of Directors(이사회): 이사회는 전원 기업체 소속이며, 이사회를 구성하는 기업은 Mitsubishi Electric, Ascolab, Siemens AG, BECKHOFF, Honeywell Process Solutions, Yokogawa, SAP AG, Microsoft, ABB, Schneider Electric, Rockwell Automation 등이다. 산업 자동화 분야에서는 모두 알만한 기업들이며, 독일, 미국 및 일본 기업들이 다수를 차지하고 있다.

- Officers(임원진): 이사회를 구성하는 주요 임원진들이다. OPC Foundation 한국지부는 현재 한국전자기술연구원(KETI)에서 맡고 있다.

- Technical Control Board(기술관리회): 기술과 관련된 활동들을 총괄한다. OPC UA 핵심 규격, 협력 규격, 오픈 소스 저장소, 개발 계약 등의 업무를 관리 및

감독하며, 새로운 OPC UA 기술 활동들을 활성화하는 업무를 수행한다.

- Technical Advisory Council(기술자문위원회): 주요 산업 자동화 업체 및 OPC Foundation의 핵심 구성원들로 이루어지며, 현재 및 미래의 기술적 방향을 이끄는 자문을 수행한다. 또한, 기술 워킹그룹으로부터 요청된 새로운 활동이나 결과물들의 승인을 수행한다.

- Technical Working Group(기술워킹그룹): OPC UA 규격, 기술 및 인증 개발을 위한 실무 기술 그룹이다. Unified Architecture 워킹그룹(규격 정의, 보수 및 개선), Compliance 워킹그룹(OPC UA 인증 및 테스트 방법), UA for Device 워킹그룹(디바이스 관련 규격 정의, 보수 및 개선), Harmonization 워킹그룹(협력규격 개발 협업) 및 Semantic Validation 워킹그룹(시맨틱 규칙 개발 및 검증)과 Field Level Communication 이니셔티브(개방·일관·표준형 산업사물인터넷 통신) 등의 세부 워킹그룹으로 구성된다.

- Marketing Control Board(마케팅관리회): 마케팅과 관련된 활동들을 총괄한다. 마케팅 전략, 박람회·전시회 활동, 발표자료·비디오·소셜미디어 및 언론 활동 등의 업무를 관리 및 감독하며, 새로운 OPC UA 마케팅 활동들을 활성화하는 업무를 수행한다.

- Markets Advisory Council(마케팅자문위원회): 주요 산업 자동화 업체 및 OPC Foundation의 핵심 구성원들로 이루어지며, 현재 및 미래의 마케팅 기회 및 방향을 이끄는 자문을 수행한다.

✔️ **Opinion**

독자 중 일부는 마케팅 그룹의 병립을 탐탁지 않게 볼 수 있다. 그러나 저자는 마케팅 관련 그룹을 기술사업화를 수행하는 필수적인 부서라고 생각한다. 이러한 부서 기능이 있기에 OPC UA의 기술적 우월성을 떠나서 시장적 파급력을 확보한다고 생각한다. 앞으로의 우리나라 연구개발 조직도 이러한 기능을 포함해야 하지 않을까 하는 의견이다. 많은 수의 국가기술 연구개발 사업이 개방·공유형을 목표로 진행되는 것은 긍정적인 현상이다. 그러나 3~5년간의 기술개발 사업이 종료되면 그것으로 끝이다. 또한, 국가주도의 기술개발 사업의 경우는 기술사업화를 위한 예산 편성은 쉽지 않은 것이 현실이다. 연구개발 사업을 통하여 우수한 기술을 개발하더라도 사업에 참여한 기업들만 수혜를 얻고 나서는 더 이상 유지 및 확장되지 않아 시장 장악력을 놓치거나 사장되는 현상이 반복되고 있다. 이러다보니 결국 외국 주도의 사실 표준을 활용할 수밖에 없는 악순환이 이루어지고 있다. 앞으로는 개방·공유형 국가 기술 연구개발 사업에 참여하는 기업·기관은 기술개발과 병행하여 기술사업화를 추진하는 전담부서를 편성하고 예산을 장기적으로 꾸준하게 지원함으로써(과제가 종료된 이후에도) 개발된 우수한 기술들을 홍보하고 판매하며(유료든 무료든), 사실 표준으로 자리 잡도록 노력하였으면 한다.

SECTION 04 회원제

OPC Foundation은 회원 제도를 운영하고 있다. 종류는 기업(corporate)회원, 사용자(end-user) 회원, 비투표(non-voting) 회원 및 UA 로고(logo) 회원이 있으며, 유료 및 무료 회원제로 운영된다. 회원 종류에 따라 접근가능한 정보, 서비스 및 제품이 다르다. 기업 회원은 OPC 제품을 만들어 판매하는 업체이며, 연매출에 따라 연회원료가 다르다. 사용자 회원은 OPC 제품을 사용하는 업체나 기관이며, 일정 연회원료를 지불한다. 비투표 회원은 상용 OPC 제품을 판매하지 않는 정부, 연구기관, 대학교 혹은 비영리기관이며, 필요에 따라 일정 연회원료를 지불한다. UA 로고 회원은 OPC UA 제품을 제공하는 회원이다. 일반 유저는 홈페이지에 무료로 계정을 만들어 정보와 뉴스레터를 받을 수 있다. <표 4>는 회원 종류별 연간 회원료이며, <표 5>는 회원 종류별로 접근가능한 서비스 목록이다(2022년 1월 기준).

⊙ <표 4> OPC Foundation 회원 종류 및 연회원료[3]

회원 종류	연매출액(달러)	연회원료(달러)
기업(Corporate, Class A)	100만 달러 초과	18,000
기업(Corporate, Class B)	20만~100만 달러	9,600
기업(Corporate, Class C)	2만~20만 달러	4,800
기업(Corporate, Class D)	2만 달러 미만	3,000
엔드유저(End-user)	-	1,800
비투표(Non-voting)	-	900
UA 로고(logo)	-	0

○ <표 5> OPC Foundation 회원 혜택[3]

회원 종류	기업	엔드유저	비투표	UA 로고
지적재산권 보호	○	○	○	○
OPC UA 규격 접근	○	○	○	○
클래식 OPC 접근 및 샘플 코드	○			
OPC Foundation 소스코드 평가	○	○	○	○
OPC Foundation 소스코드 상용목적 사용	○			
OPC Foundation 소스코드 유통	○			
워킹그룹 참여 및 기술이니셔티브 협업	○	○	○	
규격 초안 접근	○	○	○	
향후 OPC 표준 개발 참여	○	○	○	
OPC 인증 테스트 도구 무료 사용	○			
OPC 인증 테스트 도구 서비스 구매		○	○	○
OPC 인증 랩 사용	○			○
상호운용성 이벤트 참여	○			
OPC 회원 로고 사용	○	○	○	
OPC UA 기술 로고 사용	○		○	○
OPC 제품목록 등록	○			
신제품 출시 온라인 홍보	○			
뉴스레터 · 웹사이트 스폰서쉽 기회	○			
전시회 · 이벤트 스폰서쉽 기회	○			
OPC Foundation 연례총회 참석	○	○	○	○

SECTION 05 인증

OPC Foundation의 또 다른 수익원은 OPC 인증(certification)이다. 물론 클래식 OPC와 OPC UA는 개방형·공유형 기술이기는 하나, 공급기업이 상용제품을 판매하려면 시장의 공인력이 필요하다. 이를 위해서 유일한 인증기관인 OPC Foundation에서 인증 테스트를 통과한 후 발급받는 OPC 로고를 부착하여 시장에 출시하는 것이 유리할 것이다.

OPC Foundation에서는 Compliance 워킹그룹을 중심으로 인증 및 준수 프로그램(Certification and Compliance Program)을 운영중이며, OPC 요구사항을 준수하는 OPC 인증 제품을 개발하고 판매하도록 지원하고 있다. OPC 인증 제품들은 규격을 준수하며(compliant), 다른 벤더들의 다른 제품들과 상호운용적이며(interoperable), 통신단절에도 복구 가능하도록 강건하며(robust), 세계적으로 통용되며(usable), 리소스를 관리하는 데 효율적(efficient)이라고 밝히고 있다[3].

OPC Foundation의 인증 테스트 랩(Certification Test Lab)에서 클래식 OPC와 OPC UA 제품들의 인증작업을 수행한다. 제품들은 소프트웨어 및 하드웨어 형태 모두 가능하다. 이러한 제품들은 현재 또는 과거의 OPC 규격을 기준으로 테스트 받을 수 있다. 그런데, 툴킷(took kit)이나 SDK(Software Development Kit)은 직접적으로 인증이 불가한데, 개발자나 사용자가 이들을 이용하여 제품으로 구현해야 하기 때문이다. 그래서, 툴킷과 SDK에 참조 구현(클라이언트 및 서버 샘플)을 포함하면, 참조 구현을 기준으로 테스트 및 인증을 받을 수 있다. 인증 테스트를 통과한 제품에 대해서는 <그림 18>과 같은 인증로고를 부여한다.

<그림 18> OPC 인증 로고

OPC UA의 인증 및 테스트에 대해서는 Part 7 규격에서 정의하고 있다. 프로파일 정보는 웹페이지(https://profiles.opcfoundation.org/)를 통하여 공개하고 있다. 보통의 소프트웨어 시험은 주어진 기능들을 보다 세분화하고 세분화된 기능별 단위 테스트(unit test)를 실행한 후 소프트웨어의 동작이 예상한대로 실행되는지 확인하는 과정을 거친다[11]. OPC UA도 마찬가진다. 결국, 인증 테스트는 개발된 제품의 기능성들에 대하여 OPC UA에서 정의하는 규격, 기능 및 성능을 준수하는지의 여부를 단위 테스트를 통하여 확인하게 된다.

모든 제품들이 OPC UA의 모든 기능성들을 제공할 필요는 없다. 예를 들면, 작은 엠베디드 장치에 구현된 서버는 데이터 접근에 대한 기능을 제공하되 과거 데이터 접근 기능은 배제할 수 있다. 그리고 어떤 클라이언트는 현재 데이터만 취급하고 또 다른 클라이언트는 이벤트 구독만 취급할 수도 있다. 따라서 OPC UA 제품들의 다양하고 각기 다른 기능성들을 검증하기 위한 유연한 방법이 필요하다. 이를 위하여 아래의 프로파일, 페이셋, 적합성 단위 및 시험 케이스 개념이 제시되었다.

- 프로파일(profile): 어플리케이션에서 지원되어야만 하는 기능성을 정의한다. 서버는 이러이러한 기능들을 제공한다고 밝히는 것이며, 클라이언트는 이러이러한 기능들이 필요하다고 말하는 것이다.

- 페이셋(facet): 부분적이되 핵심적인 기능성들을 정의한다.

- 적합성 단위(conformance unit): 최소의 시험 단위이다. 예를 들면 배열 타입 데이터 읽기, 서비스 콜 등이 있다.

- 시험 케이스(test case): 특정 기능을 테스트하는 데 필요한 단계의 집합을 정의한다.

<그림 19>는 프로파일, 페이셋, 적합성 단위와 시험 케이스간의 관계를 설명한다. 프로파일은 여러 개의 적합성 단위들을 가지며, 적합성 단위는 여러 개의 시험 케이스들을 가지고 있다. 프로파일은 다른 프로파일 혹은 페이셋들을 가질 수 있다. OPC UA 어플리케이션은 여러 개의 시험 케이스들을 수행하여 통과하면, 적합성 단위를 통과하게 된다. 그리고 여러 개의 적합성 단위들(이를 적합성 그룹이라고

<그림 19> 프로파일, 페이셋, 적합성 단위, 시험케이스 관계

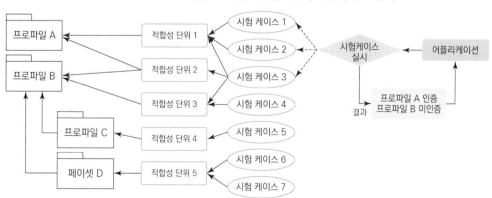

함)을 통과하면, 특정 프로파일 혹은 페이셋으로 정의되는 기능성을 제공한다고 보는 것이다.

OPA UA 프로파일은 어플리케이션 프로파일(application profiles), 서버(server), 클라이언트(client), 발간자(publisher), 구독자(subscriber), 전송(transport), 보안(security), 글로벌 디렉토리 서비스(global directory service) 등 8개 카테고리로 구성되어 있다 (2022년 1월 기준). <그림 20>은 클라이언트 카테고리의 Attribute Read Client(노드의 속성을 읽는 기능) 페이셋 예시이다. 이 페이셋은 4개의 적합성 단위를 갖는 어드레스 스페이스 모델 적합성 그룹과 4개의 적합성 단위를 갖는 속성 서비스 적합성 그룹으로 구성된다. <그림 21>은 Attribute Client Read Base라는 적합성 단위의 시험 케이스 목록이다. 51개의 시험 케이스가 존재하며, 각 시험 케이스를 실시했을 때의 예상 결과대로 작동하는지를 체크한다. 모든 시험 케이스들이 정상 작동하면 이 페이셋의 기능성을 제공한다고 판단한다. 이러한 방식으로 인증 과정을 거친다.

<그림 20> 프로파일 예시(Attribute Read Client Facet)[11]

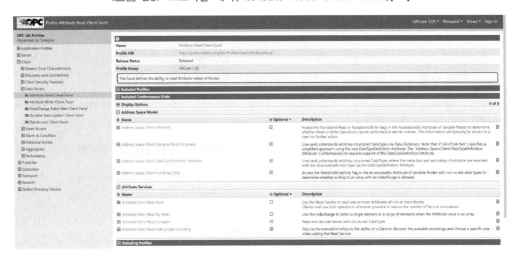

<図>그림 21> 시험 케이스 예시(Attribute Read Client Base)[11]

CHAPTER 03

클래식 OPC

01 개념

규격 관점에서 본다면 OPC UA는 클래식 OPC로부터 진화되었다고 볼 수 있다. OPC UA는 클래식 OPC를 포함하고 있으며, 여전히 중요한 부분을 차지한다. 산업 시스템의 수직적 관점에서 SCADA, MES 등 상위 시스템에서는 현장의 작업자, 설비 및 제품에서 생성되는 데이터를 획득하고, 이벤트나 상황의 발생에 대한 인식 그리고 저장된 과거 이력 데이터를 획득하는 것이 필요하다. 이 세 가지 유스케이스가 클래식 OPC에 반영된 것이다. 클래식 OPC에서는 데이터 수집을 위해 필수적인 데이터 접근(Data Access: DA), 알람과 이벤트(Alarm & Event: A&E), 과거 데이터 접근(Historical Data Access: HDA) 정보 모델들을 정의하고 있다. DA 규격은 현재 발생하는 데이터의 접근을 다루며 Part 8에서 정의하고 있다. 이 규격에서는 클래식 OPC의 DCOM기반 DA를 OPC UA로 매핑하는 방법을 추가적으로 제공한다. A&E 규격은 프로세스 알람 혹은 변동 등의 이벤트 기반 정보를 다루며, Part 9에서 정의하고 있다. 이 규격에서는 상태 기계(state machine) 모델을 기반으로 이벤트 변화에 따른 상태 변이를 정의한다. 마찬가지로 클래식 OPC A&E를 OPC UA로 매핑하는 방법을 제공한다. HDA는 저장된 데이터의 접근을 정의하며, Part 11에서 정의하고 있다. 이 규격에서는 데이터 저장소로부터 타임스탬프(timestamp)를 이용한 과거 데이터 수집을 위한 정보 모델을 정의한다.

클래식 OPC도 서버-클라이언트 구조를 채택하고 있다. <그림 22>는 클래식 OPC의 서버-클라이언트 구조 예시이다. 클래식 OPC 인터페이스는 COM 및

DCOM 기술을 기반으로 한다. 윈도우즈 운영 체제를 사용하는 시스템에서는 별도의 전송 프로토콜이나 메커니즘이 없어도 정보 교환이 가능한 것이 큰 장점이었고, 클래식 OPC의 성공에 보탬이 되었다. 그러나 윈도우즈가 아닌 다른 운영체제를 사용하는 시스템에서는 정보 교환이 불가능하였고, DCOM 기술의 한계로 인한 원격 통신의 제약 등이 단점이었다. 당연히 이러한 단점들은 OPC UA에서 극복되었다.

<그림 22> 클래식 OPC 서버-클라이언트 구조[4]

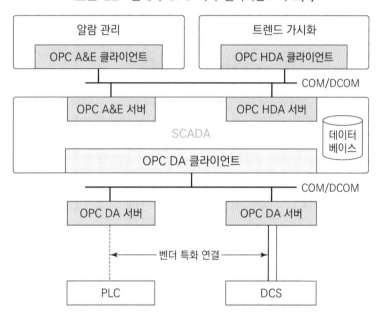

SECTION 02 데이터 접근

클래식 OPC DA는 서버가 생산·계측·측정 기기를 통하여 수집된 데이터를 계속 생성하고, 클라이언트는 관심 있는 생산·계측·측정 데이터를 받는 것이다. DA는 현재 발생하는 데이터 아이템에 대한 생산·계측·측정 변수들의 모니터링과 읽기·쓰기를 가능하게 한다.

<그림 23>은 OPC DA를 통하여 OPC 아이템 데이터를 획득하는 방법이다. <그림 24>는 OPC DA 서버와 클라이언트 및 객체 계층을 나타낸다. OPC DA

<그림 23> OPC DA 클라이언트의 데이트 접근 방식

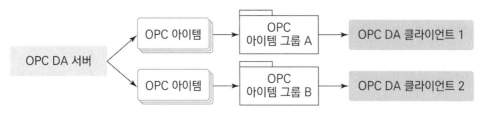

<그림 24> OPC DA 서버-클라이언트와 객체 계층[12]

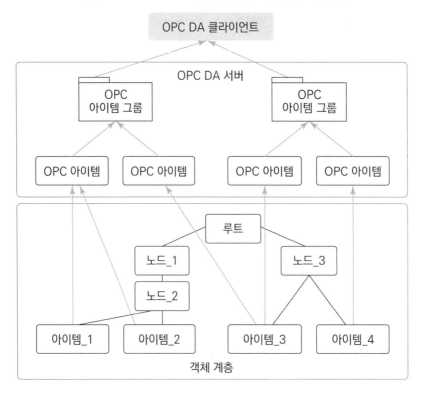

서버는 산업 현장에서 PLC나 DCS로부터 생성되는 변수들의 실시간 데이터를 상위 시스템으로 보내주는 것이 가장 큰 역할이다. OPC DA 클라이언트는 서버에서 생성하는 변수들 중에서 관심 있는 변수들을 능동적으로 선택하고(이를 OPC 아이템이라 함) 이들의 모니터링, 읽고 쓰기를 수행한다. 클라이언트는 OPC 서버 객체를 생성함으로써 서버와 연결한다. 서버 객체는 어드레스 스페이스 구조를 통하여 OPC 아이템을 탐색하는 방법과 그 아이템의 데이터 종류 및 접근권한과 같은 특성(property)

을 제공한다. 이 방식은 OPC UA 방식과 유사하다. 클라이언트는 OPC 아이템들을 그룹화하고, 동일한 설정에서 그룹화된 아이템들의 값들을 가져온다. 대부분의 클라이언트는 서버로부터 지속적이고 주기적인 데이터 획득을 필요로 하는데, 이는 갱신주기를 그룹별로 설정함으로써 가능해진다. 서버는 주어진 갱신주기에 맞추어 아이템 값의 변화를 체크하고, 변경된 값들을 클라이언트로 보내준다. 일반적으로 실시간 데이터는 휘발성을 가지므로, 네트워크 및 기기 오류에 의하여 데이터 손실이 발생하는 시간대역에서의 데이터 존재 유무를 판단하기 어렵다. 하지만, OPC DA에서는 이 문제를 해결하기 위하여 전송 데이터에 타임스탬프(timestamp)와 품질(quality) 데이터를 추가한다. 타임스탬프의 추적을 통하여 데이터 손실 유무 및 범위를 판별할 수 있다. 품질 데이터는 데이터의 양호·불량·불확실 여부를 알려준다. 산업 현장에서의 동적 데이터, 즉 시간 개념이 반영된 운영·계측·검사 데이터에서는 타임스탬프의 개념이 중요하다. 타임스탬프는 데이터의 생성 시점을 기록하므로, 데이터가 어떠한 기기에서 언제 생성하였는지를 파악하는 데이터 식별자 역할로 활용할 수 있다. 타임스탬프 개념은 클래식 OPC HDA에도 반영되어 있다.

SECTION 03 알람과 이벤트

클래식 OPC A&E는 프로세스에서의 이벤트 및 알람 통지의 수령을 가능하게 한다. 사실 이벤트와 알람의 구분은 쉽지 않다. 일반적으로, 알람은 공정에서 어떠한 상태의 변화에 대한 정보를 의미한다. 예를 들어, 저장탱크의 액체 높이가 최대치를 초과하였을 때 혹은 최소치 미만일 때 알람을 발생한다. 이벤트는 공정에서 어떠한 활동이 발생했을 때에 대한 정보를 의미한다. 예를 들어 유압밸브의 개폐가 있다.

<그림 25>는 OPC A&E를 통하여 OPC 아이템 데이터를 획득하는 방법이다. OPC A&E 클라이언트는 OPC A&E 서버에 접속하고 서버로부터 발생하는 알람과 이벤트 통지를 수집한다. 마찬가지로, 클라이언트는 서버에서 OPC 이벤트 서버 객체를 생성하여 연결한 후, OPC 이벤트 구독을 이용하여 알람과 이벤트 메시지를 수집한다. OPC DA와 다르게 OPC A&E에서는 특정 데이터만을 요청하는 방법은 없다. 즉, 서버는 모든 알람과 이벤트 메시지를 전송한다. 클라이언트는 이벤트 종

류, 우선순위 또는 이벤트 소스 등을 제약하는 필터 범위를 설정함으로써, 받고자 하는 알람과 이벤트만을 처리하는 수동적인 방식을 취한다.

〈그림 25〉 OPC A&E 클라이언트의 데이터 접근 방식

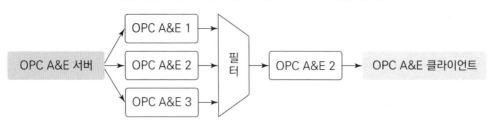

SECTION 04 과거 데이터 접근

클래식 OPC HDA는 데이터 저장소에 저장된 데이터의 접근과 관련한 인터페이스를 제공한다. OPC HDA는 데이터베이스의 CRUD와 같이, 과거 데이터의 삽입(Create), 읽기(Read), 갱신(Update) 및 삭제(Delete) 방법들을 제공한다. OPC DA는 실시간적인 현장 데이터의 수집을 통한 대쉬보드용 모니터링 성격이 강한 반면, OPC HDA는 데이터 분석 및 성과 산출 용도로의 성격이 강하다.

마찬가지로, OPC HDA 클라이언트는 OPC HDA 서버 객체를 생성함으로써 서버와 연결한다. 이 객체는 과거 데이터 읽기 및 갱신과 관련한 인터페이스와 방법을 제공한다. OPC HDA에는 브라우저 객체라는 것이 있는데 서버의 어드레스 스페이스를 브라우징하기 위해 사용한다.

과거 데이터를 읽는 데에는 3가지 방법이 있다. 이때, 타임스탬프가 필요하며, 타임스탬프와 품질 값은 수집되는 데이터에 항상 동반한다. 첫 번째는 관심 변수들에 대해 읽고자 하는 시간 범위(time domain)를 설정하는 방법이다. 데이터베이스의 select 쿼리문을 짤 때, where절에 타임스탬프 범위를 and로 지정하는 방법과 유사하다. 예를 들어, 과거의 유량 측정값들을 얻기 위하여 최소 타임스탬프와 최대 타임스탬프를 정의하면, 그 범위 안의 측정값들을 가져오는 방식이다. 두 번째는 특정 타임스탬프들을 목록으로 지정하는 방법이다. 데이터베이스의 select 쿼리문의 where절에서 특정 타임스탬프들을 or로 나열하는 것과 유사하다. 세 번째는 위 두 가지 방

법을 사용하되 데이터들을 종합하여 집계한 값들을 가져오는 방법이다. 예를 들면 수학 및 통계 함수를 사용하여 과거 데이터의 기초 통계량을 산출하는 것이다.

CHAPTER 04

필요성

OPC UA의 필요성은 다양하게 서술될 수 있으나, 가장 중요한 것은 산업 데이터 수집과 교환을 위함이다. <그림 26>과 같이, 저자는 과거, 현재, 미래 관점에서 ① 클래식 OPC로부터의 기술 진화체, ② 일관형·표준형 데이터 교환 매개체, ③ 산업 지능화용 정보·지식의 매개체 및 표현체로 필요성을 정리하고자 한다. 세 가지 필요성을 요약하자면 다음과 같다.

① 클래식 OPC의 단점과 한계점을 극복하여 규격 및 기술 그 자체로의 진화를 이룬 것이다.

② 다양한 산업 시스템(모든 산업 시스템이 될 수도 있음)에서 유일하면서도 표준화된 데이터 교환 인터페이스를 통하여 왜곡없고 막힘없는 데이터 획득을 가능하게 한다.

③ 산업 분야와 비산업 분야를 넘나드는 다양한 도메인의 정보 및 지식을 제약 없이 일관적으로 구조화하고 표현하는 통합 정보 모델 및 시스템을 통하여 산업 자동화를 넘어 산업 지능화를 가능하게 한다.

<그림 26> OPC UA 필요성 요약

시간 관점	명칭	필요성	이슈
과거	클래식 OPC로부터의 기술 진화체	클래식 OPC의 단점과 한계점을 극복하여 규격 및 기술 그 자체로의 진화	• 플랫폼(운영체제) 호환성 및 보안 • 데이터 완전성·일관성 • 유연하고 확장적 정보 모델
현재	일관형·표준형 데이터 교환 매개체	수직적 통합과 수평적 통합을 위하여 표준화된 데이터 인터페이스를 통하여 왜곡없고 막힘없는 데이터 교환	• 산업 자동화 • 수직적 통합 • 수평적 통합
미래	산업지능화용 정보·지식 매개체·표현체	다양한 도메인의 정보·지식을 제약없이 일관적으로 구조화하고 표현하는 통합 정보 모델 및 시스템 구현	• 산업 지능화 • 사이버·물리 생산시스템 • 경계없는 도메인간 지식 공유

SECTION 01 클래식 OPC의 진화

클래식 OPC는 다양한 어플리케이션에서 성공적으로 사용되었다. 그러나 플랫폼 호환성, 데이터 완전성과 일관성, 보안 그리고 정보 모델의 제약 등의 문제점과 한계를 보였다. 우선, 마이크로소프트의 COM 및 DCOM 기술을 활용하다보니, 윈도우즈 운영체제에서만 사용이 가능하였다. 즉, Linux와 같은 다른 운영체제에서는 클래식 OPC 기반의 데이터 교환이 불가능하였다. 산업 자동화 용도로 윈도우즈뿐만 아니라 다른 운영체제들도 혼용하고 있는데, 클래식 OPC 서버 구축은 윈도우즈 운영체제에만 가능하다는 플랫폼 호환성에 대한 한계점이 존재하였다. 그리고 장치에서 데이터베이스로의 데이터 전송은 비효율적이고 불완전하게 이루어졌다. 산업용 장치로부터 데이터를 획득하여 전송하는 컴퓨터가 반드시 있어야 했고, 누군가가 이를 설치하고 검증하고 유지보수를 해야 했다. 또한 올바른 데이터를 수집하는지 그리고 어떤 바이트가 시작인지를 알려주는 정보가 부족하였다. 데이터 일관성 측면에서는 메타데이터(metadata: 일종의 데이터의 꼬리표로서, 데이터에 관한 식별, 목적, 시간, 방법 등을 서술한 데이터)가 부족하여 시스템에서 데이터가 생성된 상황을 이해하기 어려운 단점도 있었다. 보안 관련해서도 맬웨어(malware) 공격에 취약하여 클래식 OPC 서버가 다운되는 사례도 보고되었다[6]. 그리고 정보 모델 자체의 한계도 존재하였다. 클래식 OPC는 데이터 접근, 알람과 이벤트, 과거 데이터 접근에 대해서는 일정 수준 이상의 정보 모델과 컨텐츠 제공이 가능하다. 그러나 산업별로 특화된 정보 모델의 생성은 불가하였다. 다양한 산업 분야에서는 고유하며 특화된 정보를 투영하는 확장적 정보 모델이 필요하지만, 고정적인 클래식 OPC로는 산업 특화된 정보 모델로의 확장이 어려웠다.

이러한 클래식 OPC의 단점들을 극복하고 진화한 것이 OPC UA이다. 이는 클래식 OPC가 어느 정도 안착된 데 따른 자연스러운 결과물일 수도 있다. 클래식 OPC를 사용하면서 불편함 및 어려움을 많이 느꼈을 것이고, 이러한 요구사항들을 반영하여 기술로 실현한 것이다. <표 6>은 클래식 OPC 단점으로부터 도출된 OPC UA의 요구사항을 정리한 것이다.

○ <표 6> OPC UA 요구사항[4]

정보 모델링 관점	분산 시스템 간 통신 관점
• 공통의 모델(common model for all OPC data) • 객체지향(object-oriented) • 확장성(extensibility) • 메타데이터(meta information) • 복합적 데이터와 방법(complex data & methods) • 규모가변성(scalability from simple to complex models) • 추상기반 모델(abstract base model) • 타 표준데이터 모델을 위한 기반(base for other standard data models)	• 강건성(robustness) • 결함감내성(fault tolerance) • 리던던시(redundancy) • 플랫폼 독립성(platform independence) • 규모가변성(scalability) • 고성능(high performance) • 인터넷과 방화벽(internet & firewalls) • 보안과 접근제어(security & access control) • 상호운용성(interoperability)

SECTION 02 일관형 · 표준형 데이터 교환

현재 관점에서 OPC UA는 다양한 산업 분야에서 플랫폼 및 시스템 독립적으로 일관적이고 표준적인 데이터 교환을 가능하게 하는 것이 가장 큰 필요성이다. 즉, 산업 시스템의 수직적 통합과 수평적 통합을 위한 단일화된 데이터 인터페이스로서의 역할이다.

수직적 통합(vertical integration)은 생산 효율화를 목표로 현장의 하위 설비와 상위 시스템 간의 통합을 의미한다. 다양한 설비에서 센서와 디바이스를 통하여 데이터를 획득하고, PLC 및 HMI를 통하여 설비의 제어를 수행하고, 생산 프로세스 관리를 위하여 MES와 비즈니스 영역을 관장하는 ERP까지를 유기적으로 관리 및 통합하는 것이다. 과거에는 이러한 수직적 통합이 잘 이루어지지 않았다. 현장의 센서, 디바이스 및 설비들이 워낙 다양하고, 이들을 개발 및 공급하는 벤더들이 다양하다보니 서로 자기만의 데이터 인터페이스를 사용했던 것에 기인한다. 데이터 획득을 위해서는 벤더의 데이터 인터페이스를 사용해야 했고, 이들이 블랙박스화되어 있어서 타사의 하드웨어와는 연결이 불가하거나 어려웠다. 또한, 시스템 계층별로도 정보 단절 문제가 존재하였다. 계층별로 각기 다른 목적, 다른 표현방법, 다른 데이터 구조를 사용하다보니 하위 하드웨어 계층의 정보가 상위 계층으로 전달이 안 되

었고 역방향으로의 전달도 어려웠다. 심지어는 같은 계층에서 사용되는 소프트웨어들도 벤더별 호환성이 부족하여 데이터 손실 문제가 존재하였다.

한편, 수평적 통합(horizontal integration)은 제품의 가치사슬 및 공급사슬의 통합을 의미한다. 가치사슬 통합은 시장조사, 제품기획, 제품개발, 공정설계, 생산, 유통 및 물류, 사용, 유지보수 그리고 폐기 등 제품수명주기의 데이터를 통합하는 것이다. 그리고 공급사슬 통합은 원자재업체, 부품업체, 조립업체, 유통업체와 소매업체 등 공급사슬에서의 정보 흐름을 통합하고 관리하는 것이다. 과거에는 수평적 통합은 더욱 어려웠다. 마찬가지로, 가치사슬을 구성하는 단계별 목적, 기능, 데이터 표현 방법 및 구조가 워낙 다양하여 정보 고립 및 단절 문제가 존재하였기 때문이다. 가치사슬 구성원들은 각기 다른 회사이다 보니 기밀 유출 등의 문제로 정보 공유를 기피하는 현상이 보편적이었다. 그러나 고객의 요구에 의해서 상황이 바뀌고 있다. 즉, 수직적 그리고 수평적 통합을 위한 고객의 요구가 강해지다 보니 벤더들도 데이터 공유 및 교환을 감안한 제품 출시를 할 수밖에 없는 상황으로 바뀌고 있다. 앞서 언급한 일본 Mazak사의 스마트박스(Smart Box)가 대표적인 예이다.

OPC UA는 수직적 통합과 수평적 통합에 필요한 일관적이고 표준화된 데이터 모델, 방법 그리고 시스템 구조를 제공하므로, 이는 현재 관점에서의 필요성이라 할 수 있다. <그림 27>은 수직적 통합을, <그림 28>은 수평적 통합을 설명하는 그림이다. OPC UA라는 하나의 매개체로 각 주체들간의 데이터 교환을 할 수 있다는 개념이다.

수직적이고 수평적 통합을 위해서는 최대한 일관적이고 표준적인 데이터 인터페이스 기술이 필요할 것이고, OPC UA가 해결 표준이자 기술인 것이다. 물론, 산업 특화된 표준, 예를 들면 MTConnect의 활용도 가능하다. 그런데, 이종 산업 간에도 호환성을 감안한다면 범용적인 데이터 호환 기술을 택하는 것이 합리적일 것이다. 그리고 다양한 산업간 데이터 교환을 위해서 정적이고 고정적인 정보 모델의 개발은 사실상 불가능하다. 왜냐하면 데이터, 어플리케이션, 벤더 및 제품의 다양성이 워낙 크기 때문에 All−in−One 형태의 정보 모델을 개발하는 것이 불가능하기 때문이다. 하지만, 메타 모델링 방식이라면 얘기가 달라진다. 메타 모델링 방식은 공통의 블럭들을 이용하여 확장적으로 하나씩 하나씩 모델화하는 하향식 모델링 방법이므로, 특정 산업에 국한되지 않고 동적이고 유연한 정보 모델의 개발이 가능하다. 더불어, OPC UA의 시스템 구조 또한 수직적·수평적 통합을 가능하게 한다. 웹서비스 기반 서버−클라이언트 그리고 Pub−Sub 형태로 구현이 가능하므로, M−to−N 데이터 교환이 이루어지기 때문이다.

<図>그림 27> OPC UA 기반 수직적 통합

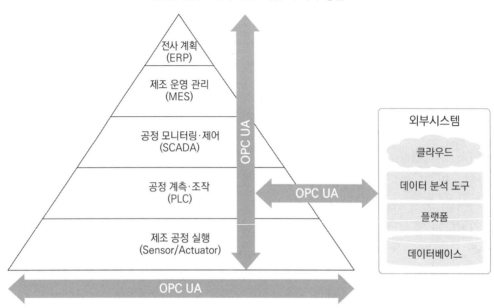

<그림 28> OPC UA 기반 수평적 통합

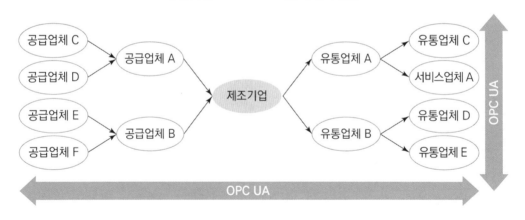

2010년 초 4차 산업혁명이 논의되기 시작하고, 빅데이터, 인공지능, 사이버-물리 시스템, 사물인터넷, 클라우드 등 첨단 정보통신기술을 산업 자동화 기술에 융합하는 디지털 트랜스포메이션이 이루어지고 있다. 이에, 데이터는 없어서는 안 될 중요한 자산으로 자리매김하고 있다. 즉, 산업 자동화(industrial automation)를 벗어나서, 데이터 기반 의사결정을 통한 계획 · 운영 · 제어를 수행하는 산업 지능화(industrial intelligence)의 시대로 다가가고 있다. 여기서 산업 자동화는 사람의 입력을 기계가 자동적으로 수행하는 것을 의미하며, 산업 지능화는 사람의 간섭은 최소화한 상태에서 기계가 인공지능을 바탕으로 자율적이고 협업적으로 운영되는 것을 의미한다.

산업 지능화를 위해서는 획득된 데이터를 이용하여 목적에 따라 서술적 분석(descriptive analytics), 진단적 분석(diagnostic analytics), 예측적 분석(predictive analytics) 및 처방적 분석(subscriptive analytics)을 망라하는 데이터 애널리틱스(data analytics)가 필요하다[13]. 데이터 애널리틱스는 다양한 엔지니어링 활동들, 예컨대 예측적 공정 계획 · 제어 · 검측 · 계측, 예지 보전, 결함 감지 및 분류, 품질 예측 및 최적화를 위한 시스템 및 서비스를 가능하게 한다. 이러한 엔지니어링 혁신 활동을 위해서는 현재 시점의 수직적 · 수평적 통합이 선행되어야 할 것이다. 산업 현장의 다양한 그리고 다수의 기기들로부터 쉽고 빠르고 효율적으로 데이터를 수집하고, 산업시스템 계층 간 왜곡없고 괴리없이 데이터를 교환할 수 있어야 데이터 애널리틱스가 가능하기 때문이다.

고도화된 스마트 공장은 사이버-물리 생산시스템(Cyber-Physical Production Systems: CPPS)으로 대변되고 있다. CPPS는 제조업 분야에 사이버-물리 시스템 기술을 적용한 것으로서, 컴퓨팅 및 정보처리, 통신, 센서 · 구동 · 제어 기능이 현실세계의 사물(예 생산 기계, 조립 로봇)들과 네트워크로 연결되어 자동화 및 지능화된 스마트 공장 시스템을 의미한다[14]. 현재, CPPS 실현을 위하여 국내외 선도 연구기관에서 연구개발이 이루어지고 있는데, 이 CPPS의 참조 모델로 널리 활용되고 있는 것이 RAMI 4.0이다. RAMI 4.0은 독일엔지니어협회/독일전기기술자협회(VDI/VDE) 및 독일전자전기산업연합회(ZVEI)에서 Industrie 4.0에 대한 참조 구조 및 컴포넌트 모델을 정의한 것이다[2]. <그림 29>와 같이, RAMI 4.0은 스마트 공장의 구성요소들 간 상호운용성 보장을 위하여, 각 계층별 속성과 기능, 상호작용 및 요소간 관계를

<그림 29> RAMI 4.0 참조 구조[2]

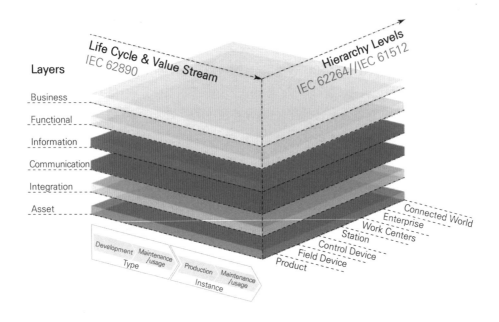

정의한다. 또한 관련 표준 및 요구기술들을 정의함으로써 스마트 공장 구현을 위한 시스템 개발 방안을 제시한다. RAMI 4.0을 구성하는 축은 생애주기 및 가치흐름 계층, 생산 시스템 계층과 상호운용성 계층으로 구성된다[15]. RAMI 4.0에서 주목할 점은 OPC UA를 통신 계층(communication layer) 구현 기술로 추천하고 있다는 것이다. 이러한 추천이 OPC UA가 확산되는 이유 중 하나일 것이다. OPC UA가 CPPS의 통신 계층의 구현체로 사용됨으로써, 산업 지능화를 위한 정보 및 지식의 매개체로 활용될 수 있다. 정리하면, RAMI 4.0에서 OPC UA를 통신 계층 구현체로 추천하므로, RAMI 4.0을 산업 지능화를 위한 CPPS 참조 모델로 활용한다면 자연스럽게 OPC UA를 고려할 수밖에 없다는 것이다.

더 나아가, RAMI 4.0에서는 제조자산 컴포넌트들의 가상 표현 방법으로 Administration Shell(자산관리쉘)을 제시한다. Administration Shell은 제조 자산(asset)의 식별, 정의, 구성, 정보 및 등록을 디지털화, 체계화 및 표준화하는 디지털 트윈 기술이다[16]. 제조 가치사슬의 참여자들이 Administration Shell을 이용하여 어떠한 기기나 시스템들이라도 일관적으로 제조 자산 정보를 표현한다. 이를 통하여, 제조 자산들의 플러그-앤-플레이, 예측적 운영, 자율·협업적 생산, 빅데이터 분석 및 원격 지원 등의 산업 지능화를 가능하게 한다.

Administration Shell도 OPC UA와 통합이 이루어지고 있다. Administration Shell
에 대한 OPC UA 도메인 특화 정보 모델이 Administration Shell 규격(OPC 30270)
이 존재한다. 이를 통하여 OPC UA 기반의 제조 자산 정보의 공유 및 활용 또한
가능하다. OPC UA와 Administration Shell 연결을 통한 가치사슬 측면의 수평적
통합이 가능해짐에 따라, OPC UA를 이용한 산업 시스템 데이터 일관화 및 표준화
는 더욱 가속화될 것으로 전망된다.

따라서, 산업 지능화를 위한 정보 및 지식의 표현체라는 것은 도메인 간 경계를
없애고 다른 도메인간의 정보 및 지식의 공유를 위하여 OPC UA를 사용할 수 있
음을 의미한다. 어떤 도메인이든지 자신의 정보 모델이나 컨텐츠가 있다면, OPC
UA와 호환이 가능하므로 그 정보 모델과 컨텐츠를 산업 지능화 용도로 사용할 수
있다. <그림 30>은 OPC UA 협력 규격을 이용한 도메인 특화 정보 모델의 영역
을 나타낸다(2022년 1월 기준). OPC UA를 이용하여 다양한 산업 분야 도메인간 정
보 및 지식의 공유를 가능하게 한다.

<그림 30> OPC UA 기반 산업 도메인 정보와 지식 공유

구체적으로 데이터 애널리틱스 모델의 상호운용성을 위한 OPC UA의 활용 예를 들어보자. 여기서 데이터 애널리틱스 모델은 회귀 모형, 인공신경망 모형, 서포트 벡터 머신 등과 같은 데이터 마이닝 함수들을 구조적으로 표현한 것이다. <그림 31>과 같이, 산업 지능화를 위해서는 수직적 통합 및 수평적 통합 외에 데이터 애널리틱스 관점에서의 모델 수명주기 통합이 필수적이다. 즉, 데이터 애널리틱스 모델들이 산업 시스템에서 언제 어디서나 교환되고 활용될 필요가 있다는 것이다. 예를 들어, 지능형 공작기계가 가공물 품질(예 표면 조도) 예측을 하려면 자신의 데이터로부터 각 가공조건에 대응되는 품질 예측모델을 생성할 것이다. 그러나 공작기계는 중앙처리장치, 메모리 및 저장장치 등 하드웨어 성능의 제약이 존재하므로, 상위 시스템이나 모델 저장소로 이 모델들을 송신할 필요가 있다. 추후, 그 가공조건에 대한 품질 예측이 필요한 경우, 그 가공조건의 예측모델을 수신하여 품질을 예측한다. 이때, 모델의 송수신이 어렵다면 모델 획득이 불가하여 품질 예측을 수행할 수 없게 된다.

<그림 31> 산업 지능화를 위한 OPC UA 기반 상호운용성

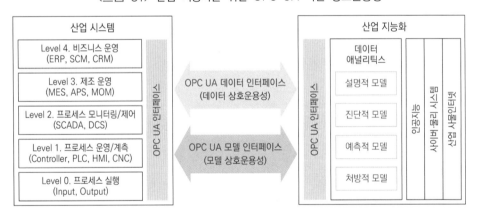

또한, 다단계 공정을 거친 최종 제품의 품질 예측이 필요한 경우, 복수개의 공작기계들 간 품질 예측모델을 교환하든지 모델 저장소로부터의 예측모델을 수집을 하든지의 방법으로 제품의 종합 품질을 예측하게 된다. 만약, 공작기계들이 각기 다른 언어나 정보구조로 예측모델들을 표현하고 있다면, 각 언어별 해석기가 별도로 구비되어야 하므로 일관된 모델을 획득하기 어렵다. 따라서, 서로 다른 시스템 계층 그리고 이기종 공작기계 간의 일관적이고 표준화된 모델 교환을 위해서는 모델 상호운용성이 필요하다.

그렇다면 이러한 예측모델들은 어떻게 표현되고 정형화될 수 있는지 궁금할 것이다. 이는 Data Mining Group의 PMML을 통하여 표현이 가능하다. PMML(Predictive Model Markup Language)은 통계 및 데이터 애널리틱스 모형의 표현뿐만 아니라 데이터 전·후처리와 관련된 데이터 변환을 표현하는 XML기반의 언어이다[17]. PMML은 특정 산업 분야에 국한되지 않고 범용적이고 개방적으로 사용되며, 다양한 데이터 분석 언어(예 파이썬, R, KNIME)에서 지원하고 있다. 데이터 애널리틱스 모델 표현체인 PMML을 산업 분야로 특화시키고 활용하기 위하여 OPC UA로의 변환이 가능하다. PMML용 OPC UA 도메인 특화 정보 모델을 만듦으로써 서버-클라이언트를 통한 PMML 데이터의 교환이 가능해지고, 이를 통하여 산업 지능화를 위한 데이터 애널리틱스 모델의 수명주기 통합을 달성할 수 있게 된다.

최근 들어, 이러한 크로스-섹터(cross-sector)적인 규격 및 기술 개발을 위한 프로젝트가 활발한 것으로 파악된다. 일례로, OPC UA for Machinery로 명명된 프로젝트는 다양한 분야의 기계류들에 대한 OPC UA 협력 규격 개발 활동을 시도한 것이다[18]. 이 프로젝트의 핵심은 기계공학 분야와 협업하여 지능형 생산을 위한 상호운용적 인터페이스를 개발하는 것이다. 이러한 점에서 산업 지능화를 위한 정보 및 지식의 표현체와 일맥상통한다. 이러한 움직임은 OPC UA의 확장성을 감안하면 당연한 움직임이며 OPC UA 영역이 보다 다양한 분야로 확장될 것으로 전망된다.

CHAPTER 05

OPC UA에 대하여
알아야 할 것

참고문헌 [6]에서는 OPC UA에 대한 오해를 풀고자, OPC UA에 대하여 알아야할 10가지를 제시하고 있다. 다음은 그 10가지에 대해 저자가 해석하고 내용을 덧붙인 것이다.

1. OPC UA is not a protocol(OPC UA는 프로토콜이 아니다)

OPC UA에 대한 흔한 오해는 또 하나의 산업 데이터 전송용 프로토콜(예 PROFIBUS, Modbus, EtherCAT)이라는 것이다. 그러나 이것은 사실이 아니라고 밝히고 있다. 컴퓨터 프로토콜은 컴퓨터들 간 데이터 전송을 관리하기 위한 규칙들의 집합이다. OPC UA 또한 컴퓨터들 간의 데이터 전송 관련 규칙을 규정하고 있으나, 그 이상인 상호운용성에 대한 기술이다. 즉 데이터, 시스템, 기계 및 플랜트를 어떻게 모델링 할 것인지를 체계화하는 아키텍처이자 기술이다. 데이터 전송용 프로토콜은 OPC UA의 일부일 뿐이라는 것이다.

2. OPC UA is the successor to Classic OPC
(OPC UA는 클래식 OPC의 계승자이다)

이것은 클래식 OPC(3장 참고) 및 필요성(4장 참고)에서 설명하였다. OPC UA는 클래식 OPC의 문제점을 극복한 결과물로 볼 수 있다.

3. OPC UA supports the server-client architecture
(OPC UA는 서버-클라이언트 아키텍처를 지원한다)

OPC UA는 기본적으로 서버－클라이언트 아키텍처를 채택하고 있다. 이는 클라이언트가 서버의 오너십이 있거나 마스터가 슬레이브의 오너십이 있는 마스터－슬레이브(master－slave) 관계와는 다른 것이다. OPC UA는 서버가 다수의 클라이언트에 대한 접속을 승인할 수 있고, 반대로 클라이언트도 다수의 서버와 접속이 가능하다. 또 하나의 차별성은 OPC UA 서버가 클라이언트가 동적으로 데이터 접근 수준 및 범위를 정교하게 구성할 수 있다는 점이다.

4. OPC UA is a platform-independent and extremely scalable technology(OPC UA는 플랫폼 독립적이며 규모가변적이다)

OPC UA는 특정 운영체제나 프로그래밍 언어를 타지 않고, 다양한 운영체제 및 프로그래밍 언어에서 활용이 가능하다. 또한, OPC UA의 컴포넌트들은 규모가변적으로 설계되어 있다. 장치의 자원이나 처리 역량에 맞추어 보안, 전송, 정보 모델, 커뮤니케이션, 인코딩 메커니즘, 어드레스 스페이스를 적절한 수준으로 조정할 수 있다. 이러한 장점으로 인하여 OPC UA는 하드웨어에서도 소프트웨어에서도 구현이 가능하다.

5. OPC UA integrates well with IT systems
(OPC UA는 IT 시스템과 잘 통합된다)

OPC UA는 서비스 지향적인 서버－클라이언트 아키텍처를 채택하고 있으므로, IT 시스템과의 통합이 유리하다. 서버의 경우 SOAP이나 HTTP를 이용하여 IT 시스템과 연결될 수 있다. 이들은 IT 시스템의 범용적인 프로토콜이므로 별도의 네트워크 프로토콜 없이도 통합 가능하다. 그리고 OPC UA 인코딩은 Binary, JSON 및 XML을 지원한다. 이러한 인코딩 메커니즘도 이미 범용 IT 시스템에서 활용되고 있으므로 IT 시스템과의 통합을 쉽게 한다.

6. A sophisticated address space model
(정교한 어드레스 스페이스 모델)

OPC UA의 어드레스 스페이스 모델은 산업 데이터 전송용 프로토콜과 비교하여 더욱 정교하다. 어드레스 스페이스의 가장 기본적인 컴포넌트는 노드이다. 노드는 Node ID를 포함한 속성들에 의해 정의되며, 다른 노드들간에 다양한 참조 및 관계를 맺을 수 있다.

7. OPC UA provides a true information model
(OPC UA는 진정한 정보 모델을 제공한다)

일반적인 정보 모델은 물리적 프로세스나 시스템의 논리적인 표현물이다. 기존의 정보 모델은 단순히 정보 구조만을 제공하는 경우가 많아서, 정보 모델의 접속 방법, 메타데이터 등에 대한 구체성이 결여되어 있다. OPC UA는 시스템 상에서 어떻게 정보 모델에 접속하고, 교환하고 참조하는지에 대한 방법들을 제공하는 점에서 기존의 정보 모델과는 다르다. 나아가, 다양한 컨소시엄에서 자신들의 정보 모델을 OPC UA를 이용하여 표현할 뿐만 아니라 데이터 전송, 접근 및 보안 용도로 OPC UA를 활용하고 있다.

8. OPC UA is not a factory floor protocol
(OPC UA는 공장용 프로토콜이 아니다)

OPC UA는 기존의 프로토콜인 Ethernet/IP, ProfiNet IO 및 Modbus 등과는 다르다는 것을 다시 한 번 밝히고 있다. 그만큼 현장 근무자로부터 기존의 프로토콜과 무엇이 다르냐는 질문을 많이 받았던 것 같다. 현업에 근무하는 독자라면 번거롭게 또 다른 프로토콜을 이용해야 하는 것 아니냐는 질문을 할 것이다. OPC UA는 자동화 시스템을 위하여 서비스지향 아키텍처인 웹서비스를 채택한 것이며, 공장용 커뮤니케이션을 위한 새로운 패러다임이라고 밝히고 있다. 그리고 왜 수많은 IT 시스템이 서비스 지향적 웹서비스를 선택하는지를 보면 알 수 있다고 한다. 산업 자동화 분야도 마찬가지다. 앞으로는 개방적이고 상호운용적인 산업 자동화 장치 및 소프트웨어가가 많은 주목을 받을 것이다. 이유는 현재 및 미래 관점 측면의 필요성에서 설명하였다.

9. OPC UA is a certifiable standard
(OPC UA는 인증받을 수 있는 표준이다)

다른 기술들과 마찬가지로 OPC UA도 구현물들을 검증하기 위한 절차가 있다. 이는 인증 부분에서 설명하였다(2장 5절 참고).

10. OPC UA is still a developing technology
(OPC UA는 여전히 개발 진행중이다)

OPC UA는 지속적으로 핵심 규격 및 협력 규격들이 갱신되고 있으며, 신규 규격들도 릴리즈되고 있다. 또한, IEC 62541로 표준화가 진행중이며, OPC UA 기술과 관련한 각종 지원 도구 및 자료들도 개발 및 제공중이다.

✔ **Opinion**

OPC UA는 기술수명주기(technology lifecycle) 상에서 성장기 초반에 위치해 있다고 판단하고 있다. 글로벌 비즈니스 관점에서 본다면 기술수용수명주기(technology adoption lifecycle)의 선각 수용자(early adopter)에 위치해 있으며, 캐즘(Chasm: 시장 진입초기에서 대중화 사이의 간극)을 목전에 두고 있다고 판단한다. 그러나 국내 비즈니스 관점에서는 아직 혁신 수용자(innovator)에 위치하고 있다고 판단한다. 이에 대한 정량적 근거는 없고 저자의 주관적인 판단이다. 다만, 산업 자동화 분야의 선도기업 그리고 글로벌 IT 기업 등 퍼스트무버들이 OPC UA 제품을 속속 출시하고 있다는 점, 스마트 공장으로 대변되는 산업 자동화 및 산업 지능화에 대한 투자가 증가하고 있다는 점, 국내외 많은 연구기관 및 기업들이 OPC UA를 익히 알고 있고 관심이 많다는 점, OPC UA 관련 논문 및 학회발표가 증가하고 있다는 점, 새로운 가치로 평가되는 데이터의 확보를 위한 상호운용성의 중요성이 증가하고 있다는 점, OPC Foundation의 사업적 · 비사업적으로 역량을 확대하고 있다는 점, 무료 · 저가형 지원 도구들이 공유되고 있다는 점 등이 정성적 근거이다.

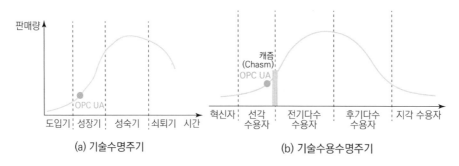

<그림> 기술수명주기 및 기술수용수명주기상의 OPC UA 위치

(a) 기술수명주기

(b) 기술수용수명주기

CHAPTER 06

문헌 사례

논문 작성에 도움이 되고자 2010년 이후로 발간된 OPC UA 관련 논문 및 프로시딩을 <표 7>과 같이 요약·정리하였다(2020년 9월 기준). 물론, 모든 OPC UA 문헌들을 정리한 것은 아니다. 아래의 문헌들을 시발점으로 하여 폭넓은 문헌 조사가 필요할 것이다. 국내에도 OPC UA와 관련한 우수한 연구개발을 수행중인 연구팀이 있다는 것은 눈여겨 볼 만하다.

○ <표 7> OPC UA 문헌 정리

연도	인용	제목	주제	키워드
2010	[19]	OPC UA and CIM: Semantics for the smart grid	유틸리티 도메인에서 Common Information Model(CIM), OPC UA 및 시멘틱 웹서비스를 활용한 스마트 그리드 아키텍처 구현	CIM, OPC UA, Semantic web service, Smart grid, SOA, Services, Distribution management system, Energy management system, Architecture
2011	[20]	How to access factory floor information using internet technologies and gateways	공장자동화를 위한 정보 접근에 필요한 커뮤니케이션 네트워크 프로토콜에 대한 비교분석	Automation gateway, Automation pyramid, Fieldbus, Industrial ethernet, Vertical integration
2012	[21]	Efficient address space generation for an OPC UA server	OPC UA 서버의 어드레스 스페이스 자동생성을 위한 알고리즘 구현	OPC UA server, Address space, Information model, Automatic generation, Maintenance, Data source

연도	인용	제목	주제	키워드
2014	[22]	스마트그리드 상호운용성 확보를 위한 CIM 및 OPC-UA 기반 통합 플랫폼 개발	• 전력분야에서 레거시 시스템을 통합한 스마트그리드를 지원하는 통합 플랫폼 개발 • CIM을 정보모델로, OPC UA를 통신 아키텍처로 활용	–
2015	[23]	Data collection for energy monitoring purposes and energy control of production machines	OPC UA 커뮤니케이션 인터페이스를 활용한 생산설비 PLC로부터 에너지 데이터 수집 방법 개발	Energy efficiency, Machine tools, Energy monitoring, Energy controlling, Condition monitoring
2015	[24]	Making existing production systems Industry 4.0-ready: Holistic approach to the integration of existing production systems in Industry 4.0 environments	• 기존 생산시스템의 Industry 4.0으로의 변환을 위한 방법 개발 • OPC UA는 커뮤니케이션 파트너를 자동적으로 검색하고 연결하기 위한 메커니즘으로 활용	CPPS, Cloud gateway, Information server
2016	[25]	A systematic approach to OPC UA information model design	제조 시스템의 정적 및 동적 행동을 표현하기 위한 OPC UA 정보모델 설계 방법 개발	OPC UA, Model-driven architecture, CPPS, SOA, Information model, RAMI 4.0, Virtual representation
2016	[26]	Continuous integration of field level production data into top-level information systems using the OPC interface standard	시뮬레이션 환경에서 OPC UA를 활용한 필드레벨과 상위 정보시스템의 데이터 통합 체인 구현	Interoperability, Information integration, Ontology, Semantic data, OPC, OPC UA
2016	[27]	Integration of IEC 61850 SCL and OPC UA to improve interoperability in smart grid environment	스마트그리드 환경에서의 상호운용성 향상을 위한 IEC61850 SCL 및 OPC UA간 데이터 통합 방법 개발	IEC 61850, OPC UA, Substation configuration description language(SCL), Smart grid
2016	[28]	OPC UA & Industrie 4.0: Enabling technology with high diversity and variability	Industrie 4.0에서 추구하는 유연적, 적응적 및 가시적 생산을 위한 구현기술로서의 OPC UA 활용 시나리오 및 유스케이스 제시	OPC UA, Data, Information, Semantics, Flexibility, Adaptability, Transparency

연도	인용	제목	주제	키워드
2016	[29]	RESTful industrial communication with OPC UA	• 산업용 통신을 위한 서비스 지향 RESTful 아키텍처 개발 • OPC UA 바이너리 프로토콜을 활용한 RESTful 서비스의 성능 향상	Industrial communication, Internet of things, Machine-to-machine communications, Manufacturing automation, Transport protocols
2017	[30]	Developing open source cyber-physical systems for service-oriented architectures using OPC UA	Arduino Yun을 이용한 오픈소스 형태의 사이버-물리 시스템용 OPC UA 서버 구현	–
2017	[31]	Interoperability for industrial cyber-physical systems: An approach for legacy systems	• 기존 레거시 산업 시스템의 물리적 계층과 사이버 계층 간 수직적 통합을 위한 방법 개발 • ISA95 모델에 대한 OPC UA 인터페이스를 이용하여 상호운용성 계층 구현	Connectivity, Industrial cyber-physical systems, Information models, Interoperability, ISA 95, OPC UA
2017	[32]	Model transformation between OPC UA and UML	소프트웨어공학의 통합 모델링 언어(UML)와 OPC UA 간 호환을 위한 매핑 및 변형 방법 개발	Model transformation, OPC UA, Query/View/Transformation, UML
2017	[33]	OPC UA-based smart manufacturing: System architecture, implementation, and execution	• 스마트 제조 시스템 아키텍처 제안 • 산업용 필드 네트워크와 공장 에너지 관리 시스템과의 통합을 위하여 OPC UA 활용	Smart manufacturing, OPC UA, System integration, Factory energy management system
2017	[34]	OPC UA를 이용한 스마트센서 시스템 개발	OPC UA를 통신 미들웨어로 탑재한 저가형 스마트 센서 시스템 개발	–
2018	[35]	An AutomationML/OPC UA-based Industry 4.0 solution for a manufacturing system	AutomationML과 OPC UA를 통합한 RAMI 4.0에 준하는 4계층 제조 시스템 개발	AutomationML, Data exchange, Industry 4.0, Information model, Manufacturing system, OPC UA, RAMI 4.0

연도	인용	제목	주제	키워드
2018	[36]	Implementation of a production-control system using integrated AutomationML and OPC UA	AutomationML과 OPC UA를 통합한 산업 프로세스-제어 시스템 통합 아키텍처 개발	Process-control system, AutomationML, OPC UA, Data exchange, Information model
2018	[37]	SemOPC-UA: Introducing semantics to OPC-UA application specific methods	클라우드 제조 실행 시스템에서의 유연 공정계획 생성을 위한 OWL-S기반 시멘틱웹의 OPC UA 호환 방법 개발	Cloud MES, GeSCo, Edge computing, OPC-UA, Semantic web service, Semantic markup for web services(OWL-S), SemOPC-UA
2018	[38]	Trends in industrial communication and OPC UA	Industry 4.0 환경에서의 산업 통신 및 OPC UA 트렌드 분석	Industry 4.0, Industrial communication, OPC UA, Education, Time sensitive networking, Information and communication technology
2019	[39]	A cyber-physical machine tools platform using OPC UA and MTConnect	이기종 공작기계와 어플리케이션 간 표준화되고 상호운용적인 데이터 통신을 위한 OPC UA와 MTConnect 기반 사이버-물리 공작기계 플랫폼 개발	Cyber-physical machine tools, Machine tool 4.0, Digital twin, OPC UA, MTConnect
2019	[40]	Integrating OPC UA with web technologies to enhance interoperability	웹환경에서의 OPC UA 서버 접근을 위한 경량형 REST 아키텍처 기반 OPC UA 웹 플랫폼 개발	OPC UA, REST architecture, Web technologies, IIoT
2020	[41]	An OPC UA-compliant interface of data analytics models for interoperable manufacturing intelligence	상호운용적 제조 지능화를 위한 PMML 기반 데이터애널리틱스 모델의 OPC UA 호환 인터페이스 개발	CPPS, Data analytics, Manufacturing intelligence, Model interoperability, OPC UA, Predictive model markup language (PMML)

참 / 고 / 문 / 헌

[1] OPC Foundation (2017) OPC Unified Architecture specification – Part 1: overview and concepts. Industry Standard Specification (1.04 버전).

[2] Adolphs, P., Bedenbender, H., Dirzus, D., Ehlich, M., Epple, U., Hankel, M., Heidel, R., Hoffmeister, M., Huhle, H., Kärcher, B., Koziolek, H., Pichler, R., Pollmeier, S., Schewe, F., Walter, A., Waser, B., Wollschlaeger, M. (2015) Reference Architecture Model Industrie 4.0 (RAMI 4.0). VDI/ZVEI 보고서.

[3] OPC Foundation 홈페이지. https://opcfoundation.org/

[4] Mahnke, W., Leitner, S.H., Damm, M. (2009) OPC Unified Architecture. Springer-Verlag Berlin Heidelberg.

[5] General Electric Company (2018) OPC UA: The information backbone of the industrial internet. 백서.

[6] Rinaldi, J. (2016) OPC UA: The everyman's guide to OPC UA. CreateSpace Independent Publishing Platform.

[7] OPC Foundation (2020) OPC Unified Architecture: Interoperability for Industrie 4.0 and the Internet of Things. 백서.

[8] OPC Foundation (2017) OPC UA information model for CNC Systems. Companion Specification (1.0 버전).

[9] 한국 야마자키 마작 홈페이지. https://www.mazak.co.kr/

[10] 제어로봇시스템학회 편집부 (2001) OPC (OLE for Process Control) 소개. 제어로봇시스템학회 각 지부별 자료집, 127-131.

[11] OPC UA Profile Reporting Application 홈페이지. https://profiles.opcfoundation.org/

[12] Lange, J., Iwanitz, F., Burke, T.J. (2010) OPC from data access to unified architecture. VDE VERLAG GMBH (4차 개정판).

[13] Ren, S., Zhang, Y., Liu, Y., Sakao, T., Huisingh, D., Almeida, C.M.V.B. (2019) A comprehensive review of big data analytics throughout product lifecycle to support sustainable smart manufacturing: A framework, challenges and future research directions. Journal of Cleaner Production, 210, 1343-1365.

[14] 중소벤처기업부 (2021) 중소기업 전략기술로드맵 2022-2024 스마트공장. 백서.

[15] 권종원, 송태승, 조원서 (2016) 제조업 혁신을 위한 스마트 공장 참조모델 개발 동향 - 독일 RAMI 4.0 중심. 전자공학회지, 43(6), 51-61.

[16] Federal Ministry for Economic Affairs and Energy (2020) Details of the asset administration shell: Part 1 - The exchange of information between partners in the value chain of Industrie 4.0. ZVEI Specification (3.0 버전).

[17] Guazzelli, A., Zeller, M., Lin, W. C., and Williams, G. (2009) PMML: An Open Standard for Sharing Models. The R Journal, 1(1), 60-65.

[18] Andreas, F. (2020) Interoperable interfaces for intelligent production - OPC UA interfaces connect the world of production. 백서.

[19] Rohjans, S., Uslar, M., Appelrath, H.J. (2010) OPC UA and CIM: Semantics for the smart grid. IEEE PES T&D 2010.

[20] Sauter, T., Lobashov, M. (2011) How to access factory floor information using internet technologies and gateways. IEEE Transactions on Industrial Informatics, 7(4), 699-712.

[21] Girbea, A., Nechifor, S., Sisak, F., Perniu, L. (2012) Efficient address space generation for an OPC UA server. Software - Practice and Experience, 42, 543-557.

[22] 김준성, 신진호, 최승환 (2014) 스마트그리드 상호운용성 확보를 위한 CIM 및 OPC-UA 기반 통합 플랫폼 개발. 정보과학회지, 32(9), 10-20.

[23] Abele, E., Panten, N., Menz, B. (2015) Data collection for energy monitoring purposes and energy control of production machines. Procedia CIRP, 29, 299-304.

[24] Schlechtendahl, J., Keinert, M., Kretschmer, F., Lechler, A., Verl, A. (2015) Making existing production systems Industry 4.0-ready: Holistic approach to the integration of existing production systems in Industry 4.0 environments. Production Engineering, 9, 143-148.

[25] Pauker, F., Fruhwirth, T., Kittl, B., Kastner, W. (2016) A systematic approach to OPC UA information model design. Procedia CIRP, 57, 321-326.

[26] Hoffmann, M., Büscher, C., Meisen, T., Jeschke, S. (2016) Continuous integration of field level production data into top-level information systems using the OPC interface standard. Procedia CIRP, 41, 496-501.

[27] Cavalieri, S., Regalbuto, A. (2016) Integration of IEC 61850 SCL and OPC UA to improve interoperability in smart grid environment. Computer Standards & Interfaces, 47, 77-99.

[28] Schleipen, M., Gilani, S.S., Bischoff, T., Pfrommer, J. (2016) OPC UA & Industrie 4.0 - Enabling technology with high diversity and variability. Procedia CIRP, 57, 315-320.

[29] Grüner, S., Pfrommer, J., Palm, F. (2016) RESTful industrial communication With OPC UA. IEEE Transactions on Industrial Informatics, 12(5), 1832-1841.

[30] Muller, M., Wings, E., Bergmann, L. (2017) Developing open source cyber-physical systems for service-oriented architectures using OPC UA. IEEE 15th International Conference on Industrial Informatics, 83-88.

[31] Givehchi, O., Landsdorf, K., Simoens, P., Colombo, A.W. (2017) Interoperability for industrial cyber-physical systems: An approach for legacy systems. IEEE Transactions on Industrial Informatics, 13(6), 3370-3378.

[32] Lee, B., Kim, D.K., Yang, H., Oh, S. (2017) Model transformation between OPC UA and UML. Computer Standards & Interfaces, 50, 236-250.

[33] Luo, Z., Hong, S., Lu, R., Li, Y., Zhang, X., Kim, J., Park, T., Zheng, M., Liang, W. (2017) OPC UA-based smart manufacturing: System architecture, implementation, and execution. 5th International Conference on Enterprise Systems, 281-286.

[34] 이성준, 김춘경, 이재덕 (2017) OPC UA를 이용한 스마트센서 시스템 개발. 대한전기학회 하계학술대회, 1338-1340.

[35] Ye, X., Hong, S.H. (2018) An AutomationML/OPC UA-based Industry 4.0 solution for a manufacturing system. IEEE 23rd International Conference on Emerging Technologies and Factory Automation, 543-550.

[36] Ye, X., Park, T.Y., Hong, S.H., Ding, Y., Xu, A. (2018) Implementation of a production-control system using integrated AutomationML and OPC UA. Workshop on Metrology for Industry 4.0 and IoT, 242-247.

[37] Katti, B., Plociennik, C., Schweitzer, M. (2018) SemOPC-UA: Introducing semantics to OPC-UA application specific methods. IFAC PapersOnLine 51(11), 1230-1236.

[38] Drahoš, P., Kucera, E., Haffner, O., Klimo, (2018) Trends in industrial communication and OPC UA. 2018 Cybernetics & Informatics.

[39] Liu, C., Vengayil, H., Lu, Y., Xu, X. (2019) A cyber-physical machine tools platform using OPC UA and MTConnect. Journal of Manufacturing Systems, 51, 61-74.

[40] Cavalieri, S., Salafia, M.G., Scroppo, M.S. (2019) Integrating OPC UA with web technologies to enhance interoperability. Computer Standards & Interfaces, 61, 45-64.

[41] Shin, S.J. (2020). An OPC UA-compliant interface of data analytics models for interoperable manufacturing intelligence. IEEE Transactions on Industrial Informatics, 17(5), 3588-3598.

PART 02

정보 모델링

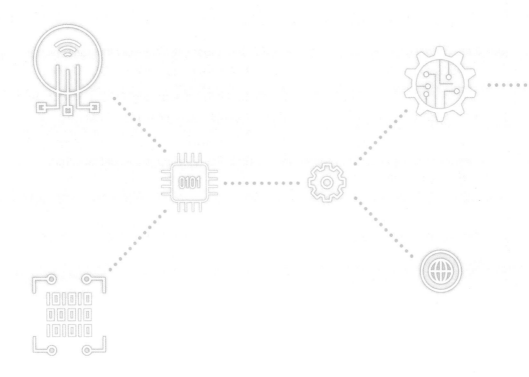

OPC UA는 단순한 정보 모델이 아니며, 데이터 전송 메커니즘도 아니며, 네트워크 규약도 아니며, IT 시스템도 아니며, 보안 프로토콜도 아니다. OPC UA는 이들의 총합적인 기술이다. 그러므로 어려운 기술이다. OPC UA 기술을 이해하려면 OPC UA 정보 모델의 이해가 선행되어야 한다. 1부에서 소개한 정보 모델의 개념만으로는 제대로 사용하고 나아가 창조하기에는 한계가 있다. 2부에서는 OPC UA 정보 모델링(정보 모델을 창조하는 과정) 및 정보 모델(정보 모델링의 결과물)을 기술적 상세 수준으로 설명한다. 1장에서는 개념, 2장에서는 그래픽 표기법, 3장에서는 어드레스 스페이스 모델, 4장에서는 표준 정보 모델, 5장에서는 도메인 특화 정보 모델을 설명한다.

CHAPTER 01

개념

OPC UA를 통하여 이루고자 하는 것은 상호운용적 데이터 수집과 교환이다. 이를 위해서는 어떤 데이터를 교환할 것인지에 대한 상세화가 필요하다. 데이터를 담을 틀을 설계하고 그 틀에 내용물을 담는 즉, 실제 데이터의 인스턴싱이 필요하다. 쉽게 말하면, 정보 모델링은 데이터를 담을 틀을 만드는 과정이고 정보 모델은 그 틀이다. 정보 모델에는 OPC UA에서 기본적으로 제공하는 어드레스 스페이스 모델과 표준 정보 모델뿐만 아니라 도메인에 특화되면서 OPC UA 규격을 준수하는 도메인 특화 정보 모델이 있다. 정보 모델링은 이 도메인 특화 정보 모델을 만드는 과정이라고 보면 된다. 그렇다고 항상 정보 모델링을 해야 하는 것은 아니다. 이미 만들어진 정보 모델이 있다면 이를 활용하는 것이 편리하다. 물론 기존의 정보 모델을 자신의 목적에 맞게 수정하는 것도 가능하다.

클래식 OPC는 산업 자동화를 위한 데이터 수집과 관련한 가장 기본적인 정보 모델 즉, 데이터 접근, 알람과 이벤트, 프로그램 및 과거 데이터 접근을 정의하고 있다. 통상적인 데이터 수집 환경에서는 클래식 OPC만으로도 일정 수준 이상의 데이터 획득이 가능하다. 그러나 클래식 OPC는 정적이고 비확장적인 형태의 정보 모델을 제공한다. 클라이언트 입장에서는 선호하는 형태로의 데이터 수집 및 해석이 어렵기 때문에, 데이터 컨텐츠에 종속된 어플리케이션 개발 및 활용만 가능할 것이다. 이러한 문제를 해결하고자 OPC UA는 의미론적(semantic)이고 확장가능한(extensible) 형태의 정보 모델을 제시하고 있다. 수집하는 데이터 컨텐츠를 자유자재로 구성가능하며, 도메인에 특화된 데이터 컨텐츠의 수집 및 활용이 가능하고, 다수의 서버로부터 수집된 데이터들의 융합이 가능하도록 진화되었다. 반면 정보 모델 및 모델링의 복잡성이 증가한 것도 사실이다.

클래식 OPC와 비교했을 때, OPC UA 정보 모델은 정보의 풍부성(richness)과 확장성(extensibility)이 가미되었다고 볼 수 있다. 클래식 OPC는 데이터(주로 센싱된 데이터) 위주로 제공하였다면, OPC UA는 센싱 데이터 외에 이를 추가적으로 설명하는 데이터 시맨틱(의미론), 즉 메타데이터를 제공한다. 예를 들어, 클래식 OPC는 온도 측정 장비의 측정 온도 값에 대한 단순한 수준의 데이터만을 제공하였다. 반면, OPC UA는 이러한 데이터 외에 어떠한 장비에서 측정되었는지 그리고 어떠한 상황에서 측정되었는지 등에 대한 풍부한 현장 데이터를 제공한다.

1부에서 설명하였지만, OPC UA의 확장성은 클래식 OPC와 차별되는 장점이라 할 수 있다. 클래식 OPC는 확정적이고 고정적인 모델 형태이므로 해당 모델 내에서만 데이터가 정의될 수 있다. 반면, OPC UA는 공통의 정보 컴포넌트들을 빌딩블록처럼 활용하여 사용자가 원하는 형태로 자신만의 정보 모델을 구축할 수 있다[1]. 그러면서도, 접근 규격 부분과 같이 기본적으로 많이 사용하는 데이터에 대해서는 확정적이고 고정적인 정보 모델들을 제공하고 있다. OPC UA 정보 모델링의 기본 철학은 '객체지향 기술'과 '메타 모델링'이다.

■ 객체지향 기술

OPC UA는 객체지향 기술을 적용한다. 그래서 OPC UA 정보 모델은 <그림 1>과 같이 객체지향적으로 노드(node)와 참조(reference)로 구성된다. 소프트웨어에서의 객체지향은 데이터와 절차를 함께 묶은 클래스의 집합을 의미하며, 각 객체는 동적으로 변할 수 있고 객체 간에 관계를 통하여 서로 상호작용한다[2]. C++, C#, Java 등이 객체지향 프로그래밍 언어이므로, 대부분의 프로그래머들은 객체지향 개념을 이해하리라 본다. OPC UA에서도 객체지향 기법들을 고스란히 활용할 수 있다. 타입(type)과 인스턴스(instance), 계층화(hierarchy), 상속(inheritance), 오버로딩(overloading), 오버라이딩(overriding), 관계 다양성(연관, 일반화, 실체화, 집합, 합성, 의존) 및 다중성 등이다. OPC UA는 통합 모델링 언어(Unified Modeling Language: UML)로도 표현이 가능하다. Part 3 부록(Annex) B에 어드레스 스페이스 모델에 대한 UML 클래스 다이어그램이 표현되어 있다.

<그림 1> OPC UA 객체 모델[1]

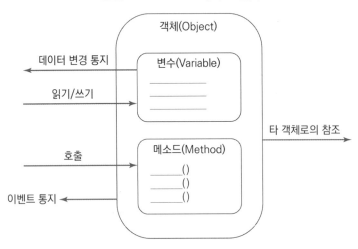

• 타입과 인스턴스: 객체지향 프로그래밍에서는 클래스를 정의한 후 클래스를 사용할 때는 클래스 호출과 인스턴스 선언을 한다. OPC UA도 마찬가지다. 정보 모델링은 노드와 참조 타입을 정의하는 것이다. 실제 사용시에는 해당 노드와 참조 타입을 가져와서 인스턴스를 생성하는 방식이다. 그리고 필요시 노드와 참조 타입을 변형한 인스턴스를 생성할 수도 있다. <그림 2>는 온도 센서의 타입과 인스턴스 예시이다. 이 장치는 TemperatureSensorType(온도 센서 타입)이며 Tolerance(허용오차)라는 특성(property)을 갖고 있다. 장치 A(Device A)는 TemperatureSensorType의 객체이며 자연스럽게 Tolerance 특성도 갖

<그림 2> OPC UA 정보 모델 예시[3]

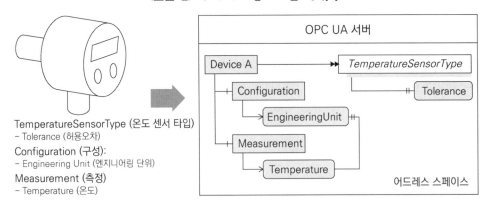

게 된다. Device A는 추가적으로 Configuration(구성) 객체와 Measurement (측정) 객체를 갖는다. Configuration은 EngineeringUnit(공학 단위) 변수를 계층형 참조 타입으로, Measurement는 Temperature(온도) 변수를 계층형 참조 타입으로 갖는다. Temperature는 EngineeringUnit을 특성으로 갖는다.

- 노드의 메쉬 네트워크: 데이터 컨텐츠를 담은 노드들이 참조 관계로 얽힌 상태로 어드레스 스페이스에 떠다니며, 서버나 클라이언트는 원하는 목적에 맞게 다양한 방법으로 노드들을 주워 담는다는 의미이다. 이를 통하여, 목적에 따라 같은 데이터 컨텐츠를 다른 방법으로 연결할 수도 있다. 예를 들면 뷰 (view)의 활용이다. 데이터베이스의 뷰와 유사한 개념이다.
- 다양한 참조 활용: 참조 또한 다양한 형태로 정의될 수 있으므로, 원하는 목적에 따라 노드들의 관계를 각기 다른 참조로 정의할 수 있다. 예를 들면, 두 노드의 관계를 컴포넌트 타입(HasComponent) 또는 구성 타입(Organize)으로 정의할 수 있다. 웬만한 참조 타입은 어드레스 스페이스 모델에 정의하고 있지만, 필요에 따라 자신만의 참조 타입을 만들 수 있다.

■ 메타 모델링

메타 모델링은 정보 블록들이 모여 있는 공통 저장소에서 이 블록들을 하나씩 하나씩 꺼내어 모델화하는 하향식 모델링 방법이다. 레고 블록으로 모형 집을 만들 듯이, OPC UA의 어드레스 스페이스 모델과 표준 정보 모델에 정의된 노드와 참조 타입들을 블록으로 활용하여 자신이 만들고자 하는 정보 모델을 만드는 것이다. 어드레스 스페이스 모델은 OPC UA의 표준화된 메타 모델로서, 모델링에 필수적인 노드 클래스, 타입과 제약사항을 규정한 것이다. 표준 정보 모델은 어드레스 스페이스 모델을 계승하며, 많이 사용되는 데이터 컨텐츠를 미리 정의한 모델이다. 그리고 산업 현장 데이터 수집을 위한 데이터 접근, 알람·상태, 과거 데이터 접근 및 프로그램이 표준 정보 모델에 포함되어 있다.

메타 모델링은 장점도 있고 단점도 있다. 장점으로는 모듈화 및 표준화된 형태로 정보 모델을 만들 수 있다는 점, 설계한 컴포넌트들을 재활용할 수 있다는 점, 한 번 익숙해지면 사용이 편리하다는 점 등이다. 단점으로는 OPC UA와 적용 도메인을 둘 다 깊이 이해하고 있어야 한다는 점, 모델링과 사용이 까다로운 점 등이다. 이러한 단점을 보완하기 위하여 OPC Foundation을 중심으로 관련 기업에서 개발 도구들을 지원하고 있지만 여전히 어려운 건 사실이다.

<그림 3> OPC UA 클라이언트에서의 활용[3]

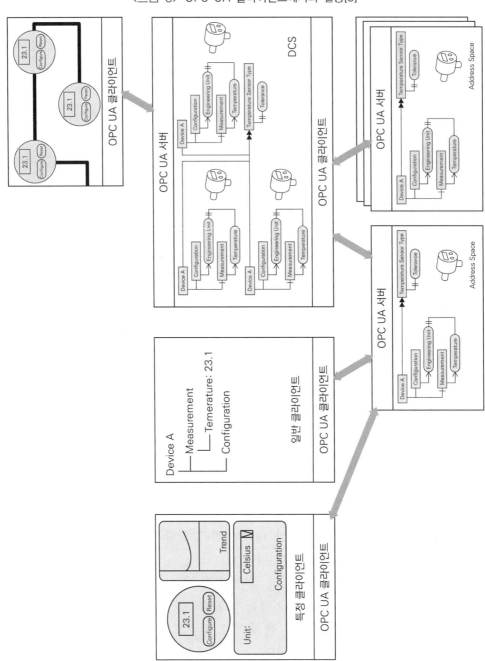

- 정보 모델링 비제약: 메타 모델링을 사용하면 이론적으로는 현존하는 모든 정보 모델을 OPC UA 정보 모델로 변환 가능하다. 그리고 동일 목표 도메인에 대해서도 설계자에 따라 다른 정보 모델이 창조될 수 있다. 이러한 비제약적 특징이 확장성으로 연결된다.

- 서버측에서의 정보 모델링: OPC UA 정보 모델은 항상 서버측에 위치한다[4]. OPC UA 서버는 해당 정보 모델에 의거하여 데이터를 발행하는 것이다. 클라이언트는 목적에 맞게 그 정보 모델에 접근하고 수정을 할 수 있다. <그림 3>은 OPC UA 클라이언트에서의 다양한 활용 예시이다. 하단의 다수의 OPC UA 서버에서 온도 측정 데이터를 발행하면, 중간의 클라이언트들은 수집된 데이터를 다양한 형태로 구성할 수 있다. 세 번째 클라이언트는 체인 서버(chained server) 형태로서, 클라이언트로서는 데이터를 수집하고 서버로서는 데이터를 다른 클라이언트로 전송하는 역할이다.

SECTION 02 구조

<그림 4>는 OPC UA 정보 모델의 계층을 정리한 것이다. <그림 5>는 OPC UA 정보 모델 계층을 상세화한 것이다. 각 계층에 대한 내용은 다음과 같다.

- 어드레스 스페이스 모델 계층: OPC UA에서는 메타 모델을 어드레스 스페이스 모델로 명명하고 있다. OPC UA에서 사용되는 기본적인 노드와 참조 종류들 즉, 객체 타입(object type), 데이터 타입(data type), 변수 타입(variable type), 참조 타입(reference type), 메소드(method) 및 뷰(view)를 정의한다. 그리고 각 노드와 참조 타입에 대하여 모델링 규칙을 정의할 수 있는 인터페이스를 제공한다.

- 표준 정보 모델 계층: 기본 정보 모델과 접근 타입 규격 정보 모델로 구성된다. 기본 정보 모델은 어드레스 스페이스 모델의 노드와 참조 타입들을 계승하여 상세화된 노드와 참조 타입을 제공한다. 추가적으로 서버의 접근(access), 역량(capability) 및 진단(diagnostic)에 대한 정보 모델과 상태 기계(state machine)의 정보 모델을 제공한다. 접근 타입 규격 정보 모델은 클래식 OPC가 진화된 것으로서, 통상적으로 사용되는 데이터 접근, 알람과 상태, 프로그램과 과거

데이터 접근에 대한 정보 모델을 제공한다.

- 도메인 특화 정보 모델 계층: 어드레스 스페이스 모델 및 표준 정보 모델을 계승하여 변환하고자 하는 도메인 대상에 대한 정보 모델을 구체화한다. 여기서 도메인(domaion)은 산업 분야, 공정, 타 정보 모델, 하드웨어, 소프트웨어, 지식 등 다양한 의미를 내포한다.

- 데이터 계층: 표준 정보 모델이나 도메인 특화 정보 모델에 인스턴싱된 실제 데이터를 의미한다. OPC UA 서버에서는 데이터 인스턴스를 발행하며, 클라이언트에서는 이 인스턴스를 구독하는 것이다.

<그림 4> OPC UA 정보 모델 계층

| 어드레스
스페이스 모델
(Address Space
Model) | • OPC UA 객체 타입 및 객체(모델링 규칙 포함)
• OPC UA 데이터 타입, 변수 타입 및 변수(모델링 규칙 포함)
• OPC UA 참조 타입(모델링 규칙 포함)
• OPC UA 메소드 및 뷰 |

| 표준 정보 모델
(Standard Information
Model) | • 기본 객체·데이터·변수·참조 타입과 메소드
• 서버 접근, 역량과 진단
• 데이터 접근 및 과거 데이터 접근
• 알람·상태 및 프로그램 |

| 도메인
특화 모델
(Domain-specific
Information Model) | • 도메인 특화 객체 타입 및 객체(모델링 규칙 포함)
• 도메인 특화 데이터 타입, 변수 타입 및 변수(모델링 규칙 포함)
• 도메인 특화 참조 타입(모델링 규칙 포함)
• 도메인 특화 메소드 및 뷰 |

| 데이터
(Data) | • 객체 인스턴스
• 변수 인스턴스
• 참조 인스턴스
• 메소드 및 뷰 인스턴스 |

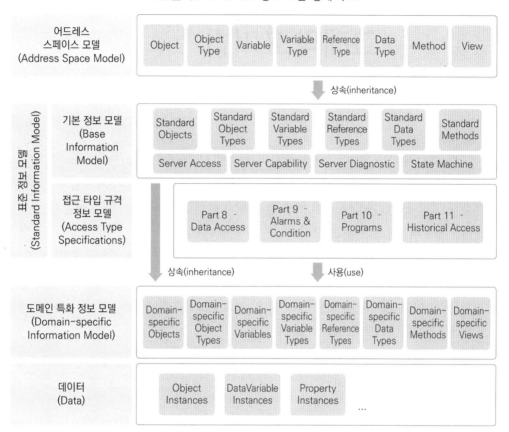

<그림 5> OPC UA 정보 모델 상세 구조

CHAPTER 02

그래픽 표기법

OPC UA 정보 모델의 그래픽 표기법을 설명한다. 뒤따르는 내용들은 그래픽 표기법을 이용하여 설명하기 때문에 미리 알아둘 필요가 있다. 그리고 정보 모델의 개발이 아닌 기존 모델의 사용자라면 그래픽 표기법만 알아도 정보 모델을 이해하는 데 도움이 될 것이다. Part 3 부록(Annex) C에서 OPC UA 정보 모델의 그래픽 표기법을 정의하고 있다. 표기법은 단순 표기법과 확장 표기법으로 구분된다.

- 단순 표기법(simple notation): 속성과 같은 상세 데이터는 보여주지 않고 간단한 형태의 가시화를 위함이다. 많은 양의 정보 모델에 대한 거시적 구조, 계층 및 관계를 표현하는 데 적합하다.

- 확장 표기법(extended notation): 속성과 같은 상세 데이터도 포함한 미시적이고 완성된 형태를 표현한다.

<표 1>은 노드 클래스 중 노드에 대한 그래픽 표기법이다. 객체 타입, 변수 타입, 데이터 타입, 참조 타입과 같은 타입형 노드 클래스는 도형에 음영 처리를 하고 글자는 이탤릭체를 사용한다. 반면, 객체와 변수, 메소드, 뷰와 같은 인스턴스형 노드 클래스는 도형의 음영 처리가 없고 글자는 일반체를 사용한다.

◎ <표 1> 노드 클래스(NodeClass) 노드의 표기법

노드 클래스	그래픽 표현	표현 설명
Object (객체)	Object	직사각형이며, Object의 DisplayName을 일반체로 표현
ObjectType (객체 타입)	*ObjectType*	음영 있는 직사각형이며, ObjectType의 DisplayName을 이탤릭체로 표현
Variable (변수)	Variable	모서리가 둥근 사각형이며, Variable의 DisplayName을 일반체로 표현

노드 클래스	그래픽 표현	표현 설명
VariableType (변수 타입)	*VariableType*	음영 있는 모서리가 둥근 사각형이며, VariableType 의 DisplayName을 이탤릭체로 표현
DataType (데이터 타입)	*DataType*	음영 있는 육각형이며, DataType의 DisplayName 을 이탤릭체로 표현
ReferenceType (참조 타입)	*ReferenceType*	음영 있는 화살표형 다각형이며, ReferenceType의 DisplayName을 이탤릭체로 표현
Method (메소드)	Method	타원형이며, Method의 DisplayName을 일반체로 표현
View (뷰)	View	사다리꼴이며, View의 DisplayName을 일반체로 표현

<표 2>는 노드 클래스 중 참조에 대한 그래픽 표기법이다. 방향성이나 의존성이 있으면 한쪽 화살표나 다른 표기를 이용하고, 양방향의 상호 참조이면 양쪽 화살표를 이용한다.

● <표 2> 노드 클래스(NodeClass) 참조의 표기법

참조 타입	그래픽 표현	표현 설명
Symmetric ReferenceType (대칭형 참조 타입)	◄—ReferenceType—►	양끝 닫힌 화살표가 있는 실선이며, BrowseName을 가운데에 표시
Asymmetric ReferenceType (비대칭형 참조 타입)	—ReferenceType—►	대상 노드를 가리키는 쪽에 닫힌 화살표가 있는 실선이며, BrowseName을 가운데에 표시
Hierarchical ReferenceType (계층형 참조 타입)	—ReferenceType—>	대상 노드를 가리키는 쪽에 열린 화살표가 있는 실선이며, BrowseName을 가운데에 표시
HasComponent (컴포넌트 참조)	——————+	컴포넌트가 되는 노드쪽에 1개 해쉬라인이 있는 실선
HasProperty (특성 참조)	——————++	특성이 되는 노드쪽에 2개 해쉬라인이 있는 실선
HasTypeDefinition (타입 정의)	——————►►	타입 노드 쪽에 닫힌 화살표가 두 개 있는 실선
HasSubtype (서브 타입 참조)	——————▷▷	슈퍼타입 쪽에 속이 빈 화살표가 두 개 있는 실선
HasEventSource (이벤트 소스 참조)	——————▷	이벤트 소스 쪽에 속이 빈 화살표가 한 개 있는 실선

<그림 6>은 참조 관계에 대한 설명이다.

(a)는 노드 A가 노드 B를 참조

(b)는 B가 A의 컴포넌트

(c)는 B가 A의 특성

(d)는 A가 B의 타입 정의를 가져옴

(e)는 A는 서브타입이고 B는 슈퍼타입

(f)는 A가 B의 이벤트 소스를 가져옴

<그림 6> 참조간 관계

(a)
노드 A
ReferenceType
노드 B
(b)
노드 A
노드 B
(c)
노드 A
노드 B
(d)
노드 A
노드 B
(e)
노드 A
노드 B
(f)
노드 A
노드 B

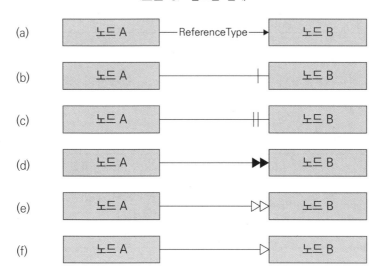

<그림 7>은 확장형 표기법으로서, 속성과 특성 항목들을 각 도형 안에 표현한 것이다.

<그림 7> 노드의 확장형 표기법

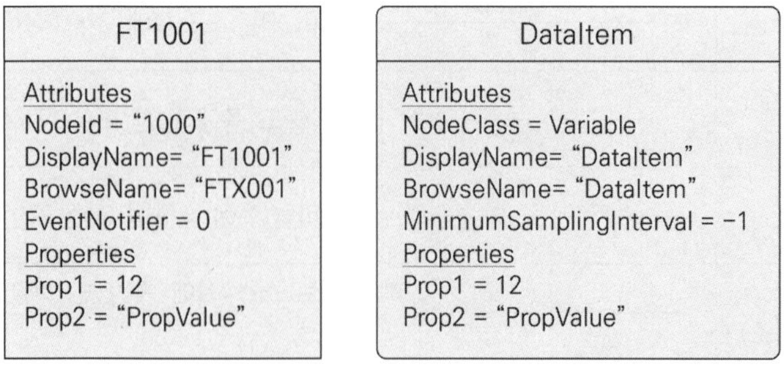

FT1001
Attributes
NodeId = "1000"
DisplayName= "FT1001"
BrowseName= "FTX001"
EventNotifier = 0
Properties
Prop1 = 12
Prop2 = "PropValue"
DataItem
Attributes
NodeClass = Variable
DisplayName= "DataItem"
BrowseName= "DataItem"
MinimumSamplingInterval = -1
Properties
Prop1 = 12
Prop2 = "PropValue"

HasTypeDefinition 관계의 표현은 <그림 8>과 같이 세 가지 방법이 가능하다. 일반 표현법, 구분기호 표현법, 노드 단순화 표현법이다. 구분기호 표현법은 노드 명::노드 타입으로 나타낸다. 노드 단순화 표현법은 노드 타입은 윗줄 이탤릭체로, 노드명은 아랫줄 일반체로 나타낸다.

<그림 8> HasTypeDefinition 표기법

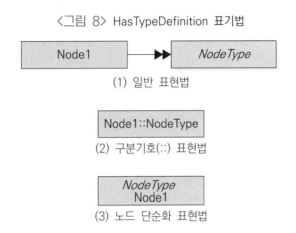

(1) 일반 표현법

(2) 구분기호(::) 표현법

(3) 노드 단순화 표현법

OPC UA와 UML 그래픽 표기법을 비교해보면 표현하는 방법만 다를 뿐, 표기법 구성요소나 의미는 유사한 것이 많다. 이는 둘 다 객체지향 기술에 기반하기 때문이다. 참고문헌 [5]에서는 OPC UA와 UML 호환을 위한 매핑 방법을 제공한다. UML에 익숙한 독자가 OPC UA 정보 모델의 개념을 잡는 데 도움이 될 것이다. <그림 9>는 의미론 관점에서의 OPC UA와 UML 대응 관계이다. (1)은 구성요소, (2)는 참조, (3)은 데이터 타입에 대한 대응 관계이다.

<그림 9> OPC UA와 UML 대응 관계[5]

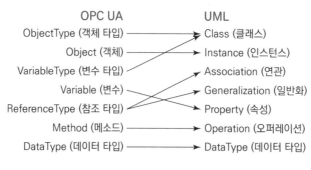

(a) 구성요소

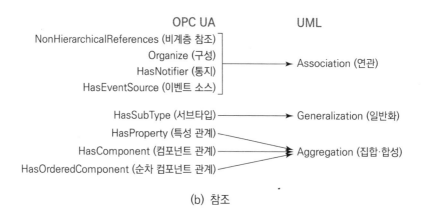

(b) 참조

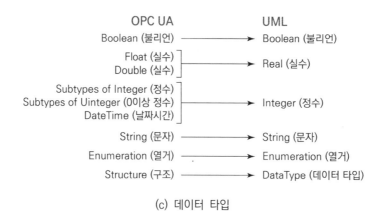

(c) 데이터 타입

CHAPTER 03

어드레스 스페이스 모델

OPC UA의 메타 모델인 어드레스 스페이스 모델(Address Space Model)을 설명한다. OPC UA 정보 모델링은 메타 모델링 방식이므로, 어드레스 스페이스 모델에 대한 이해가 필수적이다. 어드레스 스페이스 모델은 Part 3에 규격화되어 있다. 한국 표준으로는 KS C IEC 62541−3으로 규격화되어 있으며, 어드레스 스페이스 모델을 주소공간 모델이라고 명명하고 있다. 참고로, 이 책에서의 명칭과 한국 표준에서의 명칭은 다를 수 있음을 밝힌다.

SECTION 01 개념

우선 어드레스 스페이스에 대한 개념을 이해할 필요가 있다. <그림 10>은 OPC UA 서버 아키텍처이다. 서버는 클라이언트의 요청에 대응되는 응답을 보내주기도 자발적으로 공지를 배포하기도 한다. 이때, 어드레스 스페이스(address space)는 클라이언트가 OPC UA 서비스를 이용하여 접근할 수 있는 서버측의 정보 노드들의 집합이다. 그림에서 노드 네트워크 부분이며, 노드들이 가상 공간에서 떠다닌다고 생각하면 된다. 노드는 일종의 정보 블록이라고 보면 되고, 서버는 이러한 노드들을 클라이언트에게 제공하는 것이다. 서버는 참조(reference)관계를 사용하여 자유자재로 노드들을 구성할 수 있다. 그리고 뷰(view)를 이용하여 클라이언트가 노드들을 볼 수 있게도 또는 볼 수 없게도 한다. 그렇다면, 이기종의 서버와 클라이언트 간 데이터 교환은 어떻게 이루어지는지 의문이 들 것이다. 이 어드레스 스페이스 내의 데이터 컨텐츠를 담은 정보 모델, 즉 노드와 노드 관계를 규격화하고 표준화한 틀에 담아 이들을 공유하면 될 것이다. 이러한 노드 그리고 관계를 규격화하고 표준화한 틀을 표현한 것이 어드레스 스페이스 모델이다. 다음은 어드레스 스페이스와 어드레스 스페이스 모델의 정의이다.

- 어드레스 스페이스(address space): 클라이언트가 OPC UA 서비스를 이용하여 접근할 수 있는 서버측의 정보 노드들의 집합이다. 서버가 클라이언트에게 제공할 수 있는 노드와 참조로 구성된 가상 공간에 존재하는 데이터 컨텐츠이다.

- 어드레스 스페이스 모델(address space model): 어드레스 스페이스의 정보 모델 표현을 위하여 규격화하고 표준화한 OPC UA의 최상위 메타 모델이다. 어드레스 스페이스 모델을 기반으로 OPC UA 표준 정보 모델 및 도메인 특화 정보 모델을 정의할 수 있다.

<그림 10> OPC UA 서버 아키텍처[6]

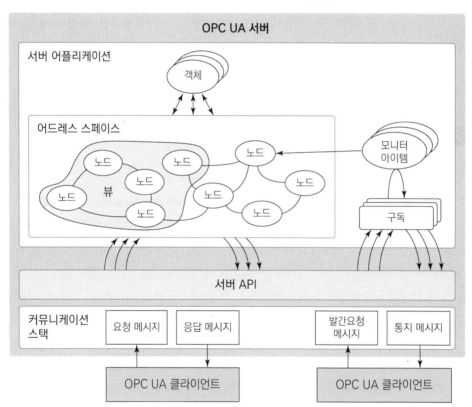

<그림 11>은 OPC UA 객체 모델(object model)이다. 객체를 변수와 메소드로 정의하고, 다른 객체와의 관계도 나타낼 수 있다. 클래스의 개념과 비슷하다. 이 객체 모델의 구성요소(객체, 변수, 메소드)는 어드레스 스페이스의 노드(node)로 표현되고, 각 노드는 하나의 노드 클래스에 할당된다.

<그림 11> OPC UA 객체 모델[1]

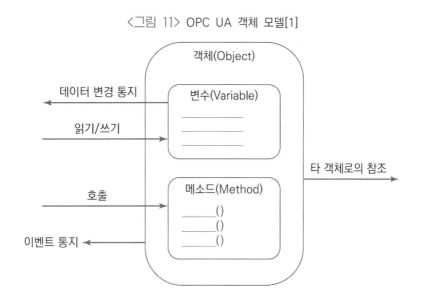

<그림 12>는 어드레스 스페이스에서 제공하는 노드 구조를 나타낸다. 표준 노드는 8가지가 있으며, 객체 타입, 변수 타입, 참조 타입, 객체, 변수, 메소드, 데이터 타입과 뷰로 구성된다.

어드레스 스페이스와 명칭이 비슷한 네임 스페이스(name space)가 있다. 네임 스페이스는 각 노드의 식별자를 부여하는 네이밍 권한자를 식별하기 위한 Uniform Resource Identifier(통합 자원 식별자: URI)로 정의된다. 네이밍 권한자는 정보 모델을 만든 주체로서, OPC Foundation, 컨소시엄 또는 서버가 될 수 있다. 예를 들면, 네임 스페이스가 'https://opcfoundation.org/UA'이면 그 어드레스 스페이스의 정보 모델은 OPC Foundation이 만들었다는 것이고, 'https://aml.hanyang.ac.kr'이면 aml.hanyang 에서 그 정보 모델을 만들었다는 것이다. 만약 다수의 서버가 한 객체에 대하여 동일한 네임스페이스 URI와 동일한 노드 식별자를 가지고 있으면, 클라이언트에서는 다수의 서버로부터 그 동일한 객체 노드를 불러올 수 있다. 나아가, 네임 스페이스는 어드레스 스페이스를 체계적으로 분류하는 데 사용하기도 한다. 서버가 작동을 시작하면 NamespaceArray라는 배열형 변수를 발행한다. NamespaceArray에는 URI 목

록을 제공한다. 예를 들면, 'https://opcfoundation.org/UA', 'http://aml.hanyang. ac.kr/nodes'와 같은 URI 목록이 제공됨으로써, 클라이언트는 그 네임 스페이스들을 알 수 있다. 네임 스페이스는 8절 NodeId에서 더 설명하도록 한다.

<그림 12> 어드레스 스페이스 모델의 표준 노드 구조([7] 재구성)

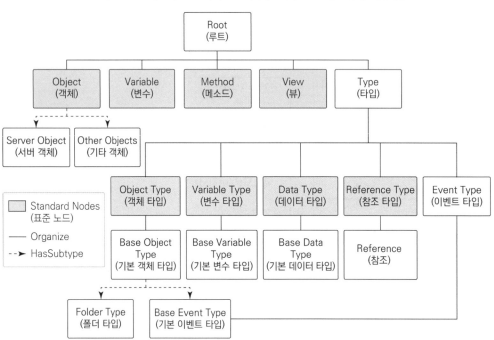

<표 3>은 노드 클래스 정의 테이블의 규약이다. 이 테이블 규약은 노드 클래스를 구성하는 속성, 참조 및 표준 특성을 정의할 때 사용한다. Name(명칭)은 Attributes (속성), References(참조)와 Standard Properties(표준 특성)로 분류되고, 각 분류안에 상세 속성, 참조와 특성을 정의한다. Use(사용)는 모델링 규칙으로서, "M"은 필수적 (mandatory), "O"는 선택적(optional)임을 표현하며, "1", "0..1", "0..*" 등은 참조의 다중성(cardinality)을 의미한다. Data Type(데이터 타입)은 속성이나 특성의 데이터 타입을 나타내고, Description(설명)은 각 항목의 설명이다.

Explanation/

OPC UA는 낙타 대문자(upper camel case) 형식으로 용어들을 표현한다[6]. 낙타 대문자는 네이밍 컨벤션(naming convention) 중 하나로서, 명칭을 각 단어 첫글자는 대문자로 하며 띄어쓰기 없이 짓는 방식이다[위키피디아]. 예를 들면, Address Space를 AddressSpace로 표현하는 것이다. 이 책에서는 일반 형식과 낙타 대문자를 혼합하여 쓰고 있으며, 의미는 같음을 참고하길 바란다.

○ 〈표 3〉 노드 클래스 테이블 규약

Name (명칭)	Use (사용)	Data Type (데이터 타입)	Description (설명)
Attributes(속성)			
Attribute Name(속성명)	"M" 또는 "O"	속성의 데이터 타입	속성에 대한 설명
References(참조)			
Reference Name(참조명)	"1", "0..1" 또는 "0..*"	사용하지 않음	참조에 대한 설명
Standard Properties(표준 특성)			
Property Name(특성명)	"M" 또는 "O"	특성의 데이터 타입	특성에 대한 설명

SECTION 02 노드와 참조

모든 OPC UA 정보 모델은 기본적으로 노드(node)와 참조(reference)로 구성된다. 서버에서는 객체 및 객체 관련 정보를 어드레스 스페이스에 제공하는데, 이때 객체를 위한 모델은 OPC UA 객체 모델로 정의된다(〈그림 11〉 참고). 이러한 객체 및 객체의 하위 컴포넌트들은 어드레스 스페이스상에서 노드의 집합으로 표현된다. 그리고 이러한 노드를 표현한 것이 OPC UA 노드 모델이다. 〈그림 13〉은 노드 모델을 나타낸다. 노드 클래스(node class), 속성(attribute) 그리고 참조(reference)의 요소(element)로 구성된다.

■ 노드(node): 정보 및 인스턴스를 갖고 있는 하나의 자료 구조이다. 모든 노드는 고유한 식별자를 갖는다.

■ 노드 클래스(node class): 노드의 유형을 정의한 것으로서, 노드의 목적에 따라 다양한 노드 클래스를 갖는다. 객체(Object), 변수(Variable), 메소드(Method), 객체 타입(Object Type), 변수 타입(Variable Type), 참조 타입(Reference Type), 데이터 타입(Data Type), 뷰(View) 등 8가지 종류가 있다.

■ 속성(attribute): 노드를 기술하는 데이터 요소이다. 노드 클래스에 따라 다른 속성 집합을 갖는다.

■ 참조(reference): 노드간의 관계를 정의하기 위한 것이다. 참조는 참조 타입 노드의 인스턴스로서 정의된다.

<그림 13> 어드레스 스페이스 노드 모델[1]

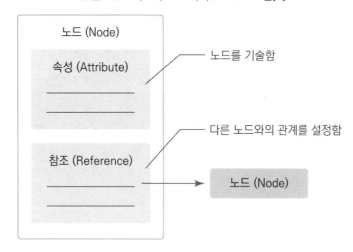

어드레스 스페이스 모델에서는 기본 노드 클래스와 표준 노드 클래스를 정의하고 있다.

■ 기본 노드 클래스(base node class): 모든 노드 클래스의 기본이 되는 클래스이다. OPC UA 객체 모델의 다양한 컴포넌트들을 표현하는 데 사용된다.

■ 표준 노드 클래스(standard node class): 기본 노드 클래스를 상속 받으며, 참조 타입(reference type node class), 객체 노드 클래스(object node class), 변수 노드 클래스(variable node class), 객체 타입 노드 클래스(object type node class), 변수 타입 노드 클래스(variable type node class), 데이터 타입 노드 클래스(data type node class), 메소드 노드 클래스(method node class), 뷰 노드 클래스(view node class) 등 8개 노드 클래스를 갖는다.

<표 4>는 모든 노드의 시작점인 기본 노드 클래스 테이블이다. 그러므로, 모든 노드 클래스는 기본 노드 클래스에 존재하는 10개의 속성들을 기본적으로 갖는다. 특히, NodeId, NodeClass, BrowseName, DisplayName은 필수적이라는 'M'으로 표기되어 있으므로, 반드시 가져야 하는 속성이다. NodeClass 속성에서 8가지 노드 클래스 중 하나를 선택함으로써 어떤 노드 클래스인지를 지정한다.

⊙ <표 4> 기본 노드 클래스 테이블

Name	Use	Data Type	Description
Attributes			
NodeId	M	NodeId	서버에서의 노드에 대한 고유 ID
NodeClass	M	NodeClass	노드에 대한 열거형(enumeration) 노드 클래스
BrowseName	M	QualifiedName	서버에서의 브라우징(browsing)에 대한 명칭
DisplayName	M	LocalizedText	사용자 인터페이스에서의 디스플레이를 위한 노드의 명칭
Description	O	LocalizedText	노드에 대한 설명
WriteMask	O	AttributeWriteMask	클라이언트에서 쓰기가 가능한 노드 속성
UserWriteMask	O	AttributeWriteMask	서버에 접속한 사용자 세션에 의해 쓰기가 가능한 노드 속성
RolePermissions	O	RolePermissionType[]	노드에 접근하는 역할의 승인
UserRolePermissions	O	RolePermissionType[]	서버에 접속한 사용자 세션에 의해 노드에 접근하는 역할의 승인
AccessRestrictions	O	AccessRestrictionType	노드에 접근하는 것에 대한 제약
References			

참조는 <그림 13>과 같이, 두 노드 사이의 관계를 맺는 것이다. 참조는 소스 노드, 타깃 노드 그리고 참조의 의미(semantic)와 방향(direction)에 의해 정의되고, NodeId를 이용하여 이 노드들을 식별한다. 참조는 대칭형(symmetric)과 비대칭형(asymmetric)으로 구분된다. 대칭형의 경우 형제자매 관계와 같이 양쪽 노드가 의미론적으로 같은 상태이며, 비대칭형은 부모−자식 관계와 같은 방향성이 존재한다는 의미이다.

<그림 14>는 참조의 사용 방법이다. 참조는 참조 타입(ReferenceType) 노드의 인스턴스로 정의된다. 참조를 하는 노드가 소스 노드이며, 참조가 되는 노드가 타깃 노드이다. 이 예시에서는 HasSubtype이라는 ReferenceType을 가지며, Node 1이 소스이자 자식 노드이며 Node 2는 타깃이자 부모 노드 관계인 것이다.

타깃 노드는 같은 어드레스 스페이스에 위치할 수도 있고, 다른 서버의 어드레스 스페이스에 위치할 수도 있다. 후자의 경우, 해당 서버 명과 그 서버에서의 타깃 노드 ID를 이용하여 그 타깃 노드를 정의한다. OPC UA에서는 타깃 노드가 항상 존재해야 한다고 규정하지 않는다. 즉, 존재하지 않는 노드를 참조하는 것도 가능하다.

<그림 14> 어드레스 스페이스 참조 모델

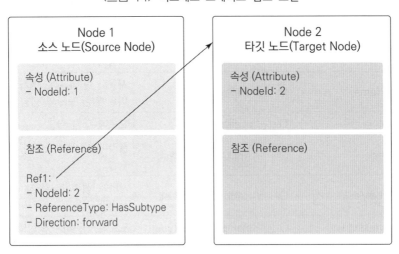

SECTION 03 참조 타입

참조는 두 노드 사이의 관계이다. 그런데, 참조는 선으로 표현되지 노드로 표현되는 것이 아니므로, 어떠한 속성이나 특성을 가지고 있지 않다. 이는 클래스 다이어그램에서의 관계를 생각하면 된다. 그러면 참조가 어떻게 노드 간 관계에 대한 상세화와 의미(시맨틱)를 부여하는지 궁금할 것이다. OPC UA에서는 참조 타입(ReferenceType)을 이용하여 노드 간의 상세화와 의미를 부여한다. 참조는 노드가 아니나, 참조 타입은 노드이다. 참조는 속성 및 특성이 없으나, 참조 타입은 속성 및 특성을 가질 수 있다. 클라이언트는 참조 타입을 이용하여 어드레스 스페이스에서의 노드간 참조 정보를 얻을 수 있다.

<표 5>는 참조 타입 노드 클래스 테이블이다. <표 4>의 기본 노드 클래스의 속성들을 그대로 계승하며, 참조 타입에 특화된 속성들(IsAbstract, Symmetric, InverseName)이 추가된다.

○ <표 5> 참조 타입 노드 클래스 테이블

Name	Use	Data Type	Description
Attributes			
Base Node Class Attribute	M		기본 노드 클래스 속성들을 계승
IsAbstract	M	Boolean	추상형 여부(TRUE: 추상형, FALSE: 실체형)
Symmetric	M	Boolean	대칭형 여부(TRUE: 소스-타깃 노드는 대칭형, FALSE: 소스-타깃 노드는 비대칭형)
InverseName	O	LocalizedText	역방향일 때의 관계명으로서, 타깃 노드로부터 소스 노드 방향으로의 관계명
References			
HasProperty	0..*		참조 타입의 특성을 정의
HasSubtype	0..*		서브 타입을 정의
Standard Properties			
NodeVersion	O	String	노드의 버전을 정의

OPC UA에서는 보편적으로 사용되는 참조 타입을 규정하고 있다. <그림 15>는 표준 참조 타입 체계 및 종류를 나타낸다. 이와 같이 이미 정의된 참조 타입 외에 다른 참조 타입을 추가할 수 있다. 웬만한 타입들은 이미 정의되어 있다고 본다. 다음은 각 참조 타입 종류에 대한 설명이다. 추상형(abstract) 참조 타입은 실제로 사용되는 참조 타입이 아니며, 주로 참조 타입을 계층화 및 그룹화하거나 OPC UA 서비스에서의 필터링을 위하여 사용된다. 반면, 실체형(concrete) 참조 타입은 실제로 사용되는 참조 타입이다.

■ References: 추상형 참조 타입으로서, 모든 참조 타입의 최상위 타입이며 기본 타입이다. 단지 계층화를 위하여 존재한다.

- HierarchicalReferences: 계층적 참조를 나타내는 추상형 참조 타입이다. 하위 참조 타입들은 이 참조 타입을 계승하여 정의된다. 계층적 참조는 트리 형식의 가시화에 유용하다.

- NonHierarchicalReferences: 계층적 참조 관계가 아닌 것을 표현하는 추상형 참조 타입이다.

- HasChild: 비순환(non-looping) 계층 관계를 포괄하는 추상형 참조 타입이다. 노드 A에서 다른 노드 B로의 참조는 가능하지만, 노드 A에서 다시 노드 A로의 재귀 참조는 불가능하다.

- Aggregates: 타깃 노드가 소스 노드에 소속되어 있다는 것을 나타내는 추상형 참조 타입이다.

- HasComponent: 부분과 전체의 관계를 의미하는 실체형 참조 타입이다. 타깃 노드는 소스 노드의 부분집합인 컴포넌트를 의미한다.

- HasProperty: 노드의 특성(property)을 정의하는 실체형 참조 타입이다. 소스 노드는 어떠한 노드 클래스가 될 수 있지만, 타깃 노드는 변수(variable)여야만 한다. 이 참조 타입을 이용하여 변수(variable)가 특성으로 정의되는 것이다.

- HasOrderedComponent: HasComponent의 서브 타입형 실체형 참조 타입이다. 순차적인 컴포넌트들을 참조할 때 사용한다.

- HasSubtype: 서브 타입의 관계를 표현하는 실체형 참조 타입이다. 소스 노드가 서브 타입이고, 타깃 노드가 슈퍼 타입이다. 소스 노드는 객체 타입, 변수 타입, 데이터 타입 또는 참조 타입이다. 타깃 노드는 소스 노드와 같은 타입이어야 한다.

- Organizes: 어드레스 스페이스에서 노드들을 구성(organize)할 때 또는 여러 계층 구조를 표현할 때 사용하는 실체형 참조 타입이다. 소스 노드는 객체 또는 뷰여야 한다. 타깃 노드는 어떠한 노드 클래스라도 될 수 있다.

- HasModellingRule: 객체, 변수 혹은 메소드의 모델링 규칙을 표현하는 실체형 참조 타입이다. 소스 노드는 객체, 변수 혹은 메소드이어야만 한다. 타깃 노드는 ModellingRule 객체 타입의 객체 또는 그것의 서브 타입이어야 한다.

- HasTypeDefinition: 객체 또는 변수를 그들의 객체 타입 또는 변수 타입으로

바인딩할 때 사용하는 실체형 참조 타입이다. 객체 또는 변수가 그들의 타입을 가져올 때 사용하는 것이다. 소스 노드가 객체이면, 타깃 노드는 객체 타입이어야 한다. 소스 노드가 변수이면, 타깃 노드는 변수 타입이어야 한다.

- HasEncoding: 정형 데이터 타입의 데이터 타입 인코딩(DataTypeEncoding)을 참조할 때 사용하는 실체형 참조 타입이다.

- GeneratesEvent: 객체 타입, 변수 타입 또는 메소드의 이벤트(event) 타입을 정의하는 실체형 참조 타입이다.

- AlwaysGeneratesEvent: 메소드가 생성하는 이벤트의 타입을 정의하는 실체형 참조 타입이다. GeneratesEvent의 서브 타입이다.

- HasEventSource: 서버에서 생성되는 이벤트에 대한 탐색을 위하여 사용하는 실체형 참조 타입이다.

- HasNotifier: 이벤트를 공지하는 객체의 계층적 구성을 만들기 위하여 사용하는 실체형 참조 타입이다.

<그림 15> 표준 참조 타입 체계[1]

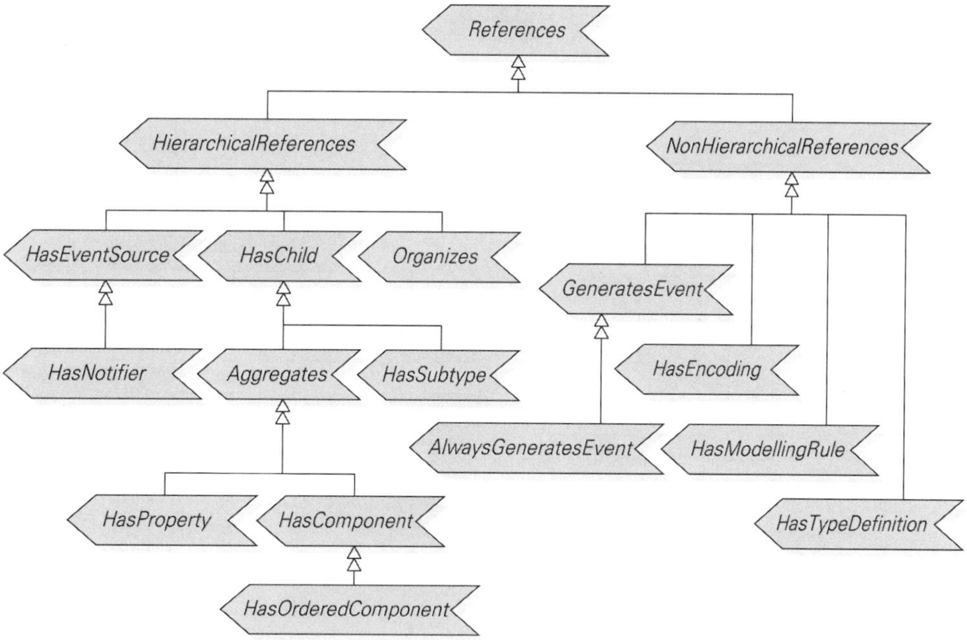

<그림 16>은 참조 타입에 대한 예시이다. 이 그림은 유한 상태 기계(finite state machine) 정보 모델로서, 상태 기계는 목표 대상이 이벤트에 의해 변경되는 상태를 표현하는 것이다. 상태(state)는 비가동(idle), 개시(starting), 실행(execute), 종료중(completing), 종료(complete) 등이 있다. StateMachineType 객체 타입은 CurrentState와 LastTransition 변수를 컴포넌트로 갖는다. CurrentState는 HasTypeDefinition을 이용하여 StateVariable Type 변수 타입으로 바인딩된다. StateVariableType은 HasProperty를 이용하여 Id, Name와 Number를 특성으로, HasComponent를 이용하여 EffectiveDisplayName 변수를 컴포넌트로 갖는다. HasSubtype을 이용하여 FininteStateMachineType은 StateMachineType의 서브 타입, MyFiniteStateMachineType은 FininteStateMachine Type의 서브 타입으로 정의한다. MyFiniteStateMachineType은 HasComponent를 이용하여 MyState와 MyTransition를 객체 컴포넌트로, MyMethod를 메소드 컴포넌

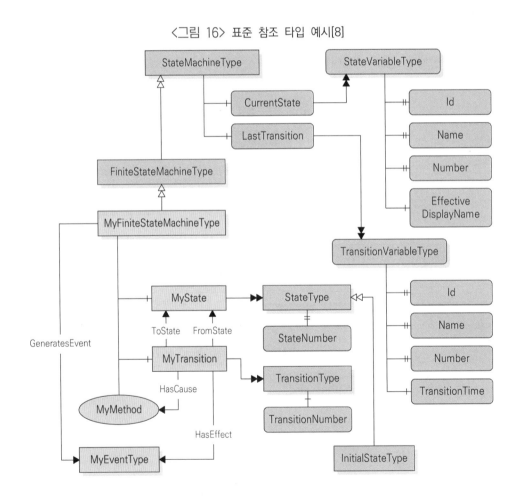

<그림 16> 표준 참조 타입 예시[8]

트로 갖는다. MyFiniteStateMachineType은 GeneratesEvent를 이용하여 MyEvent
Type 객체 타입에서 이벤트를 생성한다.

04 객체, 변수와 객체 타입, 변수 타입

OPC UA 정보 모델은 노드(node)와 참조(reference)로 구성된다고 서술하였다. 앞
절은 참조에 대한 설명이었고, 이 절은 노드에 대한 설명이다. 8가지 표준 노드 클
래스 중 객체, 변수 그리고 객체 타입과 변수 타입을 같이 설명한다. 객체와 변수
는 떼려야 뗄 수 없는 관계이기 때문이다.

사실, 객체와 변수만 있어도 노드에 대한 정의는 가능하다. 그런데, OPC UA에서
는 객체 타입과 변수 타입 개념이 존재한다. 참고로, 메소드와 뷰는 타입이 없으며,
데이터는 데이터 타입만 존재한다. 이러한 타입(type)은 모델의 확장성과 다양성을
향상시키기 위하여 도입되었지만, 사용자 입장에서는 이해하기 어렵다. 일단, 타입
노드를 템플릿(template)이라 생각하도록 한다. 객체와 변수를 가지고 모델링하되,
이를 재활용하기 위해 이들을 타입으로 정의한다고 생각하면 이해가 쉬울 것이다.
마치, 객체지향 프로그래밍에서 클래스(속성과 오퍼레이션을 포함한 클래스)를 정의해
두고, 필요시에 그 클래스를 가져와서 인스턴스로 선언하는 것과 같다. 클래스의
상속, 오버로딩 및 오버라이딩과 같은 기법을 활용할 수 있는 것도 유사하다.

1. 객체

노드라 하면, 일반적으로 객체를 생각할 것이다. 객체의 정의는 다음과 같다.

- 객체(object): 시스템, 시스템 컴포넌트, 물리적 객체, 소프트웨어적 객체 등을
  표현한 것이다[1]. 객체 타입의 인스턴싱에 의해 실제 객체를 생성한다. 즉,
  객체지향 프로그래밍에서 클래스의 객체(object)와 일대일 대응된다. 시스템 내
  의 엔티티(entity)로서, 명칭, 변수 및 메소드를 정의한 캡슐형 모듈 형태로 존
  재하며, 어드레스 스페이스를 구조화하기 위해 사용한다.

객체는 변수 및 메소드 컴포넌트를 통하여 객체의 특징 및 상세 정의가 이루어진다. 그리고 이벤트(event) 생성도 가능하다. 객체는 홀로 존재할 수는 없다. 바꾸어 말하면, 변수와 메소드는 독립적일 수 없고, 객체에 소속된다. <표 6>은 객체 노드 클래스 테이블이다. 객체는 기본 노드 클래스의 속성에 EventNotifier 속성이 추가된다. 참조는 다양한 참조 관계를 사용할 수 있다. 변수와 메소드는 HasComponent 또는 HasProperty(변수가 특성인 경우) 관계를 이용하여 정의한다.

○ <표 6> 객체 노드 클래스 테이블

Name	Use	Data Type	Description
Attributes			
Base Node Class Attribute	M		기본 노드 클래스 속성들을 계승
EventNotifier	M	EventNotifierType	객체의 이벤트 구독 또는 과거 이벤트의 읽고 쓰기 여부
References			
HasComponent	0..*		데이터 변수, 메소드, 다른 객체를 컴포넌트로 가짐
HasProperty	0..*		객체의 특성을 정의
HasModellingRule	0..1		모델링 규칙을 정의
HasTypeDefinition	1		객체의 타입 정의를 가져옴
HasEventSource	0..*		객체의 이벤트 소스 정의
HasNotifier	0..*		객체의 이벤트 통지 정의
Organizes	0..*		객체 타입중 폴더 타입을 위해서만 사용
〈other references〉	0..*		다른 reference를 가질 수 있음
Standard Properties			
NodeVersion	O	String	노드의 버전을 정의
Icon	O	Image	객체가 가시화될 때의 아이콘 이미지
NamingRule	O	NamingRuleType	모델링 규칙 중 명명 규칙 정의

<그림 17>은 객체 모델의 예시이다. 모델링 관점에서 Motor 객체는 Motor라는 DisplayName과 Subscribe라는 EventNotifier 속성을 가진다. 그리고 Motor는 Status 변수, Configuration 객체, Start 및 Stop 메소드를 컴포넌트로 갖는다. 이처럼 Motor

객체로만 홀로 정의될 수 없고, 컴포넌트들에 의하여 Status, Configuration, Start와 Stop을 가진 Motor 객체로 상세화되는 것이다. 그리고 Motor는 다른 객체인 Object1을 참조하여 사용하는데, Object1은 Motor와 독립적이며 비의존적인 객체이다. 시스템 관점에서 Motor는 어드레스 스페이스의 하나의 노드로 존재한다. 클라이언트는 Motor라고 가시화되는 노드에 연결하여 그 하위의 이벤트 및 데이터를 받을 수 있다. 반대로, 데이터를 쓰거나 메소드를 호출할 수 있다. Motor라는 고구마를 캐면, 하위 노드들이 고구마 줄기처럼 따라오는 것과 같다.

<그림 17> 객체 예시[3]

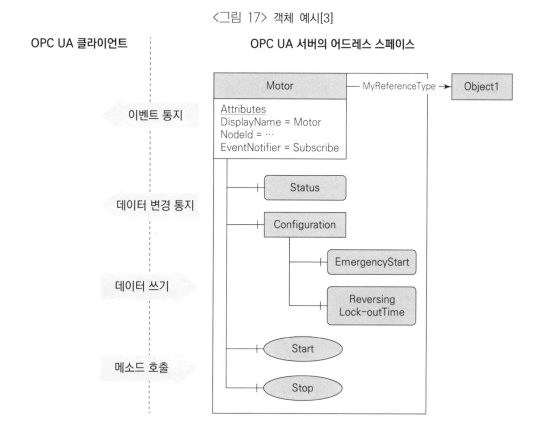

2. 변수

변수(variable)는 값을 나타내는 것이다. 쉬운 예로는 센서의 측정값이다. 변수는 노드, 특히 객체의 성질, 상태, 특징 및 구체화를 위하여 사용하는 노드이다. 그리고 노드에 대한 구성 데이터나 메타데이터를 포함하기도 한다. 클라이언트에서는 어드레스 스페이스에 접근하여 변수 값을 읽고, 변수 값의 변화를 통지받기도 한다. 반대로 변수에 값을 쓰기도 한다. 그런데, 변수에는 데이터 변수(data variable)와 특성(property)이라는 두 가지 종류가 있다. 데이터 변수와 특성의 정의는 다음과 같다.

- 데이터 변수(data variable): 객체의 값을 표현하는 변수이다. 항상 타깃 노드와 HasComponent 관계를 갖는다. 예를 들어 센서의 측정값이다.

- 특성(property): 노드의 성질을 표현하는 변수이다. 항상 타깃 노드와 HasProperty 관계를 갖는다. 예를 들어 측정값의 단위, 메소드의 입출력 매개 변수이다.

정보 모델링에서는 변수를 정의함에 있어서 둘 중의 하나를 선택해야 한다. 데이터 변수는 특성이 될 수 없고, 특성은 데이터 변수가 될 수 없다. 그러나 선택은 쉽지 않다. 실제 모델링시, 어떤 변수를 데이터 변수로, 어떤 변수를 특성으로 일일이 구분하기 쉽지 않다. 둘의 성격이 공존하는 변수도 존재하기 때문이다. 일반적으로, 데이터가 온라인 데이터(online data)이면 데이터 변수로, 구성 데이터(configuration data) 또는 메타데이터(metadata)이면 특성으로 구분할 수 있다[3]. 센서 측정값과 같이 시간에 따라 변동되는 동적이면서 변동주기도 빠른 데이터는 데이터 변수로 정의할 수 있다. 반면, 객체 식별자, 명칭, 단위, 서버 주소 등과 같이 정적이면서 변경이 자주 일어나지 않는 데이터들은 특성으로 정의할 수 있다.

변수는 항상 데이터 타입을 가지고 있어야 한다. 그리고 변수는 독립적으로 사용될 수 없고 항상 다른 노드의 부분(part)으로 존재한다. 그리고 변수는 변수 타입을 가져와서 사용할 수 있다. 데이터 변수는 HasComponent로 참조되며, HasProperty로 참조될 수 없다. 특성은 HasProperty로 참조되며, HasComponent로 참조될 수 없다. 데이터 변수는 타입의 사용에 제약은 없는 반면, 특성은 PropertyType이라는 변수 타입만 사용이 가능하다. <표 7>은 변수 노드 클래스 테이블이다. 데이터 변수 및 특성은 <표 7>의 속성과 참조를 공유한다. 그런데 데이터 변수는 사용에 큰 제약이 없다. 반면, 특성은 Reference의 HasProperty와 HasComponent를 사용할 수 없고 모든 표준 특성을 사용할 수 없다.

● <표 7> 변수 노드 클래스 테이블

Name	Use	Data Type	Description
Attributes			
Base Node Class Attribute	M		기본 노드 클래스 속성들을 계승
Value	M	DataType에 의해 결정	서버가 갖는 그 변수의 가장 최근 값
DataType	M	NodeId	데이터 타입을 정의하는 노드식별자
ValueRank	M	Int32	배열 종류를 나타냄(n)=1: n차원, 0: 0 또는 1이상, -1: 배열 아님, -2: 스칼라 또는 배열, -3: 스칼라 또는 1차원)
ArrayDimensions	O	UInt32[]	각 차원의 배열 최대 라인 수
AccessLevel	M	AccessLevelType	변수의 값에 읽고 쓰기 접근 가능 여부 (CurrentRead, CurrentWrite, HistoryRead, HistoryWrite, SemanticChange, StatusWrite, TimestampWrite, Reserved가 각 Bit로 표현되며, 0은 FALSE, 1값은 TRUE)
UserAccessLevel	M	AccessLevelType	사용자가 변수의 값에 읽고 쓰기 접근 가능 여부
MinimumSamplingInterval	O	Duration	변수의 값에 대한 최소 샘플링 주기
Historizing	M	Boolean	서버의 데이터 보관 여부(TRUE: 보관, FALSE: 보관안함)
AccessLevelEx	O	AccessLevelExType	AccessLevel의 확장으로, 변수의 값에 읽고 쓰기 접근 가능 여부
References			
HasModellingRule	0..1		모델링 규칙을 정의
HasProperty	0..*		데이터 변수의 특성을 정의
HasComponent	0..*		복합 데이터 변수 정의에 사용
HasTypeDefinition	1		변수의 타입 정의를 가져옴
〈other references〉	0..*		다른 reference를 가질 수 있음
Standard Properties			
NodeVersion	O	String	데이터 변수 노드의 버전을 정의

Name	Use	Data Type	Description
LocalTime	O	TimeZone DataType	데이터 변수 값에 대한 소스 타임스탬프와 실제 획득된 타임스탬프와의 차이
AllowNulls	O	Boolean	데이터 변수의 null값 허용 여부(TRUE: 허용, FALSE: 비허용)
ValueAsText	O	Localized Text	값에 대한 열거형 형태로의 텍스트값
MaxStringLength	O	UInt32	문자형 데이터 타입을 갖는 데이터 변수의 최대 바이트 값
MaxCharacters	O	UInt32	데이터 변수의 최대 유니코드 글자 개수
MaxByteStringLength	O	UInt32	바이트형 데이터 타입을 갖는 데이터 변수의 최대 바이트 값
MaxArrayLength	O	UInt32	배열 형태 데이터 변수의 최대 배열 길이 (예 2*3*10=60)
EngineeringUnits	O	EU Information	숫자형 데이터 타입을 갖는 데이터 변수의 엔지니어링 단위

3. 객체 타입

OPC UA 정보 모델링의 특징 중 하나는 타입을 정의할 수 있다는 것이다. 데이터 타입은 익숙한 개념이지만, 객체 타입 및 변수 타입은 익숙한 개념이 아닐 수 있다. 그래서, 사용자, 특히 모델 개발자 입장에서는 쉽지 않은 개념일 수도 있다. 타입은 일종의 템플릿이다. 객체지향 프로그래밍 관점에서는 클래스 개념이다. 이러한 클래스를 잘 활용하면 개발 시간 및 비용을 줄일 수 있듯이, 타입을 제대로 사용하면 OPC UA의 특장점을 잘 살릴 수 있다.

예를 들어 보자. 한 업체에서 온도 측정 장치를 판매하고, 온도 측정값을 수집하기 위하여 OPC UA 정보 모델을 제공한다고 가정해 본다. 이때, 온도 측정 장치라는 객체의 정보 모델을 타입 형태(템플릿)로 제공해주면, 사용자들은 별도의 모델링 필요 없이 그 타입에 실제 값들을 지정하여(예 장치의 식별자) 그대로 사용하면 될 것이다. 그리고 사용자가 취향에 맞는 정보 모델을 만들고자 한다면, 그 타입을 가져와서 목적에 맞게 커스터마이즈하면 된다. 만약, 중간 벤더가 있다면, 그 타입을 수정하여 벤더 특화된 정보 모델을 개발함으로써, 부가적인 서비스를 제공할 수 있다. 어드레스 스페이스에서는 객체를 위한 객체 타입 노드 클래스와 변수를 위한 변수 타입 노드 클래스를 제공한다. 다음은 객체 타입에 대한 정의이다.

- 객체 타입(object type): 객체 노드의 타입 정보를 미리 정의한 정보 모델이다. 객체가 객체 타입을 사용하려면 HasTypeDefinition 관계로 지정한다. 하나의 객체는 하나의 객체 타입만을 가질 수 있다. 반면, 하나의 객체 타입은 여러 객체들에서 사용될 수 있다.

기본 정보 모델에서 제공하는 기본 객체 타입(BaseObjectType) 및 기본 변수 타입 (BaseDataVariableType)은 별도의 타입 모델을 정의하지 않고 그대로 사용 가능하다. 그러나 새로운 타입을 생성하고자 한다면, 그 타입 모델이 어드레스 스페이스상에서 상세화되어야 한다. 또한 이미 정의된 객체 타입을 슈퍼 타입, 자신의 타입을 서브 타입으로 지정하는 상속의 활용도 가능하다. <표 8>은 객체 타입 노드 클래스 테이블이다.

◐ <표 8> 객체 타입 노드 클래스 테이블

Name	Use	Data Type	Description
Attributes			
Base Node Class Attribute	M		기본 노드 클래스 속성들을 계승
IsAbstract	M	Boolean	추상형 여부(TRUE: 추상형, FALSE: 비추상형)
References			
HasComponent	0..*		데이터 변수, 메소드, 다른 객체를 컴포넌트로 가짐
HasProperty	0..*		객체 타입의 특성을 정의
HasSubtype			다른 객체 타입을 서브 타입으로 가짐
GeneratesEvent			이벤트 인스턴스 타입을 정의
〈other references〉	0..*		다른 reference를 가질 수 있음
Standard Properties			
NodeVersion	O	String	노드의 버전을 정의
Icon	O	Image	객체가 가시화될 때의 아이콘 이미지

<그림 18>은 OPC UA 객체 타입과 JAVA 클래스를 대응한 것이다. Address, Student, Professor 클래스는 OPC UA의 객체 타입인 AddressType, StudentType과

ProfessorType으로 일대일 대응된다. Address 클래스는 Street, City, StreetNumber를 속성으로 갖는 것처럼, OPC UA에서는 AddressType의 HasComponent 관계에 의해 변수로 정의된다. 그리고 Student 클래스는 Name, Credit, Address를 속성으로, sumCredit을 오퍼레이션으로 갖는다. OPC UA에서도 마찬가지이다. 이때, Address를 HasTypeDefinition 관계로 AddressType을 가져오게 되면, 자연스럽게 Address의 변수들을 가져오게 되는 것이다. sumCredit은 메소드이며 클래스의 오퍼레이션과 일대일 대응된다. 메소드의 경우는 매개변수들을 특성으로 가져오므로 HasProperty 관계를 갖는다. ProfessorType에서도 HasTypeDefinition 관계로 AddressType을 재활용할 수 있다.

<그림 18> 클래스와 객체 타입의 대응 관계

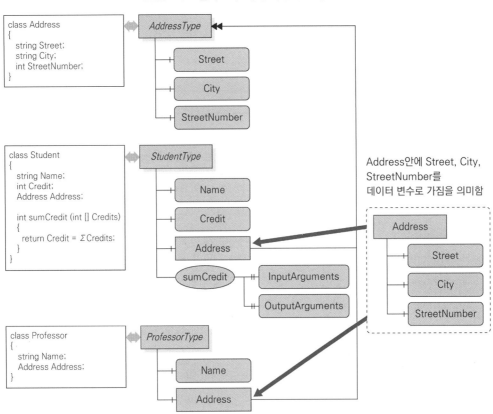

객체 타입은 단순 객체 타입(simple object type)과 복합 객체 타입(complex object type)으로 구분할 수 있다. 단순 객체 타입은 하나의 객체 노드로 구성되며, 복합

객체 타입은 여러 개의 노드들를 계층화 및 구조화된 것이다. 단순 객체 타입의 대표적인 예는 Part 5에 정의된 FolderType 객체 타입이다. 윈도우즈 탐색기의 폴더와 비슷하다.

<그림 19>는 FolderType을 나타낸다. FolderType은 어드레스 스페이스에서 노드들을 계층화하고 구조화하는 구성(organize) 용도로만 사용된다. 상위 폴더(Root)와 하위 폴더(Objects) 모두 FolderType 객체 타입을 사용한다. FolderType은 홀로 존재하며 다른 노드와의 관계는 존재하지 않는다.

일반적으로 복합 객체 타입을 많이 사용한다. 복합 타입의 사용 이유는 정보의 유연성(flexibility)과 풍부성(richness), 객체 타입의 재활용성, 클라이언트에서의 프로그래밍을 위함이다. 정보의 유연성과 풍부성은 다양한 객체 타입과 변수 타입들을 활용하여 구조화함으로써 원하는 그리고 필요한 객체 타입으로 생성하는 것이다. 객체 타입의 재활용성은 타입을 한 번 정의해두면 여러 곳에서 재사용할 수 있고, 오버라이딩 및 오버로딩 등의 방법을 통하여 커스터마이즈할 수 있다는 것이다. 클라이언트에서의 프로그래밍은 객체 타입을 알고 있으면, 클라이언트상에서 그 객체 타입의 객체들을 자유롭게 구현할 수 있음을 의미한다.

<그림 19> FolderType의 단순 객체 타입[3]

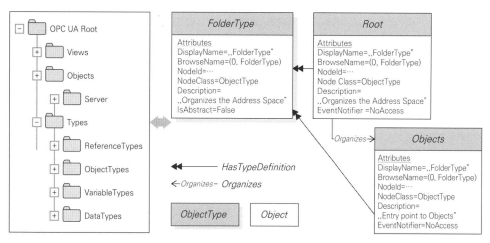

<그림 20>은 복합 객체 타입의 예시이다. MotorType은 객체 타입이고, Motor1, Motor2, Motor3은 객체이다. MotorType은 Status 변수, Configuration 객체, Start 및 Stop 메소드를 컴포넌트로 가진다. Motor2는 MotorType에 RotationSpeed 변수를 추가하고, Motor3은 Start와 Stop 메소드를 삭제한 것이다.

<그림 20> 복합 객체 타입 및 객체

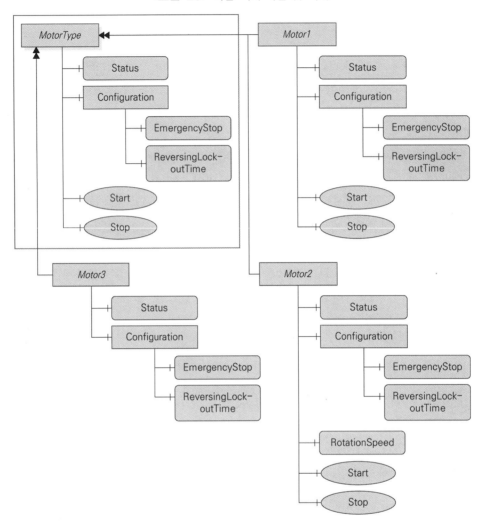

✓ **Explanation/**

- 오버라이딩(overriding): 서로 다른 입출력 매개변수 유형과 개수를 가진 여러 개의 같은 이름의 메소드를 정의하는 방법
- 오버로딩(overloading): 상위 클래스가 갖는 메소드를 하위 클래스에서 재정의 혹은 변형하는 방법

4. 변수 타입

객체 타입과 마찬가지로 변수도 변수 타입을 가질 수 있다. 변수 타입은 오로지 데이터 변수에서만 사용된다. 즉, 특성에서는 사용할 수 없다. 다음은 변수 타입에 대한 정의이다.

- 변수 타입(variable type): 변수 노드의 타입 정보를 미리 정의한 정보 모델이다. 데이터 변수에서 변수 타입을 사용하려면 HasTypeDefinition으로 가져온다. 하나의 데이터 변수는 하나의 변수 타입만을 가질 수 있다. 반면, 하나의 변수 타입은 여러 데이터 변수들에서 사용될 수 있다.

<표 9>는 변수 타입 노드 클래스 테이블이다.

○ <표 9> 변수 타입 노드 클래스 테이블

Name	Use	Data Type	Description
Attributes			
Base Node Class Attribute	M		기본 노드 클래스 속성들을 계승
Value	O	DataType에 의해 결정	디폴트 변수 값
DataType	M	NodeId	데이터 타입을 정의하는 노드 식별자
ValueRank	M	Int32	배열 종류를 나타냄(n)=1: n차원, 0: 0 또는 1 이상, -1: 배열 아님, -2: 스칼라 또는 배열, -3: 스칼라 또는 1차원)
ArrayDimensions	O	UInt32[]	각 차원의 배열 최대 라인 수
IsAbstract	M	Boolean	추상형 여부(TRUE: 추상형, FALSE: 비추상형)
References			
HasProperty	0..*		변수 타입의 특성을 정의
HasComponent	0..*		다른 데이터 변수를 컴포넌트로 가짐
HasSubtype	0..*		다른 변수 타입을 서브 타입으로 가짐
GeneratesEvent	0..*		이벤트 인스턴스 타입을 정의
〈other references〉	0..*		다른 reference를 가질 수 있음
Standard Properties			
NodeVersion	O	String	노드의 버전을 정의

<그림 21>은 변수 타입에 의한 변수 정의를 나타낸다. SetPoint 변수 타입을 HasTypeDefinition으로 가져와서 SP라는 변수로 정의하는 것이다. 그리고 SetPoint 안의 Value 속성을 가져와서 사용한다. 이때, SetPoint의 Value1 값이 초기 값으로 설정된다. 서버에서 이 변수 값이 변경되면 그 변경된 값이 적용된다.

<그림 21> 변수 타입에 의한 변수 정의[1]

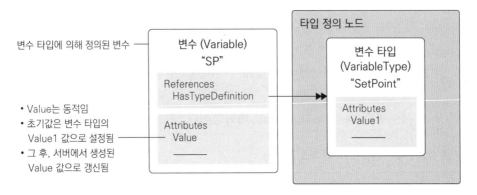

<그림 22> 객체 타입 및 객체에서의 변수 정의[1]

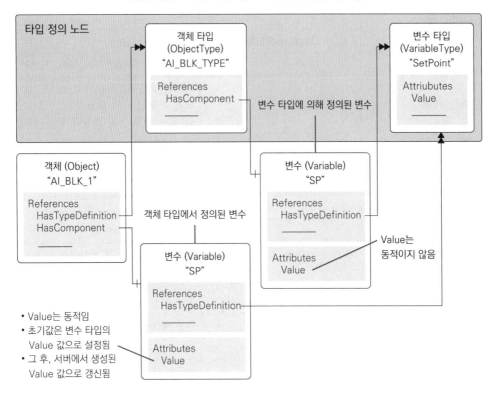

<그림 22>는 복합 객체 타입 및 변수 타입을 나타낸다. 객체 타입이든지 객체든지 변수 타입으로 정의된 변수를 받아올 수 있다. 그런데, ObjectType에 연결된 SP 변수의 Value 속성은 동적이지 않은 반면, Object에 연결된 SP 변수의 Value 속성은 동적이다[1]. 이것은 ObjectType은 템플릿 형태로 정적인 성질을 갖는 반면, Object는 그 객체 타입을 인스턴스한 것이므로 동적인 성질을 갖는 차이에서 기인한다.

변수 타입 또한 단순 변수 타입(simple variable type)과 복합 변수 타입(complex variable type)으로 구분할 수 있다. 단순 타입은 하나의 변수 노드로 구성되며, 복합 타입은 여러 개의 노드들을 계층화 및 구조화한 것이다. 단순 변수 타입의 대표적인 예는 Part 5에 정의된 BaseDataVariableType 변수 타입이다. 이 타입은 데이터 변수의 가장 기본적인 타입이다.

<그림 23> BaseDataVariableType의 단순 변수 타입[1]

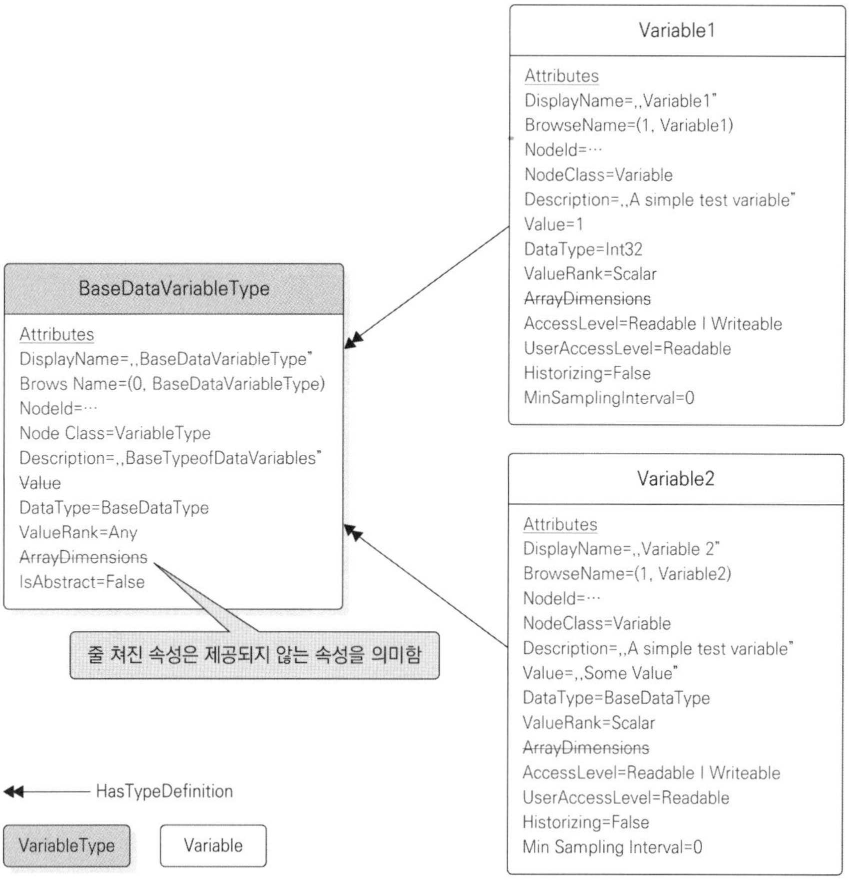

Variable1

Attributes
DisplayName=,,Variable1"
BrowseName=(1, Variable1)
NodeId=…
NodeClass=Variable
Description=,,A simple test variable"
Value=1
DataType=Int32
ValueRank=Scalar
ArrayDimensions
AccessLevel=Readable I Writeable
UserAccessLevel=Readable
Historizing=False
MinSamplingInterval=0

BaseDataVariableType

Attributes
DisplayName=,,BaseDataVariableType"
Brows Name=(0, BaseDataVariableType)
NodeId=…
Node Class=VariableType
Description=,,BaseTypeofDataVariables"
Value
DataType=BaseDataType
ValueRank=Any
ArrayDimensions
IsAbstract=False

줄 쳐진 속성은 제공되지 않는 속성을 의미함

Variable2

Attributes
DisplayName=,,Variable 2"
BrowseName=(1, Variable2)
NodeId=…
NodeClass=Variable
Description=,,A simple test variable"
Value=,,Some Value"
DataType=BaseDataType
ValueRank=Scalar
ArrayDimensions
AccessLevel=Readable I Writeable
UserAccessLevel=Readable
Historizing=False
Min Sampling Interval=0

◀◀ ─── HasTypeDefinition

VariableType | Variable

<그림 23>은 BaseDataVariableType과 Variable1, Variable2라는 데이터 변수를 나타낸다. Variable1과 Variable2는 BaseDataVariableType을 HasTypeDefinition으로 가져와 사용한다. BaseDataVariableType에서는 Value(변수값)과 ArrayDimensions(배열차원)을 제공하지 않으며, 데이터 타입(DataType)은 BaseDataType으로 정의한다. 이는 BaseDataVariableType이 공통의 데이터 변수 타입이어서 변수값과 배열 차원을 특정할 수 없기 때문이다. Variable1과 Variable2에서 데이터 타입, 배열 차원과 실제 변수값을 정의하게 된다. Variable1은 데이터 타입 Int32, 변수값 1인 경우이며, Variable2는 특정 데이터 타입이 지정되지 않은 경우이다. ArrayDimensions는 선택적(optional) 속성이므로 제공해도 되고 안 해도 된다.

복합 변수 타입은 복합 객체 타입과 유사하다. <그림 24>는 복합 변수 타입의 예시이다. 다른 변수 노드를 HasComponent, 특성을 HasProperty 참조로 이용하여 부분 관계(a-part-of)로 가질 수 있다. 그리고 하위 변수 타입을 가질 수 있다. 변수는 객체의 부분으로 속하지, 객체가 변수의 부분으로 속하지는 않는다. 일반적이다. 그러므로, 복합 변수 타입은 객체와 메소드를 HasComponent 참조로 가져올 수 없다.

<그림 24> 복합 변수 타입 구조 예시

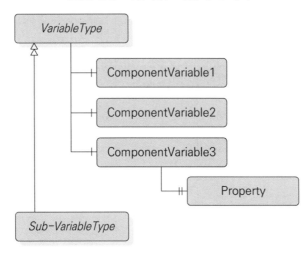

객체지향 프로그래밍에서는 변수에 대한 데이터 형태를 선언해야 한다. OPC UA도 변수의 Value(값)에 대한 데이터 형태를 선언해야 한다. 정보 모델도 마찬가지이다. 각 변수에 boolean, int, float, double, char, string 등의 보편적인 데이터 타입을 선언하거나, 데이터 항목을 선택하는 열거형(enumeration) 데이터 타입을 선언하는 것이다. OPC UA에서는 이러한 일반적인 데이터 타입 외에 다양하고 구조적인 데이터 타입의 정의가 가능하다. 다음은 데이터 타입에 대한 정의다.

■ 데이터 타입(data type): 변수(variable)와 변수 타입(variable type)의 Value(값) 속성에 대한 데이터 형태를 선언하는 것이다. 종류로는 빌트인, 단순, 열거형 (enumeration), 구조적 데이터 타입이 있다. 변수와 변수 타입의 Value 속성을 제외한 나머지 속성들(에 IsAbstract)은 고정된 데이터 타입을 가지므로 별도의 데이터 타입을 선언할 필요는 없다. Value의 데이터 타입에 대한 배열형 여부와 길이는 각각 ValueRank, ArrayDimensions 속성에서 설정한다.

데이터 타입은 변수와 변수 타입의 DataType 속성으로 정의되며, 그 DataType의 NodeId로 표현된다. OPC UA 정보 모델이나 협력 규격을 보면 데이터 타입 표현이 없는 경우가 많다. 이것은 데이터 타입은 정의되어 있으나, 표현하지 않은 것뿐이다. 별도의 표나 서술을 통하여 데이터 타입이 정의되어 있다. <표 10>은 데이터 타입 노드 클래스 테이블이다.

❍ <표 10> 데이터 타입 노드 클래스 테이블

Name	Use	Data Type	Description
Attributes			
Base Node Class Attribute	M		기본 노드 클래스 속성들을 계승
IsAbstract	M	Boolean	추상형 여부(TRUE: 추상형, FALSE: 비추상형)
DataTypeDefinition	O	DataType Definition	구조적 데이터 타입의 메타데이터와 인코딩 정보 제공
References			

Name	Use	Data Type	Description
HasProperty	0..*		데이터 타입의 특성을 정의
HasSubtype	0..*		다른 데이터 타입을 서브 타입으로 가짐
HasEncoding	0..*		데이터 타입의 인코딩 규칙을 정의. DataTypeEncodingType라는 객체를 참조함
Standard Properties			
NodeVersion	O	String	노드의 버전을 정의
EnumStrings	O	LocalizedText[]	열거형 데이터 타입에만 사용되며, 실제 열거된 데이터 항목들이 정의됨. EnumValues가 주어진 경우는 EnumStrings는 정의되지 않아야 함
EnumValues	O	EnumValueType[]	열거형 데이터 타입에만 사용되며, 열거된 데이터 항목들이 정수형태로 정의됨. EnumStrings가 주어진 경우는 EnumValues가 정의되지 않아야 함
OptionSetValues	O	LocalizedText[]	OptionSet과 UInteger 데이터 타입에만 사용되며, 비트 마스크(bit mask)의 각 비트를 표현

1. 빌트인 데이터 타입

■ 빌트인 데이터 타입(built-in data type): OPC UA에서 제공하는 고정된 데이터 타입의 집합이다. 빌트인 데이터 타입은 객체지향 프로그래밍에서 널리 사용하는 데이터 타입과 OPC UA에 특화된 데이터 타입이 있다.

<그림 25>는 빌트인 데이터 타입의 종류 및 계층적 구조이다. Int32, Boolean, Double 등은 익히 알고 있는 데이터 타입이다. NodeId, LocalizedText, QualifiedName 등은 OPC UA에 특화된 타입이다. 빌트인 데이터 타입은 서버나 클라이언트에서 모두 알고 있으므로, 별도의 인코딩(encoding) 작업이 필요 없다. 여기서, 인코딩이란 정의한 데이터 타입을 이해하기 위하여 별도의 데이터 타입 구조를 정의하고, 이를 어드레스 스페이스상에 부가 정보로 공유하는 것이다. 이는 구조적 데이터 타입에서 설명하도록 한다.

<그림 25> 빌트인 데이터 타입의 계층적 구조[3]

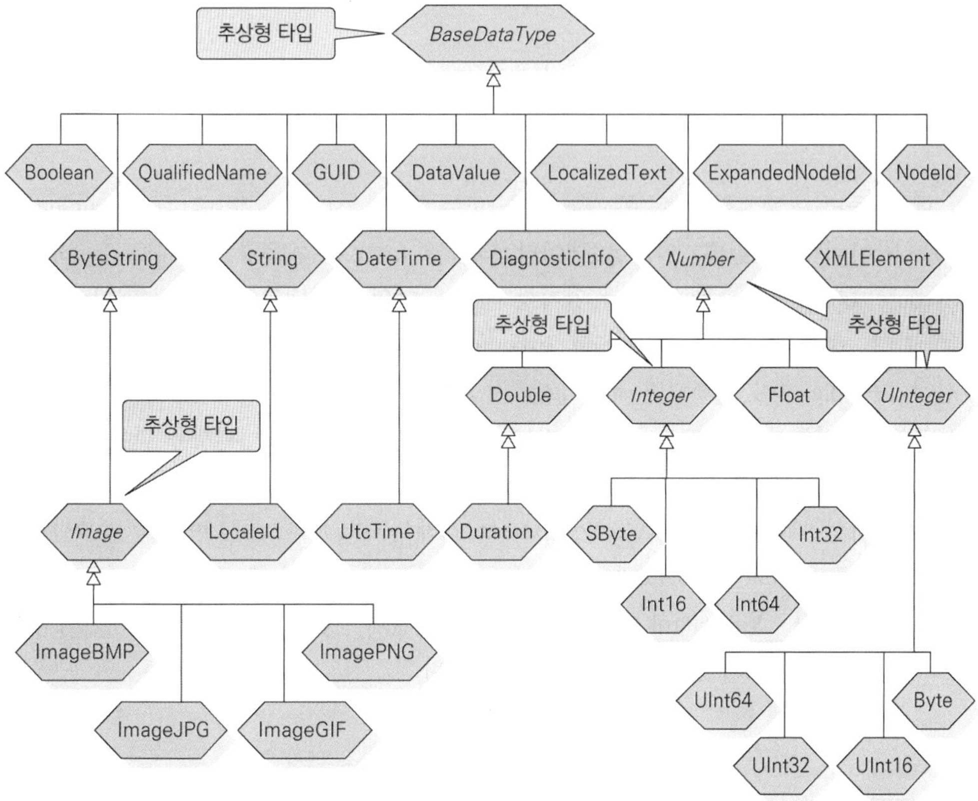

2. 단순 데이터 타입

■ 단순 데이터 타입(simple data type): 빌트인 테이터 타입 외에 추가적으로 정의하되, 단순한 수준의 데이터 타입을 의미한다. 빌트인 데이터 타입의 하위 타입으로 정의되어야 한다.

<그림 25>의 구조 안에서 자신만의 데이터 타입을 추가하는 것이다. 대표적인 예가 Duration(기간) 데이터 타입이다. 이것은 빌트인 데이터 타입인 Double의 하위 타입으로 정의된다. 단순 데이터 타입 또한 별도의 인코딩이 필요 없다. 이는 빌트인 데이터 타입을 상속받기 때문이다.

3. 열거형 데이터 타입

- 열거형 데이터 타입(enumerated data type): 객체지향 프로그래밍의 열거형 데이터 타입과 동일하다.

예를 들면, {월, 화, 수, 목, 금, 토} 또는 {idle, starting, execute, completing, complete}이다. 그런데, 열거형 데이터 타입은 Int32로 핸들링된다. {idle, starting, execute, completing, complete} 열거형 데이터 타입이 그대로 사용되는 것이 아니라, {0, 1, 2, 3, 4, 5} = {idle, starting, execute, completing, complete}로 처리된다. 0이 선택되면 idle, 1이 선택되면 starting을 지정한 것이다. Int32 값과 열거 항목간 연결은 어떻게 이루어질까? EnumStrings라는 특성을 이용하여 연결 관계를 만든다.

<그림 26>은 열거형 데이터 타입의 예시이다. StateType은 기계의 상태를 나타내는 열거형 데이터 타입이다. Equipment 객체는 MachineState 변수를 컴포넌트로 갖고 있다. 이 MachineState가 StateType을 사용하는 경우, DataType을 StateType으로 정의한다. ValueRank를 Scalar로 두어 열거 항목 중 하나만을 선택하고, Value=3은 'completing' 항목을 지정한 것이다.

<그림 26> 열거형 데이터 사입 사용 예시

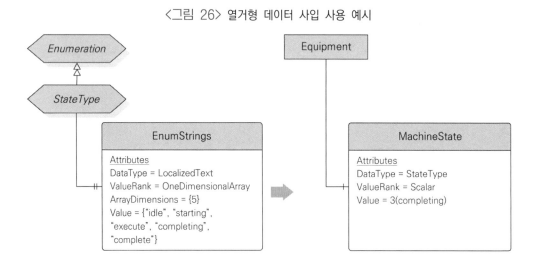

4. 구조적 데이터 타입

■ 구조적 데이터 타입(structured data type): 빌트인 및 단순 데이터 타입에서 할 수 없는 구조적이고 복합적인 형태의 데이터 타입이다. 자신만의 데이터 타입을 만들되, 단순 데이터 타입보다는 복잡하고 구조적인 형태로 정의하는 것이다. 구조적 데이터 타입에는 인코딩 규칙의 설정과 전송이 반드시 필요하다.

서버가 자신이 정의한 데이터 타입에 대한 안내 없이 데이터만 발행한다면, 클라이언트는 이 데이터를 이해할 수 없을 것이다. 어떤 데이터 타입을 기준으로 데이터가 인스턴싱되었는지 알 수 없기 때문이다. 구조적 데이터 타입은 HasEncoding 참조를 이용하여 어떻게 데이터 타입이 정의되었는지에 대한 인코딩 규칙을 설정해야 한다. OPC UA는 Binary, XML 및 JSON 형태의 표현이 가능하므로, 이 세 언어에 대한 인코딩 규칙 설정을 가능하게 한다. 그런데, 사용자가 세 언어 중 하나만 취한다고 하면 그 언어에 대한 인코딩 규칙만 설정하는 것도 가능하다. 초보자의 경우는 구조적 데이터 타입이 어려우므로 가급적 사용하지 말 것을 추천한다. 변수와 변수 타입을 잘만 활용하면 빌트인, 단순 및 열거형 데이터 타입만으로도 웬만한 모델링이 가능하다.

<그림 27>은 MyType1이라는 구조적 데이터 타입의 예시이다. MyType1이 어떻게 정의되어 있는지 살펴본다. MyType1은 Default Binary, UA Binary와 Default XML 인코딩 규칙을 HasEncoding 참조로 가지고 있다. MyType1Description 변수는 DataTypeDescriptionType 변수 타입을 타입 정의로 가진다. 이 변수는 Dictionary Fragment 특성을 가진다. DictionaryFragment에 MyType1의 데이터 필드가 정의되며, Int32 데이터 타입의 f1 필드와 f2 필드로 구성된다. DataTypeDictionaryType 변수 타입의 MyTypeDictionary 데이터 변수는 MyType1과 MyType2라는 데이터 타입을 가지고 있는 경우다.

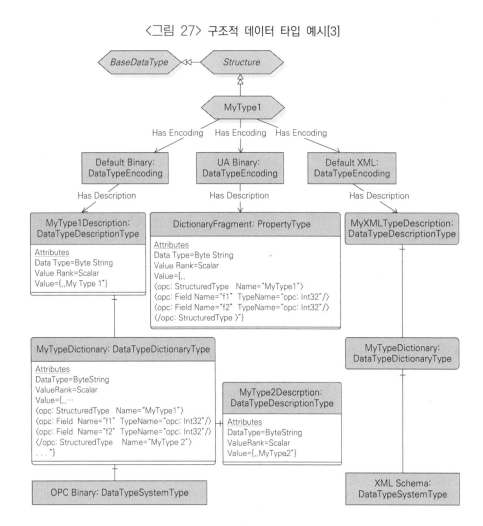

<그림 27> 구조적 데이터 타입 예시[3]

객체, 변수와 데이터 타입은 정적인 정보 구조와 관련된 것이라면, 메소드 (method)는 동적인 프로세스와 관련된 것이다. 메소드는 객체지향 프로그래밍의 오 퍼레이션(메소드 또는 함수)에 대응되는 개념이다. 메소드의 정의는 다음과 같다.

- 메소드(method): 객체에 소속되어 입력 매개변수(input arguments) 값을 받으면 출 력 매개변수(output arguments)를 도출하는 함수이다. 메소드는 HasComponent 참조로 객체 및 객체 타입에만 소속된다. 객체지향 프로그래밍의 오퍼레이션 에 대응되는 개념이다.

메소드는 변수 및 변수 타입에 소속될 수 없으며, 메소드 타입은 존재하지 않는 다. 그리고 입력 매개변수를 받으면 메소드 안에 있는 연산 로직에 의해 출력 매개 변수를 도출하거나 작업을 실행한다. 입력 및 출력 매개변수는 HasProperty 관계를 이용하여 특성으로 정의한다. 일반적으로, 서버에서 메소드를 구현하고 클라이언트 에서 그 메소드를 호출하면, 입력 매개변수 값을 전달하고 출력 매개변수 값을 돌 려 받는 식으로 구현한다. 그리고 GeneratesEvent와 AlwaysGeneratesEvent 등의 이벤트 생성에도 사용이 된다. 더불어, 서버 내에서 특정 실행을 트리거할 때에도 사용된다. 어떤 메소드는 특정 객체나 객체 타입에 종속되지 않기도 하며 서버 내 에서 특정 실행을 트리거할 때에 사용되기도 한다. 일종의 Void 오퍼레이션이다. 이 경우는 광역적 메소드로서 서버 객체(server object) 안으로 종속시킨다.

<그림 28>은 메소드에 대한 예시이다. 여기서, sumCredit이 메소드이다. 입력 매개변수에는 int[] Credits, 출력 매개변수는 int Credit이 표현되어 있다. Credits 배열값들을 실제로 합하는 연산은 어디에 표현되는지 의문이 들 것이다. OPC UA 에서는 메소드의 내부 연산 또는 로직을 표현하지 않는다. 메소드의 위치와 입출력 매개변수에 대한 표현만이 가능하다. 즉, 메소드의 틀과 입출력만 표현한다. 메소드 안에 구현되는 로직이나 연산들이 워낙 다양하고 복잡하기 때문에 이를 표준화하는 것이 사실상 불가능하기 때문이다. 이러한 연산과 로직에 대한 프로그램 코드는 서 버 또는 클라이언트 측(일반적으로 서버 측)에서 구현되어 있어야 한다. <표 11>은 메소드 노드 클래스 테이블이다. <표 12>는 매개변수(argument)의 데이터 타입 테이블이다.

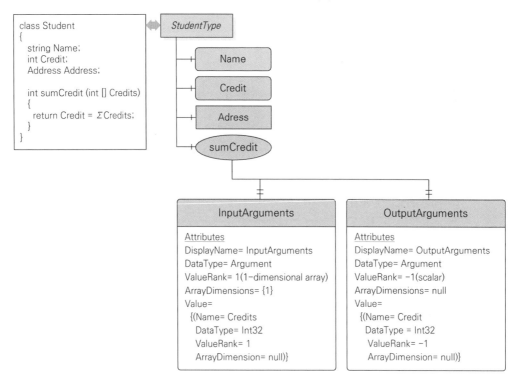

<그림 28> 메소드 표현 예시

```
class Student
{
    string Name;
    int Credit;
    Address Address;

    int sumCredit (int [] Credits)
    {
        return Credit = ΣCredits;
    }
}
```

StudentType

- Name
- Credit
- Adress
- sumCredit

InputArguments

Attributes
DisplayName= InputArguments
DataType= Argument
ValueRank= 1(1-dimensional array)
ArrayDimensions= {1}
Value=
  {(Name= Credits
    DataType= Int32
    ValueRank= 1
    ArrayDimension= null)}

OutputArguments

Attributes
DisplayName= OutputArguments
DataType= Argument
ValueRank= −1(scalar)
ArrayDimensions= null
Value=
  {(Name= Credit
    DataType = Int32
    ValueRank= −1
    ArrayDimension= null)}

◯ <표 11> 메소드 노드 클래스 테이블

Name	Use	Data Type	Description
Attributes			
Base Node Class Attribute	M		기본 노드 클래스 속성들을 계승
Executable	M	Boolean	메소드가 현재 작동가능한지 여부(FALSE: 작동 불가, TRUE: 작동 가능)
UserExecutable	M	Boolean	사용자가 접근 권한을 가진 메소드가 현재 작동가능한지 여부(FALSE: 작동 불가, TRUE: 작동 가능)
References			
HasProperty	0..*		메소드의 특성을 정의
HasModellingRule	0..1		메소드에 관한 모델링 규칙

Name	Use	Data Type	Description
GeneratesEvent	0..*		메소드가 호출될 때마다 생성되는 이벤트 타입을 정의
AlwaysGeneratesEvent	0..*		메소드가 호출될 때마다 생성되어야 하는 이벤트 타입을 정의
〈other References〉			다른 reference를 가질 수 있음
Standard Properties			
NodeVersion	O	String	노드의 버전을 정의
InputArguments	O	Argument[]	메소드가 호출될 때 입력되어야 하는 입력 매개변수
OutputArguments	O	Argument[]	메소드 호출에 의하여 메소드가 출력하는 출력 매개변수

◎ 〈표 12〉 매개변수 데이터 타입 테이블

Name	Type	Description
Argument	structure	
name	String	매개변수의 명칭
dataType	NodeId	매개변수의 데이터 타입에 대한 노드 식별자
valueRank	Int32	배열 종류를 나타냄(n)=1: n차원, 0: 0 또는 1이상, -1: 배열 아님, -2: 스칼라 또는 배열, -3: 스칼라 또는 1차원)
arrayDimensions	UInt32[]	각 차원의 배열 최대 라인 수(0: 최대 라인 수를 모르는 경우)
description	LocalizedText	매개변수의 설명

데이터베이스 관리 시스템을 사용할 때 종종 뷰 기능을 사용한다. 뷰는 사용자에게 접근이 허용된 자료만을 그리고 관심이 있는 자료만을 보도록 하는 기능이다. 쉽게 얘기하면, 뷰는 select 쿼리에 의한 read(읽기) 결과를 모아둔 테이블 집합이다. 다만, 뷰에서는 생성(create), 갱신(update) 및 삭제(delete)의 제약이 있다. 이러한 뷰의 개념이 OPC UA에서도 고스란히 반영이 되어 있다. 뷰의 정의는 다음과 같다.

- 뷰(view): 어드레스 스페이스상에 존재하는 노드와 관계들 중에서 관심이 있는 노드와 관계만을 취하여 가시화(visualization), 브라우징(browsing), 탐색(querying) 및 필터링(filtering)을 가능하게 하는 노드들의 집합이다.

어드레스 스페이스상에는 매우 많은 수의 노드와 관계들이 존재할 것이다. 뷰를 사용하게 되면, 서버는 그들의 어드레스 스페이스를 체계적이고 효율적으로 구성(organize)할 수 있다. 또한 특정 목적 및 용도에 맞춤화된 노드와 관계의 집합을 제공할 수 있다. 예를 들면, 서버는 서버의 유지보수에 대한 뷰를 제공할 수 있다. 이때, 유지보수 관련 노드들만 가시화하고, 유지보수와 관련 없는 노드들은 비가시화한다. 뷰가 반드시 있어야 할 필요는 없다. 뷰는 체계적이고 효율적인 노드들의 구성을 위한 것이고, 불필요한 정보의 제공에 따른 컴퓨팅 부하나 정보 처리량 증가의 문제를 해결하기 위한 것이다. <표 13>은 뷰 노드 클래스 테이블이다. 현재의 OPC UA에서는 뷰는 서버에 의해서만 정의된다. 향후에는 클라이언트가 정의하는 뷰도 개발 예정이라고 한다[9].

뷰 노드는 뷰에 소속된 노드들의 접근을 위한 진입점(entry point)이 될 수 있다. 뷰 노드가 시작될 때 뷰에 소속된 노드들에 접근이 가능해야 한다. 뷰 노드와 타깃 노드는 항상 organize 참조로 연결된다. 다만, 뷰는 어드레스 스페이스의 노드 및 참조에 대한 가시화 및 필터링 용도이므로, 이 뷰를 이용하여 노드에 접근해서 갱신과 쓰기는 불가능하다.

뷰 노드의 활용법은 세 가지가 있다. 첫 번째는 뷰 노드를 독립적으로 배치하여 노드들을 구성하는 방법, 두 번째는 뷰 노드를 내재화하여 뷰 노드 산하에 노드들을 구성하는 방법, 세 번째는 첫 번째와 두 번째 방법을 합친 방법이다.

○ <표 13> 뷰 노드 클래스 테이블

Name	Use	Data Type	Description
Attributes			
Base Node Class Attribute	M		기본 노드 클래스 속성들을 계승
ContainsNoLoops	M	Boolean	뷰의 루프(loop) 형태 여부(TRUE: 뷰 노드로 다시 돌아오지 않음, FALSE: 뷰 노드로 다시 돌아올 수 있음)
EventNotifier	M	Byte	뷰 노드가 이벤트를 구독하는 데 사용되는지 또는 과거 이벤트를 읽고 쓸 수 있는지 표시
References			
HierarchicalReferences	0..*		뷰의 최상위 노드는 계층적 참조(hierarchical reference)에 의해 관계됨
HasProperty	0..*		뷰의 특성을 정의
Standard Properties			
NodeVersion	O	String	노드의 버전을 정의
ViewVersion	O	UInt32	뷰의 버전을 정의. 이 값이 변경되면 뷰의 구성이 변경되었음을 감지함

<그림 29>는 첫 번째 방법의 예시로서, Motor의 센싱 데이터만 관심 있는 경우이다. Sensing 뷰 노드(오른쪽 위의 사다리꼴)가 진입점이 되어 MotorA−1, MotorA−2, MotorB−1 객체 안의 Sensing 객체 노드들만 브라우징(browsing)하게 된다. 그래서, 뷰는 필요한 것만 브라우징 할 수 있다는 것이다.

<그림 30>은 두 번째 방법의 예시이다. Motor의 구성(Configuration) 데이터만 관심 있는 경우이다. Configuration 뷰 노드가 내재화되어 있고 진입점이 되어, MotorA−1, MotorA−2, MotorB−1 객체 안의 Configuration 객체 노드들만 브라우징한다.

<그림 31>은 세 번째 방법의 예시이다. 다른 사용자들이 각각 센싱 데이터와 구성 데이터에 관심이 있는 경우이다. Sensing 뷰를 선택하면 Sensing 객체들만, Configuration 뷰를 선택하면 Configuration 객체들만 브라우징된다.

<그림 29> 뷰 노드의 독립적 배치

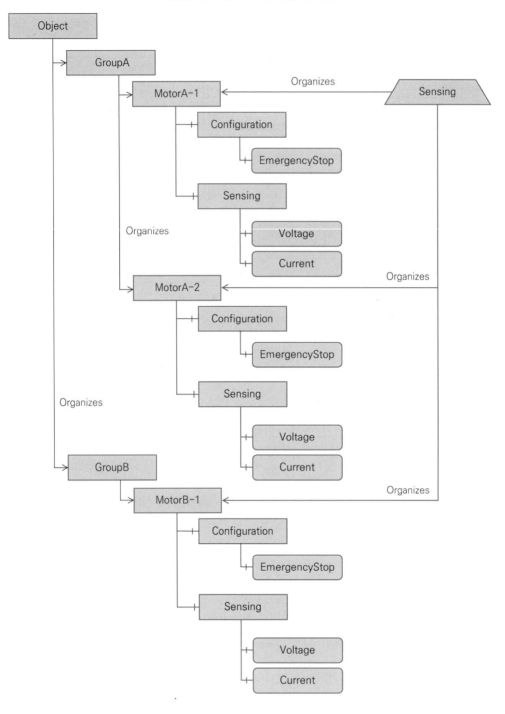

<그림 30> 뷰 노드의 내재화 배치

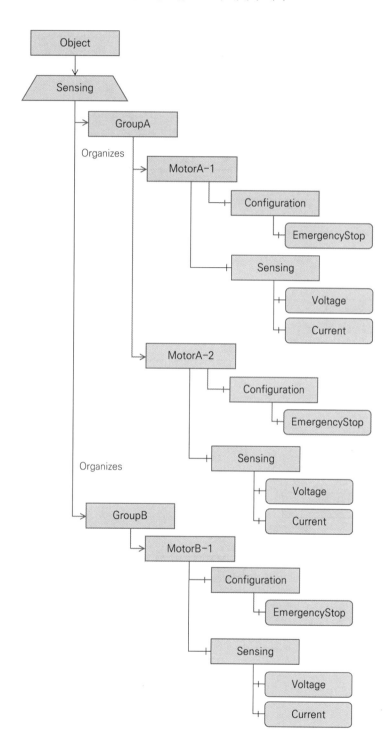

<그림 31> 뷰 노드들의 병행 배치

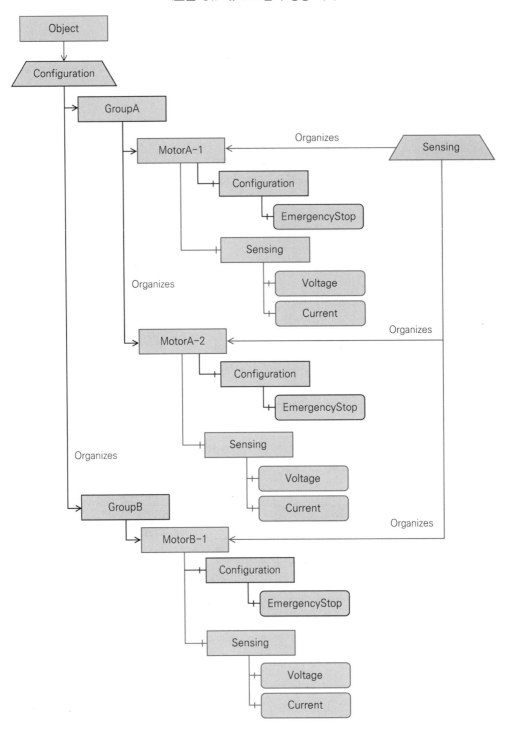

지금까지 어드레스 스페이스 모델의 기본이 되는 표준 노드 클래스들에 대하여 설명했다. 앞서 배운 내용을 통하여 OPC UA 정보 모델 구조를 어느 정도 이해했으리라 본다. 본 절에서는 정보 모델의 완성을 위한 인스턴스 선언, 모델링 규칙, 상속, 이벤트 및 데이터 타입을 설명한다.

1. 인스턴스 선언

인스턴스 선언은 객체지향 프로그래밍에서 클래스 안에 인스턴스 변수들을 선언하는 것과 유사한 개념이다. 클래스 선언부에서는 인스턴스 변수에 실제 값들이 들어가지 않는다(초기 값은 있을 수 있다). 클래스의 객체가 생성될 때 인스턴스 변수의 실제 값이 들어가게 됨으로써, 그 클래스의 식별이나 특징을 규정짓는다. OPC UA에서는 복합 객체 타입에서 인스턴스 선언(instance declaration)을 수행한다. 객체지향 프로그래밍과의 차이점은 객체 및 변수뿐만 아니라 메소드도 인스턴스 선언이 가능하다는 것이다. 그리고 객체지향 프로그래밍에서는 클래스에 변수나 객체를 추가하려면 하위타입(subtype) 클래스를 생성해야 하나, OPC UA에서는 복합 객체 타입을 사용하는 객체 안에서 변수나 다른 객체의 추가가 가능하다. 인스턴스 선언의 정의는 다음과 같다.

- 인스턴스 선언(instance declaration): 복합 객체 타입의 식별이나 특징을 규정짓는 노드들로서, 객체 타입 하위의 변수, 객체 및 메소드를 선언하는 것이다. 고유한 브라우즈 경로(BrowsePath)에 의하여 인스턴스 선언이 식별된다. 반드시 모델링 규칙(modelling rule)을 가지고 있어야 한다.

인스턴스 선언을 객체지향 프로그래밍 관점에서 설명해본다. <그림 32>에서 Address 클래스는 AddressType 객체 타입, Student 클래스는 StudentType 객체 타입에 대응된다. Address 클래스는 주소에 대한 구조만을 가지고 있으며, 속성(인스턴스 변수)의 실제 값은 없다. Student 클래스에서 Address 클래스를 addr로 인스턴스 생성을 하고 각 속성의 실제 값을 넣어야, 그 Address에 살고 있는 Student 인스턴스가 존재하게 되는 것이다. 이 것이 인스턴스 선언의 개념이다.

<그림 32> 객체지향 프로그래밍과 OPC UA의 인스턴스 선언

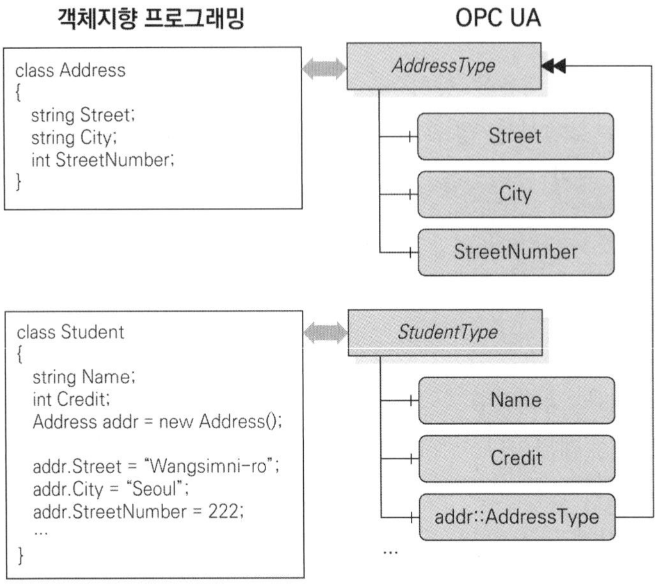

<그림 33>은 OPC UA에서의 인스턴스 선언을 설명한다. 인스턴스 선언은 BrowsePath를 이용하여 객체 타입으로부터 상대 경로(relative path)를 통하여 고유하게 정의한다. BrowsePath는 객체 타입내 계층형 관계에서 각 노드의 브라우즈명(BrowseName)을 순차적으로 모은 탐색경로이다. 예를 들어, 노드가 계층적으로 A→B→C→D라는 BrowseName을 가지면, BrowsePath는 A/B/C/D로 구성된다. 윈도우즈 탐색기의 파일 경로와 유사하다. 객체 타입 및 객체가 동일한 BrowsePath를 사용함으로써, 그 객체 타입과 객체의 같은 인스턴스에 접근한다. 이 예시에서는 Sensing/Voltage라는 BrowsePath에 의해 MotorType의 Voltage 변수, Motor1의 Voltage1 변수, Motor2의 Voltage2와 Voltage3 변수에 접근한다.

그런데 동일한 BrowsePath를 사용하면, 동일 객체 타입을 이용하는 여러 개의 객체들 중에서 어떻게 원하는 객체를 찾아서 그 노드에 접근하느냐 하는 문제가 있다. <그림 33>에서 Motor1의 Voltage1 변수 정보만 필요하다면 여기에 어떻게 접근하는가이다. 이는 각 노드의 고유 식별자인 NodeId를 통하여 구분한다. 그리고 NodeId에 대한 접근은 TranslateBrowsePathsToNodeIds라는 OPC UA 서비스 호출에 의하여 실행된다. 즉, 동일 객체 타입을 이용하는 객체들 중에서 접근하고자 하

는 노드들은 동일한 BrowsePath를 사용하되, 노드들의 구분은 NodeId를 이용하는 것이다.

<그림 33> 인스턴스 선언 예시

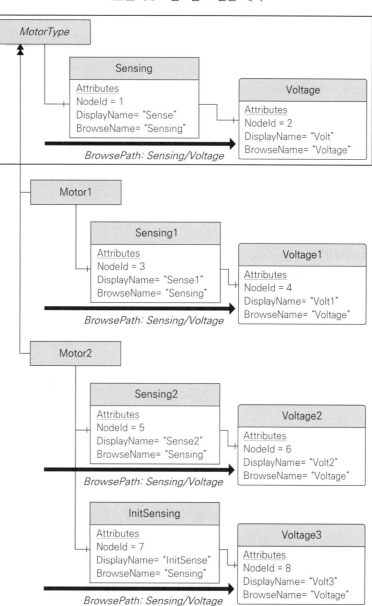

클라이언트는 객체 타입에서 시작하는 인스턴스 선언에 대한 BrowsePath 정보를 가져온다. 그러면, TranslateBrowsePathsToNodeIds 서비스는 그 BrowsePath와 시작 노드의 NodeId를 입력받고 실제 객체의 NodeId를 출력한다. 이 NodeId에 접근함으로써, 클라이언트는 그 노드에 대한 데이터를 가져온다. Motor1의 Voltage1 변수에 접근하는 예를 들어보자. TranslateBrowsePathsToNodeIds에 BrowsePath는 Sensing/Voltage, NodeId는 3을 입력하면, NodeId 4를 반환하여 Voltage1에 접근하게 된다.

<그림 33>에서 Voltage 변수에 접근할 때, 모두 동일한 BrowsePath를 가지고 있다. Motor2는 InitSensing이라는 추가 객체를 가지고 있는데, 마찬가지로 동일한 BrowsePath를 이용함으로써, Voltage 변수에 접근이 가능하다. 여기서 각 객체 타입, 객체, 변수 노드들은 각기 다른 NodeId를 가져야 한다. 참고로 DisplayName과 BrowseName은 서로 달라도 되며, DisplayName은 인스턴스에서 다른 명칭을 사용해도 된다.

 Explanation/

- 인스턴수 변수(instance variable): 클래스 내에 정의된 변수(속성)로서, 클래스 인스턴스가 생성되었을 때 메모리에 할당되는 변수
- 클래스 변수(class variable): 클래스를 위하여 클래스 자체에 메모리 공간이 할당된 변수. 여러 인스턴스가 클래스 변수의 공간을 같이 사용하며, 보통 static을 변수 앞에 붙임

2. 모델링 규칙

선언된 모든 인스턴스는 모델링 규칙(modeling rule)이 필요하다. 즉, 인스턴스에 대하여 이렇게 되어야 한다는 규칙을 선언하는 것이다. 대표적인 예로, 반드시 있어야 하는 정보를 필수적 정보로 규정하는 것이다. 모델링 규칙은 모델링 및 모델 사용 중 발생할 수 있는 인코딩 및 디코딩 에러를 방지하고자 함이다. 모델링 규칙의 정의는 다음과 같다.

- 모델링 규칙(OPC UA에서는 ModellingRule이라 명명): 객체 및 변수 타입에 대한 인스턴스 선언이 실제 인스턴스에서는 어떻게 적용되어야 하는지를 규정한 메타데이터이다. ModellingRuleType 객체 타입을 참조하는 객체에 의하여 정의

되며, 이 객체를 HasModellingRule 관계로 가져와서 사용한다.

각 모델링 규칙에는 명명 규칙(naming rule)이라는 하나의 특성을 가진다. 명명
규칙에는 필수(Mandatory), 비필수(Optional)와 제약(Constraint)이 있다. Constraint에
는 배열 유형(ExposeItsArray), 필수적 플레이스 홀더(MandatoryPlaceHolder), 비필수적
플레이스 홀더(OptionalPlaceHolder)가 있다. 인스턴스 선언은 HasModellingRule 관
계에 의하여 모델링 규칙 객체를 참조하게 된다. 이때 각 노드는 하나의 모델링 규
칙만을 참조할 수 있다.

<그림 34> 모델링 규칙 표현법

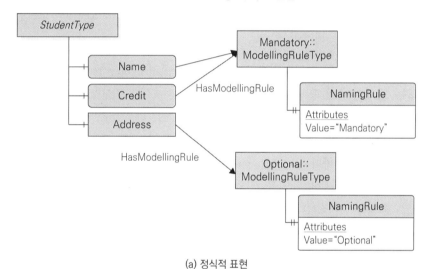

(a) 정식적 표현

(b) 약식적 표현

<그림 34>는 모델링 규칙을 정의하는 그래픽 표현법이며, (a)는 정식적인 표현법, (b)는 약식적인 표현법이다. StudentType에는 Name과 Credit 변수와 Address 객체가 인스턴스 선언되어 있다. 각 노드는 이에 대응하는 하나의 모델링 규칙을 가지고 있다. 역으로 모델링 규칙 객체는 여러 노드에서 사용 가능하다. 명명 규칙은 특성으로 정의되며, Name과 Credit은 Mandatory인 필수적 입력을 요구한다. Address는 Optional인 비필수적 입력(넣어도 되고 안 넣어도 됨)을 요구한다.

(1) Mandatory와 Optional

- 필수(Mandatory): 인스턴스 선언에서 각 노드들의 정보가 필수적으로 있어야 하는 경우(must have)이다. 타입 정의를 가져올 때 Mandatory 노드는 강제성을 띠고 수정에 제약이 있다.

- 비필수(Optional): 비필수적으로 있어도 되는 경우(may have)이다. Optional 노드는 강제성이 없고 수정이 가능하다.

Mandatory가 Optional로 변경되는 것은 불가능하지만, Optional이 Mandatory로 변경되는 것은 가능하다. <그림 35>는 Mandatory와 Optional의 적용 예시이다. (a)는 StudentType 객체 타입을 정의한 것이다. (b)는 StudentType을 그대로 가져왔으므로 가능한 구조이다. (c)는 Optional인 Credit이 빠지고 Address의 Street Number가 Mandatory로 바뀌었으므로 가능한 구조이다. (d)는 Optional인 Credit과 Address를 빼는 대신 Age라는 새로운 노드를 추가하였는데 가능한 구조이다. Address 자체는 Optional이어서 있어도 되고 없어도 되지만, Address가 있다면 Mandatory인 Street와 City는 반드시 있어야 한다. (e)는 Mandatory인 Name이 없으므로 불가능한 구조이다. 인코딩할 때, Mandatory인 Name 정보가 없으므로 에러가 발생한다. (f)는 Address의 Mandatory인 City가 없으므로 불가능한 구조이다.

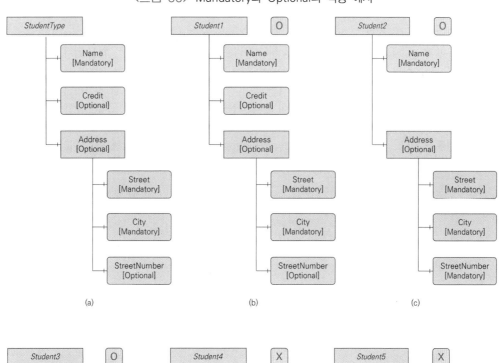

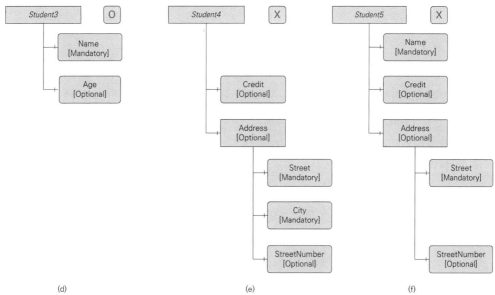

모델러가 신규 정보 모델링을 할 때, 모든 인스턴스 선언에 Mandatory와 Optional 여부를 부여해야 한다. Mandatory와 Optional의 개념은 쉬우나, 선택의 여부는 쉽지 않다. 왜냐하면, 여러 상황 및 환경에 따라 Mandatory 정보가 수집이 안 될 수 있기 때문이다. 각 인스턴스 선언에서 꼭 필요하거나 꼭 있다는 확신이 있을 때는 Mandatory를 사용하면 되지만, 가급적이면 Optional로 사용하는 것이 편리한 선택이다. 이미 존재하는 도메인 모델을 OPC UA 모델로 변환하는 것이라면, 기존 도메인 모델에 Mandatory와 Optional 정보가 있는 경우가 많다. 기존 모델의 Mandatory와 Optional을 참고하여 적용하면 될 것이다.

(2) Constraint

제약(constraint)은 변수의 배열형 여부와 다중성(cardinality) 조건을 걸기 위하여 사용한다.

- 배열 유형(ExposeItsArray): 변수의 데이터 타입이 단일형이냐 배열형이냐를 정의하는 것이다. 배열형 경우는 차원을 정의할 수 있다. 배열형 데이터 타입으로 정의되면, 배열형 데이터 값을 가져야 한다.

객체지향 프로그래밍에서 데이터 타입을 단일형과 배열형으로 선언하는 것과 동일하다(**예** int와 int[ ]). 만약, 데이터가 배열형이어야 하는데 하나의 값만 있다면 잘못된 것이다. 최소한 그 값은 배열 형태로 표현되어야 한다. int[1]일 때 100은 틀린 것이고, {100}이 맞다는 것이다.

변수는 값(Value), 데이터 타입(DataType)과 값 차원(ValueRank) 속성을 필수적으로 갖는다. 따라서, 모든 변수는 Value를 규정하는 DataType과 ValueRank를 정의해야 한다. <표 14>는 ValueRank의 종류이다. ValueRank가 1차원 이상인 경우는 ArrayDimensions라는 비필수적 속성으로 각 배열의 최대 크기를 제한할 수 있다. int[ ] array=new int[5]; array={1, 2, 3, 4, 5};라는 객체지향 프로그래밍의 예를 들어보자. 이 코드는 DataType=int, ValueRank=1, ArrayDimensions=5, Value={1, 2, 3, 4, 5}에 대응된다. 만약 int temp라면 단일값을 가지므로 ValueRank=−1이다. int[10][5]의 2차원 배열이라면, ValueRank=2, ArrayDimensions ={10, 5}가 된다.

의미	표현	차원
다차원	ValueRank〉1	2차원 이상의 배열(**예** n=2이면 2차원 배열)
1차원	ValueRank=1	1차원 배열
1차원 혹은 그 이상 차원	ValueRank=0	1차원 또는 그 이상의 차원(몇 차원인지 모르는 경우)
스칼라(scalar)	ValueRank=-1	단일형 값(배열이 아님)
어떤 차원(any)	ValueRank=-2	스칼라 또는 어떤 차원
스칼라 혹은 1차원	ValueRank=-3	스칼라 또는 1차원

〈그림 36〉은 ExposeItsArray의 적용 예시이다. MotorType은 ValueRank = 1이므로, 1차원의 문자열(String) 배열을 갖는다. MotorType은 SubMotorClass를 배열형 변수 컴포넌트로 가지면서, 1차원의 변수 배열을 가진다. SubMotorClass 변수는 ValueRank = −1이므로 단일 문자열 값을 가진다.

〈그림 36〉 ExposeItsArray의 적용 예시

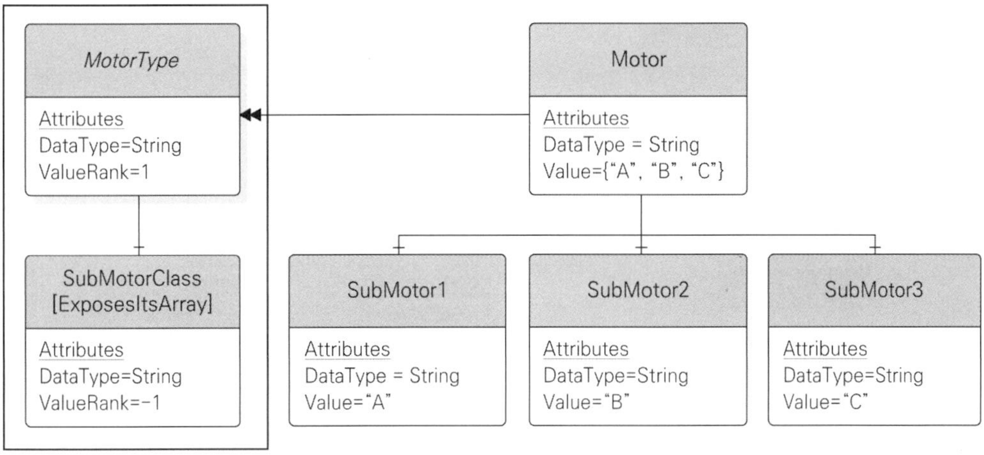

플레이스 홀더(PlaceHolder)는 객체나 변수 인스턴스에 대한 n*m 관계와 같은 다중성의 제약조건을 설정하는 것이다.

■ 필수적 플레이스 홀더(MandatoryPlaceHolder): 필수적으로 최소 한 개 이상의 인스턴스를 가져야 한다.

■ 비필수적 플레이스 홀더(OptionalPlaceHolder): 비필수적이며 없거나 한 개 이상의 인스턴스를 가질 수 있다. 비필수적이므로 사실상의 제약조건이 부여되는 것은 아니다. 다만, 타입 정의를 사용할 때 인스턴스 다중성의 정보를 제공한다.

Part 3에서는 PlaceHolder 표현을 위해서 BrowseName과 DisplayName의 앞뒤에 '< >'를 붙이는 것을 추천하고 있다. <그림 37>은 MachineParameter의 OptionalPlaceHolder에 대한 적용 예시이다. MachineA는 2개 이상의 MachineParameter 데이터 변수를 갖고 있음을 의미한다. MachineB는 MachineParameter가 없는 경우인데, OptionalPlaceHolder를 사용하기 때문에 가능한 구조이다.

<그림 37> OptionalPlaceHolder의 적용 예시

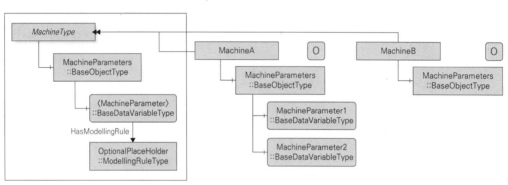

<그림 38> MandatoryPlaceHolder의 적용 예시

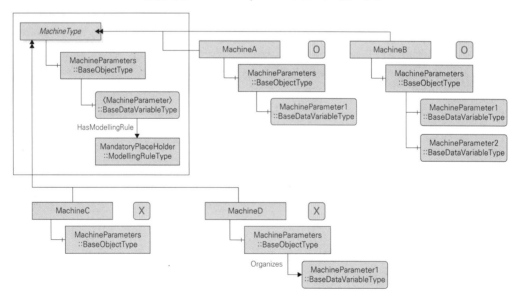

<그림 38>은 MandatoryPlaceHolder의 적용 예시이다. MachineA와 MachineB는 각각 1개와 2개의 MachineParameter를 가지므로 올바르다. 그러나 MachineC는 필수적인 MachineParameter가 없으므로 올바르지 않다. MachineD도 MachineParameter를 컴포넌트 관계로 가져야 하나, Organizes 관계로 변경되었으므로 올바르지 않다.

3. 상속

객체지향 프로그래밍의 특징 중 하나는 상속(inheritance)이다. 상속은 공통적인 속성과 오퍼레이션을 슈퍼 클래스(부모 클래스)로 묶고 나머지 부분은 서브 클래스(자식 클래스)에 배치함으로써, 서브 클래스가 슈퍼 클래스의 속성과 오퍼레이션을 계승하여 사용하는 방법이다. 이때, 오버라이딩과 오버로딩을 이용하여 용도에 맞게 서브 클래스의 유연한 수정도 가능하다. OPC UA도 상속을 이용한 정보 모델링이 가능하다. 개념, 기법 및 제약도 객체지향 프로그래밍의 그것들과 유사하다. OPC UA에서는 상속을 서브타이핑이라는 용어를 사용한다. 서브타이핑의 정의는 다음과 같다.

- 서브타이핑(subtyping): 객체 타입 및 변수 타입의 슈퍼 타입을 계승한 서브 타입을 만드는 것이다. 슈퍼 타입을 상속받아 사용하며, 서브 타입만의 특징을 반영하기 위하여 서브 타입 안에서의 변경이 가능한 타입 정의이다. HasSubType을 이용하여 슈퍼 타입과 서브 타입의 관계를 맺는다.

OPC UA에서도 서브 타입에서 슈퍼 타입의 변수들을 재프로그래밍할 필요 없이 슈퍼 타입으로부터 상속받는 전략을 취한다. 오버라이딩 및 오버로딩을 하지 않는 한, 슈퍼 타입과 서브 타입에서 중복된 인스턴스 선언을 할 필요가 없다. 슈퍼 타입의 타입 정의를 그대로 상속 받은 서브 타입을 완전 상속 인스턴스 선언 구조(fully-inherited instance declaration hierarchy)라고 한다. 이때, 모든 인스턴스 선언은 고유한 BrowsePath를 가지고 있어야만 한다. 따라서, 서브 타입내에서 다른 인스턴스 선언하게 되면, 같은 BrowsePath를 사용하면 안 된다. 오버라이딩을 할 때, 비필수적에서 필수적인 인스턴스로의 변경은 가능하나, 필수적에서 비필수적인 인스턴스로의 변경은 불가능하다.

<그림 39>는 객체지향 프로그래밍과 OPC UA에서의 서브타이핑의 예시이다. 왼쪽의 서브 타입 클래스들은 extends를 이용하여 슈퍼 타입을 계승한다. BookType 및 DVDType은 ProductType의 완전 상속 인스턴스 선언 구조이다.

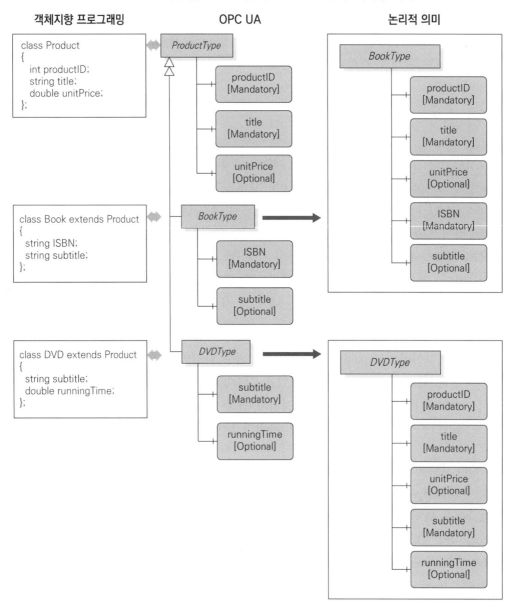

<그림 39> 객체지향 프로그래밍과 OPC UA의 서브타이핑 예시

    <그림 40>은 서브 타입에서의 오버라이딩 예시이다. (a)는 가능하지만, (b)는 불가능하다. (a)는 슈퍼 타입의 Optional unitPrice를 서브 타입에서는 Mandatory로 인스턴스 선언하였으므로, 서브타이핑 제약 조건을 만족시킨다. 그러나 (b)는 슈퍼 타입의 Mandatory productID를 서브 타입에서는 Optional로 인스턴스 선언 하였으

므로, 제약 조건에 위배된다. 상식적 관점에서 슈퍼 타입에서 Mandatory 변수 값이 있어야만 서브 타입도 인스턴스를 생성할 수 있다고 보면 된다.

<그림 40> 서브 타입에서의 오버라이딩 예시

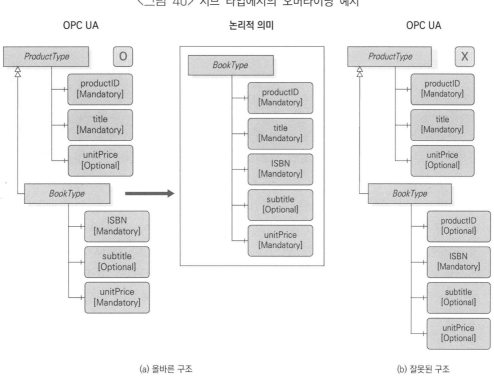

(a) 올바른 구조 (b) 잘못된 구조

<그림 41> 변수 타입에서의 서브타이핑[3]

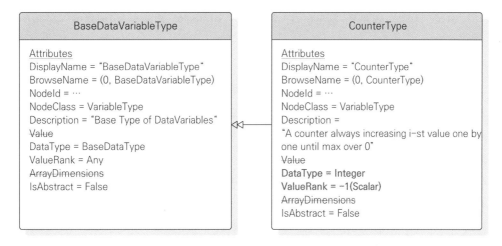

변수 타입에서도 서브타이핑이 가능하다. <그림 41>은 단순 변수 타입의 서브타이핑에 대한 예시이다. CounterType(숫자 세는 용도의 변수 타입)은 BaseDataVariableType의 서브 타입이다. BaseDataVariableType을 상속받되, DataType을 BaseDataType으로부터 정수형(Integer)으로, ValueRank를 Any로부터 스칼라(Scalar)로 변경한 것이다.

4. 이벤트

이벤트(event)는 특정한 일시적 현상이나 사건을 의미한다. 예를 들어 시스템 구성 변경이나 시스템 에러 발생 등이 있다. OPC UA에서는 이벤트에 대한 정보를 발행하고 구독하는 것이 가능하다. 서버는 이벤트 관련 정보를 발행하고, 클라이언트는 그 이벤트 정보를 선택적으로 구독할 수 있다. 이는 OPC UA 정보 모델이 정적인 정보를 제공하기도 하지만, 동적인 정보도 제공할 수 있음을 의미한다. OPC UA는 정적 모델링뿐만 아니라 동적 모델링도 가능한 것이 장점이다. 그러나 사용자 입장에서는 이해하기 어렵게 만드는 단점이 될 수도 있다. 객체지향 프로그래밍에서의 이벤트는 주로 메소드나 오퍼레이션에 의하여 생성되고 호출되므로 비교적 이해가 쉽다. 반면, OPC UA에서는 이벤트 핸들링을 위해서는 어드레스 스페이스 모델뿐만 아니라 서버-클라이언트의 구동 메커니즘을 동시에 이해해야 한다. 이벤트의 정의는 다음과 같다.

- 이벤트(event): 특정한 일시적 현상이나 사건으로서, 서버는 이벤트 정보를 발행한다. 클라이언트는 서버에서 발행한 이벤트 통지(event notification)를 이용하여 이벤트의 발생 여부를 알게 되고, 이벤트 구독(event subscription)을 이용하여 이벤트 정보를 구독한다. 필터링을 이용하여 원하는 이벤트만 구독이 가능하다.

<그림 42>는 서버-클라이언트에서 이벤트를 처리하는 과정이다. 주의할 점은 서버는 이벤트 타입의 구조를 제공하며, 어드레스 스페이스에서는 이벤트가 직접적으로 노출되지 않고 객체 노드와 뷰 노드로 표현된다는 점이다. 클라이언트는 서버의 이벤트 타입 구조 정보를 이용하여 구독하고자 하는 이벤트에 대하여 필터를 만든다. 그 후, 서버에서 발행하는 이벤트 객체와 뷰 중에서 필터에 등록된 이벤트만을 구독 받는다. 마치, 특정 이벤트 타입에 대한 채집망을 제작하고, 수많은 이벤트 중에서 그 채집망에 걸리는 이벤트들만 건져내는 방식이다.

<그림 42> 이벤트 구독 메커니즘

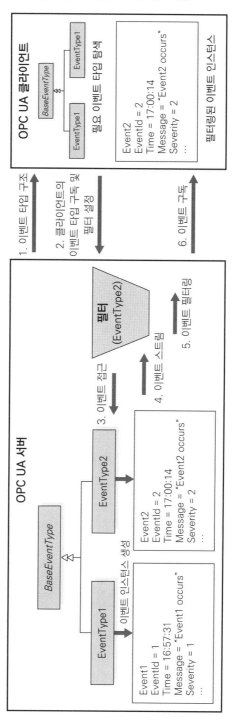

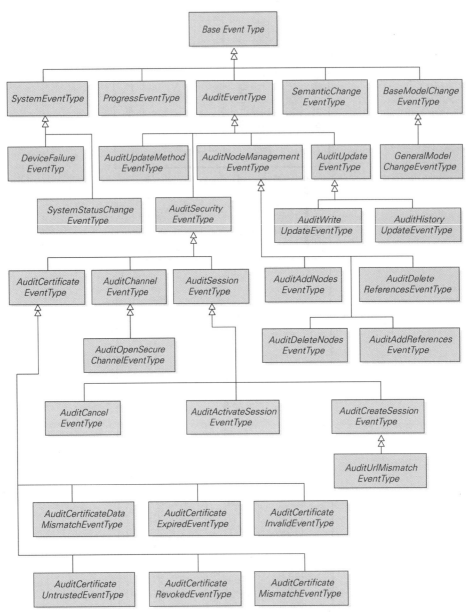

〈그림 43〉 BaseEventType 계층[1]

이벤트 타입은 BaseEventType이나 이 타입을 상속받는 이벤트 타입으로 정의한다. 그런데, BaseEventType은 추상형 객체 타입으로서, 어드레스 스페이스상에서는 인스턴스가 될 수 없다. BaseEventType은 이벤트 타입의 구조화와 계층화를 위하여 존재한다. BaseEventType을 상속한 실체형 객체 타입이 어드레스 스페이스상에 존재하여 이벤트 구독을 가능하게 한다. 실체형 이벤트 객체 타입은 다른 규격(예 Part 5)이나 협력 규격에 정의되어 있다. 클라이언트에서는 EventNotifier를 이용하여 서버에서의 이벤트 발생 여부를 탐지하고 이벤트 관련 노드들을 수집한다. 이벤트 타입의 처리는 일반 객체 타입을 처리하는 메커니즘을 동일하게 사용한다. <그림 43>은 표준 이벤트 타입 계층을 나타낸다.

<표 15>는 BaseEventType 정의 테이블이다. BaseEventType의 특성들을 이용하여 이벤트를 정의할 수 있다.

○ <표 15> BaseEventType 정의 테이블

Attribute (속성)	Value(값)				
BrowseName (브라우즈명)	BaseEventType				
IsAbstract (추상형 여부)	True				
References (참조)	NodeClass (노드클래스)	BrowseName (브라우즈명)	DataType (데이터 타입)	TypeDefinition (타입 정의)	Modelling Rule (모델링 규칙)
HasSubType	ObjectType	AuditEventType	Part 5 참고		
HasSubType	ObjectType	SystemEventType	Part 5 참고		
HasSubType	ObjectType	BaseModelChangeEventType	Part 5 참고		
HasSubType	ObjectType	SemanticChangeEventType	Part 5 참고		
HasSubType	ObjectType	EventQueueOverflowEventType	Part 5 참고		
HasSubType	ObjectType	ProgressEventType	Part 5 참고		
HasProperty	Variable	EventId	ByteString	PropertyType	Mandatory
HasProperty	Variable	EventType	NodeId	PropertyType	Mandatory
HasProperty	Variable	SourceNode	NodeId	PropertyType	Mandatory
HasProperty	Variable	SourceName	String	PropertyType	Mandatory
HasProperty	Variable	Time	UtcTime	PropertyType	Mandatory
HasProperty	Variable	ReceiveTime	UtcTime	PropertyType	Mandatory
HasProperty	Variable	LocalTime	TimeZoneDataType	PropertyType	Optional
HasProperty	Variable	Message	LocalizedText	PropertyType	Mandatory
HasProperty	Variable	Severity	UInt16	PropertyType	Mandatory

서버에서는 EventNotifier의 계층화를 통하여 이벤트들을 그룹핑할 수 있다. HasNotifier 관계는 이벤트의 계층적 그룹핑을 위하여 사용한다. 이벤트 통지와 관련한 객체 및 뷰 노드들을 HasNotifier 관계로 엮어줌으로써 그룹핑이 가능한 것이다. 그리고 이벤트 통지 노드는 HasEventSource 관계를 이용하여 이벤트를 생성하는 노드와 연결된다. 나아가, 이벤트 생성 노드는 GeneratesEvent 관계를 이용하여 이벤트 인스턴스를 생성한다. <그림 44>는 HasEventSource와 HasNotifier의 예시이다. Line 1은 Machine A와 Machine B의 이벤트 모두를 가져온다. Machine A는 PhaseStart 이벤트 소스를 가지고, Cooler와 AirflowSensor의 이벤트를 가져온다. Start, Stop, Calibration은 이벤트 소스로서 실제 이벤트를 생성한다.

<그림 44> 이벤트 참조 타입 예시

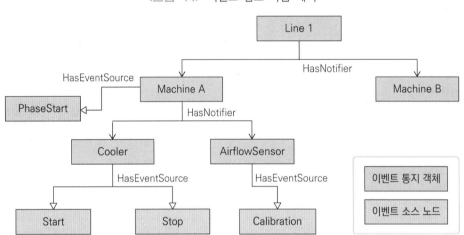

5. 데이터 타입

OPC UA에 특화된 빌트인 데이터 타입을 설명한다. NodeId, QualifiedName, LocalizedText, DateTime, UtcTime, Duration, Guid, Int16, UInt16, Int32, UInt32, Int64, UInt64에 대하여 설명한다.

- NodeId: 노드의 식별자(id)이며, 어드레스 스페이스상에서 노드의 식별을 위하여 사용한다. NodeId는 시스템 범위 안에서 또는 글로벌하게 고유한 값을 갖는다.

<표 16>과 같이, NodeId는 namespaceIndex, identifierType, identifier 필드로 구성된다. namespaceIndex는 UInt16 형태(0과 65535 사이의 부호 없는 정수)의 포인터이다. OPC UA 서버는 NameSpaceArray라는 필수적 변수 노드 클래스를 갖는다. 이 클래스에 네임 스페이스(name space)의 URI 주소 배열을 가지고 있다. 그래서, namespaceIndex를 이용하여 NameSpaceArray 안의 해당 주소를 찾아가서 그 주소에 소속된 노드들에 접근한다. 이는 식별자로서의 오버헤드를 줄이고 빠른 탐색을 위한 것이다. 관계형 데이터베이스에서 인덱스를 자연수 형태로 부여하는 것과 같은 논리이다. namespaceIndex가 문자열로 정의되면, 식별자를 검색하는 데 그만큼 시간이 소요될 것이다. namespaceIndex의 0값은 디폴트 값으로서, OPC UA의 Namespace URI인 "https://opcfoundation.org/UA/"로 지정되어 있다.

identifierType은 열거형 타입으로서, identifier가 수치형, 문자형, GUID형, 바이트문자열(ByteString)형인지를 설정한다. 하나의 서버에서만 NodeId들을 고유하게 가지려면 수치형, 문자형 또는 ByteString형을 선택한다. 만약 글로벌하게 고유하려면 전역 고유식별자(Globally Unique Identifier: GUID)형을 선택한다. identifier는 노드를 식별하는 값이다. 어드레스 스페이스상에서 일반적인 노드들은 null값이 아니다. identifierType에서 지정한 타입으로 identifier를 만든다. 만약 nodeId에 null 값을 지정하면 이는 특별한 의미를 부여하는 것이다.

● <표 16> NodeId 정의 테이블

Name(명칭)	Type(타입)	Description(설명)
NodeId	structure	
namespaceIndex	UInt16	Namespace URI를 위한 인덱스
identifierType	Enum	identifier의 형식과 데이터 타입(NUMERIC_0: 수치형, STRING_1: 문자형, GUID_2: 전역 고유식별자(GUID), OPAQUE_3: 바이트문자열형)
identifier	identifierType에 의해 결정	OPC UA 서버의 어드레스 스페이스상에서의 노드 식별자

<그림 45>는 NodeId를 설명한다. namespaceIndex=1은 "https://a.com/b"에 대응되며, 그 안에서 "12345"라는 수치형 identifier를 갖는 것이다. namespaceIndex=2는 "https://a.com/cd/ef"의 "/group1/device2/sensor3"라는 문자형 identifier를 갖는 것이다. namespaceIndex=3은 "opc.tcp://162.123.1.513"에 해당된다. 클라이언트가 서버에 세션으로 접속해 있는 동안, 서버에서 NameSpaceArray와 NodeId의

수정 및 삭제는 불가능하나 배열의 추가는 허용된다. 클라이언트의 캐시(cache) 안에 NameSpaceArray와 NodeId를 이미 저장했기 때문에, 중간에 변경이 이루어지면 해당 노드의 탐색에 오류가 발생할 수 있기 때문이다.

<그림 45> NodeId와 NamespaceArray

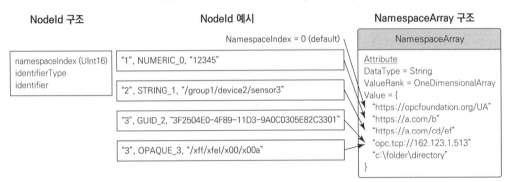

■ QualifiedName: BrowseName에서 사용되는 데이터 타입이다. <표 17>은 QualifiedName을 정의한 테이블이다. namespaceIndex는 NodeId의 namespace Index와 동일하다. name은 최대 512자까지 가능하다.

◐ <표 17> QualifiedName 정의 테이블

Name(명칭)	Type(타입)	Description(설명)
QualifiedName	structure	
namespaceIndex	UInt16	Namespace URI를 위한 인덱스
name	String	QualifiedName의 명칭

■ LocalizedText: 특정 언어와 지역의 텍스트를 위한 데이터 타입이다. 국가별로 다른 언어로 데이터가 표기되는 것에 대하여 어떤 언어인지를 지정함으로써, 사람과 컴퓨터가 해석가능하게 만든 것이다. <표 18>은 LocalizedText를 정의한 테이블이다. LocaleId는 언어-국가(지역) 형태로 구성되며, 언어의 독립적인 사용도 가능하다. 언어는 ISO639에서, 국가(지역)은 ISO3166에서 정의한 코드를 사용한다. 예를 들면, 영어는 en, 한글-한국은 ko-KR, 영어-미국은 en-US, 독일어-독일은 de-DE이다.

○ <표 18> LocalizedText 정의 테이블

Name(명칭)	Type(타입)	Description(설명)
LocalizedText	structure	
locale	LocaleId	언어-국가(지역)에 대한 식별자
name	String	쓰고자 하는 텍스트

- DateTime: 날짜와 시간을 그레고리력으로 표현한 데이터 타입이다. 예를 들면, 2021-01-27 04:52:39PM UTC이다.

- UtcTime: 협정 세계시(coordinated universal time) 형태의 DateTime에 대한 데이터 타입이다. 서버와 클라이언트 사이에 전달되는 모든 시간은 이 협정 세계시를 이용한다. 예를 들면, 2021-01-27 16:52:39이 있다.

- Duration: 시간의 간격을 밀리초 단위로 나타내는 실수(double)형 데이터 타입이다. 일반적으로 음수 값을 쓰지는 않는다. 음수 값을 쓰면 특정한 의미를 부여할 수 있다.

- Guid: 128비트 체계의 Globally Unique Identifier(전역 고유식별자)를 나타내는 데이터 타입이다. <그림 46>은 16진수로 표현된 Guid의 인코딩 구조이다. Data1은 UInt32, Data2는 UInt16, Data3는 UInt16, Data4는 Byte[8] 데이터 형태를 가진다.

<그림 46> Guid의 인코딩 구조[10]

Data1				Data2		Data3		Data4							
91	2B	96	72	75	FA	E6	4A	8D	28	B4	04	DC	7D	AF	63

0   1   2   3   4   5   6   7   8   9   10   11   12   13   14   15   16

- Int16와 UInt16: Int16은 −32,768과 32,767 사이의 부호가 있는 정수형 데이터 타입이다. UInt16은 0과 65,535 사이의 음수 부호가 없는 정수형 데이터 타입이다.

- Int32와 UInt32: Int32는 -2,147,483,648과 2,147,483,647 사이의 부호가 있는 정수형 데이터 타입이다. UInt32는 0과 4,294,967,295 사이의 음수 부호가 없는 정수형 데이터 타입이다.

- Int64와 UInt64: Int64는 -9,223,372,036,854,775,808과 9,223,372,036,854,775,807 사이의 부호가 있는 정수형 데이터 타입이다. UInt64는 0과 18,446,744,073,709,551,615 사이의 음수 부호가 없는 정수형 데이터 타입이다.

SECTION 09 정리

많은 분량에 걸쳐 어드레스 스페이스 모델을 설명하였다. OPC UA 정보 모델을 읽거나 작성하기 위해서는 어드레스 스페이스 모델을 이해해야 하기 때문이다. 정리하는 차원으로, 객체 노드와 변수 노드 예시, 노드 클래스 정리, 어드레스 스페이스 모델 가이드라인을 설명한다.

1. 객체 노드와 변수 노드 해석 예시

객체 노드와 변수 노드의 예시를 들어 정보 모델의 이해를 돕고자 한다. OPC UA Simulation Server에서 생성하는 객체 노드와 변수 노드를 가지고 설명한다. <그림 47>과 <그림 48>은 각각 객체와 변수 데이터를 캡처한 화면으로서, 서버가 이러한 형태의 OPC UA 데이터를 생성하는 것이다.

<그림 47> 객체 노드 예시

<그림 48> 변수 노드 예시

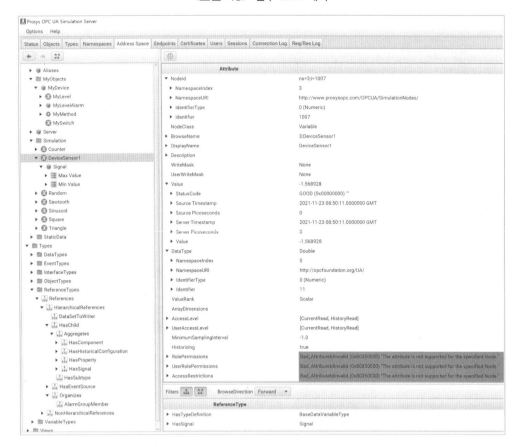

(1) MyDevice 객체

<그림 47>은 MyDevice 객체 데이터를 캡처한 화면으로서, 일종의 장치를 대변한다. 참고로, 노드 구조는 왼편 탐색창으로부터 파악할 수 있다.

- NodeId: 'ns=6'은 NamespaceIndex 6을 지칭하며, 해당 URI는 http://www.prosysopc.com/OPCUA/SampleAddressSpace에 해당한다. NamespaceIndex는 <그림 49>와 같이 지정되어 있다. 's=MyDevice'는 identifierType=1인 문자열(string)이며, identifier는 'MyDevice'이다.

- NodeClass: 노드 클래스 종류가 'Object' 즉, 객체임을 나타낸다.

- BrowseName: '6'은 NamespaceIndex를, 'MyDevice'는 문자열 BrowseName이다.

- DisplayName: 'en'은 영어를, 'MyDevice'는 DisplayName을 나타낸다.

- WriteMask: 'None'은 클라이언트에서 쓰기가 불가능하도록 지정한다.

- UserWriteMask: 'None'은 서버에 접속한 사용자의 세션에 의해 쓰기가 불가능 하도록 지정한다.

- EventNotifier: 'SubscribeToEvents'와 'HistoryRead' 이벤트를 통지하도록 설정 한다.

- RolePermissions: 'Bad_AttributeIdInvalid'는 MyDevice에 접근하는 역할의 승 인을 지원하지 않음을 나타낸다.

- UserRolePermissions: 'Bad_AttributeIdInvalid'는 서버에 접속한 사용자의 세션 에 의해 MyDevice에 접근하는 역할의 승인을 지원하지 않음을 나타낸다.

- AccessRestrictions: "Bad_AttributeIdInvalid'는 MyDevice에 접근하는 것에 대 한 제약을 지원하지 않음을 나타낸다.

- HasTypeDefinition: MyDevice는 BaseObjectType을 타입 정의로 가져온다.

- HasEventSource: 'MyLevel'은 MyDevice의 이벤트 소스가 MyLevel 변수임을 나타낸다.

- HasComponent: 'MyLevel', 'MyLevelAlarm', 'MyMethod', 'MySwitch'를 컴포넌트로 갖는다.

(2) DeviceSensor1 변수

<그림 48>은 DeviceSensor1 변수 데이터를 캡쳐한 화면이다. MyDevice 장치에서 발생하는 센서 데이터를 나타낸다.

- NodeId: 'ns=3'은 NamespaceIndex 3을 지칭하며, 해당 URI는 http://www.prosysopc.com/OPCUA/SimulationNodes에 해당한다. 'i=1007'은 identifierType =0인 숫자형이며, identifier는 '1007'이다.

- NodeClass: 노드 클래스 종류가 'Variable' 즉, 변수임을 나타낸다.

- BrowseName: '3'은 NamespaceIndex를, 'DeviceSensor1'은 BrowseName을 나타낸다.

- DisplayName: 'DeviceSensor1'은 DisplayName을 나타낸다.

- WriteMask: 'None'은 클라이언트에서 쓰기가 불가능하도록 지정한다.

- UserWriteMask: 'None'은 서버에 접속한 사용자의 세션에 의해 쓰기가 불가능하도록 지정한다.

- Value: '−1.568928'은 실제 값, StatusCode는 'Good' 상태, Source Timestamp는 소스의 타임스탬프, Server Timestamp는 서버의 타임스탬프를 나타낸다. 즉, 2021−11−23 08:50:11 GMT일 때, DeviceSensor1의 값은 −1.568928이다.

- DataType: 데이터 타입이 'Double'이며, 데이터 타입의 NodeId는 NamespaceIndex=0, identifierType=0(Numeric), identifer=11로 지정되어 있다.

- ValueRank: 'Scalar'는 Value가 단수개임을 나타낸다.

- AccessLevel: 변수 값의 'CurrentRead', 'HistoryRead'가 가능함을 나타낸다.

- UserAccessLevel: 사용자가 변수의 'CurrentRead', 'HistoryRead'가 가능함을 나타낸다.

- MinimumSamplingInterval: '-1'은 변수 값의 샘플링 주기가 비주기적임을 나타낸다.

- Historizing: 'true'는 서버가 데이터를 보관하고 있음을 나타낸다.

- RolePermissions: 'Bad_AttributeIdInvalid'는 DeviceSensor1에 접근하는 역할의 승인을 지원하지 않음을 나타낸다.

- UserRolePermissions: 'Bad_AttributeIdInvalid'는 서버에 접속한 사용자의 세션에 의해 DeviceSensor1에 접근하는 역할의 승인을 지원하지 않음을 나타낸다.

- AccessRestrictions: 'Bad_AttributeIdInvalid'는 DeviceSensor1에 접근하는 것에 대한 제약을 지원하지 않음을 나타낸다.

- HasTypeDefinition: DeviceSensor1는 BaseDataVariableType을 타입 정의로 가져옴을 나타낸다.

- HasSignal: 자체 정의한 HasSignal 참조가 있으며, Signal 객체를 HasSignal 관계로 가진다. 왼편 탐색창을 보면 HasSignal은 HasChild-Aggregates의 하위에 있음을 알 수 있다.

2. 노드 클래스 정리

어드레스 스페이스 모델에서는 8개의 노드 클래스를 정의하고 있다. <표 19>는 각 노드 클래스가 갖는 속성 그리고 속성의 필수(Mandatory) 및 비필수(Optional) 여부를 정리한 것이다. 표를 보면 중요한 속성들이 무엇인지 파악이 된다. Browse Name, DisplayName, IsAbstract, NodeClass, NodeId가 중요한 필수적 속성이다. 그리고 노드 클래스의 특징에 따라 필수 여부도 달라진다. 예를 들면, Variable과 VariableType은 DataType을 필수적 속성으로 갖는다. Method는 (User) Executable 을 필수적 속성으로 갖는다.

○ <표 19> 노드 클래스의 속성 정리[1]

노드 클래스 속성	Variable	Variable Type	Object	Object Type	Reference Type	Data Type	Method	View
AccessLevel	M							
AccessLevelEx	O							
ArrayDimensions	O	O						
AccessRestrictions	O	O	O	O	O	O	O	O
BrowseName	M	M	M	M	M	M	M	M
ContainsNoLoops								M
DataType	M	M						
DataTypeDefinition						O		
Description	O	O	O	O	O	O	O	O
DisplayName	M	M	M	M	M	M	M	M
EventNotifier			M					M
Executable							M	
Historizing	M							
InverseName					O			
IsAbstract		M		M	M	M		
MinimumSampling Interval	O							
NodeClass	M	M	M	M	M	M	M	M
NodeId	M	M	M	M	M	M	M	M
RolePermissions	O	O	O	O	O	O	O	O
Symmetric					M			
UserAccessLevel	M							
UserExecutable							M	
UserRolePermissions	O	O	O	O	O	O	O	O
UserWriteMask	O	O	O	O	O	O	O	O
Value	M	O						
ValueRank	M	M						
WriteMask	O	O	O	O	O	O	O	O

3. 어드레스 스페이스 모델 사용 가이드라인

Part 3 부록 A에서는 어드레스 스페이스 모델의 각 요소들을 언제 어떻게 사용해야 하는지를 안내하고 있다. 정보 모델링은 어떠한 시스템을 대상으로 하는지에 따라 달라져야 하며, 서버에 접속하는 클라이언트가 어떠한 정보 요구사항이 있는지에 따라 달라져야 할 것이다. 올바른 정보 모델링을 위해 다음의 가이드라인을 참고하면 유용할 것이다.

- 타입 정의: 하나의 시스템 내에서 타입 정보가 최소 한 번 이상 사용될 경우 타입을 정의하는 것이 좋다. 그리고 동일한 타입 정의를 사용하는 서로 다른 시스템에서 상호운용성을 위하여 타입을 정의하는 것이 좋다.

- 객체 타입: 객체는 시스템내의 엔티티이므로, 객체를 타입 형태로 정의하는 것이 유효할 때 객체 타입을 정의하면 좋다. 즉, 객체를 클래스로 정의할 필요가 있을 때, 객체 타입을 정의하는 것이 좋다. 그리고 구조적 관점에서 객체는 변수와 객체를 그룹핑하는 데 사용될 수 있으므로, 변수들과 타 객체들의 구조화나 그룹핑을 위하여 객체 타입을 사용하는 것이 효율적이다. 만약, 변수 타입이나 객체 타입 중 어느 것으로 정의해야 할지 애매한 경우(예 값 하나만을 갖는 단순한 객체)에는 객체 타입으로 정의하는 것을 추천한다.

- 변수 타입: 변수 타입은 오로지 데이터 변수에 대해서만 정의할 수 있다. 그리고 여러 개의 변수들을 하나로 묶을 때 변수 타입을 사용하는 것이 좋다. 데이터 변수를 사용하는 경우는 센서와 같이 값들이 동적이고 변동적인 성격이 있을 때, 복합 변수를 갖거나 추가적인 특성을 요구할 때, 서브타입이 존재할 때, 타입 정의를 사용할 때, 복합 변수의 컴포넌트일 때이다.

- 구조적 데이터 타입: 여러 개의 변수들로 정의하느냐 혹은 구조적 데이터 타입으로 정의하느냐에 대하여 세 가지 방법이 있다. 첫 번째는 단순 데이터 타입을 이용하여 복수 개의 단순 변수들로 정의하는 방법, 두 번째는 구조적 데이터 타입을 정의한 후 이 데이터 타입을 이용하여 단순 변수를 정의하는 방법, 세 번째는 구조적 데이터 타입을 정의한 후 이 데이터 타입을 이용하여 복합 변수를 정의하는 방법이다. 일반적인 상황일 때는 첫 번째 방법을 사용할 것을 추천한다. 구조적 데이터 타입에 대한 정보의 교환이 필요 없이 변수 값의 교환이 가능하기 때문이다. 두 번째 방법은 서버가 단순히 데이터를 특

정 클라이언트에게 전달하는 역할만 할 경우에 유리하다. 단, 보통의 클라이언트는 구조적 데이터 타입에 대한 정보를 얻고 해석해야 하는 것이 단점이다. 세 번째 방법은 첫 번째와 두 번째를 합친 방법이다. 이는 클라이언트가 대량의 다양한 변수들의 데이터를 받아야 할 때 유효하다.

- 뷰: 뷰는 클라이언트에게 필요한 정보만을 제공하고 불필요한 정보는 숨기는 데 사용한다. 서버에서 정의한 뷰는 특정 클라이언트(예 유지보수 클라이언트, 엔지니어링 클라이언트)별로 맞춤형 어드레스 스페이스를 제공한다.

- 메소드: 메소드는 서버가 어떤 입력에 의해 결과를 출력할 때 사용한다. 어떤 메소드들은 입출력 파라미터 없이 특정 실행을 트리거링할 때 사용하기도 한다.

- 참조 타입 정의: 기정의된 참조 타입에 없는 경우에만 새로운 참조 타입을 정의하는 것이 좋다. 새로운 참조 타입이더라도 가장 적절한 참조 타입의 하위 타입으로 위치시키는 것이 필요하다.

- 모델링 규칙 정의: 이미 정의된 규칙이 없는 경우에만 새로운 모델링 규칙을 정의하는 것이 좋다.

표준 정보 모델

어드레스 스페이스 모델은 메타 모델이므로 모델링에 필수적인 노드 클래스, 타입과 제약사항을 추상형으로 규정한 것이다. 표준 정보 모델은 어드레스 스페이스 모델을 계승하여 실체형으로 규정한 것이며, 많이 사용되는 데이터 컨텐츠를 미리 정의한 모델이다. 이 장에서는 표준 정보 모델에 대하여 설명한다. 다음은 표준 정보 모델의 정의이다.

- 표준 정보 모델(standard information model): OPC UA 정보 모델의 근간이 되고 표준적인 정보 모델을 제공하며, OPC UA 정보 모델링을 위한 토대를 제공하는 기정의된 정보 모델이다. 기본 정보 모델과 접근 타입 규격을 합친 것이다. 어드레스 스페이스 모델에서 정의한 8가지 노드 클래스들의 실제 사용을 위한 상세화 및 기준화를 포함한다. 추가적으로, 서버의 역량(capability)과 진단(diagnosis), 현재 데이터 접근, 과거 데이터 접근, 프로그램, 알람과 컨디션, 상태 기계에 대한 정보 모델을 제공한다.

<그림 50>은 OPC UA 정보 모델 구조를 상세화한 것이다. 어드레스 스페이스 모델은 메타 모델이다. 메타 모델은 가장 상위 수준에서 필요한 정보를 정의하고 구조체를 생성하는 역할을 하지만, 실제로 그리고 곧바로 사용할 수 있는 모델은 아니다. 어드레스 스페이스 모델의 사용을 위해서는 기본 정보 모델이 필요하며, 기본 정보 모델의 정의는 다음과 같다.

- 기본 정보 모델(base information model): 어드레스 스페이스 모델을 상속받되, OPC UA 정보 모델을 실제로 사용하고 개발자에 의한 모델링을 위해 필요한 기본적이고 표준화된 정보 모델이다. 표준 객체 타입, 표준 변수 타입, 표준 객체, 표준 메소드, 표준 참조 타입, 표준 데이터 타입 등 6가지가 있다.

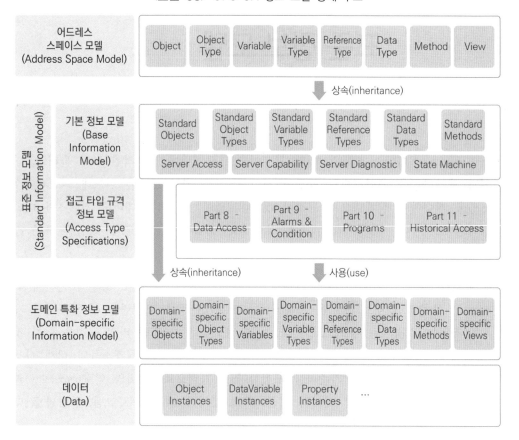

<그림 50> OPC UA 정보 모델 상세 구조

기본 정보 모델은 어드레스 스페이스 모델의 실제 사용을 위하여 한 번 더 가공한 것이라고 보면 된다. 그렇다면 기본이 되는 정보 컨텐츠에는 무엇이 있을까? 가장 먼저 어드레스 스페이스 모델의 8가지 노드 클래스를 상세화한 기본적이고 기준적인 노드들에 대한 정보이다. 단, 기본 정보 모델에서는 표준 변수 노드와 표준 뷰 노드가 없으므로 실제로는 6종류이다. 더불어, OPC UA 서버의 역량(capability)과 진단(diagnosis), 현재 데이터 접근, 과거 데이터 접근, 프로그램, 알람과 컨디션, 상태 기계에 또한 기본이 되는 정보 컨텐츠이다. 이 중에서 현재 데이터 접근, 과거 데이터 접근, 프로그램, 알람과 컨디션은 클래식 OPC에서 발전한 것이다. Part 5에서는 기본적이고 기준적인 노드, 서버의 역량과 진단, 상태 기계의 기본 정보 모델을 정의하고 있다. Part 8에서는 현재 데이터 접근, Part 9에서는 알람과 컨디션, Part 10에서는 프로그램, Part 11에서는 과거 데이터 접근을 정의하고 있다.

도메인 특화 정보 모델은 기본 정보 모델에서 정의한 기본 노드들을 상속받아서 자신만의 노드들을 만드는 것이다. 물론 기본 정보 모델의 것들을 그대로 사용해도 된다. 필요시에는 접근 타입 규격 부분에서 정의한 정보 모델들을 그대로 혹은 변형하여 사용할 수 있다.

✔ Opinion

개발자들은 모든 기본 정보 모델들을 일일이 개발해야 하는지 걱정이 앞설 것이다. 그러나 너무 걱정할 필요는 없을 듯하다. OPC UA에서 제공하는 정보 모델링 소프트웨어(예 UaModeler)는 이미 표준 정보 모델을 탑재하여 제공하고 있기 때문이다. 여기에 도메인 특화 정보 모델 또는 자신만의 정보 모델을 추가하여 모델링하면 된다.

SECTION 01 기본 정보 모델

Part 5에서는 표준 객체 타입, 표준 변수 타입, 표준 객체, 표준 메소드, 표준 참조 타입, 표준 데이터 타입에 대한 기본 정보 모델을 정의하고 있다. 더불어, 서버 역량과 진단에 대한 정보 모델도 정의하고 있다. Part 5 부록에서는 서버 정보 모델링의 설계 결정, 상태 기계, 파일 전송, 데이터 타입 사전, OPC 바이너리 타입 시스템, 사용자 인증을 설명하고 있다. 이 중에서 중요한 개념인 기본 정보 모델, 서버 역량과 진단 그리고 상태 기계를 설명한다.

1. 기본 정보 모델

(1) 표준 객체 타입

표준 객체 타입은 중요하다. 왜냐하면, 모든 ObjectType(객체 타입)은 기본 객체 타입을 상속 받기 때문이다. 그리고 이 기본 객체 타입의 하위 타입으로 서버, 이벤트, 모델링 규칙, 폴더, 데이터 인코딩 등 많이 사용하는 객체 타입을 정의하고 있다. 이러한 표준 표준 객체 타입을 기반으로, 원하는 객체 타입을 위한 추가 속성과 참조를 정의하게 된다. 표준 객체 타입의 정의는 다음과 같다.

- 표준 객체 타입(standard object type): 객체 타입의 근간이 되는 BaseObjectType (기본 객체 타입)을 정의한다. 또한 ServerType(서버 타입), BaseEventType(기본 이벤트 타입), ModellingRuleType(모델링 규칙 타입), FolderType(폴더 타입), Data TypeEncodingType(데이터 타입 인코딩 타입), AggregateFunctionType(집계 함수 타입)을 하위 타입으로 갖는다.

<그림 51>은 표준 객체 타입을 설명한다. BaseObjectType(기본 객체 타입)은 객체 타입의 서브 타입이고, 객체 타입은 기본 노드의 서브 타입이다. 이러한 서브 타이핑에 따른 속성과 참조의 추가가 이루어진다(이탤릭체). 기본 객체 타입의 Browse Name(브라우즈명)은 BaseObjectType으로 고정되며, IsAbstract=FALSE로서 실체형 타입이다. 기본 객체 타입은 11개의 서브 타입을 갖는다. 현재, 집계 함수(aggregate function) 타입은 서브 타입에서 배제되어 있으나, 다음 버전에서 추가될 예정이라고 한다.

<그림 51> 표준 객체 타입 구조

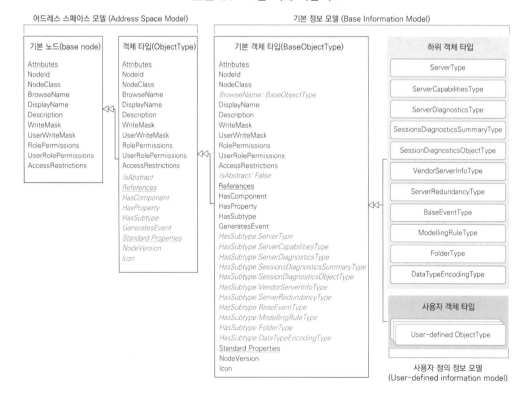

(2) 표준 변수 타입

기본 객체 타입과 마찬가지로, 모든 변수 타입은 기본 변수 타입을 상속 받는다. 이 기본 변수 타입을 바탕으로, 원하는 변수 타입을 위한 속성과 참조를 추가할 수 있다. 표준 변수 타입의 정의는 다음과 같다.

- 표준 변수 타입(standard variable type): 변수 타입의 근간이 되는 BaseVariableType (기본 변수 타입)을 정의한다. 또한 BaseDataVariableType(기본 데이터 변수 타입), PropertyType(특성 타입) 및 서버 변수 타입들을 정의하고 있다.

<그림 52>는 표준 변수 타입을 설명한다. 기본 변수 타입은 변수 타입의 서브 타입이다. 기본 변수 타입은 추상형이므로 서브 타입이자 실체형인 기본 데이터 변수 타입 또는 특성 타입 중 택일하여 사용해야 한다. 마찬가지로, 이러한 서브 타이핑에 따른 속성과 참조의 추가가 이루어진다(이탤릭체). 기본 데이터 변수 타입의 BrowseName(브라우즈명)은 BaseDataVariableType이며 데이터 변수를 위한 실체형 타입이다. 이 타입의 서브 타입에는 서버의 역량과 진단 그리고 세션과 구독과 관련한 타입 등 13개가 있다. 특성 타입의 BrowseName은 PropertyType이며 특성을 위한 실체형 타입이다. 이 타입의 서브 타입은 없다.

<그림 52> 표준 변수 타입 구조

(3) 표준 객체

표준 객체의 정의는 다음과 같다.

- 표준 객체(standard objects): 어드레스 스페이스 구조의 구성(organize), 서버, 모델링 규칙을 위한 객체를 정의한다.

우선 표준 객체에는 FolderType(폴더 타입)을 타입 정의로 갖는 어드레스 스페이스의 구성과 관련한 객체가 있다. 모든 OPC UA 서버에서는 어드레스 스페이스의 최상위 계층을 <그림 53>과 같은 계층 구조로 표준화하고 있다. 이는 서버와 클라이언트 간 상호운용성을 증진시키기 위함이다[8]. 이 구조체 안의 모든 객체는 Organizes 참조로만 구성되며, FolderType을 타입 정의로 가진다. 명칭에 '폴더(Types)'가 붙은 것은 타입 노드들을 구성하기 위한 객체이다. <그림 19>의 폴더 구조도 이 표준 구조를 따르고 있음을 알 수 있다.

✓ **Explanation/** Organizes ─────────────────────────

어드레스 스페이스에서 노드들을 구성(organize)할 때 사용하며, 여러 계층 구조를 표현할 때 사용하는 참조 관계

<그림 53> 어드레스 스페이스 구조 표준화

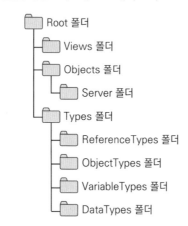

<그림 54>는 UaModeler의 어드레스 스페이스 구조를 나타낸 것이다. Objects (객체), ReferenceTypes(참조 타입), ObjectTypes(객체 타입), VariableTypes(변수 타입), DataTypes(데이터 타입), EventTypes(이벤트 타입) 폴더 객체 안에 소속된 노드

들을 나타낸다.

<그림 54> 어드레스 스페이스 구조 예시 [11]

(a) Objects

(b) ReferenceTypes

(c) ObjectTypes

(d) VariableTypes

(e) DataTypes

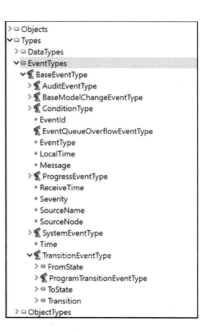

(f) EventTypes

다음은 서버 관련 표준 객체가 있다. <그림 54> (a)와 같이 Server(서버) 객체는 Objects 폴더 하위에 위치한다. 이 객체는 Namespaces(네임스페이스), Publish Scubscribe(발행구독), ServerCapabilities(서버 역량), ServerConfiguration(서버 구성), ServerDiagnostics(서버 진단), ServerRedundancy(서버 리던던시) 객체들과 ServerStatus (서버 상태) 변수 그리고 여러 메소드들을 HasComponent 관계로 가진다.

그 외에 모델링 규칙의 표준 객체가 있다. 여기에는 Mandatory(필수), Optional (비필수), ExposeItsArray(배열 유형), MandatoryPlaceHolder(필수적 플레이스 홀더), OptionalPlaceHolder(비필수적 플레이스 홀더) 객체가 있다.

(4) 표준 메소드, 참조 타입, 데이터 타입

■ 표준 메소드(standard methods): GetMonitoredItems(모니터 아이템 얻기), ResendData (데이터 재전송), SetSubscriptionDurable(구독 기간 설정), RequestServerStateChange (서버 상태 변경 요청) 등 4가지 메소드가 있다. 이 메소드들은 Part 4의 서비스를 위하여 사용된다. GetMonitoredItems가 많이 활용되며, 구독하는 모니터링 항목(아이템)에 대한 정보를 얻는 데 사용한다.

- 표준 참조 타입(standard reference types): 어드레스 스페이스의 참조들을 정형화 한 것이다. 이는 3장 3절에서 설명하였다.

- 표준 데이터 타입(standard data types): Part 3에서 정의한 데이터 타입과 함께, Part 4의 서비스에서 필요한 데이터 타입을 추가적으로 정의한다.

2. 서버 역량과 진단

서버 그리고 서버의 역량 및 진단과 관련한 객체 타입들은 독립적으로 존재하는 것이 아니라, 기본 객체 타입의 서브 타입으로 존재한다. 이 객체 타입들은 서버의 접속 및 상태, 서버의 역량, 서버의 진단, 서버의 제공 서비스에 대한 정보를 포함한다. 이 객체 타입들은 클라이언트가 접속하고자 하는 서버에 대한 필수적이고 기본적인 정보를 제공한다. 또한, 벤더 관련 정보의 접근을 위한 진입점 역할을 한다. <그림 51>에서 ServerType(서버 타입), ServerCapabilitiesType(서버 역량 타입), ServerDiagnosticsType(서버 진단 타입), SessionsDiagnosticsSummaryType(세션 진단 요약 타입), SessionDiagnosticsObjectType(세션 진단 객체 타입), VendorServerInfoType(벤더 서버 정보 타입), ServerRedundancyType(서버 리던던시 타입)에 해당한다. <표 20>은 서버 타입, <표 21>은 서버 역량 타입, <표 22>는 서버 진단 타입의 정의 테이블이다. 서버 및 서버의 역량과 진단에 필요한 데이터 컨턴츠를 알 수 있다.

○ <표 20> ServerType 정의 테이블[8]

Attribute	Value				
BrowseName	ServerType				
IsAbstract	False				
References	Node Class	BrowseName	DataType	TypeDefinition	ModellingRule
HasProperty	Variable	ServerArray	String[]	PropertyType	Mandatory
HasProperty	Variable	NamespaceArray	String[]	PropertyType	Mandatory
HasProperty	Variable	UrisVersion	VersionTime	PropertyType	Optional
HasComponent	Variable	ServerStatus	ServerStatusData Type	ServerStatusType	Mandatory
HasProperty	Variable	ServiceLevel	Byte	PropertyType	Mandatory

References	Node Class	BrowseName	DataType	TypeDefinition	ModellingRule
HasProperty	Variable	Auditing	Boolean	PropertyType	Mandatory
HasProperty	Variable	EstimatedReturnTime	DateTime	PropertyType	Optional
HasProperty	Variable	LocalTime	TimeZoneDataType	PropertyType	Optional
HasComponent	Object	ServerCapabilities	–	ServerCapabilities Type	Mandatory
HasComponent	Object	ServerDiagnostics	–	ServerDiagnostics Type	Mandatory
HasComponent	Object	VendorServerInfo	–	VendorServerInfo Type	Mandatory
HasComponent	Object	ServerRedundancy	–	ServerRedundancy Type	Mandatory
HasComponent	Object	Namespaces	–	NamespacesType	Optional
HasComponent	Method	GetMonitoredItems	–	–	Optional
HasComponent	Method	ResendData	–	–	Optional
HasComponent	Method	SetSubscriptionDurable	–	–	Optional
HasComponent	Method	RequestServerState Change	–	–	Optional

○ ◆ <표 21> ServerCapabilitiesType 정의 테이블[8]

Attribute	Value				
BrowseName	ServerCapabilitiesType				
IsAbstract	False				
References	Node Class	BrowseName	DataType	TypeDefinition	ModellingRule
HasProperty	Variable	ServerProfileArray	String[]	PropertyType	Mandatory
HasProperty	Variable	LocaleIdArray	LocaleId[]	PropertyType	Mandatory
HasProperty	Variable	MinSupportedSampleRate	Duration	PropertyType	Mandatory
HasProperty	Variable	MaxBrowseContinuation Points	UInt16	PropertyType	Mandatory
HasProperty	Variable	MaxQueryContinuationPoints	UInt16	PropertyType	Mandatory
HasProperty	Variable	MaxHistoryContinuationPoints	UInt16	PropertyType	Mandatory
HasProperty	Variable	SoftwareCertificates	SignedSoftware Certificate[]	PropertyType	Mandatory
HasProperty	Variable	MaxArrayLength	UInt32	PropertyType	Optional

References	Node Class	BrowseName	DataType	TypeDefinition	ModellingRule
HasProperty	Variable	MaxStringLength	UInt32	PropertyType	Optional
HasProperty	Variable	MaxByteStringLength	UInt32	PropertyType	Optional
HasComponent	Object	OperationLimits	–	OperationLimits Type	Optional
HasComponent	Object	ModellingRules	–	FolderType	Mandatory
HasComponent	Object	AggregateFunctions	–	FolderType	Mandatory
HasComponent	Object	RoleSet	–	RoleSetType	Optional

◉ <표 22> ServerDiagnosticsType 정의 테이블[8]

Attribute	Value				
BrowseName	ServerDiagnosticsType				
IsAbstract	False				
References	Node Class	BrowseName	DataType	TypeDefinition	ModellingRule
HasComponent	Variable	ServerDiagnostics Summary	ServerDiagnostics SummaryDataType	ServerDiagnostics SummaryType	Mandatory
HasComponent	Variable	SamplingInterval DiagnosticsArray	SamplingInterval DiagnosticsDataType[]	SamplingInterval DiagnosticsArrayType	Optional
HasComponent	Variable	Subscription DiagnosticsArray	SubscriptionDiagnos ticsDataType[]	Subscription DiagnosticsArrayType	Mandatory
HasComponent	Object	SessionsDiagnostics Summary	–	SessionsDiagnostics SummaryType	Mandatory
HasProperty	Variable	EnabledFlag	Boolean	PropertyType	Mandatory

3. 상태 기계

상태 기계의 정의는 다음과 같다.

■ 상태 기계(state machine): 상태를 가진 기계가 이벤트(event)에 의해 다른 상태로 변환되는 전이(transition)를 수행하는 기계이다. 유한 상태 기계(finite state machine) 는 유한개의 상태를 갖는 기계를 의미한다.

예를 들면, 설비의 상태 기계는 비가동(idle), 개시(starting), 실행(execute), 종료중

(completing), 종료(complete)의 상태와 전이 과정이 있다. OPC UA에서는 상태 기계의 기본 정보 모델을 Part 5 부록 B 및 Part 9 부록 F에서 정의하고 있다. 대부분의 장치와 시스템은 유한한 상태를 갖는 유한 상태 기계이므로, 이 상태 기계의 기본 정보 모델은 유용하다. 더불어, 장치와 시스템은 시시각각 상태가 변경된다. 상태의 변경이 발생하면 서버는 상태의 전이가 일어났음에 대한 정보를 갱신하고 클라이언트에 알려주어야 하는 의무가 있다. 그래야만 클라이언트가 변경된 상태의 상황 정보를 취득하여 대응을 할 수 있기 때문이다. 또한, 상태 기계는 대상 시스템의 알람 및 컨디션과 관련성이 높으므로, Part 9에서도 추가적으로 정의하고 있는 것이다.

<그림 55> 상태 기계 기본 정보 모델[8]

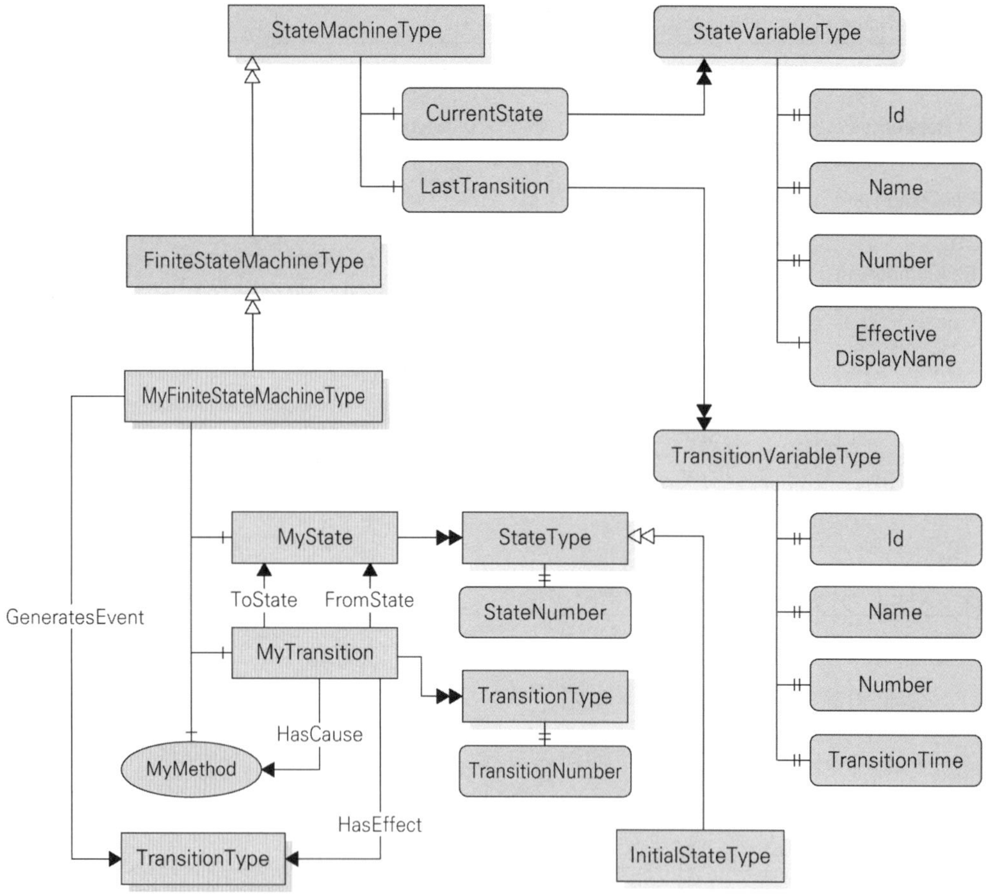

<그림 55>는 상태 기계의 기본 정보 모델이다. StateMachineType(상태 기계 타입)은 모든 상태 기계를 위한 기본 객체 타입이다. 이 타입은 필수적인 CurrentState(현재 상태)를 HasComponent 관계로 갖는다. 그리고 서브 타입으로 FiniteStateMachineType(유한 상태 기계 타입)을 갖는다. 만약 자신만의 유한 상태 기계를 정의하려면, FiniteStateMachineType의 서브 타입으로 MyFiniteStateMachineType으로 정의하면 된다. 이 타입 안에 자신만의 상태, 전이, 메소드 및 이벤트 타입을 정의할 수 있다. 상태 타입은 UInt32로 표현한다. 예를 들면 Stopping은 1, Stopped는 2, Idle은 4, Starting은 5, Execute는 6으로 표현한다.

<그림 56>은 시스템 상태를 위한 SystemStateStateMachineType(시스템 상태 상태 기계 타입) 정보 모델이다. 시스템의 가장 기본적인 상태인 StartingUp(개시중), Operating(운영중), ShuttingDown(종료중), ShutDown(종료), OutofService(불능), Maintenance(유지보수)를 포함하고 있다. 자신만의 상태 기계를 만들기가 어려우면 이 정보 모델을 사용하면 유용하다.

<그림 56> 시스템 상태의 상태 기계 정보 모델[12]

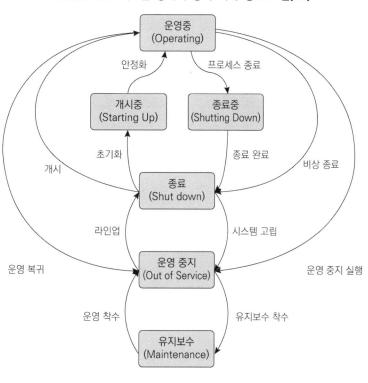

(a) 시스템의 상태와 전이

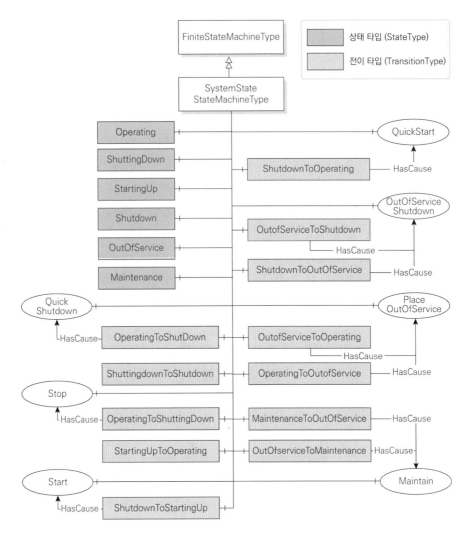

(b) 시스템 상태의 상태 기계 정보 모델

SECTION 02 데이터 접근

데이터 접근(data access)은 OPC UA의 가장 중요한 용도이다. 클래식 OPC에서 첫 번째로 데이터 접근을 정의한 것을 보면 알 수 있다. Part 8에서는 데이터 접근 용도의 변수 타입, 특성과 데이터 타입들을 정의하고 있다. Part 8 부록에서는 클래식 OPC와 OPC UA의 매핑 방법을 제공하고 있다. 다음은 데이터 접근 정보 모델에 대한 정의다.

- 데이터 접근 정보 모델(data access information model): 데이터 접근은 서버에서의 자동화 데이터(automation data) 표현 및 사용을 다루는 것이며, 데이터 접근 모델은 자동화 데이터를 다루기 위한 변수 타입의 확장된 정보 모델이다. 자동화 데이터의 인스턴스는 DataItems(데이터 아이템)으로 정의된다.

<그림 57> OPC UA 서버와 자동화 데이터

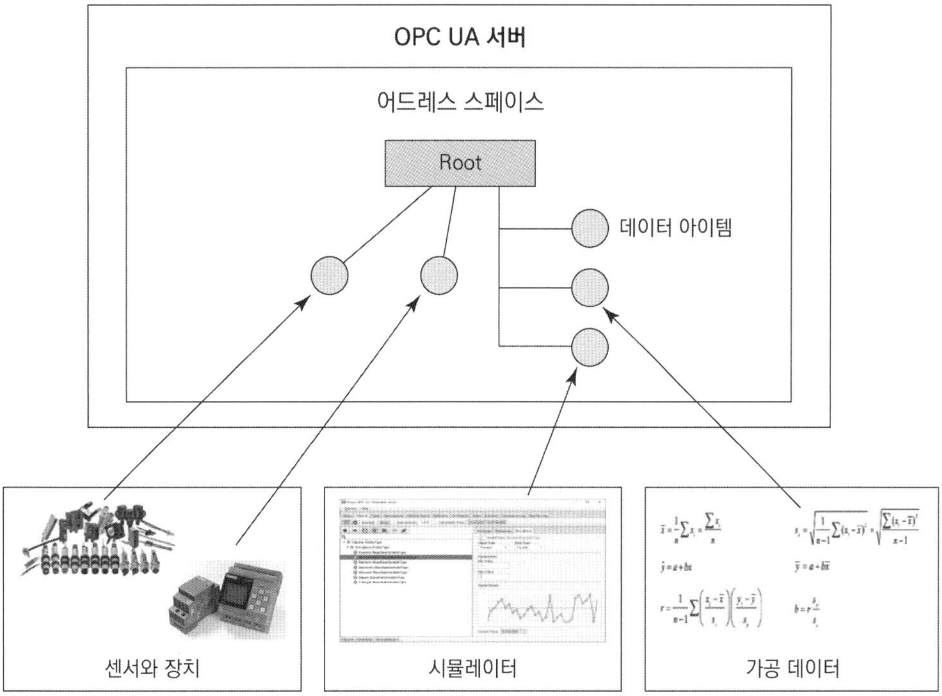

<그림 57>은 OPC UA 서버와 자동화 데이터를 나타낸다. 센서 및 장치는 자동화 데이터를 생성하고 연결된 서버로 전송한다. 또는 컴퓨터 시뮬레이터가 가상의 자동화 데이터를 생성하여 전송할 수도 있다. 서버에서는 자동화 데이터를 OPC UA 데이터 형태로 가공 및 변환하여 클라이언트에게 전달한다. 이러한 자동화 데이터는 다양한 형태로 존재할 수 있다. DataItemType(데이터 아이템 타입)을 상위 변수 타입으로 하는 다양한 변수 타입을 제공함으로써 자동화 데이터의 다양성을 표현할 수 있다. 결국, 데이터 접근 정보 모델은 자동화 데이터를 위한 데이터 변수 타입, 데이터 변수 타입의 성격을 위한 특성 타입 그리고 각 변수의 데이터 타입을 상세화 한 것이다.

<그림 58>은 데이터 접근 정보 모델을 나타낸다. DataItemType은 BaseDataVariableType(기본 데이터 변수 타입)의 서브 타입이며, 실제 값은 기본 데이터 변수 타입의 Value(값) 속성에 기록된다. Definition(정의) 특성은 데이터 아이템의 설명, 계산 또는 공식을 사람이 이해할 수 있는 문자열(string)로 정의한다. ValuePrecision(값 정밀도)은 서버가 유지할 수 있는 최대 정밀도를 실수(double)로 정의한다. DataItemType은 AnalogItemType, ArrayItemType과 DiscreteItemType을 서브 타입으로 갖는다[13].

- AnalogItemType(아날로그 아이템 타입): 연속적인 숫자형 값을 위한 데이터 변수 타입이다. InstrumentRange(장치 범위)는 측정 장치가 출력하는 최소−최대 범위(예 {−500.0, 500.0}), EURange(엔지니어링 단위 범위)는 정상 운영 상태에서의 최소−최대 범위(예 {−300.0, 300.0})이다. 이 두 개의 특성 값을 활용하면, 클라이언트에서는 비정상 상태의 감지 및 그래프 스케일링 등을 자동화할 수 있다. EngineeringUnits(엔지니어링 단위)는 데이터 아이템 값의 단위를 나타낸다.

- ArrayItemType(배열 아이템 타입): 배열 형태 또는 이미지를 위한 데이터 변수 타입이다. YArrayItemType(Y축 배열 아이템 타입)은 X축 간격이 일정한 1차원의 숫자값(Y값), XYArrayItemType(X−Y축 배열 아이템 타입)은 벡터 형태의 XVType(X축 벡터 타입)으로 정의되며, X축 위치(XVType.x)와 그때의 값(XVType.value)을 나타낸다. CubeItemType(3차원 아이템 타입)은 3차원 값, NDimensionArrayItemType(다차원 배열 타입)은 다차원 값, ImageItemType(이미지 아이템 타입)은 이미지의 픽셀 좌표와 픽셀 강도를 나타낸다.

- DiscreteItemType(이산 아이템 타입): 상태나 열거형과 같은 이산 값을 위한 데이터 변수 타입이다. TwoStateDisceteType(2 상태 이산 타입)은 TRUE 또는

FALSE일 때의 상태, MultiStateDiscreteType(다 상태 이산 타입)은 EnumStrings(0
이상 정수의 순차적 값)로 표현되는 두 개 이상의 상태를 표현할 때 사용한다.
MultiStateValueDiscreteType(다 상태 값 이산 타입)은 EnumStrings로 표현하기
어려운 두 개 이상의 상태(예 1, 2, 4, 8, 16)인 EnumValues와 이에 대응되는
ValueAsText 값을 나타낸다.

✔ **Explanation**/

EURange의 EU는 유럽연합(European Union)을 의미하는 것이 아니라, Engineering
Units의 약자이다.

<그림 58> 데이터 접근 정보 모델

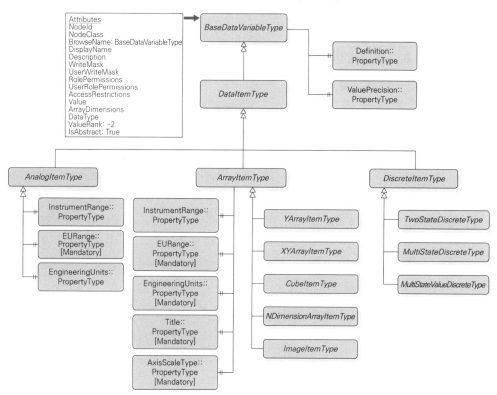

CHAPTER 04 표준 정보 모델 175

SECTION 03 알람과 컨디션

OPC UA의 빼놓을 수 없는 용도는 시스템의 컨디션(상태)을 지속적으로 모니터 링하고 상태 변화가 발생했을 때 알람(경고 신호)을 전달하는 것이다. 이를 통하여 클라이언트 혹은 작업자는 시스템을 정상 상태로 환원시키기 위한 일련의 조치를 취할 수 있다. 클래식 OPC 및 OPC UA에서 알람과 컨디션의 정보 모델을 정의하 고 있다. Part 9에서는 알람과 컨디션의 정보 모델, 클래식 OPC와의 매핑 방법 및 시스템 상태 기계 정보 모델을 정의하고 있다. 다음은 알람과 컨디션 정보 모델에 대한 정의이다.

- 알람과 컨디션 정보 모델(alarm and condition information model): 시스템의 컨디 션과 알람에 대한 정보를 정의한 모델이다. 이 정보 모델은 BaseEventType(기본 이벤트 타입)의 서브 타입으로 구성된다. 알람은 ConditionType(컨디션 타입)에서 파생된 하나의 서브 타입으로 정의된다. 세부적으로는 컨디션(condition) 모델, 대화적 컨디션(dialog condition) 모델, 인지적 컨디션(acknowledgeable condition) 모델, 알람(alarm) 모델, 컨디션 클래스(condition class) 모델, 감시 이벤트(audit event) 모델, 컨디션 새로고침(condition refresh) 모델이 있다.

컨디션은 시스템의 상태를 표현한 것이며, 예로는 한계를 초과한 온도, 유지보수를 필요로 하는 장치 등이다. 컨디션 중에는 인지적 컨디션(acknowledgeable condition), 확인된 컨디션(confirmed condition) 및 대화적 컨디션(dialog condition) 개념이 있다. 인지적 컨디션은 클라이언트(작업자)가 알람을 인지하였다는 액션, 확인된 컨디션은 클라이언트(작업자)가 알람에 대하여 적절한 조치를 취했음을 서버에게 통지하는 액 션이다. 대화적 컨디션은 사용자의 입력을 필요로 하는 액션이다.

한편, 알람은 특정 컨디션에 대하여 클라이언트 또는 작업자(operator)에게 알려주 는 것이다. 알람에는 활성화(active)라는 개념이 있는데, 알람이 현재에도 활성 상태 임을 의미한다. 유지(retain)는 클라이언트와 서버의 컨디션 상태를 동기화하고자 하 는 알람을 의미한다.

<그림 59>는 컨디션 변화의 예시이고, <표 23>은 해당 이벤트에 대한 컨디 션의 상태(state) 변화를 나타낸다. 시스템의 컨디션은 시시각각 변동되며, 서버는 컨디션 변동 정보를 클라이언트(작업자)에게 통지하거나 알람을 전송해야 한다. 클

라이언트는 수집된 컨디션 및 알람 정보를 이용하여 적절한 엔지니어링 조치를 취한 후, 조치에 대한 정보를 서버에 전송할 수 있다.

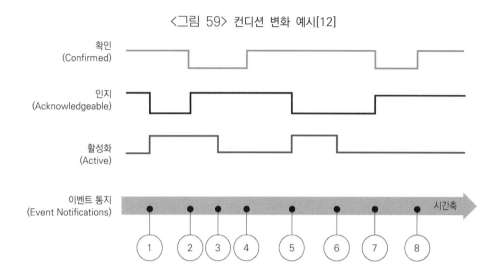

<그림 59> 컨디션 변화 예시[12]

○ <표 23> 컨디션 변화에 따른 상태 변화[12]

이벤트Id (EventId)	활성화 (Active)	인지 (Acknowledgeable)	확인 (Confirmed)	유지 (Retain)	설명
초기	False	True	True	False	초기 상태
1	True	False	True	True	알람 활성화(active)
2	True	True	False	True	컨디션 인지, 확인 요청
3	False	True	False	True	알람 비활성화(inactive)
4	False	True	True	False	컨디션 확인(조치 완료)
5	True	False	True	True	알람 활성화
6	False	False	True	True	알람 비활성화
7	False	True	False	True	컨디션 인지, 확인 요청
8	False	True	True	False	컨디션 확인(조치 완료)

<그림 60>은 ConditionType의 계층 구조이다. ConditionType(컨디션 타입)은 BaseEventType(기본 이벤트 타입)의 서브 타입이며, AlarmConditionType(알람 컨디션 타입)은 컨디션 타입의 서브 타입으로 정의된다. 새로고침(refesh) 관련 타입은 클라

이언트가 서버에 연결되어 이벤트 통지를 구독하는 시점에서, 현재의 컨디션 및 알람의 정보를 동기화하여 가져오는 데 사용한다.

<그림 60> 컨디션 타입(ConditionType) 계층 구조[12]

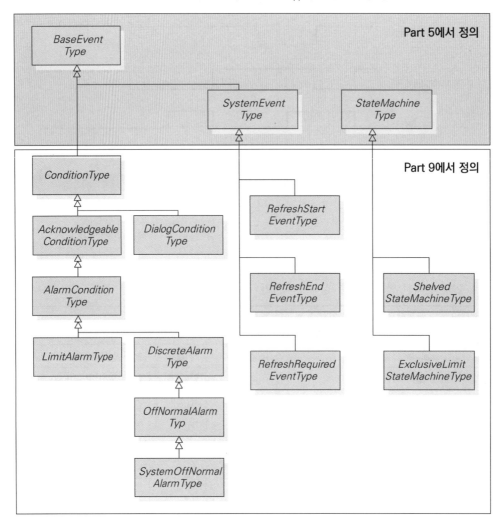

<그림 61>은 컨디션 타입의 정보 모델이다. Quality(품질)은 현재 컨디션에서의 데이터 값의 품질을 좋음, 나쁨 또는 불확실함으로 표현하는 데이터 변수이다. LastSeverity(심각성)은 컨디션의 심각 정도를 UInt16 형태의 우선순위(priority)로 표시하는 데이터 변수이다.

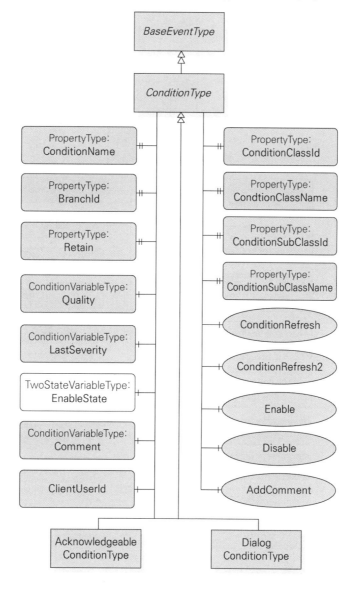

<그림 61> 컨디션 타입(ConditionType) 정보 모델[12]

<그림 62>는 알람 컨디션 타입의 정보 모델이다. ActiveState(활성화 상태)는 알람이 현재에도 활성화 여부, SuppressedState(내부 중단 상태)는 서버에서 내부적인 알람 중단 여부, OutOfServiceState(비서비스 상태)는 유지보수의 사유로 알람 중단 여부, ShelvingState(표지 중단 상태)는 알람 표시의 중단 여부, SilenceState(음소거 상태)는 알람 소리의 중단 여부를 TRUE 또는 FALSE로 표현하는 데이터 변수들이다.

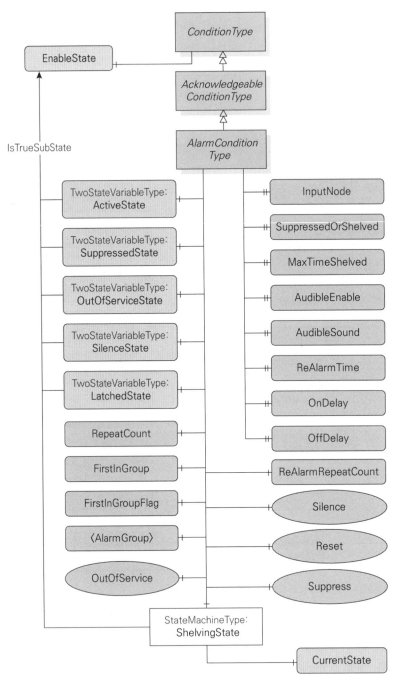

<그림 62> 알람 컨디션 타입(AlarmConditionType) 정보 모델[12]

OPC UA에서는 장치 및 시스템의 프로그램(program)에 대한 정보 모델을 제공하고 있으며, Part 10에 정의되어 있다. 산업 자동화 시스템에서 데이터 교환 및 시스템 운용은 기능 호출(function call)에 의해 이루어질 것이다. 기능 호출은 HMI, SCADA 또는 제어기에 의해 이루어지는데, OPC UA는 이러한 기능들을 메소드(method)와 프로그램(program)으로 탐색하거나 호출하도록 한다. 메소드는 클라이언트에 의해 요청되는 서버측의 기본적인 기능에 대한 것이다. 반면, 프로그램은 대상 장치 및 시스템의 운영을 위한 기능과 세부적이고 복잡한 기능에 대한 것이다. 다음은 프로그램 정보 모델에 대한 정의이다.

- 프로그램 정보 모델(program information model): 대상 장치 및 시스템의 상태와 상태 전이, 상태별 메소드 및 결과를 정의한 정보 모델이다. 이 정보 모델은 BaseObjectType(기본 객체 타입) 및 FiniteStateMachineType(유한 상태 기계 타입)의 서브 타입이다. 프로그램의 기본적인 상태는 중지(halted), 준비(ready), 가동(running), 보류(suspended)로 이루어진다.

<그림 63>은 메소드와 프로그램을 비교한 그림이다. 메소드는 클라이언트가 서버에 연산이나 요청을 위해 사용한다. 반면, 프로그램은 배치 프로세스의 제어, 수치제어 프로그램의 실행, 데이터 다운로드 등을 위해 사용한다. OPC UA의 프로그램은 CNC의 수치제어 프로그램과 같은 프로그램 파일 그 자체가 아니라, 대상 시스템 자체를 동작시키기 위해 코딩하는 프로그램으로 보는 것이 타당하다. 프로그램 정보 모델은 시스템이 어떤 상태일 때 수행되는 메소드, 상태 전이가 발생했을 때 수행되는 메소드 그리고 이들의 결과 정보를 포함한다. 물론, 기본 객체 타입의 서브 타입이므로 수치제어 프로그램과 같은 컨텐츠의 소유도 가능하다. 메소드와 마찬가지로, 프로그램도 내부의 연산 로직 코드를 표현하는 것은 아니다.

<그림 63>에서 제어 메소드(control methods)는 개시(start), 보류(suspend), 리셋(reset), 중지(halt), 재개시(resume)에 대한 메소드, 상태 기계(state machine)는 상태, 전이 이벤트(transition events)는 상태가 전이될 때의 이벤트, 결과 데이터(result data)는 상태 전이에 따른 결과 데이터를 의미한다.

<그림 63> 메소드와 프로그램 차이

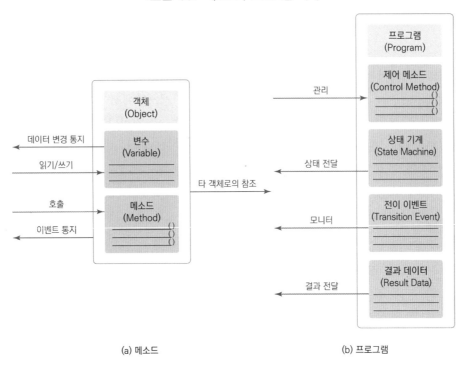

(a) 메소드   (b) 프로그램

<그림 64> 프로그램 상태 기계 타입 계층 구조[14]

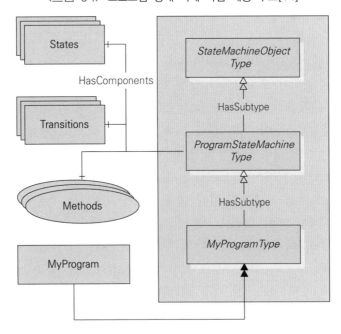

<그림 64>는 ProgramStateMachineType(프로그램 상태 기계 타입)의 계층 구조이다. MyProgramType(나의 프로그램 타입) 정의도 가능하다. 앞서 설명한 대로, 프로그램의 상태는 Halted, Ready, Running, Suspended의 4가지 StateType(상태 타입)이 있다. 전이 이벤트는 HaltedToReady(중지−준비), ReadyToRunning(준비−가동), RunningToHalted(가동−중지) 등의 TransitionType(전이 타입)으로 정의된다.

SECTION 05 과거 데이터 접근

현재 데이터나 이벤트를 수집하는 것 못지 않게, 과거의 데이터나 이벤트를 수집하는 것도 필요하다. 과거의 데이터(historical data)라 함은 장치 및 시스템의 운영을 통하여 생성된 현재 시점 이전의 이력 데이터이다. 과거 데이터는 분석 용도로 유용하다. 설비 성능의 예측 및 최적화 분석, 주기별 설비 가동 현황 분석, 설비의 중장기적 노후화 분석, 설비의 비정상 상황 분석 등을 위하여 사용할 수 있다. 과거 데이터 및 과거 이벤트에 대한 접근 및 표현을 정의한 것이 과거 데이터 접근 정보 모델이다. OPC UA의 1차 릴리즈(2007년) 때에는 과거 데이터 접근 정보 모델만 존재하였다. 그 이후 Part 11의 과거 데이터 접근 그리고 Part 13의 집계(aggregates) 정보 모델로 분할되었다[3](집계 정보 모델은 6절에서 다룬다). 다음은 과거 데이터 접근 정보 모델의 정의이다.

- 과거 데이터 접근 정보 모델(historical access information model): 과거 데이터 및 이벤트의 취득 및 표현을 위해 필요한 노드 클래스 및 속성들을 정의한 정보 모델이다. 주로 시계열(time−series) 데이터를 다룬다.

과거 데이터를 수집할 때, 어느 서버에 데이터가 저장되어 있는지 그리고 어느 시간대의 데이터를 수집할지에 대한 정보가 필요하다. 서버 관점에서는 과거 데이터 접근을 위한 서버 역량 및 진단 정보 모델이 필요하다. 과거 데이터는 OPC UA 서버, 레거시 데이터베이스 또는 장치의 메모리상에 저장되어 있을 텐데, 이러한 서버의 접속 정보를 제공해준다. 이러한 과거 데이터 접근용 서버 역량 및 진단 모델은 Part 11에서 정의하며, Part 5의 서버 역량과 진단 정보 모델을 기반으로 한다. <그림 65>는 과거 데이터 접근을 위한 OPC UA 서버의 구성을 보여준다.

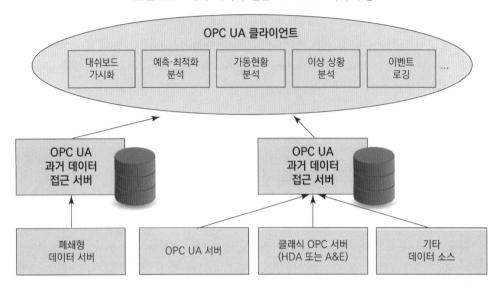

<그림 65> 과거 데이터 접근 OPC UA 서버 구성

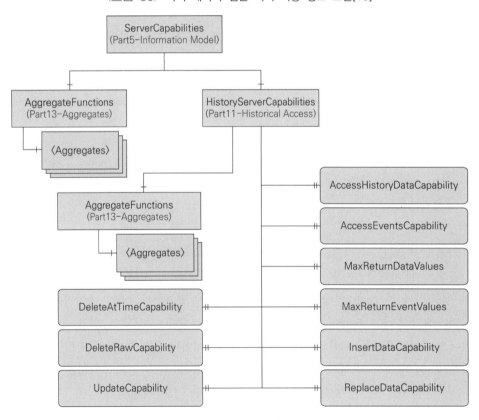

<그림 66> 과거 데이터 접근 서버 역량 정보 모델[15]

<그림 66>은 HistoryServerCapabilitiesType(과거 데이터 서버 역량 타입)의 정보 모델 구조이며, ServerCapabilitiesType(서버 역량 타입)의 컴포넌트로 정의된다.

시간 관점에서는 타임스탬프(timestamp)를 기준(reference)으로 활용하며, 타임스탬프의 범위를 통하여 과거 데이터를 획득하게 된다. 클라이언트에서는 SourceTimestamp(소스 타임스탬프)를 기준으로 과거 데이터를 요청한다. 서버에서는 소스 타임스탬프, ServerTimestamp(서버 타임스탬프) 또는 이 둘을 기준으로 데이터를 전송하되, 이에 대한 태그 정보를 포함하여 전송한다. 실제로 클라이언트가 과거 데이터를 접근하려면, HistoryRead(과거 데이터 읽기) 서비스를 이용하여 HistoricalDataNode(과거 데이터 노드)에 접근한다. HistoryRead에서는 HistoryReadDetails(과거 데이터 읽기 상세) 파라미터를 이용한다. 이 파라미터에서 StartTime(시작 시각), EndTime(끝 시각), Num Values PerNode(노드별 최대 데이터 개수)와 ReturnBounds(경계값 반환)을 정의한다. StartTime은 소스 타임스탬프의 시작, EndTime은 소스 타임스탬프의 끝, NumValues PerNode는 StartTime부터 EndTime까지의 기간(duration) 안에 취득할 최대 데이터 개수, ReturnBounds는 시작 및 끝 타임스탬프의 데이터 포함 여부를 의미한다.

<그림 67>은 과거 데이터 노드 어드레스 스페이스 모델과 예시를 나타낸다. Boiler 객체가 과거 데이터를 갖는 Pressure 데이터 변수가 있을 때, Pressure는 HistoricalAccessConfiguration(과거 데이터 접근 구성) 객체를 HasHistoricalConfiguration 참조 관계로 갖는다. Definition(정의)은 HistoricalDataNode(과거 데이터 노드)의 값이 어떻게 계산되는지를 나타낸 일종의 수학함수로서, 사람이 읽기가능한 형태로 표현한다. MaxTimeInterval(최대 시간 주기)은 데이터 저장소에 있는 데이터 포인트 사이의 최대 시간 주기를, MinTimeInterval(최소 시간 주기)은 최소 시간 주기를 의미한다. AggregateConfiguration(집합 구성) 객체는 서버에서 집계 관련 기능들을 어떻게 처리할지에 대한 진입점이다. Annotation(주석)은 해당 아이템에 대한 주석 메시지를 포함한다.

모든 노드들이 과거 데이터를 갖는 것은 아니다. 과거 데이터 존재의 유무는 Historizing(이력화) 속성을 통하여 판단한다. Historizing이 TRUE이면 서버가 데이터를 수집하고 있다는 것을, FALSE이면 서버가 데이터를 수집하고 있지 않다는 의미이다. 클라이언트는 AccessLevel(접근 수준) 속성을 이용하여 과거 데이터 읽기 및 쓰기 상태를 알게 된다. AccessLevel의 HistoryRead(과거 데이터 읽기)가 TRUE(Bit값 1)이면 과거 데이터 읽기 가능, FALSE(Bit값 0)이면 불가능을 나타낸다. 그리고 HistoryWrite(과거 데이터 쓰기)가 TRUE(Bit값 1)이면 과거 데이터 쓰기 가능, FALSE (Bit값 0)이면 불가능을 나타낸다.

Part 5의 ServerCapabilitiesType 정의 테이블에는 HasComponent 관계의 HistoryServer
CapabilitiesType이 표시되어 있지 않다. 반면, AggregateFunctions는 HasComponent
관계로 정의되어 있다. 이를 봐서, Part 5에서 ServerCapabilitiesType에 HistoryServer
CapabilitiesType이 누락된 것 같다.

<그림 67> 과거 데이터 노드 어드레스 스페이스 모델[15]

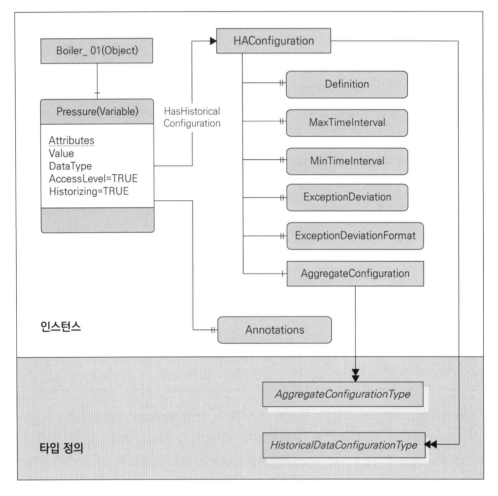

현재 및 과거의 데이터를 획득하려는 주요 이유 중 하나는 모니터링과 분석을 위함이다. 이때, 서버에서 곧바로 수학적·통계적 수식을 이용하여 기본적인 대푯값이나 집계값을 제공해준다면 클라이언트 입장에서는 유용할 것이다. 예를 들면, 일정 기간 동안 데이터의 기초 통계량 값(데이터 개수, 평균, 표준편차, 최소, 최대, 범위 등)의 제공이다. 이러한 데이터의 집계값을 제공해주는 것이 Part 13의 집계 정보 모델이다. 다음은 집계 정보 모델의 정의이다.

■ 집계 정보 모델(aggregate information model): 현재 및 과거 데이터로부터 주어진 기간 동안의 집계를 정의한 정보 모델이다. 현재까지 평균, 최소, 최대, 범위, 표준편차, 개수 등의 집계 타입이 정의되어 있다.

<그림 68>은 집계 정보 모델을 나타낸다. AggregateConfiguration(집계 구성) 객체는 서버에서 집계 관련 기능을 어떻게 처리할지에 대한 진입점이다. 예를 들면 불확실한 데이터를 good 또는 bad로 다룰지를 정의한다. TreatUncertainAsBad(불확실의 Bad 처리)가 TRUE이면 Uncertain(불확실) StatusCode(상태코드)를 갖는 데이터를 bad로, FALSE이면 good으로 분류한다. PercentDataBad(Bad 데이터 퍼센트)와 PercentDataGood(Good 데이터 퍼센트)은 각각 주어진 기간 동안 bad 데이터의 최소 비율과 good 데이터의 최소 비율을 나타낸다. PercentDataBad와 PercentDataGood의 합은 항상 100 이상이어야 한다. UseSlopedExtrapolation(기울기형 외삽 사용)은 경계값이 주어져 있지 않을 때 데이터를 어떻게 외삽할지를 결정한다. 마지막 값으로부터 다음 값에 대한 외삽(extrapolation)을 할 때이다. TRUE이면 마지막 두 데이터 값의 기울기로부터 외삽하여 그 다음 데이터 값으로 결정한다. FALSE이면 마지막 데이터 값을 그 다음 데이터의 값으로 유지하는데 이를 SteppedExtrapolation(계단형 외삽)이라 한다.

<표 24>는 기준 집계 타입 노드들을 나타낸다. 이러한 수학적 집계 기능들은 모니터링 및 분석에 유용한 기능성을 제공한다. 그러나 OPC UA에서 집계 함수의 프로그래밍 코드가 정의되어 있는 것은 아니다. 메소드와 마찬가지로, 집계 함수의 표현 틀만 제공하는 것이다. 현재까지는 기본적인 집계만 포함하고 있으나, 보다 다양한 집계값들을 제공할 것이라 전망된다. 그렇다고 하여, 인공신경망 또는 서포

트 벡터 머신과 같은 복잡한 수학적 모형을 집계 정보 모델에서 다루는 것은 비효율적일 것이다. 이러한 모형들은 별도의 도메인 특화 정보 모델로 정의함으로써, OPC UA에서 사용가능한 형태로 구현하는 것이 합리적인 방향일 것이다.

<그림 68> 집계 정보 모델(aggregate information model)[16]

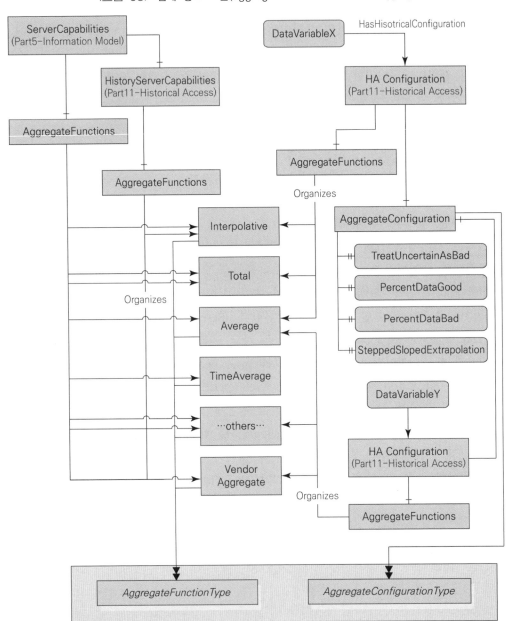

⊙ <표 24> 기준 집계 타입 노드

BrowseName	Description	BrowseName	Description
Interpolative	각 주기의 양끝점으로부터 구해지는 값	NumberOfTransitions	불리언 또는 숫자값이 0과 0이 아닌 상태로 변화되는 횟수
Average	평균값	Start	시작 시각의 데이터 값
TimeAverage	시간 가중 평균값(내삽 경계값)	End	끝 시각의 데이터 값
TimeAverage2	시간 가중 평균값(단순 경계값)	Delta	End와 Start의 차이값
Total	데이터의 총합(내삽 경계값)	StartBound	시작 시각의 데이터 값 (단순 경계값)
Total2	데이터의 총합(단순 경계값)	EndBound	끝 시각의 데이터 값 (단순 경계값)
Minimum	데이터의 최소값	DeltaBounds	EndBound와 StartBound의 차이값
Maximum	데이터의 최대값	DurationGood	데이터가 Good인 기간
MinimumActual Time	데이터의 최소값과 그때의 타임스탬프	DurationBad	데이터가 Bad인 기간
MaximumActual Time	데이터의 최대값과 그때의 타임스탬프	PercentGood	Good StatusCode를 갖는 데이터의 백분율
Range	Maximum과 Minimum의 차이	PercentBad	Bad StatusCode를 갖는 데이터의 백분율
Minimum2	데이터의 최소값(단순 경계값)	WorstQuality	최악의 StatusCode 반환 (Bad, Uncertain, Good순)
Maximum2	데이터의 최대값(단순 경계값)	WorstQuality2	최악의 StatusCode 반환 (단순 경계값)
MinimumActual Time2	데이터의 최소값과 그때의 타임스탬프(단순 경계값)	AnnotationCount	Annotation(주석)의 개수
MaximumActual Time2	데이터의 최대값과 그때의 타임스탬프(단순 경계값)	StandardDeviation Sample	샘플 데이터(n-1)의 표준편차
Range2	최대값과 최소값의 차이 (단순 경계값)	VarianceSample	샘플 데이터의 분산
Count	데이터 개수	StandardDeviation Population	모집단 데이터(n)의 표준편차
DurationInState Zero	불리언 또는 숫자값이 0 상태일 때의 시간(단순 경계값)	VariancePopulation	모집단 데이터의 분산
DurationInState NonZero	불리언 또는 숫자값이 0이 아닌 상태의 시간(단순 경계값)		

CHAPTER 05

도메인 특화 정보 모델

도메인 특화 정보 모델을 설명한다. 도메인 특화 정보 모델의 의의, 관계 및 접근법은 1장을 참고하길 바란다. 여기서는 OPC UA 협력 규격으로 발간된 2개의 도메인 특화 정보 모델 사례를 중심으로 소개한다.

SECTION 01 개념

도메인 특화 정보 모델의 정의는 다음과 같다.

- 도메인 특화 정보 모델(domain specific information model): 산업의 도메인에 특화된 시맨틱(의미론)과 정보 모델을 OPC UA 표준 정보 모델을 기반으로 OPC UA 규격에 부합하도록 변환한 정보 모델이다. OPC UA 표준 정보 모델에서는 포함하지 않는 특정 도메인에서 요구하는 정보를 생성하고 교환하기 위함이다.

OPC Foundation은 다른 산업 컨소시엄과 협력하여 다양한 OPC UA 협력 규격을 개발 중이다(1부 <표 1> 참고). OPC UA 협력 규격은 도메인 특화 정보 모델의 부분집합이라고 보면 된다. 협력 규격은 OPC Foundation에서 공인하고 발간한 도메인 특화 정보 모델인 것이다.

누구나 자신만의 도메인 특화 정보 모델을 만들 수 있다. 그러나 새로운 도메인 특화 정보 모델을 만드는 것보다는 표준 정보 모델을 사용할 것을 추천하고 있다 [3]. 만약 표현하고자 하는 도메인 대상이 표준 정보 모델로도 표현이 가능하다면 이 모델을 사용하는 것이 구현에 유리하기 때문이다. OPC UA 개발 도구들에는 이미 표준 정보 모델의 스키마 및 소스 코드를 기본적으로 제공하고 있다. 그리고 별도의 정보 모델 인코딩과 디코딩이 필요 없으므로 어드레스 스페이스에서의 접근이 용이하다. 반면, 자신만의 도메인 특화 정보 모델을 만들려면, 그 모델의 스키마 및 소스 코드의 생성이 필요해진다. 이러한 스키마 및 코드 생성의 노력과 동시에 신뢰성과 정합성 검증이 동반되어야 한다. 또한 어드레스 스페이스상에서 해당 스키마를 공유해야 하는 번거로움이 발생한다.

그럼에도 불구하고, 자신이 속한 도메인의 데이터, 정보와 지식을 도메인 특화 정보 모델을 통하여 OPC UA와 연결하는 확장성은 강력한 매력이다. 나아가, 산업 도메인이 아닌 완전 다른 도메인의 데이터, 정보 및 지식의 OPC UA 호환도 이론상으로는 가능하다. 이질적 도메인간 데이터 융합을 통하여 기존에는 없었던 새로운 가치 및 서비스의 창출은 먼 미래의 일만은 아닐 것이다.

여기서는 ISA95 도메인 특화 정보 모델(이하, ISA95-OPC UA 모델)과 PLCopen 도메인 특화 정보 모델(이하, PLC-OPC UA 모델)을 설명한다. 참고로 1부 1장에서 CNC 도메인 특화 정보 모델을 다루었다. ISA95-OPC UA 모델은 산업 시스템의 수직적 통합에 필요한 기본적이면서도 정적인 제조 객체 정보 모델이므로, 다소 쉬운 예시라고 판단되어 먼저 설명한다. OPC UA의 묘미는 물리적 장치로부터의 센서 및 컨트롤 데이터의 수집 및 교환이므로, 이러한 차원에서 PLC-OPC UA 모델을 설명하고자 한다.

SECTION 02 ISA95-OPC UA 모델

1. ISA95

ISA95(International Society of Automation)는 MESA(Manufacturing Enterprise Solutions Association)에서 제정한 제조 시스템의 최적화된 시스템 구현과 최상의 관리 기법을 통한 비즈니스 모델 및 생산 운영 개선 시스템을 위한 표준이다. ISA95는 IEC 62264로도 표준화되었다. ISA95는 공급업체와 제조업체, 비즈니스 시스템과 제조 시스템 간의 일관된 정보 모델을 제공하고 어플리케이션 기능을 상세화함으로써 일관된 제조 운영 모델을 제시한다[17]. 특히, ISA95는 MES 구조와 기능을 상세히 정의하였으며, 이기종 MES간 시스템 통합을 위하여 소프트웨어 벤더들이 표준화

작업에 참여하였다. ISA95에서는 자원 할당·상황, 운영·일정 계획, 생산 배정, 문서 관리, 데이터 수집·획득, 인력 관리, 품질 관리, 공정 관리, 설비 관리, 제품 추적·구성, 성과 분석을 MES의 주요 기능으로 다루고 있다[18]. <그림 69>는 ISA95에서 정의한 제조 시스템의 기능 계층 구조이다. 각 레벨과 어플리케이션을 연결시켜보면, 레벨0은 생산 설비, 레벨1은 PLC, 레벨2는 SCADA, 레벨3은 MES, 레벨4는 ERP로 연결된다.

<그림 69> ISA95의 기능 계층 구조[19]

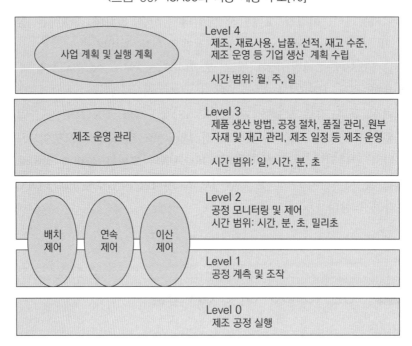

2. 공통 객체 모델

ISA95는 제조 시스템 계층 간의 정보 교환 및 공유를 위한 객체 모델(object model)을 정의하고 있다. <그림 70>은 ISA95 객체 모델을 나타낸 것이다. 특히, 레벨3의 MES와 레벨4의 ERP 간 정보 공유에 필수적으로 사용되는 자원인 설비(equipment), 물리자산(physical asset), 인력(personnel), 자재(material)의 4가지 객체 정보 모델이 있다. 현재의 ISA95−OPC UA 모델은 이 4가지 공통 객체 모델을 정의하고 있다. 즉, ISA95 공통 객체 모델을 OPC UA 정보 모델로 변환한 것이 ISA95−OPC UA

모델이다. 향후, 다른 객체 모델들을 포함한 확장형 ISA95-OPC UA 모델을 개발할 계획이라고 한다.

<그림 70> ISA95 객체 모델

■ 설비

제조현장에서 사용되는 생산 기계, 유틸리티, 로봇, 자재이송장치 등을 의미한다. 설비 정보를 관리함에 있어서 중요한 것은 설비의 식별(identification)이므로, 설비에 고유 식별자를 부여하여 설비 정보를 관리할 필요가 있다. 이러한 설비 정보의 공유를 통하여 스케줄링, 생산 추적, 유지보수, 문제 해결, HMI 가시화, 수용용량 추적, 종합설비효율(OEE) 계산 등으로의 활용이 가능하다.

Equipment 객체 모델은 Equipment Class(설비 클래스)를 통하여 설비 종류를 명시한다. 그리고 Equipment Class는 특정 속성(property)들을 갖는다. Equipment Capability Test Specification(설비 수용용량 테스트 상세)은 속성 값을 결정하는 데 요구되는 테스트를 정의하며, Equipment Capability Test Result(설비 수용용량 테스트 결과)는 테스트를 실행하면서 발생되는 정보들을 정의한다. 예를 들어 탱크 설비 클래스라면, 속성으로는 용량(volume)을 가질 수 있다. 이 용량의 결정을 위한 테스트를 정의하고, 테스트 중 발생한 정보가 표현되는 것이다.

✔ Explanation/

ISA95의 속성(property)은 OPC UA의 특성(property)과는 다른 의미이다. ISA95의 속성은 OPC UA의 데이터 변수와 특성을 합친 변수로 보는 것이 타당하다.

■ 물리자산

설비의 운영 지원을 위하여 추가적으로 소요되는 자산을 의미한다. 예를 들면, 공구, 치공구, 절삭유, 밸브, 펌프, 히터류, 센서류, 계측장비, 트랜스미터, 부가 자재 등이다. 물리자산 또한 고유 식별자의 부여를 통한 정보 관리가 필요하다. 다만, 현장에서 모든 물리자산에게 식별자를 부여하여 모든 정보를 관리하는 것은 현실적으로 쉽지 않다. Physical Asset(물리자산) 객체 모델은 설비의 객체 모델과 유사하다. 설비와 물리자산 모두 동일한 물리적 객체이기 때문이다.

■ 인력

제조 현장에서 활동을 수행하는 인력을 의미한다. 규정이나 법에 의거하여, 제조 현장의 근무 인력에 대한 식별, 특정 활동에 대한 인가, 훈련 및 자격에 대한 정보의 정의가 필요하다. 이러한 인력 정보는 MES와 ERP를 포함한 다양한 어플리케이션에 공유되어 인적 자원 관리에 유용하게 사용될 수 있다.

Personnel(인력) 객체 모델은 Personnel Class(인력 클래스)에서 대상자(person)의 업무 유형을 정의한다. Personnel Class Property(인력 클래스 속성)는 Personnel Class의 속성들을 정의한다. Qualification Test Specification(자격 테스트 상세) 및 Qualification Test Result(자격 테스트 결과)는 각각 속성 값 결정에 필요한 테스트 및 테스트 결과 정보를 정의한다. 예를 들어, 인력 클래스 안에 라이센스 번호 및 유효일자 등을 속성으로 정의하고, 라이센스 획득 시험의 정보는 Qualification Test Specification, 라이센스 획득 시험의 결과는 Qualification Test Result에서 정의한다.

■ 자재

생산을 통하여 제품으로 변환되는 자재들을 의미한다. 자재 정보의 중요성은 새삼 언급할 필요가 없을 것이다. ERP에서의 자재 소요 계획, MES에서의 자재 할당 및 추적, 창고관리 시스템에서의 자재 재고 및 불출 등의 활동이 원활하게 이루어지려면 자재 정보가 교환되고 공유되어야 한다.

Material(자재) 객체 모델이 다른 객체 모델들과 다른 점은 자재 클래스가 lot 또는 sub-lot 단위로 그룹화 될 수 있는 것이다. 이를 통하여 자재 목록 또는 배치 단위로 종속된 자재들을 그룹화 할 수 있다.

3. 도메인 특화 정보 모델

■ 접근법

ISA95 협력 규격에서는 ISA95-OPC UA 모델링 고려사항 및 메타 모델 매핑 구조를 제시하고 있다[20]. 자신만의 도메인 특화 정보 모델을 만들 때 유용한 변환 절차이므로 참고할 만하다.

- ISA95 모델 문건 검토가 필요하다. 이는 도메인 지식의 획득을 위해서 우선 적으로 수행되어야 할 것이다.
- ISA95의 속성을 OPC UA 변수 또는 변수 타입으로 매핑한다. 재사용이 이루어지는 속성은 변수 타입으로 정의하는 것이 유리하다.
- ISA95의 클래스 및 객체를 OPC UA의 객체 또는 객체 타입으로 매핑한다. 속성과 마찬가지로, 재사용을 고려하면 객체 타입으로 정의한다.
- ISA95의 속성, 클래스, 관계 타입들을 서브타입을 이용한 계층화로 구성한다. 이는 쉬운 구현과 유지보수를 위함이다.
- ISA95의 관계를 OPC UA의 참조로 변환한다. 가능한 OPC UA의 표준 참조들을 사용하되, 필요하면 특화된 참조 타입을 추가로 정의한다.
- 최대한 OPC UA 표준 정보 모델을 활용한다.
- ISA95-OPC UA 모델을 B2MML(Business To Manufacturing Markup Language) 모델과 비교한다. B2MML은 ISA95 정보 모델을 XML 스키마로 표현한 것이므로, 일종의 ISA95 정보 모델 정답지이다. ISA95-OPC UA 모델과 B2MML 스키마를 상호 비교하면 올바로 모델링되었는지 검증이 가능해진다. 또 다른 목적은 B2MML도 OPC UA와 호환을 가능하게 하기 위함이다.

<그림 71>은 ISA95-OPC UA의 메타 모델 매핑 구조이다. ISA95 구성요소들이 OPC UA의 어떤 노드 및 참조와 매핑(점선 화살표)되는지 파악이 가능하다. 이러한 매핑 관계는 그림 또는 테이블(표) 형태로 표현이 가능하다. 매핑 구조화를 통하여 도메인 모델의 노드 및 참조가 OPC UA의 어떠한 노드 및 참조로 변환되는지 파악할 수 있다.

■ 최상위 모델

<그림 72>는 최상위 ISA95-OPC UA 모델을 나타낸다. 상위층은 OPC UA 표준 정보 모델, 중간층은 ISA95 기본 정보 모델, 하위층은 ISA95 공통 객체 모델을

<그림 71> ISA95-OPC UA 메타 모델 매핑[20]

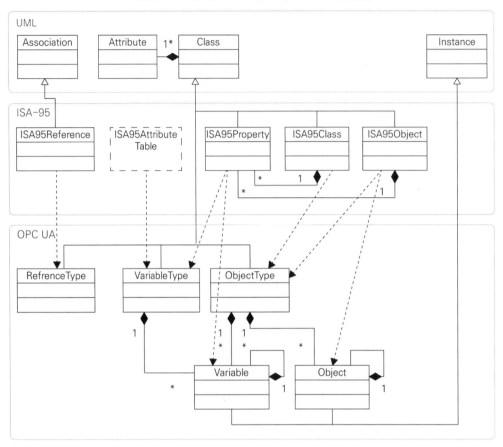

나타낸다. ISA95 기본 정보 모델은 공통 객체 모델에서 공동으로 사용하는 변수 타입, 객체 타입과 참조 타입을 계층화하고 추상화한 것이다. 정보 모델의 구현과 유지보수가 용이하도록 설계된 것이다.

여기서, CDTCompatibleDataTypes라는 새로운 데이터 타입을 정의하였다. ISA95 에서는 CDT(Core Data Type)를 데이터 표현 모델로 사용하고 있기 때문이다. CDT 는 글로벌 비즈니스 표준문서 개발에 필요한 다양한 데이터 타입들을 표준화한 것이다. CDT는 양(amount), 바이너리 오브젝트(binary object), 코드(code), 날짜(date), 날짜·시간(date time), 기간(duration), 그래프(graphic), 식별자(identifier), 지표(indicator), 측정값(measure), 이름(name), 숫자(number), 서수(ordinal), 퍼센트(percent), 그림(picture), 양(quantity), 비율(rate), 비(ratio), 소리(sound), 문자(text), 타임스트링(time), 값(value), 비디오(video) 등의 데이터 타입을 포함한다.

<그림 72> ISA95-OPC UA 최상위 정보 모델[20]

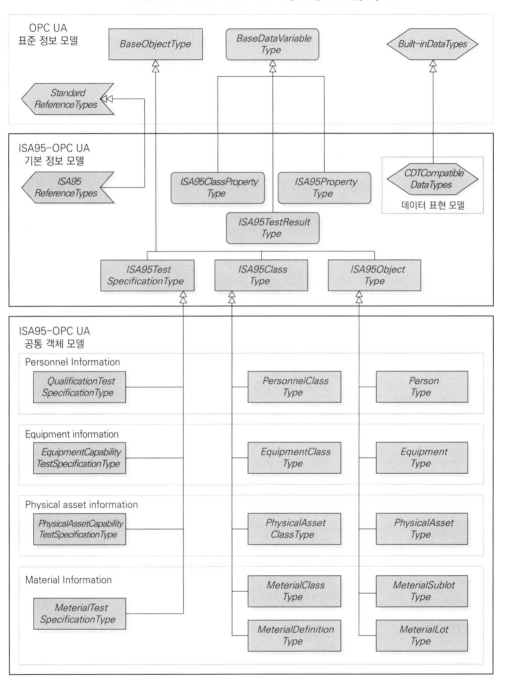

<그림 73>은 참조 타입을 정의한 것이다. 상위층은 OPC UA 표준 참조 타입, 중간층은 ISA95 공통 참조 타입, 하위층은 공통 객체별 참조 타입을 나타낸다. 새로운 참조 타입들은 표준 참조 타입을 계승하면서, BrowseName(브라우즈명)과 InverseName(도치명)을 구체화하기 위함이다.

<그림 73> ISA95-OPC UA 참조 타입[20]

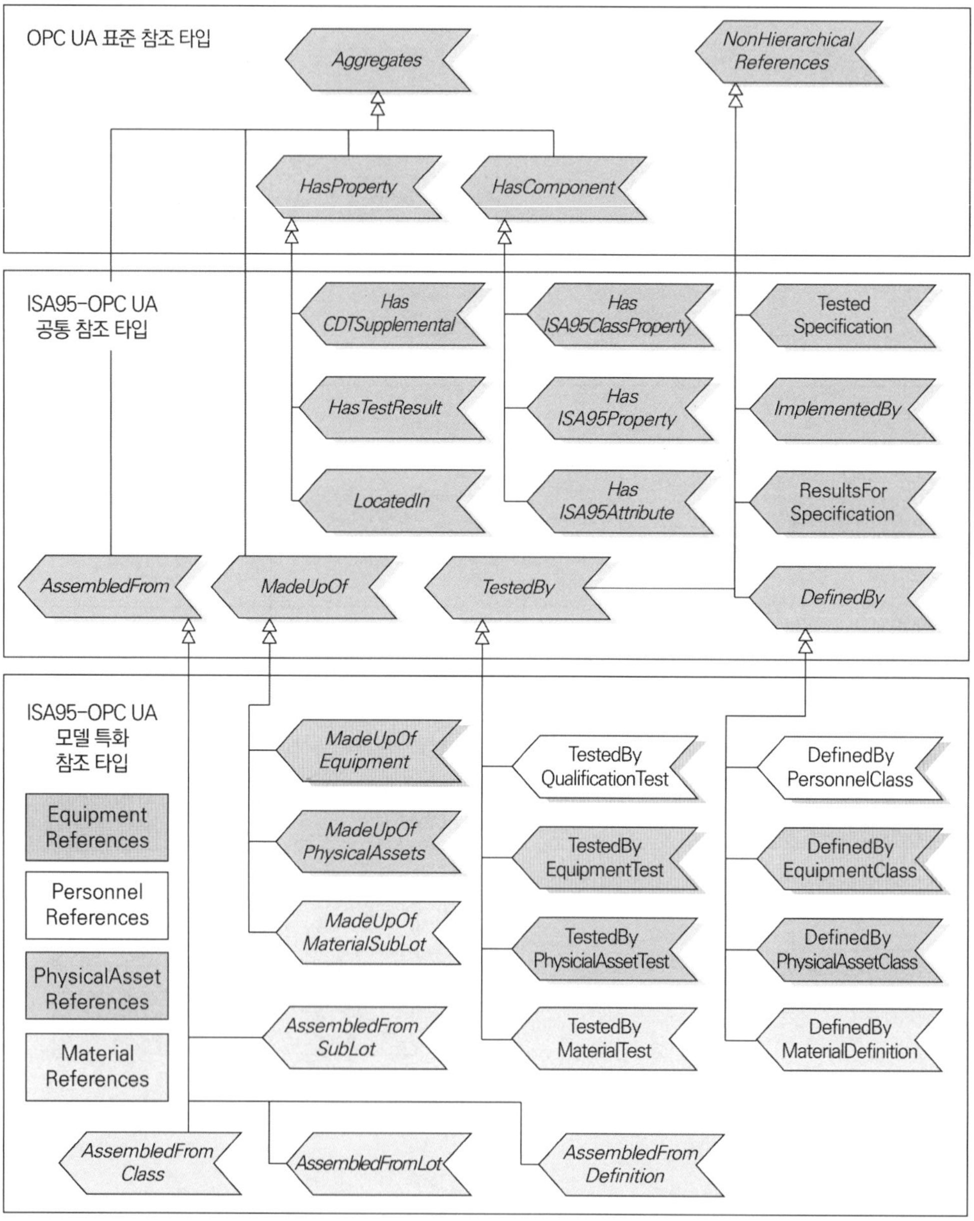

■ 공통 객체 모델

<그림 74>는 Equipment(설비), <그림 75>는 PhysicalAsset(물리자산), <그림 76>은 Personnel(인력), <그림 77>은 Material(자재)의 ISA95-OPC UA 정보 모델을 나타낸다. 상위층은 ISA95 기본 정보 모델, 중간층은 각 공통 객체 모델, 하위층은 인스턴스 예시를 나타낸다.

<그림 74> ISA95-OPC UA 설비 정보 모델[20]

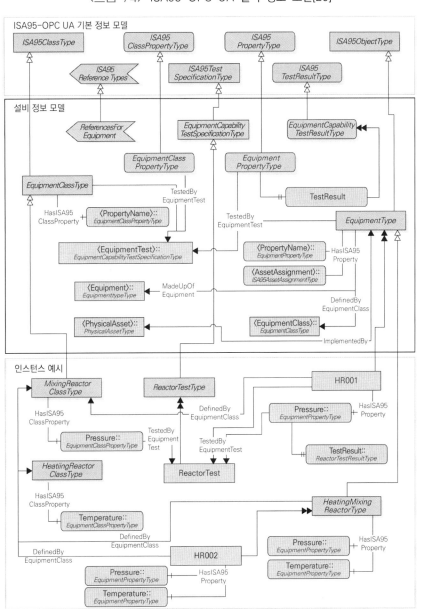

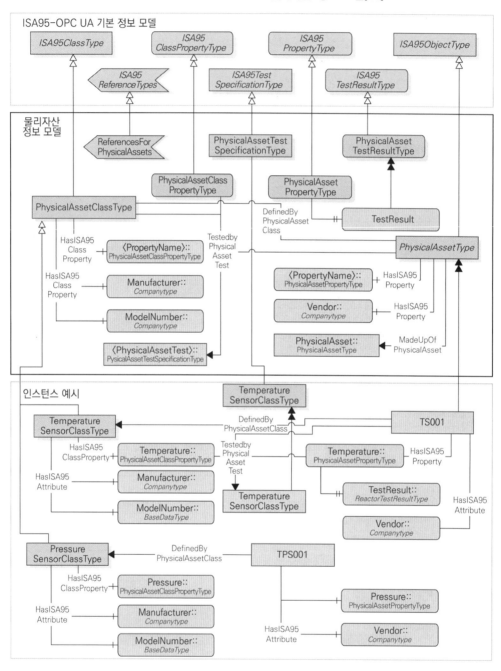

<그림 75> ISA95-OPC UA 물리자산 정보 모델[20]

<그림 76> ISA95-OPC UA 인력 정보 모델[20]

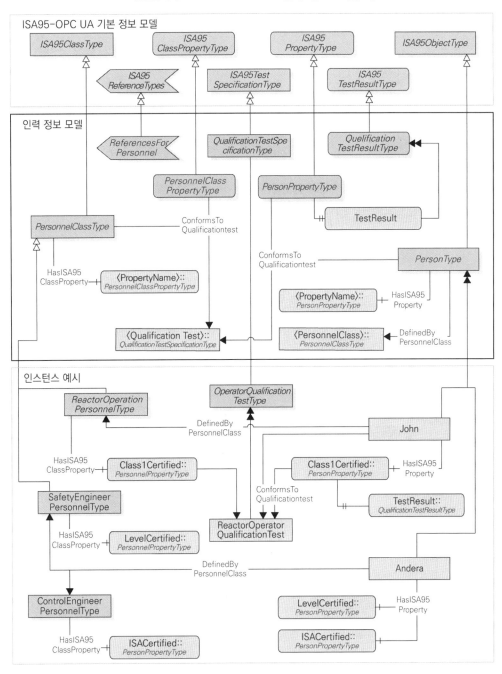

<그림 77> ISA95-OPC UA 자재 정보 모델[20]

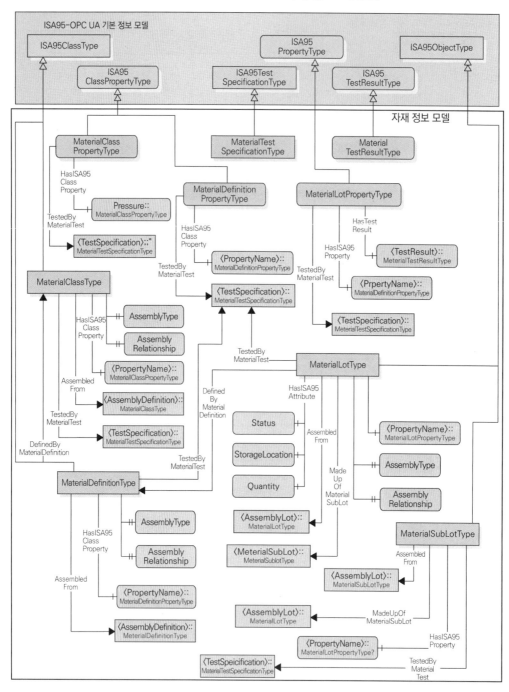

1. PLC

PLC는 산업 자동화를 위한 공정 및 설비의 제어를 지령하는 장치이다. 산업 특화 컴퓨터라고 보면 된다. <그림 78>과 같이 센서 데이터 수집을 위한 입력부와 액츄에이터 또는 모터의 제어를 위한 출력부가 붙어있는 것이 일반 컴퓨터(마우스, 키보드 등의 입력부와 모니터, 프린터 등의 출력부)와는 다른 점이다. 입출력은 아날로그 또는 디지털 방식으로 이루어진다.

<그림 78> PLC

출처: https://new.siemens.com/

PLCopen은 PLC의 상호운용성을 위하여 제조업체, 소프트웨어 및 하드웨어 업체 및 대학으로 구성된 산업 자동화 분야의 비영리 기관이다. PLCopen의 주도로 IEC61131 계열의 PLC 표준을 제정하였다. 이 중에서 IEC61131 Part 3(이하, IEC61131−3)는 프로그래밍 언어에 대한 표준으로서, PLC의 소프트웨어 구조, 언어, 문법 및 시맨틱을 정의하고 있는 표준이다[21]. PLC−OPC UA 모델은 PLCopen과 OPC Foundation이 함께 만든 협력 규격으로서, IEC61131−3에 대한 OPC UA 도메인 특화 정보 모델을 정의하고 있다.

2. IEC61131-3 모델

<그림 79>와 같이, IEC61131-3은 공통 요소(common elements)와 프로그래밍 언어(programming languages) 두 부분으로 구성된다. 공통 요소에는 데이터 타입, 변수, 설정, 자원, 작업, 프로그램 조직 단위, 순차 함수 차트가 있다. 프로그래밍 언어에는 문자 기반의 Instruction List, Structured Text 및 그래픽 기반의 Ladder Diagram, Function Block Diagram가 있다[22]. 다음은 각 요소들에 대한 설명이다[23].

- 공통 요소(common elements)
  - 데이터 타입(data type): 프로그램에 사용되는 데이터 형식이다(예 Boolean, Integer, Real).
  - 변수(variable): 입력과 출력의 데이터이다. 프로그램 단위내에서만 선언하는 것이 일반적이나 전역으로 선언할 수 있다.
  - 설정(configuration): 제어 시스템의 프로세서 자원, 입출력 채널의 메모리 주소, 시스템 용량 등을 표현한다.
  - 자원(resource): 프로그램을 실행하는 처리 자원이다. 자원 안에 하나 이상의 작업이 정의된다.
  - 작업(task): 프로그램 및 함수 블록의 실행 제어. 주기적 또는 트리거(변수 값의 변화)에 맞추어 실행된다.
  - 프로그램 조직 단위(Program Organization Unit: POU): 프로그램, 함수 블록 및 함수를 POU라고 한다. 프로그램은 함수와 함수 블록들의 집합체이다. 함수는 기정의된 표준 함수와 사용자 정의 함수가 있으며, ADD, ABS, SQRT, SIN, COS이 표준 함수 예시이다. 함수 블록은 특정 제어 함수를 나타내며 데이터와 알고리즘을 표현한다. 함수 블록은 함수와 달리 내부 변수를 포함할 수 있다.
  - 순차 함수 차트(Sequential Function Chart: SFC): 제어 프로그램의 순차적인 행동을 그래픽 차트로 표현한 것이다. 프로그램을 POU 단위로 분할함으로써, 전체적인 흐름 및 관리를 용이하게 한다. SFC는 상태(state)를 나타내는 스텝(step), 스텝에 따른 제어를 실행하는 액션 블럭(action block), 상태의 변화를 나타내는 전이(transition)로 구성된다.

- 프로그래밍 언어(programming languages)
  - Instruction List: 저수준 언어이며 어셈블리어와 유사하다.

- Structured Text: Ada, Pascal 및 C에 기반을 둔 고수준 언어이다. If-Then, Case, For, While 등의 로직 구현이 가능하다.
- Ladder Diagram: 릴레이 로직 프로그래밍을 대체하기 위한 그래픽 기반 다이어그램이다. 회로도 기호를 사용하며, 기호와 연결선으로 논리를 프로그래밍한다.
- Function Block Diagram: 입력과 출력을 갖는 함수 블록들을 사용하여 프로그램 논리를 구성하는 그래픽 기반 다이어그램이다. 함수, 함수 블록 및 프로그램을 연결된 블록들의 집합 형태로 표현하며, 가장 널리 사용하는 언어이다.

<그림 79> IEC 61131-3 표준 구조[21]

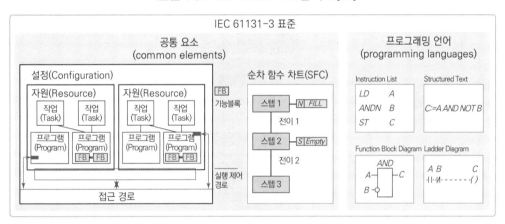

3. 도메인 특화 정보 모델

■ 접근법

PLC-OPC UA 모델은 OPC UA Part 100의 장치 정보 모델을 기반으로 하되, IEC61131-3의 XML 스키마를 OPC UA 규격에 맞게 변환한 것이 접근법이다. 우선, PLC는 물리적·논리적 장치이므로, Part 100의 장치 정보 모델(device information model)을 기반으로 개발하는 것이 개발 편의성 및 호환성 측면에서 합리적이다. Part 100은 장치 및 컴포넌트(예 통신 인프라)를 표현하는 객체 타입과 절차를 정의하고 있다.

<그림 80>은 장치 객체 타입인 온도 제어기의 장치 정보 모델 예시이다. 온도

제어기 Device1은 TemperatureControllerType 객체 타입으로 정의된다. ParameterSet 객체는 장치 관련 변수들과 컴포넌트 관계를 가지며, MethodSet 객체는 장치의 메소드들과 컴포넌트 관계를 갖는다. FunctionalGroupType의 Process Data 및 Configuration 객체는 각각 변수와 메소드를 그룹핑한다.

<그림 80> OPC UA 장치 정보 모델 예시[23]

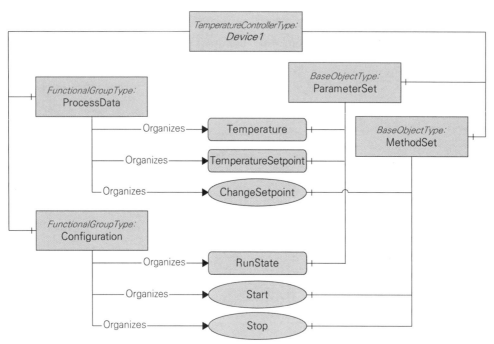

그 후, IEC61131-3 XML 스키마를 OPC UA 규격으로 변환한다. PLCopen에서는 IEC61131-3을 XML 스키마로 표현한 IEC61131-10을 발간하였다[24]. XML이라는 인터넷 기반 표현 언어를 활용함으로써, 다양한 장치 및 어플리케이션에서도 IEC61131-3의 활용 및 공유를 가능하게 한다[25]. <그림 81>은 IEC61131-10 XML 스키마로부터의 OPC UA 변환 개념을 나타낸 것이다.

많은 도메인에서는 특정 언어 기반의 정보 모델 스키마들을 이미 보유하고 있을 것이다. 그러므로, 도메인 정보 모델을 새롭게 개발하는 것보다는 존재하는 도메인 정보 모델을 OPC UA의 규격으로 부합화하는 것이 개발 및 활용 측면에서 유리할 것이다. ISA95-OPC UA 모델에서 B2MML을 활용한 것도 같은 맥락이다. 이러한 방식이 일반적인 OPC UA 협력 규격 개발의 접근법이다. 다만, 도메인 정보 모델과 OPC UA 정보 모델이 완벽하게 일대일로 매핑되는 경우는 거의 없을 것이다.

기존 도메인 정보 모델로부터의 OPC UA 정보 모델 변환을 위해서는 시맨틱 기반의 매핑 규칙과 테이블 개발이 필요하다.

<그림 81> PLCopen XML의 OPC UA 변환 개념

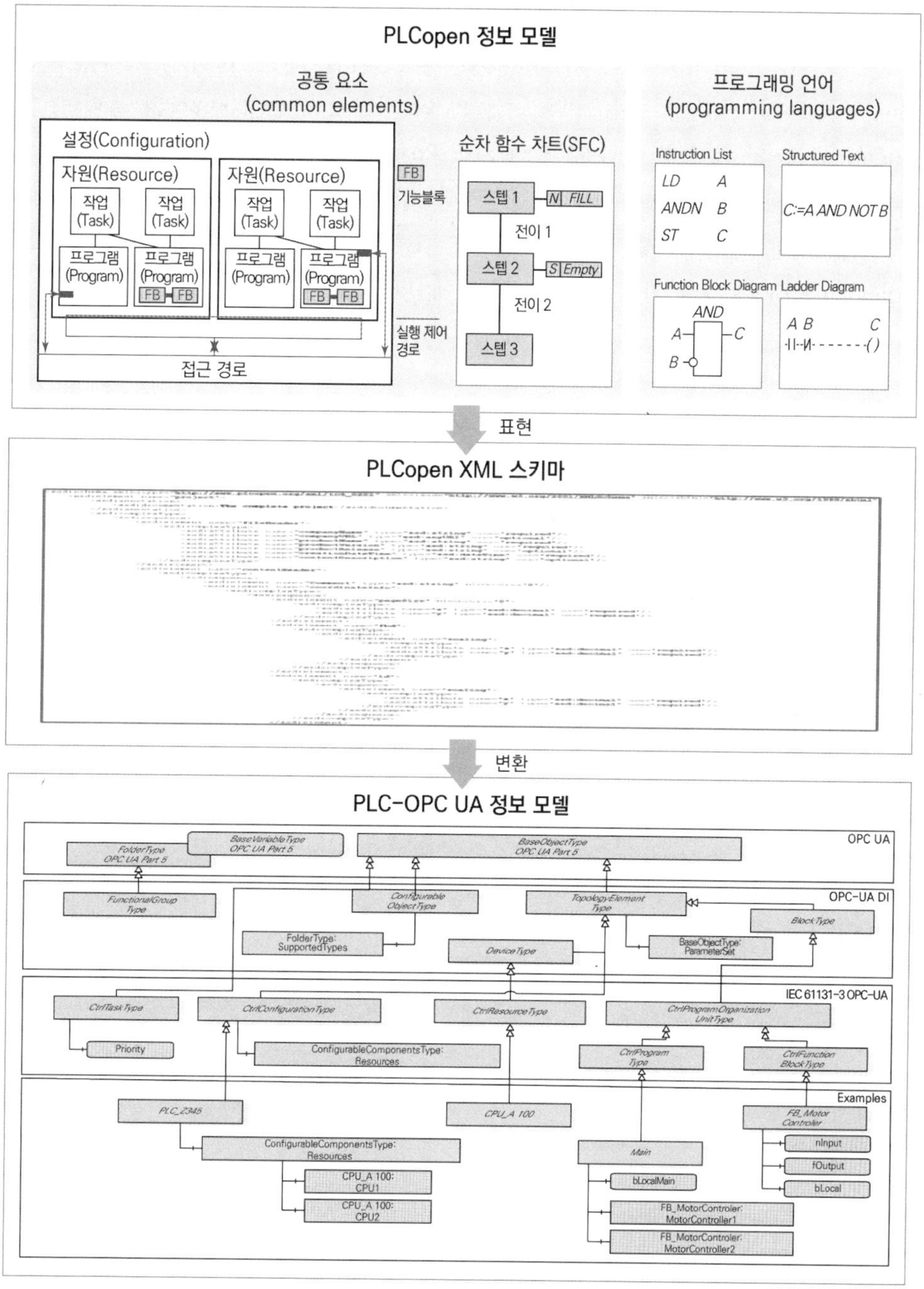

■ 예시

PLC 프로그래밍 언어로부터의 OPC UA 변환 과정에 대한 예시이다. <그림 82> (a)는 CTU_INT라고 선언된 정수 상향 카운터(integer up counter) 함수 블록, <그림 82> (b)는 CTU_INT를 호출하는 MyTestProgram 프로그램 코드이다. Structured Text로 작성된 것이며, 프로그래밍 지식이 있다면 이 코드의 해석은 가능할 것이다. 참고로, CU는 counter up의 불리언, R은 reset의 불리언, PV는 primary value의 정수형 변수, PVmax는 PV의 최대값, Q는 counter의 불리언, CV는 counter value의 정수형 변수이다. MyTestProgram에서 MyCounter와 MyCounter2는 CTU_INT의 인스턴스이다.

<그림 83>은 <그림 82>를 OPC UA로 표현한 예시이다. CTU_INT는 CtrlFunctionBlockType(기능 블록 타입) 객체 타입의 서브 타입이며, MyCounter 및 MyCounter2는 CTU_INT 객체 타입의 HasTypeDefinition 관계인 객체로 표현된다.

<그림 82> CTU_INT 함수블록과 MyTestProgram 프로그램 코드[23]

```
FUNCTION_BLOCK CTU_INT

VAR_INPUT
    CU: BOOL;
    R: BOOL;
    PV: INT;
END_VAR

VAR
    PVmax: INT := 32767;
END_VAR

VAR_OUTPUT
    Q: BOOL;
    CV: INT;
END_VAR

 IF R THEN
    CV := 0;
 ELSIF CU AND (CV < PVmax) THEN
    CV := CV + 1;
 END_IF ;
    Q := (CV >= PV);

END_FUNCTION_BLOCK
```

```
PROGRAM MyTestProgram

VAR_INPUT
    Signal: BOOL;
    Signal2: BOOL;
END_VAR

VAR
    MyCounter: CTU_INT;
    MyCounter2: CTU_INT;
END_VAR

VAR_TEMP
    QTemp: BOOL;
    CVTemp: INT;
END_VAR

 MyCounter(CU := Signal, R := FALSE,
PV := 24);

    QTemp := MyCounter.Q;
    CVTemp := MyCounter.CV;

 MyCounter2(CU := Signal2, R :=
FALSE, PV := 19);
    QTemp := MyCounter2.Q;
    CVTemp := MyCounter2.CV;

END_PROGRAM
```

(a) CTU_INT 함수블록   (b) MyTestProgram 코드

<그림 83> CTU_INT 및 MyCount의 OPC UA 표현 예시[23]

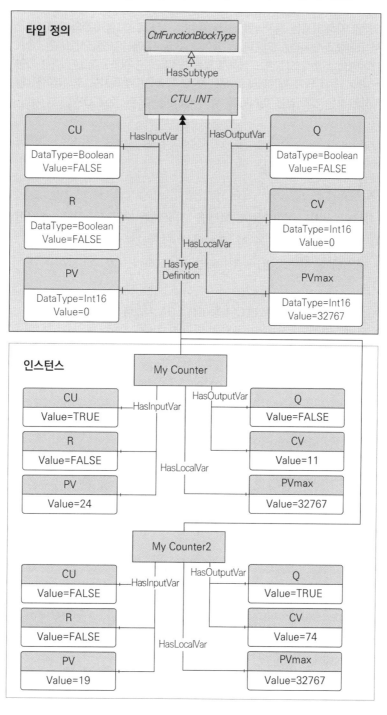

프로그래밍 지식이 있는 독자라면 알고리즘이나 로직(예 〈그림 82〉의 If-Then 코드)은 어디에서 표현하고 있지라는 의문이 들 것이다. 3장 6절에서도 언급하였지만, OPC UA에서는 알고리즘이나 로직 코드를 표현하지 않는다. 알고리즘이나 로직들은 워낙 다양해서 표준화하는 것이 쉽지 않기 때문이다. UML 클래스 다이어그램에서도 오퍼레이션 안의 코드를 표현하지 못하는 것과 같은 이치이다. 알고리즘이나 로직은 주로 OPC UA 서버 측에서 구현된다.

■ 시스템 구조

〈그림 84〉는 PLC－OPC UA 모델을 사용하는 시스템 구조 예시이다. PLC 정보 교환을 위한 시스템 구성을 잘 표현하고 있으므로 참고할만 하다. 그리고 3부에서 설명할 시스템과 서비스의 예습 차원이기도 하다.

〈그림 84〉 PLC 사용 OPC UA 시스템 구조 예시

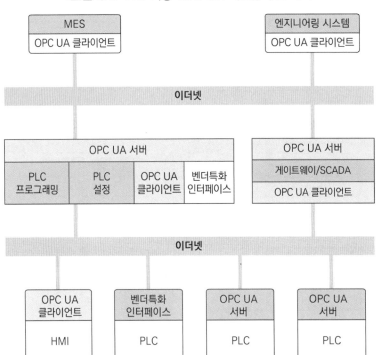

PLC 층에서는 임베디드 또는 PC기반 형태로의 서버 구현이 가능하다. 서버를 PLC 안에 임베디드할 수도 PLC와 연결된 별도 PC에 탑재할 수도 있다. 임베디드 OPC UA 서버는 하위 층에 위치하며, 프로그램과 함수블록을 제공하는 PLC에 직접적으로 통합된 형태이다. 이 서버는 OPC UA 프로토콜을 사용하여 컨트롤러부터의 직접적인 정보 접근이 가능하다. 또한, OPC UA 클라이언트가 탑재된 HMI는 PLC의 OPC UA 정보 접근이 가능하다. 중간 층은 일반적인 PC기반 OPC UA 서버이다. 이 형태는 임베디드 형태보다는 풍부한 정보 공유, 기능의 다양성과 성능 좋은 환경에서의 구현이 가능할 것이다.

✔ **Opinion**

> OPC UA 문헌을 검색하다보면 국내 연구진의 우수한 연구 성과가 제법 나타나곤 한다. 아쉬운 점은 이러한 연구 개발이 단편적이고 파편적으로 이루어지고 있다는 점이다. OPC UA 기술의 국산화 및 경쟁력 강화를 위해서는 조직적이고 유기적으로 이루어질 수 있는 연구집단을 구성하기를 희망한다. 어쩌면 이미 연구집단이 있는데, 저자가 모를 수도 있다.

■ 최상위 모델

<그림 85>는 최상위 PLC-OPC UA 모델이다. 접근법의 설명대로, 장치 정보 모델이 중간층에 존재함을 알 수 있다. IEC61131-3 모델의 공통 요소 중에서 CtrlConfigurationType(설정 타입), CtrlResourceType(자원 타입), CtrlProgramOrganization UnitType(POU 타입), CtrlProgramType(프로그램 타입), CtrlFunctionBlockType(함수 블록 타입) 및 CtrlTaskType(작업 타입)을 객체 타입으로 정의하고 있다. <그림 86>은 참조 타입 정보 모델이다. 주로 변수의 입출력 관계를 표현한다.

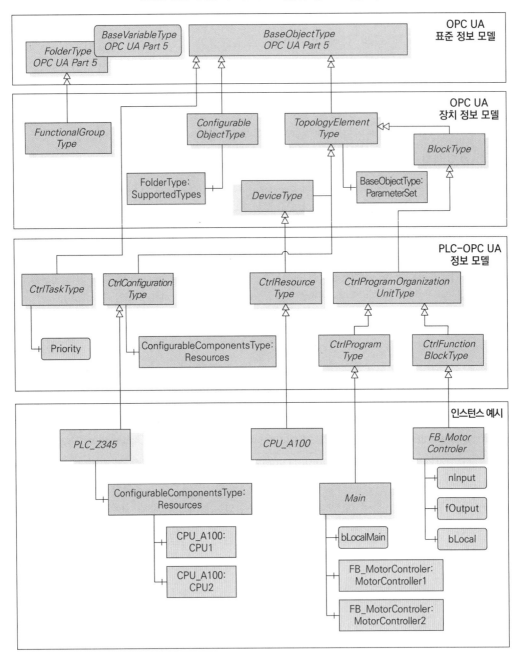

<그림 85> PLC-OPC UA 최상위 정보 모델[23]

<그림 86> PLC-OPC UA 참조 타입[23]

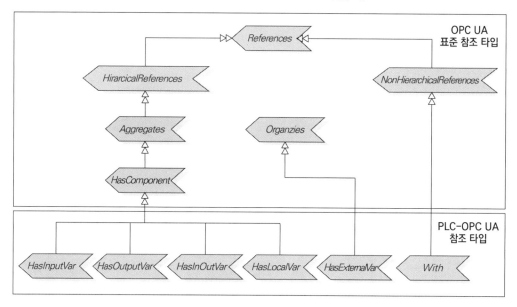

■ 공통 요소 모델

<그림 87>은 설정, <그림 88>은 자원, <그림 89>는 프로그램 조직 단위,
<그림 90>은 프로그램, <그림 91>은 함수 블록, <그림 92>는 작업에 대한
객체 타입 모델을 나타낸다. 현재 규격에서 SFC의 객체 타입 모델은 없으며, 추후
규격화 예정이라고 한다.

<그림 87> PLC-OPC UA 설정 정보 모델[23]

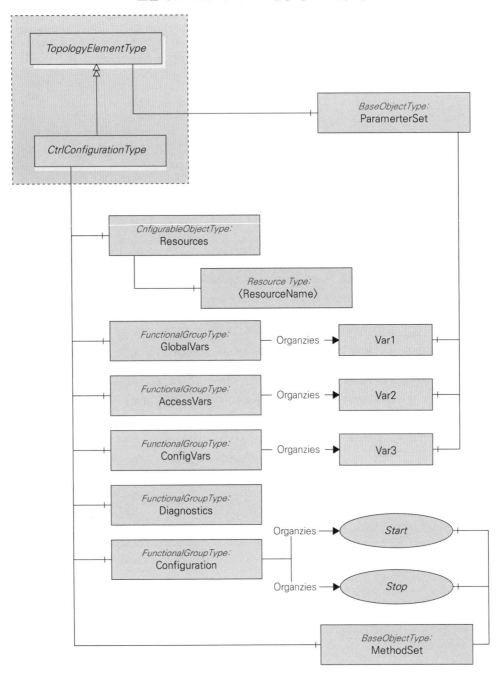

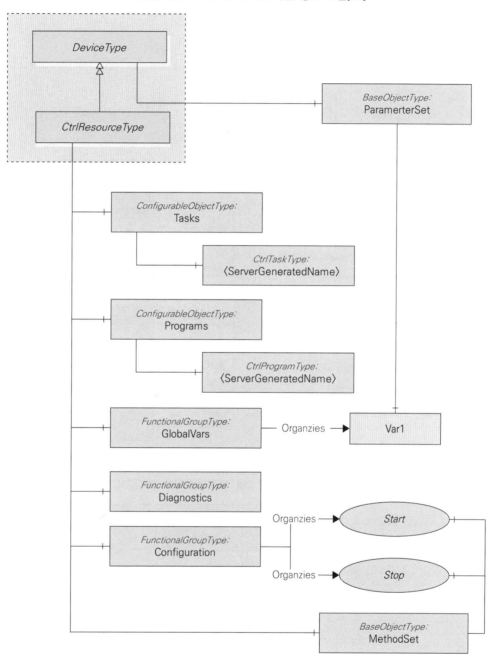

<그림 88> PLC-OPC UA 자원 정보 모델[23]

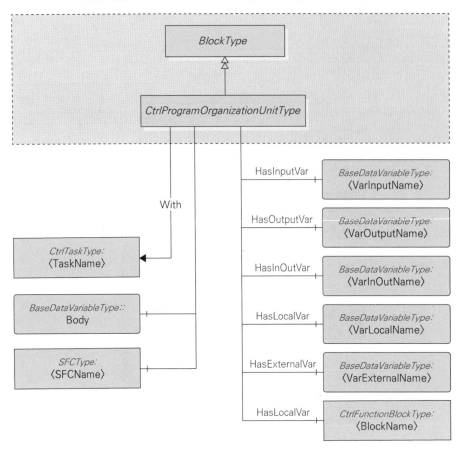

<그림 89> PLC-OPC UA 프로그램 조직 단위 정보 모델[23]

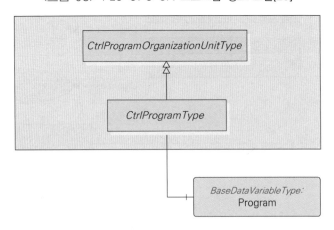

<그림 90> PLC-OPC UA 프로그램 정보 모델[23]

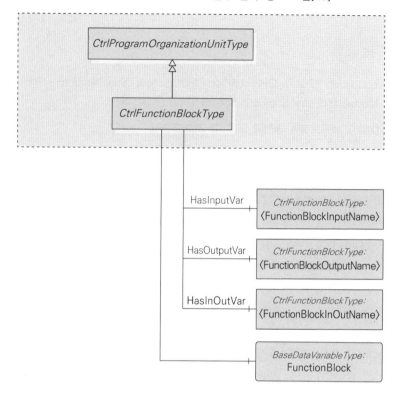

〈그림 91〉 PLC-OPC UA 함수 블록 정보 모델[23]

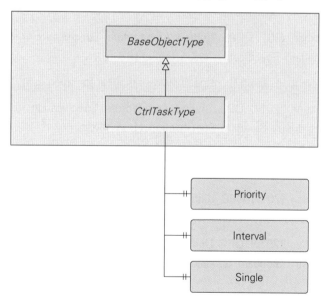

〈그림 92〉 PLC-OPC UA 작업 정보 모델[23]

[1] OPC Foundation (2017) OPC Unified Architecture Specification - Part 3: Address Space Model. Industry Standard Specification (1.04 버전).

[2] 최은만 (2020) 소프트웨어 공학의 모든 것. 생능출판사.

[3] Mahnke, W., Leitner, S.H., Damm, M. (2009) OPC Unified Architecture. Springer-Verlag Berlin Heidelberg.

[4] General Electric Company (2018) OPC UA: The information backbone of the industrial internet. 백서.

[5] Lee, B., Kim, D.K., Yang, H., Oh, S. (2017) Model transformation between OPC UA and UML. Computer Standards & Interfaces, 50, 236-250.

[6] OPC Foundation (2017) OPC Unified Architecture Specification - Part 1: Overview and Concepts. Industry Standard Specification (1.04 버전).

[7] Lange, J., Iwanitz, F., Burke, T.J. (2010) OPC from data access to unified architecture. VDE VERLAG GMBH (4차 개정판).

[8] OPC Foundation (2017) OPC Unified Architecture Specification - Part 5: Information Model. Industry Standard Specification (1.04 버전).

[9] OPC Foundation (2017) OPC Unified Architecture Specification - Part 4: Services. Industry Standard Specification (1.04 버전).

[10] OPC Foundation (2017) OPC Unified Architecture Specification - Part 6: Mappings. Industry Standard Specification (1.04 버전).

[11] Unified Automation 홈페이지. https://www.unified-automation.com

[12] OPC Foundation (2017) OPC Unified Architecture Specification - Part 9: Alarms & Conditions. Industry Standard Specification (1.04 버전).

[13] OPC Foundation (2017) OPC Unified Architecture Specification - Part 8: Data Access. Industry Standard Specification (1.04 버전).

[14] OPC Foundation (2017) OPC Unified Architecture Specification - Part 10: Programs. Industry Standard Specification (1.04 버전).

[15] OPC Foundation (2017) OPC Unified Architecture Specification - Part 11: Historical Access. Industry Standard Specification (1.04 버전).

[16] OPC Foundation (2017) OPC Unified Architecture Specification – Part 13: Aggregates. Industry Standard Specification (1.04 버전).

[17] 한국정보통신기술협회 (2018) ICT 표준화전략맵 – 융합서비스: 스마트팩토리. 요약보고서.

[18] 이창수, 최경일 (2007) ISA-95 기반의 제조실행시스템. 한국경영과학회 학술대회논문집, 1092-1096.

[19] 국가기술표준원, 한국표준협회 (2015) 스마트 제조 표준화 프레임워크 – 전략뷰와 운영뷰 중심. 보고서.

[20] OPC Foundation (2013) OPC Unified Architecture for ISA-95 Common Object Model. Companion Specification (1.00 버전).

[21] PLCopen (2021) IEC 61131-3: A standard programming resource. 백서.

[22] 오승엽, 김웅기, 성민영 (2018) PLC를 이용한 산업용 제어 응용을 지원하는 OPC-UA 프레임워크의 설계 및 구현. 정보과학회 컴퓨팅의 실제 논문지, 24(10), 513-526.

[23] OPC Foundation (2020) OPC UA for Programmable Logic Controllers based on IEC61131-3. Companion Specification (1.02 버전).

[24] PLCopen (2021) PLCopen XML now available as IEC 61131-10. 백서.

[25] Miyazawa, I., Murakami, M., Matsukuma, T., Fukushima, K., Maruyama, Y., Matsumoto, M., Kawamoto, J., Yamashita, E. (2011) OPC UA information model, data exchange, safety and security for IEC 61131-3. SICE Annual Conference, 1556-1559.

시스템 및 서비스

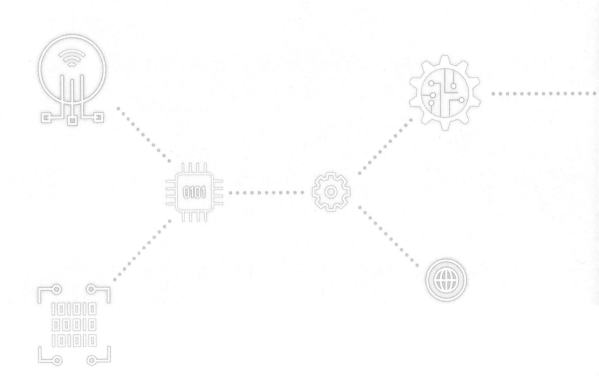

OPC UA 시스템, 서비스, 서비스 운영 그리고 매핑에 대해 설명한다. 2부에서는 어드레스 스페이스에서 교환되는 컨텐츠 즉, 교환 대상(what to exchange)을 설명한 것이라면, 3부에서는 어떻게 컨텐츠를 교환하는지 즉, 교환 방법(how to exchange)을 설명하는 것이다. 1장에서는 개념, 2장에서는 시스템, 3장에서는 서비스, 4장에서는 서비스 운영, 5장에서는 매핑을 설명한다.

3부 또한 이해가 쉽지 않다. 다행인 점은 시스템과 서비스를 위한 지원 도구(예 소프트웨어 개발 도구, 시뮬레이터, 클래스 코드 생성기, 라이브러리)들이 많이 공개되어 있다는 것이다. 어느 정도 수준의 시스템 및 서비스 이해 그리고 프로그래밍과 디버깅 역량을 갖춘 독자라면 지원 도구들을 활용함으로써, 자신만의 OPC UA 시스템을 구축하고 서비스를 운영할 수 있다고 기대한다.

Open Platform Communications Unified Architecture

CHAPTER 01

개념

시스템과 서비스 이해를 위하여 1부의 내용을 다시 복습해본다. OPC UA 시스템과 서비스는 1부 <그림 3>에서 전송 메커니즘 및 서비스 영역에 해당한다. 1부 <그림 4>에서 서버—클라이언트(Server—Client)와 발행—구독(Pub—Sub)은 시스템 영역이며, 정보 모델 접근과 프로토콜 매핑은 서비스 영역이다. 1부 <그림 8>은 기본적인 서버—클라이언트 시스템 아키텍처이다. 1부 <그림 9>는 서버 아키텍처로서, 서버는 어드레스 스페이스상에 정보 노드들을 등록한 후, 클라이언트의 요청에 의해 정보 노드들을 메시지에 실어 보낸다. 1부 <그림 10>은 클라이언트 아키텍처로서, 서버와 연결되어 메시지 요청과 메시지 수령을 수행한다.

전송 메커니즘은 '웹서비스'와 '서버—클라이언트'로 정리된다. OPC UA 시스템은 웹서비스 형태 아키텍처를 사용한다. 웹서비스는 별개의 시스템 간 빠르고 유연한 상호작용을 제공하도록 분리되어 있는, 즉 디커플된(decoupled) 시스템 구조로 설계된다. 그리고 주로 서버—클라이언트 구조로 구현된다. OPC UA는 다양한 산업 현장에서 사용되는 이기종 장치 및 어플리케이션 간 데이터 상호운용성을 보장하는 것이 핵심이다. 자연스럽게 웹서비스 구조를 취함으로써, 많은 수의 하드웨어와 소프트웨어를 연결하는 것이 합리적인 선택이다. 이러한 방식을 취하면 M+N 구현이 가능해지므로 구현의 시간적·비용적 효과도 거둘 수 있다.

시스템 구조는 서버—클라이언트와 Pub—Sub 두 가지 형태로 구현될 수 있다. 이 둘은 웹 서비스 형태이고 서버—클라이언트로 구현된다는 점은 동일하다. 다만, 서버—클라이언트는 서버가 반응적이고(클라이언트 요청에 대한 응답 처리) 클라이언트가 정해져 있다. 반면, Pub—Sub은 서버가 선행적이고(자발적이고 지속적인 정보 발행) 클라이언트가 특별히 정해져 있지 않다.

시스템 개념은 Part 1에서 정의하고 있다. Pub—Sub은 Part 14에서 다루고 있다. 서비스는 Part 4에서, 프로토콜 매핑은 Part 6에서 다루고 있다. Part 4에서는 서버상에 구현되며 클라이언트에 의해 호출되는 원격 프로시저 호출(Remote Procedure Calls: RPC)을 추상형(abstract)으로 정의하고 있다. 구현 수준의 RPC 메커니즘을 배제하고 있기 때문에, Part 6과 조합되어야 구현이 가능해진다. 예를 들면, Part 4에서 정의한 서비스 아이템은 Part 6의 XML 매핑 형태로 규정됨으로써, XML기반 웹 서비스 메소드로 구현되고 활용된다.

OPC UA 시스템 구축 및 활용의 이해를 돕고자, Cyber-Physical Factory(이하, CP-Factory) 사례를 소개한다. CP-Factory는 유연 생산 시스템을 교육·연구용으로 구현한 장비이다(<그림 1> 참고). CP-Factory는 하드웨어계와 소프트웨어계가 서로 연결되었으며, 공장자동화 수준의 사이버-물리 생산 시스템을 구현하고 있다. 수직적 통합 측면에서 설비 계층의 운영 및 센싱 데이터는 OPC UA를 통하여 상위 MES 및 에너지 관리 시스템(Energy Management System: EMS) 계층으로 전송한다. 이렇게 수집된 데이터를 생산 모니터링, 분석, 예측 및 최적화에 활용할 수 있다.

<그림 1> Cyber-Physical Factory 전경

<그림 2>와 같이, 시스템 구조는 서버-클라이언트 구조이다. 각 공정 설비의 드라이버에 설치된 OPC UA 에이전트가 서버 역할을 하며, 공정중 발생한 센싱 데이터를 전송한다. 그리고 소프트웨어 계층의 프론트에는 데이터 허브가 구축되어 클라이언트 역할을 수행한다. 서버로부터 발행된 센싱 데이터를 수집하는 통로 역할을 하며, 어플리케이션 및 데이터 저장소로 데이터를 전송하게 된다.

예를 들어, 에너지 모니터링 및 분석 사례를 들어본다. 각 공정 설비에 연결된 PLC는 그 설비의 운영 데이터를 클라이언트로 전송한다. 그리고 설비 하부에 부착된 전력량계는 시간별 소요 전력을 측정하여 클라이언트로 전송한다. 이때, PLC는 OPC UA 서버를 임베디드하고 있으며, 전력량계는 OPC UA 게이트웨이와 연결되어 있다. <그림 3>과 같이, 각 설비의 전력 데이터는 데이터 허브를 통하여 일괄적으로 수집된다.

<그림 2> Cyber-Physical Factory 시스템 구성도

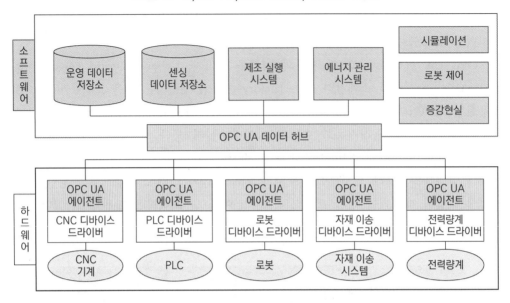

<그림 3> OPC UA 데이터 허브

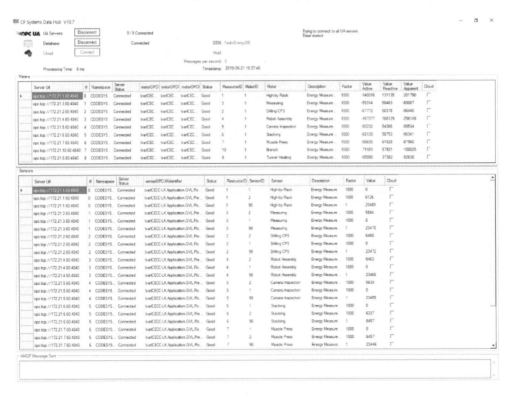

<그림 4> (a)는 EMS에서 실시간 전력 데이터를 이용한 에너지 모니터링을 보여준다. <그림 4> (b)는 전력 데이터를 분석 용도로 사용하기 위하여 데이터베이스에 저장된 것을 보여준다. <그림 4> (c)는 에너지 예측 모델링 예시이다. 데이터베이스에 저장된 데이터를 추출하여 열처리로(heat tunnel)에서 시간과 온도 공정 파라미터에 따라 소요되는 에너지 예측 값을 반응표면으로 나타낸 것이다.

<그림 4> Cyber-Physical Factory 데이터 분석 사례

(a) EMS 전력 모니터링

timeStamp	resourceID	meterID	activePower	reactivePower	apparentPower
2019-08-14 10:16:32	1	1	-157,984	128,790	-213,162
2019-08-14 10:16:33	1	1	-157,857	128,719	-213,049
2019-08-14 10:16:34	1	1	-157,939	128,713	-213,036
2019-08-14 10:16:35	1	1	-158,018	128,861	-213,193
2019-08-14 10:16:36	1	1	-158,018	128,861	-213,170
2019-08-14 10:16:37	1	1	-158,252	128,835	-213,388
2019-08-14 10:16:38	1	1	-157,982	128,878	-213,388
2019-08-14 10:16:39	1	1	-157,786	128,725	-212,997
2019-08-14 10:16:40	1	1	-157,922	128,840	-213,160
2019-08-14 10:16:41	1	1	-158,094	128,909	-213,405
2019-08-14 10:16:42	1	1	-157,366	128,606	-212,616
2019-08-14 10:16:43	1	1	-156,452	128,597	-211,666
2019-08-14 10:16:44	1	1	-156,332	128,631	-211,752
2019-08-14 10:16:45	1	1	-156,437	128,662	-211,926
2019-08-14 10:16:46	1	1	-156,961	128,668	-212,401
2019-08-14 10:16:47	1	1	-156,995	128,698	-212,436
2019-08-14 10:16:48	1	1	-156,630	128,714	-212,185
2019-08-14 10:16:49	1	1	-156,323	128,712	-211,874
2019-08-14 10:16:50	1	1	-155,984	128,641	-211,571
2019-08-14 10:16:51	1	1	-156,015	128,399	-211,470
2019-08-14 10:16:52	1	1	-156,168	128,422	-211,530
2019-08-14 10:16:53	1	1	-156,966	128,635	-212,289
2019-08-14 10:16:54	1	1	-157,354	128,791	-212,667
2019-08-14 10:16:55	1	1	-156,517	128,437	-211,877
2019-08-14 10:16:56	1	1	-156,238	128,467	-211,677

(b) 데이터 자장소에 저장된 전력 데이터

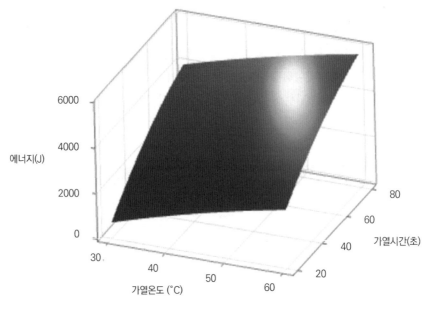

(c) 열처리로의 에너지 예측 모델

✔ **Opinion**

⟨그림 1⟩과 같이 한양대학교(서울캠퍼스)에서는 교육 · 연구용 Cyber-Physical Factory를 운영하고 있다. 본 실험 장비를 통하여 스마트 공장에 대한 다양하고 실무적인 교육이 가능하다. 더불어, 본 실험 장비를 활용한 실증형 연구의 수행이 가능하다. 관심 있는 독자는 https://blog.naver.com/smartfactorylab을 참고하길 바란다.

CHAPTER 02

시스템

OPC UA 시스템 설계 및 구현을 위한 시스템 구조와 어플리케이션 구조를 설명한다. 1절에서는 서버−클라이언트 구조 패턴을 설명한다. 2절에서는 Pub−Sub 구조 패턴을 설명한다. 3절에서는 어플리케이션 구조의 구현 계층을 설명한다.

SECTION 01 시스템 구조

결론부터 말하면, 서버−클라이언트 구조만 준수한다면 어떠한 형태로의 시스템 설계가 가능하다. 즉, 단일형이던 복합형이던 구현 목적에 맞는 다양한 서버−클라이언트 구조를 설계할 수 있다. 어떤 경우는 단일한 시스템 구조로 설계되기도 하지만, 실제 산업 시스템에서는 복합적인 구조로 설계되는 것이 일반적일 것이다. 목적 및 구현환경에 따라, 구성요소들이 때로는 서버가 때로는 클라이언트가 되는 복잡한 시스템 구조를 가질 수 있다. OPC UA는 시스템 측면의 유연성도 가지고 있다[1]. 다만, 시스템 구조가 복잡해질수록 구현 및 운영 난이도는 증가할 수밖에 없음을 알아야 한다. 시스템 개발의 목적, 환경, 역량, 가용 자원, 운영, 기능성, 성능 및 QoS(Quality of Service) 등을 고려하여, 최상의 시스템 구조를 선택할 필요가 있다. 여기서는 기본적인 시스템 디자인 패턴 즉, 서버−클라이언트 패턴, 체인 서버 패턴, 서버−서버 패턴 그리고 집합 서버 패턴을 다루도록 한다.

✔ **Explanation/ 소프트웨어 디자인 패턴**

소프트웨어를 설계할 때 특정 상황에서 자주 사용하는 패턴을 정형화한 것이다. 좋은 소프트웨어 설계를 위한 개발자들의 경험적 산물이며, 최적화된 알고리즘 코드 또는 클래스 · 모듈 구조 패턴을 미리 정의한 것이다[2].

1. 서버-클라이언트 패턴

■ 서버—클라이언트 패턴(server—client pattern): OPC UA의 가장 기본적인 시스템 구조이며, 서버와 클라이언트로 구성된다. 클라이언트는 서비스를 요청한다. 서버는 클라이언트에게 서비스를 반환하고 데이터의 변경 또는 업데이트를 통지한다.

<그림 5>는 서버—클라이언트 패턴을 나타낸다. 서버와 클라이언트는 서로 동의된 계약(contract)에 의해 작동된다. 클라이언트가 OPC UA 규격을 준수하는 메시지를 작성하여 서비스를 요청(request)하면, 서버는 요청 메시지에 반응(response)하는 서비스를 제공하는 것이다. <그림 2>의 경우, 데이터 허브가 클라이언트가 되어 센싱 데이터를 요청한다. 설비의 OPC UA 에이전트는 서버가 되어 요청된 센싱 데이터를 전송한다.

한편, 통지(notification)는 서버에서 데이터의 변경 또는 업데이트를 자동적으로 클라이언트에게 전송하는 것이다. 클라이언트가 서버의 변경사항을 시시각각 알기 어렵고, 매번 서비스 요청을 하기에는 부하가 크기 때문이다. 클라이언트가 변경 통지 서비스를 요청 해두면, 서버가 친절하게 업데이트된 변경 사항을 전송해준다.

<그림 5> 서버-클라이언트 구조 패턴

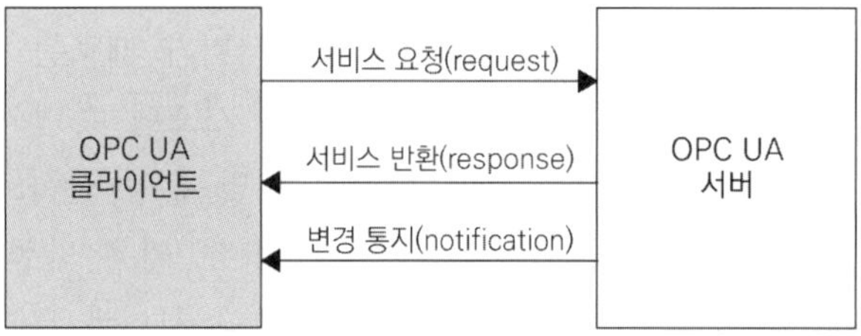

2. 체인 서버 패턴

■ 체인 서버 패턴(chained server pattern): 서버와 클라이언트를 내재화한 중간 서버, 외부 클라이언트로 구성된다. 중간 서버는 중개자 역할로서, 다른 서버의 데이터를 전달 받아서 다른 클라이언트로 데이터를 전송한다.

<그림 6>은 체인 서버 패턴을 나타낸다. 이 패턴은 게이트웨이를 필요로 하는 경우에 유용하다[3]. 생산 설비로부터 데이터를 수집하여 외부 어플리케이션으로 전송하는 경우이다. 중간 서버는 내재된 클라이언트를 이용하여 생산 설비의 서버로부터 데이터를 수집한다. 그 후, 그 중간 서버는 외부 클라이언트에게 그 데이터를 전송한다. 다른 예로는 방화벽에 의하여 데이터 생성 서버와 외부 클라이언트 간 직접적인 통신이 불가능한 경우이다. 중간 서버와 외부 간의 방화벽만 개방해두면 데이터 전송이 가능해지므로, 백엔드 서버들의 방화벽을 개방하는 것보다는 안전할 것이다. 또한, 계층 간 통신 프로토콜(예 PROFINET, TCP, HTTP)이 서로 다른 경우에도 유용하다[3].

<그림 6> 체인 서버 구조 패턴

3. 서버-서버 패턴

- 서버−서버 패턴(server−server pattern): 체인 서버 패턴을 기반으로, 서버가 두 개 이상 존재하는 구조이다. 각 서버가 내재화된 클라이언트를 가지고 있어서 서비스 요청 및 반환(변경 통지 포함)을 실시한다. 또한, 외부의 클라이언트와도 서비스 요청 및 반환이 가능하다.

<그림 7>은 서버−서버 패턴을 나타낸다. 서버−서버 패턴이라고 해서 클라이언트가 없다는 의미는 아니다. 두 개 이상의 서버가 특정 목적을 위하여 양립한다는 의미이다. 이 패턴은 서버 장애 오류 문제를 해결하는 리던던시(redundancy)를 위하여 사용될 수 있다. 메인 서버 역할을 대체할 수 있는 보조 서버를 구축함으로써, 메인 서버 오류 발생시 다운타임 없이 서비스의 지속적인 제공이 가능하다. 서버 대체 메커니즘은 별도로 구현되어야 하며, 4장에서 다루기로 한다.

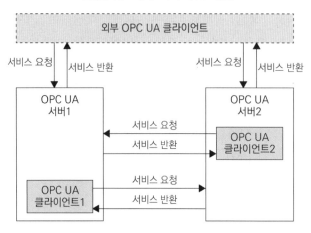

<그림 7> 서버-서버 구조 패턴

4. 집합 서버 패턴

■ 집합 서버 패턴(aggregating server pattern): 체인 서버 패턴을 기반으로 하나의 서버에 내재화된 클라이언트가 복수개의 서버와 연결되는 구조이다.

<그림 8>은 집합 서버 패턴을 나타낸다. 이 패턴은 복수의 그리고 이기종 서버들의 데이터를 취합하는 데 유용하다. 다양한 공정 설비들의 데이터를 한 곳에서 수집할 때이다. <그림 2>의 경우, OPC UA 에이전트가 하단의 서버들이며, 데이터 허브가 중간 클라이언트로 구현된 것이다. 이러한 구조는 산업 시스템의 수직적 통합을 위한 구조로 활용된다. 현장의 다양한 생산 설비 및 제품들로부터 데이터를 일괄적으로 수집함과 동시에, 외부 어플리케이션과의 현장 데이터 공유를 하려면 중간에서 통합자의 역할이 필요하다. 이 역할을 중간 서버가 담당한다. 설비의 서버들로부터 수집된 데이터를 처리·가공하여 의사결정 및 지식을 창출하는 기능을 구현할 수 있다. 더불어, 중간 서버와 연결된 데이터 저장소의 구축도 가능해진다.

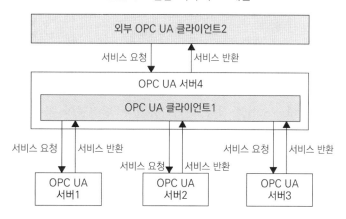

<그림 8> 집합 서버 구조 패턴

SECTION 02 Pub-Sub 구조

- 펍-섭 패턴(Pub-Sub pattern): 서버(Publisher, 발간자 어플리케이션)가 불특정 다수의 클라이언트들에게 데이터를 발간하며, 클라이언트(Subscriber, 구독자 어플리케이션)는 데이터를 구독하는 형태이다.

Pub-Sub 구조는 서버-클라이언트의 파생 형태이다. 발간자는 데이터 공급 역할을, 구독자는 데이터 소비 역할을 수행한다. 발간자와 구독자 간의 통신은 메시지 기반으로 이루어진다. 발간자는 다수의 구독자에게 데이터를 전송하며, 구독자는 발간자에게 어떠한 영향을 미치지 않는다. 발간자는 자신의 역할인 데이터 발간만 하면 되고, 구독자가 데이터를 받든 말든 개의치 않는다. Pub-Sub은 보다 독립적이고 유연하며 확장성을 위한 어플리케이션 개발에 유용하다. Part 14에서는 Peer-to-Peer(P2P) 통신, 비동기적 워크플로우, 복수 시스템으로의 로깅, 데이터 분석 등의 사용 사례를 들고 있다[4].

<그림 9>와 같이, 발간자는 구독자의 존재 여부나 대상에 관계없이 메시지 지향 미들웨어(message-oriented middleware)를 통하여 메시지를 보낸다. 구독자는 특정 데이터에 관심을 표명하고, 발간자가 누구인지 관계없이 메시지 지향 미들웨어를 통하여 그 데이터를 가진 메시지를 처리하는 개념이다.

<그림 9> Pub-Sub 개념

발간자1 ──────▶ 메시지 지향 미들웨어 ──────▶ 구독자1
발간자2 ──────▶ (Message-oriented Middleware) ──────▶ 구독자2
                                                  ──────▶ 구독자3

<그림 10>은 Pub−Sub의 작동 메커니즘이다. 발간자와 구독자는 디커플링되어 있으며, 비동기적 메시지를 주고받는다. 발간자는 발간하고자 하는 데이터를 라이터(writer)를 통하여 DataSet(데이터셋)을 생성하는데, 이때 DataSet의 시맨틱과 컨텐츠를 설명하는 DataSetMetaData(데이터셋 메타데이터)도 함께 생성한다. 이러한 DataSet과 DataSetMetaData를 메시지화하여 발간한다. 구독자는 DataSetMetaData을 이용하여 원하는 DataSet을 구독하며, 필터링, 디코딩 및 디스패칭을 수행한다. 필터링(filtering)은 원하는 발간자인지 또는 원하는 DataSet인지를 걸러낸다. 디코딩(decoding)은 암호화된 메시지를 해독하며, 디스패칭(dispatching)은 DataSet으로부터 실제 데이터를 추출하는 것이다.

<그림 10> 발간자와 구독자 구성요소[4]

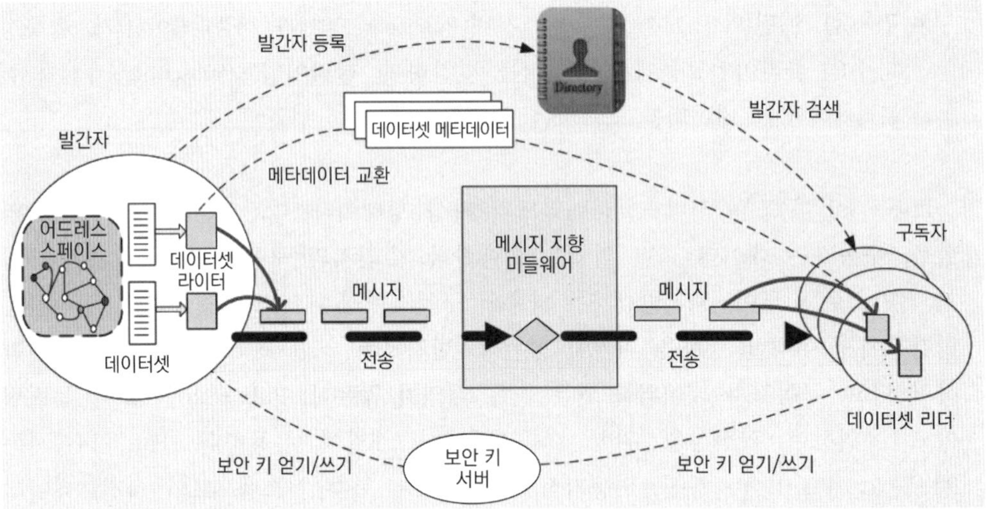

Pub−Sub 구조는 <그림 11> (a)와 같이 메시지 브로커가 없는 형태, <그림 11> (b)와 같이 메시지 브로커가 있는 형태가 있다. 전송 프로토콜(transport protocol)은 메시지 전송의 구현을 위한 규약을 정의한 것이다. UDP(User Datagram Protocol),

Ethernet, AMQP(Advanced Messaging Queuing Protocol), MQTT(Message Queue Telemetry Transport)가 있다. 이러한 전송 프로토콜이 메시지 지향 미들웨어이며, UDP와 Ethernet은 메시지 브로커(중개자)가 없는 형태, AMQP와 MQTT는 메시지 브로커(중개자)가 있는 형태이다.

<그림 11> Pub-Sub 구조 패턴

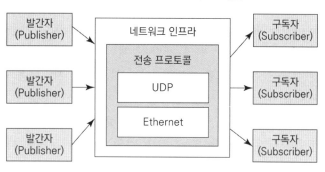

(a) 브로커가 없는 형태

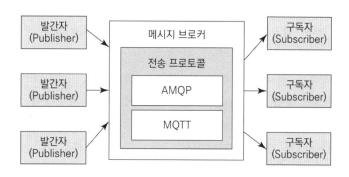

(b) 브로커가 있는 형태

✔ **Explanation/** 메시지 지향 미들웨어(Message-Oriented Middleware) ────

분산 응용 프로그램 간에 메시지를 보내고 받으면서 데이터를 전달하고 교환하게 해주는 미들웨어이다. 이 미들웨어는 비동기식(asynchronous) 메시지 교환을 통하여 통신을 가능하게 한다. 중간의 메시징 공급자가 메시징 작업을 중재하며, 양측 클라이언트(보내는 자와 받는 자)는 API를 이용하여 메시지를 보내거나 받게 된다. [https://docs.oracle.com/]

SECTION 03 어플리케이션 구조

앞 절의 시스템 구조는 설계의 영역이다. 구현에 조금 더 접근해 보도록 한다. 여기서는 구현의 영역인 OPC UA의 어플리케이션 구조를 설명한다. 어플리케이션 구조는 OPC UA 기능들의 계층 형태를 추상적으로 표현한 것으로서, 소프트웨어 개발 도구(Software Development Kit: SDK)와 스택(stack)이 핵심 계층이다.

통상적으로 소프트웨어류 시스템의 개발은 계획, 분석, 설계, 구현 및 설치의 과정을 거친다. 완성도 높은 시스템 개발을 위해서는 어떤 시스템을 구축하여야 하는지에 대한 요구사항 분석, 요구사항 만족을 위하여 어떤 기능들을 제공해야 하는지에 대한 시스템 분석, 시스템을 어떻게 구축할 것인가에 대한 시스템 설계가 필요하다[2]. 이 과정에서 자체 개발 또는 외부 자원 활용의 선택에 대한 기술전략 수립 및 실행이 동반된다. OPC UA 시스템도 마찬가지다. 요구사항 만족 및 목표 기능 구현을 위하여 자체 개발을 할지 아니면 외부 자원을 활용할지가 기술전략의 의사결정 포인트이다. 자체 개발의 경우, 기술의 내재화, 독립성 및 확장가능성이라는 장점이 있다. 그러나 대규모 자원 소요, 유지보수 어려움, 호환성 부족이라는 단점이 있다. 외부 자원 활용의 경우, 자원 효율적 개발, 유지보수 용이성 및 호환성 증가가 장점이다. 그러나 기술 종속화 및 유연성 부족의 단점이 존재한다. 그러므로 시스템 개발 목적과 역량에 맞춘 의사 결정이 필요하다. 또 하나의 의사결정 포인트는 컴퓨터 프로그래밍 언어이다. 마찬가지로 여러 고려사항들을 검토하여 최적의 언어(예 C, C++, C#, JAVA, Delphi, Python 등)를 선택할 필요가 있다.

자체 개발의 경우일 때, 어플리케이션 구조는 어떠한 계층으로 시스템 내부 구조를 구성해야 하는지에 대한 안내가 될 것이다. 외부 자원 활용의 경우에는 어떤 소프트웨어 모듈들이 필요한지에 대한 안내가 될 것이다. OPC UA 지원 도구로는 SDK, 시뮬레이터, 모니터, 브라우저, 모델러, 게이트웨이 등이 있다. OPC UA 관련 업체에서 C, C++, C#, Java, Delphi, Python 등을 지원하는 SDK를 공개함으로써, 프로그래밍 언어의 선택 폭이 넓어졌다.

1. 구조

<그림 12>는 어플리케이션 구조를 나타낸다. 어플리케이션, 소프트웨어 개발

도구, 스택의 3계층으로 구성된다. 다음은 각 계층에 대한 정의이다.

<그림 12> 어플리케이션 구조

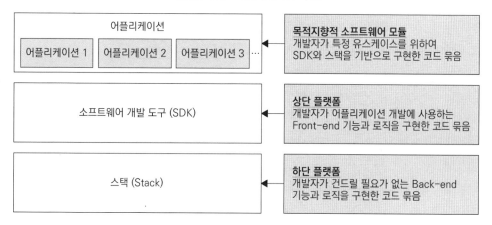

- **어플리케이션**(application): 목표 유스케이스를 위하여 특정 기능들을 구현한 소프트웨어 모듈이다. SDK를 기반으로 서버-클라이언트 구조의 다양한 어플리케이션 개발이 가능하다. 예를 들면, MES, EMS, YMS(수율분석 시스템) 등이 있다.

- **소프트웨어 개발 도구**(SDK): OPC UA 프론트-엔드(front-end)의 공통 기능 및 로직들을 묶어 놓은 플랫폼 형태의 개발 지원 소프트웨어 모듈이다. 일반적으로 서버용 SDK와 클라이언트용 SDK로 구성된다. OPC UA 관련 데이터 처리, 메시지 관리, 서버 탐색, 디바이스 관리, 서비스 관리, 사용자 인증, 보안 등의 기능과 로직을 위한 코드들이 집합적으로 저장하고 있다. 이러한 코드들은 라이브러리 형태로 개발자에게 제공된다.

- **스택**(stack): OPC UA 백-엔드(back-end)의 공통 기능 및 로직들을 묶어 놓은 소프트웨어 모듈이다. OPC UA 관련 인코딩-디코딩, 보안 및 전송 메커니즘의 기능과 로직을 위한 코드들을 집합적으로 저장하고 있다.

  사실, 이 3계층 구조는 SDK를 이용하는 어플리케이션 개발에 보편적으로 사용하는 구조이다. 하단 플랫폼인 스택에는 개발자들이 굳이 건드릴 필요가 없는 기능과 로직을 심어두고, 상단 플랫폼인 SDK에서 개발자들이 기능과 로직이 코딩된 API를 활용하여 목적지향적으로 어플리케이션을 만드는 것이다. <그림 13>은 두 업체의 프로그래밍 언어별 어플리케이션 구조인데, 마찬가지로 3계층 구조를 취함을 알 수 있다.

<그림 13> 어플리케이션 구현 구조 예시

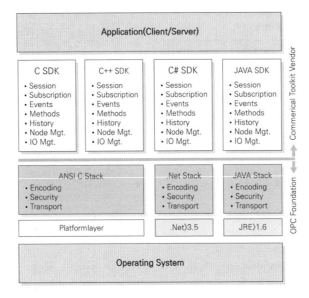

(a) Ascolab

출처: http://www.ascolab.com

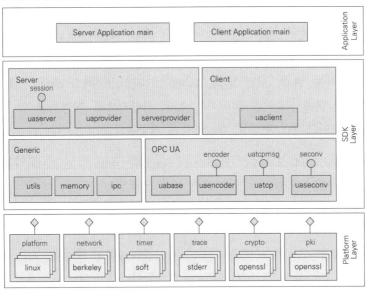

(b) Unified Automation(ANSI C)

출처: http://unified-automation.com

2. 스택

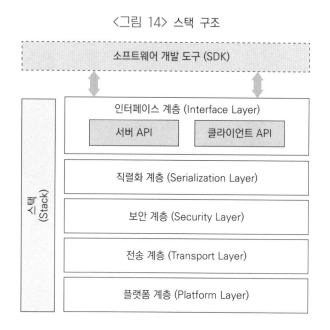

〈그림 14〉 스택 구조

〈그림 14〉는 스택(stack) 구조를 나타낸다. 인터페이스, 직렬화, 보안, 전송, 플랫폼 계층으로 구성된다. 다음은 각 계층에 대한 정의이다.

■ 인터페이스 계층(interface layer): 스택의 기능 및 로직에 접근하기 위한 인터페이스 API를 제공한다. 서버와 클라이언트가 동일한 기능·로직을 사용하기도 하지만, 각 역할에 특화된 기능·로직이 있으므로 서버용 API와 클라이언트용 API가 공존한다. 예를 들면, 클라이언트는 서비스의 요청 및 반환 데이터 처리에 대한 API가 필요한 반면, 서버는 요청 처리 및 서비스 반환에 대한 API가 필요하다.

■ 직렬화 계층(serialization layer): 메시지의 인코딩(encoding) 및 디코딩(decoding)을 수행한다. 인코딩은 인터페이스 계층으로부터 전달된 서비스 메시지를 OPC UA 구조 및 규격에 맞게 직렬화(serialized)하는 것이다. 디코딩은 보안 계층으로부터 전달받은 서비스 메시지의 역직렬화(deserialized)하는 것이다.

■ 보안 계층(security layer): 인코딩 – 디코딩 계층을 통과한 서비스 메시지를 보안화한다. 이 계층에서 암호화(encryption)와 해독(decryption)이 이루어진다. 메시

지 전송시 암호화가 이루어지며, 메시지에 헤더(header)와 푸터(footer)를 부착하여 어떻게 암호화되었는지의 정보를 포함한다. 메시지 수령시 해독이 이루어지며, 헤더와 푸터의 암호화 정보를 이용하여 해독을 수행한 후, 메시지 서명(signature)을 인증한다.

- 전송 계층(transport layer): 메시지의 전송과 수신이 주요 역할이며, 네트워크상의 오류를 다루기도 한다. 이 계층에서도 메시지 전송시 헤더를 부착하여 메시지의 길이나 종류 등의 정보를 포함한다. 메시지 수신시 헤더 정보를 이용하여 메시지의 전송 오류를 확인한다.

- 플랫폼 계층(platform layer): 특정 플랫폼에 맞는 스택의 기능·로직을 제공한다. 스택의 코드들은 재사용성을 위하여 플랫폼 중립적으로 구현된다. 다만, 플랫폼 의존적인(플랫폼을 타는) 기능·로직(예 소켓, 쓰레드, 보안)은 별도의 플랫폼별 스택 코드들을 제공한다.

3. 소프트웨어 개발 도구

소프트웨어 개발 도구(SDK)는 특정 응용프로그램을 만들거나 사용하기 위한 소프트웨어 꾸러미, 프레임워크, 라이브러리, 하드웨어 등을 의미한다. 일반적으로, SDK는 라이브러리 파일을 대상 프로젝트에 설치(import)하여 라이브러리 내의 API를 선택적으로 활용하는 방식으로 사용한다. SDK는 소프트웨어 개발을 편리하게 하는 장점이 있지만, 자기 것으로 소화하려면 이해를 위한 시간과 노력이 필요하기도 하다. OPC UA 기관 및 업체에서는 다양한 OPC UA 서버 및 클라이언트용 SDK를 제공하고 있으며, 스택을 SDK에 포함하여 제공하기도 한다. <그림 15>는 SDK 구조를 나타내며, 인터페이스, 특화 기능, 공통 기능 계층으로 구성된다. 다음은 각 계층에 대한 정의이다.

- 인터페이스 계층(interface layer): SDK−어플리케이션 계층 간 연결에 필요한 인터페이스 기능을 제공한다. 클라이언트용 인터페이스는 요청을 전송하고 서버로부터 반환을 취급하는 기능들을 제공한다. 서버용 인터페이스는 서버를 초기화하고 구성하는 기능 및 데이터 공급의 통합 기능을 제공한다.

- 특화 기능 계층(OPC UA−specific functionality layer): 서비스 및 어드레스 스페이스 구현에 필요한, 즉 OPC UA에 특화된 기능들을 포함한 계층이다. 서비스

<그림 15> SDK 구조

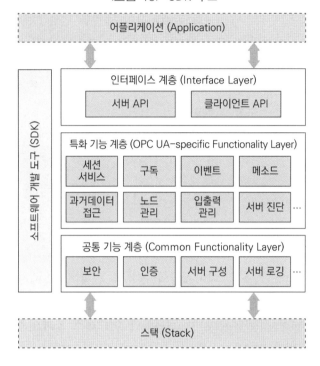

측면에서는 세션 서비스, 구독, 이벤트, 메소드 및 과거 데이터 접근 등이 있다. 어드레스 스페이스 측면에서는 노드 관리, 입출력 관리 및 진단 정보 등이 있다.

- 공통 기능 계층(common functionality layer): 서버-클라이언트 시스템 구현에 필수적인 공통의 기능들을 포함한 계층이다. 보안(security), 인증(certificate), 서버 구성(configuration) 및 로깅(logging)이 대표적인 공통 기능이다.

특화 기능 계층에서는 서버-클라이언트의 보편적인 기능 외에 OPC UA 고유 기능들을 제공한다. 서버-클라이언트 간 세션 서비스(예 세션 생성, 세션 활성화, 세션 폐쇄)는 이 계층에 있는 세션 매니저(session manager)를 통하여 이루어진다. 어드레스 스페이스는 OPC UA의 고유 개념이다. 따라서, 특화 기능 계층에서 어드레스 스페이스 관리를 수행한다. 노드와 참조를 관리하는 노드 매니저(node manager) 및 노드의 속성 값 입출력을 관리하는 입출력 매니저(I/O manager)가 이 계층 안에서 구현된다. 또한, 구독, 이벤트 및 과거 데이터 접근 관련 서비스들을 제공한다. 추가적으로, 어드레스 스페이스상에 노출되는 서버 진단 정보의 관리도 수행한다.

공통 기능 계층에서 인증은 클라이언트가 요청한 접근 권한을 서버가 승인 또는 비승인하는 것이다. 만약, 모든 어플리케이션이 동일한 인증 방법을 이용한다면 스택 안의 기능을 사용하면 된다. 그런데, 이기종 어플리케이션들이 서로 다른 인증 방법을 이용한다면 SDK의 인증 기능을 사용하는 것이 효과적이다. 서버 구성은 서버의 구성 정보를 관리 또는 제공한다. 로깅은 서버의 운영 중 발생하는 트랜잭션 및 변경에 대한 이력 정보를 기록한다.

4. 어플리케이션

어플리케이션 계층은 서버와 클라이언트로 구성된다. 앞서 설명한 서버와 클라이언트와 동일하다. 다음은 각 어플리케이션에 대한 정의이다.

- 서버(server): 어드레스 스페이스상의 정보를 클라이언트에게 제공하는 어플리케이션이다. 메인 메모리에서 어드레스 스페이스 전체를 관리하는 서버와 기저 시스템(underlying systems)에 접근하여 어드레스 스페이스 정보를 취합하고 제공하는 서버가 있다.

- 클라이언트(client): 서버에게 서비스를 요청하고, 서버로부터 반환된 서비스 결과를 목적에 맞게 활용하는 어플리케이션이다.

<그림 16> 서버 어플리케이션 구조

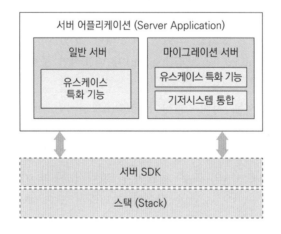

<그림 16>은 서버 어플리케이션 구조로서, 두 종류가 있다. 첫 번째가 일반적

인 OPC UA 서버이다. 서버가 가동되기 시작하면, 특정 공간(예 데이터베이스) 또는 특정 형태(예 XML 파일)로 저장되어 있던 어드레스 스페이스의 정보가 메인 메모리 상에 로딩된다. 서버는 클라이언트의 서비스 요청에 해당하는 어드레스 스페이스 정보를 메모리상에서 빠르게 찾아서 반환을 한다. 두 번째는 일종의 통합 OPC UA 서버이다. 기존 어플리케이션과 OPC UA의 마이그레이션(migration) 용도로 활용할 수 있다. 제어기, 장치 및 다른 시스템 등의 기저 시스템과 연결되어 정보를 취합한 후, 이 정보들을 어드레스 스페이스상에 로딩하는 것이다.

<그림 17>은 클라이언트 어플리케이션 구조 예시다. 클라이언트의 가장 쉬운 예는 OPC UA 브라우저이다. 이 브라우저는 특정 OPC UA 서버에 접속하여 어드레스 스페이스 정보를 취득한 후, 스크린상에 가시화 해준다. 클라이언트는 구현 목적에 따라 다양하게 구현될 수 있다. 어떠한 역할을 위함인지가 결정되면, 클라이언트 SDK를 활용하여 확장적이고 자유로운 어플리케이션 개발이 가능하다. 또한, 다양한 사용자 인터페이스를 구현하여 원하는 형태로 서비스를 이용할 수 있다.

<그림 17> 클라이언트 어플리케이션 구조

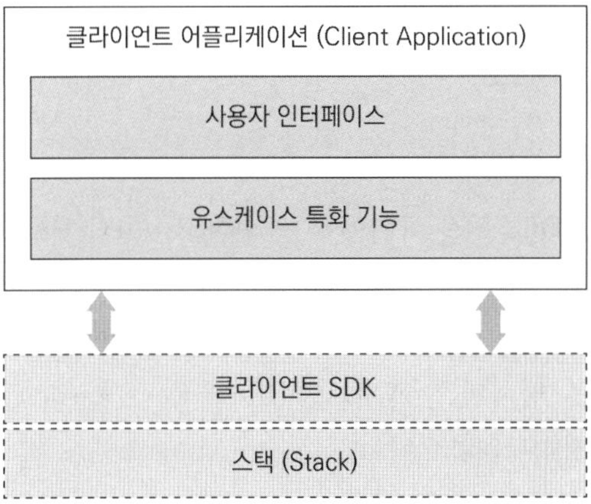

CHAPTER 03

서비스

OPC UA 서비스에 대하여 설명한다. 어떠한 OPC UA 서비스들이 존재하는지, 어떻게 상호작용하는지 그리고 서비스에 필요한 컨텐츠는 무엇인지를 설명한다. 서버-클라이언트를 잘 아는 독자들은 어떠한 서비스들이 있을지 유추가 가능하다. OPC UA도 서버 탐색과 연결, 데이터 읽기·쓰기, 데이터 변경 통지, 메소드 호출과 같은 일반적인 서버-클라이언트 서비스를 제공한다. 하지만, OPC UA에 특화된 서비스도 있다. 뷰, 모니터 아이템, 어드레스 스페이스의 노드 관리 등이다.

SECTION 01 개념

■ 서비스(service): OPC UA 서버에서 구현하고, OPC UA 클라이언트에서 호출하는 추상형 원격 프로시져 호출(Remote Procedure Calls: RPC)의 집합이다[5]. 클라이언트가 호출하는 서버 안의 오퍼레이션들이며, 프로그래밍 언어에서의 메소드 호출 또는 웹서비스 WSDL(Web Services Description Language)에서의 오퍼레이션과 유사하다[1].

서버에서는 클라이언트가 사용할 수 있는 서비스들을 구현하여 제공하고 있다. 클라이언트는 정해진 규격 및 규약에 준하여 원하는 서비스를 요청한다. 서버는 그 서비스 요청을 처리하여 결과를 클라이언트에게 반환하는 흐름이다.

OPC UA 서비스의 특징 중 하나는 Part 4에서는 서비스를 추상형(abstract)으로 정의한다는 것이다. Part 4는 서비스를 위한 메커니즘과 정보 모델(주로, 입출력 파라미터와 결과 상태코드)을 독립적으로 정의하고 있을 뿐이다. 서비스의 실제 구현은 Part 6의 전송 프로토콜과 인코딩 포맷 그리고 프로그래밍 언어의 선택에 의하여

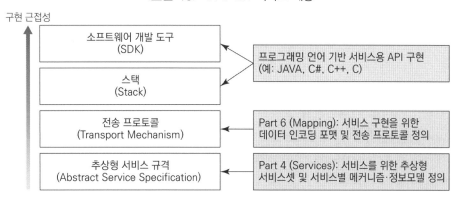

<그림 18> OPC UA 서비스 계층

결정된다. 이것이 클래식 OPC와 다른 점이다. 클래식 OPC은 Microsoft COM이라는 전송 프로토콜만을 사용하므로 구현의 제약이 따른다. 반면, OPC UA는 서비스 구현의 다양성을 높이도록 설계되어 있으므로 구현의 선택 폭이 넓다. <그림 18>은 이러한 개념을 반영한 서비스 구현 계층을 나타낸 것이다.

OPC UA 서비스의 또 다른 특징은 특정 메소드(specialized method)를 지양하고 보편적인 메소드(generic method)로 구성함으로써, 서비스 목록을 간소화했다는 것이다[3]. 서버의 특정 정보에 접근할 때, 서버 접근용 특정 메소드가 아닌 보편적 서비스(예 read, write)를 사용한다. 서버 상태(server status) 정보 접근의 경우, 클래식 OPC에서는 서버 상태 정보의 접근 전용 GetStatus Method를 사용하였다. 그런데, OPC UA에서는 서버 상태를 변수(variable)로 모델링하고, 보편적 서비스인 Read(읽기)를 사용한다. 다음은 OPC UA 서비스의 기본 원리를 설명한 것이다.

1. 요청과 반환(request and response)

OPC UA는 웹서비스 기반 서버－클라이언트 구조로 구성되므로, 클라이언트의 요청과 서버의 반환으로 서비스가 이루어진다. 서비스를 위한 메시지 교환은 비동기식(asynchronous)으로 이루어진다. 클라이언트는 서버에게 메시지를 보낸 후, 메시지 반환이 이루어질 때까지 다른 작업을 수행할 수 있다. 클래식 OPC에서는 일부를 제외하고는 대부분의 서비스가 동기식(synchronous)으로 이루어지는 것과 차이가 있다. 다만, 편의를 위하여 스택의 일부 기능들은 동기식으로 이루어진다.

2. 메시지 헤더(message header)

모든 서비스 요청 메시지에는 RequestHeader(요청 헤더)를 가지며, 모든 서비스 반환 메시지에는 ResponseHeader(반환 헤더)를 갖는다. RequestHeader에는 세션 상에서 요청을 위한 공통적 서비스 파라미터를, ResponsesHeader에는 반환에 대한 공통적인 서비스 파라미터를 포함한다. 예를 들면, 인증 토큰, 요청 처리는 Request Header 파라미터이다. 서비스 결과, 서비스 진단은 ResponseHeader 파라미터이다. <표 1>은 RequestHeader 파라미터 테이블을, <표 2>는 ResponseHeader 파라미터 테이블을 나타낸다.

◐ <표 1> RequestHeader 파라미터 테이블

Name(명칭)	Type(타입)	Description(설명)
RequestHeader	structure	
authentificationToken	SessionAuthentificationToken	세션상에서 요청의 인증을 위한 식별자
timestamp	UtcTime	클라이언트가 요청 메시지를 보낸 시각
requestHandle	IntegerId	요청에 대한 처리. 예를 들면, 요청 취소에 사용
returnDiagnostics	UInt32	ResponseHeader로부터 반환된 진단 정보(serviceDiagnostics)를 식별하는 bit mask
auditEntryId	String	클라이언트의 보안 감사 로그에 대한 엔트리 식별자
timeoutHint	UInt32	클라이언트에서 설정한 시간초과 기준 (단위: 밀리세컨드)
additionalHeader	ExtensibleParameter	헤더 정보 확장을 위한 파라미터 (추후 사용)

◐ <표 2> ResponseHeader 파라미터 테이블

Name(명칭)	Type(타입)	Description(설명)
ResponseHeader	structure	
timestamp	UtcTime	서버가 반환 메시지를 보낸 시각
requestHandle	IntegerId	클라이언트로부터의 요청에 대한 처리
serviceResult	StatusCode	서비스 호출의 처리 결과에 대한 코드

Name(명칭)	Type(타입)	Description(설명)
serviceDiagnostics	DiagnosticInfo	서비스 호출을 위한 진단 정보
stringTable[]	String	진단 정보에 포함된 namespace, symbolicId, localizedText에 대한 각각의 인덱스를 하나의 string으로 표현한 목록
additionalHeader	ExtensibleParameter	헤더 정보 확장을 위한 파라미터(추후 사용)

3. 서비스 결과(service result)

서비스 결과는 StatusCode(상태코드)로 표현하며, 서버에서의 서비스 반환이 정상적, 비정상적 또는 불확실 여부를 코드로 전달하는 것이다. <표 2>와 같이, 서버는 모든 서비스의 StatusCode(상태코드)를 ResponseHeader에 포함하여 반환한다. 서비스 결과는 두 개 수준으로 나타낸다. 하나는 전체적인 서비스 콜의 상태(status)를, 다른 하나는 특정 서비스에 의해 요청되는 각 오퍼레이션의 상태를 나타낸다. 서비스 콜의 StatusCode는 ResponseHeader의 UInt32형태의 serviceResult(서비스 결과) 파라미터에 표현된다. 정상적(success)일 때는 00(Good), 불확실(warning)할 때는 01(Uncertain), 비정상적(failure)일 때는 10(Bad)이라는 코드를 선행 16비트에 부여한다. 클라이언트는 이 상태코드를 해석함으로써, 자신이 요청한 서비스를 서버가 제대로 처리하였는지를 판단한다. 특정 서비스별 StatusCode는 그 서비스 안의 오퍼레이션에 따라 다양하게 정의된다.

4. 커뮤니케이션 계층(communication hierarchy)

<그림 19>는 서비스 커뮤니케이션 계층을 나타낸다. 다음은 각 계층에 대한 정의이다.

- SecureChannel(보안 채널): 커뮤니케이션과 메시지 교환의 보안을 위한 프로토콜 종속적인 채널이며, 커뮤니케이션 스택에 의하여 구현된다.

- Session(세션): 서버와 클라이언트 사이의 연결 상황을 의미하며, SecureChannel 상에서 수립된다.

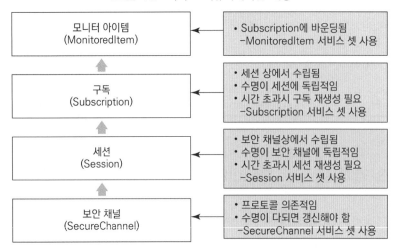

<그림 19> 서비스 커뮤니케이션 계층

모니터 아이템 (MonitoredItem)	• Subscription에 바운딩됨 　-MonitoredItem 서비스 셋 사용
구독 (Subscription)	• 세션 상에서 수립됨 • 수명이 세션에 독립적임 • 시간 초과시 구독 재생성 필요 　-Subscription 서비스 셋 사용
세션 (Session)	• 보안 채널상에서 수립됨 • 수명이 보안 채널에 독립적임 • 시간 초과시 세션 재생성 필요 　-Session 서비스 셋 사용
보안 채널 (SecureChannel)	• 프로토콜 의존적임 • 수명이 다되면 갱신해야 함 　-SecureChannel 서비스 셋 사용

- Subscription(구독): 서버와 클라이언트 사이에서 데이터 변경이나 이벤트 통지에 대한 상황이다. 하나의 세션 안에 여러 개의 Subscription이 생성될 수 있다.

- MonitoredItem(모니터 아이템): 데이터 변경이나 이벤트 통지를 위하여 클라이언트가 모니터링 하려는 노드(node)의 속성(attribute)을 정의한다. 하나의 Subscription 안에 여러 개의 MonitoredItem이 생성될 수 있다.

서비스 커뮤니케이션은 각 계층 간 연결이 성립되어야만 클라이언트의 요청 및 서버의 반환이 정상적으로 이루어진다. Session의 수명은 SecureChannel에 독립적이다. 새로운 SecureChannel이 그 Session에 할당될 수 있기 때문이다. Subscription의 수명 또한 Session에 독립적이며, Subscription이 새로운 Session으로 할당될 수 있기 때문이다. 연결 성립을 위해서는 보안 인증이 선행되는 것은 당연하다.

5. 시간초과 처리(timeout handling)

커뮤니케이션이 수립된 후, 정상적인 상황이라면 데이터 교환이 이루어질 것이다. 그런데 서버 다운, 네트워크 오류 등 비정상적 이유로 인하여 데이터 교환이 이루어지지 않는다면 이를 어떻게 알 수 있을까? 클라이언트 입장에서는 서비스 반환 기한을 설정하고, 이 기한이 초과되었다면(타임아웃되었다면) 커뮤니케이션에 문제가 있음을 인지할 수 있다. OPC UA 서비스에서는 이러한 시간초과 처리 메커니즘을 제공한다. <표 1>과 같이, RequestHeader의 timeoutHint(시간초과 힌트) 파라미터에 시간 초과값을 설정하면 된다. 이 시간 내에 서비스 반환이 이루어지면 정상적인 상황, 이 시간을 초과하면 비정상적인 상황으로 인지한다. 서버도 timeoutHint 값을 이용하여 서비스 반환의 타임아웃을 판단하는 힌트를 가질 수 있다. 서비스 반환의 시간 초과가 발생하면, 클라이언트는 커뮤니케이션 스택에서 시간 초과된 서비스를 재요청한다. 이로써, 시간 초과로 발생한 문제를 해결하는 메커니즘을 구동하게 된다.

6. 오류 처리(error handling)

서버에서 서비스 운영 중에 오류가 발생할 수 있다. 메인 서버의 오작동, 네트워크 오류가 발생하기도 하며, 클라이언트의 잘못된 노드 정보 입력에 의해 오류가 발생하기도 한다. OPC UA 서비스에서는 서버의 오류 정보를 StatusCode(상태코드) 또는 DiagnosticInformation(진단정보)에 태워서 클라이언트에게 전달한다. 앞에서 StatusCode는 설명하였다. DiagnosticInformation도 StatusCode 기반인데, 벤더 특화 에러 코드, 에러 설명, 부가 정보 등 풍부한 오류 정보를 제공한다. 서비스 결과에서 설명한대로, 클라이언트는 두 개 수준을 모두 확인해야 한다. 먼저 서비스 콜 수준에서 반환된 StatusCode로부터 오류가 없는지 확인한다. 서비스 콜이 정상적이라면, 각 오퍼레이션에 대한 StatusCode로부터 오류 여부를 확인한다. 오퍼레이션 또한 정상적일 때, 반환된 데이터를 사용해야 한다. 클래식 OPC 대비하여 OPC UA의 오류 처리는 보다 간소화되었다[3]. 하나의 StatusCode에 '에러(error)_원인(quality) 코드'를 부여하기 때문이다. 서비스 콜 수준의 StatusCode 예시로는 'Bad_CertificateInvalid'(비정상_인증이 유효하지 않음), 오퍼레이션 수준의 예시로는 'Bad_MonitoredItemIdInvalid'(비정상_모니터 아이템 ID가 유효하지 않음)가 있다.

OPC UA에서 실제로 사용하는 단위 서비스들을 알아본다. Part 4에서는 단위 서비스들의 집합을 서비스 셋(service set)이라고 부른다[5]. <표 3>은 서비스 셋 명칭, 주요 하위 서비스 및 용도를 정리한 것이다. 이 서비스 셋은 가장 상위 집합이며, 각 서비스 셋 안에는 단위 서비스들이 존재한다. <표 4>는 단위 서비스 목록을 나타낸다. 서비스 명칭을 보면 어떤 기능인지는 어림잡을 수 있다. 3절부터는 각 서비스 셋을 설명한다.

○ <표 3> 서비스 셋 목록

명칭	주요 하위 서비스	용도
Discovery (탐색)	서버 탐색, Endpoint 얻기, 서버 등록	• 서버 연결 • 탐색 서버에 서버 등록
SecureChannel (보안 채널)	보안 채널의 개설 및 종료	서버-클라이언트 연결 관리
Session (세션)	세션의 개설, 활성화, 종료 및 취소	서버-클라이언트 연결 관리
NodeManagement (노드 관리)	노드의 추가 및 제거, 참조의 추가 및 제거	서버의 어드레스 스페이스 관리
View (뷰)	브라우징, 브라우즈 경로의 NodeId 변환, 노드 등록 및 삭제	어드레스 스페이스에서의 뷰 생성 및 정보 탐색
Query (쿼리)	쿼리 뷰, 쿼리, 후속 쿼리	복잡한 어드레스 스페이스에서의 정보 탐색
Attribute (속성)	현재 또는 과거 데이터 읽기 및 쓰기, 과거 데이터 업데이트	• 클라이언트의 (과거)데이터 수집 • 서버의 데이터 쓰기 및 과거 데이터 업데이트
Method (메소드)	메소드 호출	서버의 메소드 호출
MonitoredItem (모니터 아이템)	모니터 아이템의 생성, 수정 및 삭제, 모니터링 모드 설정, 트리거링 설정	클라이언트에서의 수집 데이터 변경 및 이벤트 구독
Subscription (구독)	구독의 생성, 수정, 변경 및 삭제, 발간 모드 설정, 발간 및 재발간	서버로부터의 데이터 및 이벤트 구독

○ <표 4> 단위 서비스 목록

서비스 셋	단위 서비스	용도
Discovery (탐색)	FindServers	서버를 탐색
	FindServersOnNetwork	탐색 서버를 탐색
	GetEndpoints	서버 엔드포인트 정보를 수집
	RegisterServer	서버를 탐색 서버에 등록
	RegisterServer2	탐색 서버를 등록
SecureChannel (보안 채널)	OpenSecureChannel	보안 채널의 개설
	CloseSecureChannel	보안 채널의 종료
Session (세션)	CreateSession	세션의 생성
	ActivateSession	세션의 활성화
	CloseSession	세션의 종료
	Cancel	세션내 서비스의 취소
NodeManagement (노드 관리)	AddNodes	노드의 추가
	AddReferences	참조 노드의 추가
	DeleteNodes	노드의 제거
	DeleteReferences	참조 노드의 제거
View (뷰)	Browse	노드의 브라우징
	BrowseNext	노드의 후속 브라우징
	TranslateBrowsePathToNodeIds	브라우즈 경로의 NodeId 변환
	RegisterNodes	View의 노드 등록
	UnregisterNodes	View의 노드 등록 해지
Query (쿼리)	QueryFirst	노드의 질의
	QueryNext	노드의 후속 질의
Attribute (속성)	Read	속성 읽기
	HistoryRead	과거 속성 읽기
	Write	쓰기
	HistoryUpdate	과거 속성 갱신
Method(메소드)	Call	메소드의 호출

서비스 셋	단위 서비스	용도
MonitoredItem (모니터 아이템)	CreateMonitoredItems	모니터 아이템 생성 및 설정
	ModifyMonitoredItems	모니터 아이템 설정 변경
	SetMonitoringMode	모니터링 모드 설정
	SetTriggering	트리거링 아이템 설정
	DeleteMonitoredItems	모니터 아이템 삭제
Subscription (구독)	CreateSubscription	구독 생성 및 설정
	ModifySubscription	구독 설정 변경
	SetPublishingMode	발행 모드 설정
	Publish	메시지 발행
	Republish	메시지 재발행
	TransferSubscriptions	구독 세션 전환
	DeleteSubscriptions	구독 삭제

SECTION 03 Discovery

- Discovery(탐색) 서비스 셋: 클라이언트가 서버를 탐색하고, 서버에서 구현되는 엔드포인트를 탐색하며, 엔드포인트를 위한 보안 구성을 읽는 서비스이다. 단위 서비스로는 FindServers, FindServersOnNetwork, GetEndpoints, RegisterServer, RegisterServer2가 있다.

<그림 20>은 Discovery 셋의 개념이다. 이 서비스 셋은 개별 서버에 구축되기도 하며, 탐색 전용 서버에 구축되기도 한다. Part 12에서는 탐색 서버(discovery server)를 이용한 탐색 서비스의 사용을 정의하고 있다[6].

<그림 21>은 FindServers(서버 탐색)를 이용한 서버 탐색 과정의 시퀀스 다이어그램이다. 모든 서버는 세션 성립 필요 없이 클라이언트가 접근할 수 있는 Discovery Endpoint(탐색 엔드포인트)를 갖는다. 클라이언트는 DiscoveryEndpoint상의 GetEndpoints (엔드포인트 얻기) 서비스를 호출함으로써, SecureChannel(보안 채널)을 성립하는 데 필요한 EndpointDescription(엔드포인트 상세)을 받는다.

<그림 20> Discovery 서비스 셋 개념

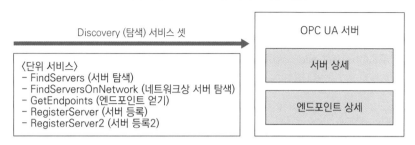

<그림 21> Discovery 시퀀스 다이어그램[5]

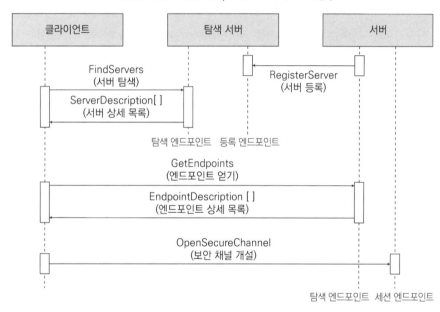

서버는 탐색 서버에 등록을 할 수도 있는데, 이 경우 RegisterServer(서버 등록) 서비스를 이용한다. 클라이언트는 탐색 서버에서 FindServers 서비스를 이용하여 등록된 서버를 탐색할 수 있다. 서버 탐색은 단순 탐색, 로컬 탐색 또는 글로벌 탐색으로 분류할 수 있다(4장 1절 참고). Discovery 서비스 셋 중에서 많이 사용되는 FindServers, GetEndpoints, RegisterServer를 상세적으로 설명한다. FindServersOn Network(네트워크상 서버 탐색)는 탐색 서버의 탐색을 위한 FindServers에 해당하고, RegisterServer2(서버 등록2)는 탐색 서버의 등록을 위한 RegisterServer에 해당하므로 설명을 생략한다.

1. FindServers

- FindServers(서버 탐색): 서버 또는 탐색 서버에 대한 정보를 찾기 위한 서비스이다. 모든 서버는 이 서비스를 위한 DiscoveryEndpoint(탐색 엔드포인트)를 제공해야 한다. DiscoveryEndpoint 안에 서버에 대한 정보가 담겨 있다. 가장 중요한 정보는 서버 접속에 필요한 URL(Uniform Resource Locator)로서, ServerUri (서버 URI)라는 글로벌하게 고유한 URL로 표현된다.

URL은 가장 흔하게 쓰이는 URI(Uniform Resource Identifier)이다. ServerUri(서버 URI)는 ApplicationDescription(어플리케이션 상세) 타입의 applicationUri(어플리케이션 URI) 필드로 표현되어 클라이언트에게 반환된다. 또한, 모든 서버는 사람이 읽을 수 있는 applicationName(어플리케이션명) 식별자를 제공하는데, 글로벌하게 고유할 필요는 없다. 유의할 점은 FindServers는 서버를 탐색하는 서비스이다 보니 다소 보안에 취약할 수 있다. 그래서 서버의 정보를 최소화하여 반환할 필요가 있다. 그리고 메시지 계층이 아닌 전송 계층의 보안을 요구한다.

클라이언트는 필터링 조건을 통해서 반환받는 서버 개수를 줄일 수 있다. 만약 클라이언트의 필터링 조건에 부합하는 서버가 없다면, 탐색 서버는 null값을 반환한다. <표 5>는 FindServers 서비스의 파라미터이다. <표 6>은 ApplicationDescription 타입의 파라미터이다.

◐ <표 5> FindServers 서비스 파라미터

Name(명칭)	Type(타입)	Description(설명)
Request(요청)		
requestHeader	RequestHeader	일반적인 서비스 요청용 헤더 정보

Name(명칭)	Type(타입)	Description(설명)
endpointUrl	String	클라이언트가 사용하는 네트워크 주소
localeIds[]	LocaleId	언어-국가(지역)에 대한 식별자
serverUris[]	String	이미 알고 있는 특정 서버 목록(재접속 등에 활용)
Response(반환)		
responseHeader	ResponseHeader	일반적인 서비스 반환용 헤더 정보
servers[]	ApplicationDescription	서비스 요청 조건에 부합하는 서버 목록 (탐색된 서버 결과)

◐ 〈표 6〉 ApplicationDescription 데이터 타입 파라미터

Name(명칭)	Type(타입)	Description(설명)
ApplicationDescription (어플리케이션 상세)	structure	
applicationUri	String	글로벌하게 고유한 어플리케이션의 URI (서버인 경우는 ServerUri로 사용)
productUri	String	제품용 글로벌 고유 식별자
applicationName	LocalizedText	사람이 이해할 수 있는 서버명
applicationType	EnumApplicationType	어플리케이션 타입(SERVER_0: 서버, CLIENT_1: 클라이언트, CLIENTANDSERVER_2: 서버이자 클라이언트, DISCOVERYSERVER_3: 탐색 서버)
gatewayServerUri	String	게이트웨이 서버의 식별자용 URI
discoveryProfileUri	String	탐색 프로파일의 식별자용 URI
discoveryUrls[]	String	어플리케이션에 의해 제공되는 DiscoveryEndpoint 용 URL 목록

2. GetEndpoints

- GetEndpoints(엔드포인트 받기): 서버에 대한 엔드포인트(endpoint) 정보를 반환하는 서비스이다. 이 서비스의 반환 결과인 EndpointDescription(엔드포인트 상세)에는 SecureChannel(보안 채널)과 Session(세션)을 만들기 위한 구성 정보를 포함하고 있다.

하나의 EndpointDescription에는 서버 어플리케이션 인스턴스(server application instance), 메시지 보안 모드(message security mode), 보안 정책(security policy), 사용자 식별 토큰(user identity tokens)의 보안 파라미터를 갖는다. 이 파라미터들의 조합을 이용하여 서버는 동일 엔드포인트에 대한 단일한 보안 구성을 가질 수도, 다양한 보안 구성을 가질 수도 있다. 다양한 보안 구성의 경우는 각 보안 구성에 각기 다른 EndpointDescription을 반환한다. 클라이언트는 동일한 서버 URL에서도 각기 다른 엔드포인트로 취급하게 된다. 이는 보안의 다양성을 기하기 위함이다. GetEndpoints는 FindServers와 마찬가지로 메시지 계층이 아닌 전송 계층의 보안을 요구한다. 실제적인 메시지 교환이 이루어지기 전에 SecureChannel과 Session을 열기 위한 EndpointUrl(엔드포인트 URL)과 보안 파라미터를 받는 과정이기 때문이다. <표 7>은 GetEndpoints 서비스의 파라미터를, <표 8>은 EndpointDescription 타입의 파라미터이다.

◐ <표 7> GetEndpoints 서비스 파라미터

Name(명칭)	Type(타입)	Description(설명)
Request(요청)		
requestHeader	RequestHeader	일반적인 서비스 요청용 헤더 정보
endpointUrl	String	클라이언트가 사용하는 네트워크 주소
localeIds[]	LocaleId	언어-국가(지역)에 대한 식별자
profileUris[]	String	Endpoint가 지원하는 Transport Profile (메시지 인코딩 포맷과 프로토콜 정보)
Response(반환)		
responseHeader	ResponseHeader	일반적인 서비스 반환용 헤더 정보
Endpoints[]	EndpointDescription	서비스 요청 조건에 부합하는 Endpoint 목록 (탐색된 Endpoint 결과)

◐ <표 8> EndpointDescription 데이터 타입 파라미터

Name(명칭)	Type(타입)	Description(설명)
EndpointDescription (엔드포인트 상세)	structure	
endpointUrl	String	Endpoint의 URL
server	ApplicationDescription	서버에 대한 ApplicationDescription 정보

Name(명칭)	Type(타입)	Description(설명)
serverCertificate	ApplicationInstance Certificate	클라이언트의 식별 인증(private key 사용)
securityMode	EnumMessageSecurity Mode	메시지에 적용되는 보안 타입
securityPolicyUri	String	메시지 보안에 사용되는 보안 정책에 대한 URI
userIdentityTokens[]	UserTokenPolicy	서버가 승인하는 사용자 식별 토큰
transportProfileUri	String	Endpoint가 지원하는 전송 프로파일(메시지 인코딩 포맷 및 프로토콜)에 대한 URI
securityLevel	Byte	다른 EndpointDescription 대비 보안의 강도 (높은 값일수록 높은 보안성)

3. RegisterServer

- RegisterServer(서버 등록): 탐색 서버(Discovery Server)에 서버를 등록하기 위한 서비스이다. 이 서비스는 등록하고자 하는 서버에서 호출하며, 클라이언트는 사용하지 않는다.

서버는 이 서비스를 호출하기 이전에 탐색 서버와 보안 채널이 개설되어 있어야 한다. 서버 관리자가 서버에게 EndpointDescription(엔드포인트 상세) 정보를 제공하고, 그 서버는 이 정보를 탐색 서버에게 전달한다. 서버는 해당 serverUri(서버 URI), 엔드포인트의 URL 목록, 서버명과 isOnline 태그를 포함한 정보를 RegisteredServer(등록된 서버) 파라미터에 담아서 탐색 서버에게 전달한다. 만약 이 serverUri와 SecureChannel 개설의 서버 인증용 applicationUri(어플리케이션 URI)가 일치하지 않으면, 탐색 서버는 등록을 거부하게 된다. 불리언형의 isOnline(온라인 여부)은 현재의 서버 접속 가능 여부를 판단하는 태그이다.

RegisterServer의 호출은 반자동과 자동의 두 가지 방법이 있다. 반자동 방법은 [Part 4에는 수동(manually launched)이라고 명시되어 있으나, 반자동에 가깝다] 서버가 부팅이 되면서 서버 관리자에 의해 또는 자동으로 서버의 등록이 이루어지게 된다. 정상 상황에서는 서버가 탐색 서버에 주기적으로 등록을 하게 된다. 비정상 상황에서는 서버가 주기적으로 등록을 재시도하며, 최대 10분 주기로 재시도 한다. 자동 방법은 중간에 세마포어(semaphor) 파일을 통하여 서버 등록을 개시하는 것이다. 서버는 탐색 서버에게 세마포어 파일이 있는 파일 시스템의 경로를 제공하며, 탐색 서버는 이 파일에 접근하고 해석하여 서버의 등록과 철회 그리고 접속 가능여부를 판단하다. 세마포어는 일종의 현황판이라고 생각하면 된다.

SECTION 04 SecureChannel

■ SecureChannel(보안 채널) 서비스 셋: 서버와 클라이언트 간의 통신 채널 환경을 구축하기 위한 서비스이다. 메시지 교환의 무결성(integrity)과 기밀성(confidentiality)을 보장하기 위함이다. 단위 서비스로는 OpenSecureChannel, CloseSecureChannel이 있다.

<그림 22>는 SecureChannel 서비스 셋 개념이다. 클라이언트가 서버의 보안 정책 및 토큰 정보를 수집하여 서버와 통신 채널을 개통한다. SecureChannel은 클라이언트에 의해 초기화되며, 클라이언트가 종료하지 않는 한 통신 채널을 지속적으로 유지한다. 이 채널은 서버와 클라이언트만 아는 키(key)를 공유하고, 이 키를 통하여 메시지의 인증, 암호화(encryption) 및 복호화(decryption)를 수행한다. 이러한 키와 연결된 인증 및 암호화 알고리즘은 EndpointDescription(엔드포인트 상세)의 SecurityPolicy(보안 정책)에 명시한다.

<그림 22> SecureChannel 서비스 셋 개념

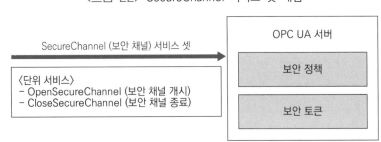

SecureChannel은 통신과 보안에 대한 서비스 셋이므로, 일반 독자들은 이해하기 어렵다. 너무 걱정할 필요는 없다. SecureChannel은 커뮤니케이션 스택상에서 구현이 되기 때문이다. SecureChannel은 어플리케이션 계층이 아니라 SDK에 구현되어 있으므로 이를 잘 사용하면 된다.

<그림 23>은 서버-클라이언트 간 통신 채널 구조를 나타낸다. 우선, 어플리케이션 간 메시지 교환 환경 구축을 위하여 커뮤니케이션 스택상에서 SecureChannel을 개통한다. 그 후, 어플리케이션 간 연결은 Session(세션) 서비스 셋을 이용한다. SecureChannel은 클라이언트(이주민)가 서버(원주민)를 찾아가는 항로이고, Session은 이주민과 원주민이 악수를 시작으로 소통 창구를 여는 것으로 생각하면 된다. 그리고 전송 프로토콜은 그 항로를 비행기로 갈지 배로 갈지에 대한 교통수단이라고 보면 된다. SecureChannel 서비스 셋에는 OpenSecureChannel과 CloseSecureChannel 서비스가 있다.

<그림 23> SecureChannel과 Session 관계

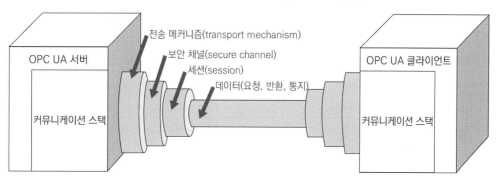

1. OpenSecureChannel

- OpenSecureChannel(보안 채널 개시): SecureChannel을 새롭게 개설하거나 재개설하는 서비스이다. 각 SecureChannel은 특정 서버-클라이언트 조합에 한해서 유효한 글로벌 고유 식별자를 가진다.

하나의 SecureChannel은 한 개 이상의 SecurityTokens(보안 토큰)를 갖는데, 이 토큰은 메시지를 인증하고 암호화하는 데 사용되는 암호화 키(cryptography key) 집합을 갖는다. <표 9>는 OpenSecureChannel 서비스 파라미터이다.

Name(명칭)	Type(타입)	Description(설명)
Request(요청)		
requestHeader	RequestHeader	일반적인 서비스 요청용 헤더 정보
clientCertificate	ApplicationInstanceCertificate	클라이언트 어플리케이션을 식별하는 인증 정보
requestType	EnumSecurityTokenRequestType	요청하는 Security Token 종류
secureChannelId	BaseDataType	SecureChannel의 식별자
securityMode	EnumMessageSecurityMode	메시지 보안 종류
securityPolicyUri	String	Security Policy(보안 정책)의 URI
clientNonce	ByteString	다른 요청에는 사용되지 않는 무작위 수
requestedLifetime	Duration	OpenSecureChannel의 유효 기간
Response(반환)		
responseHeader	ResponseHeader	일반적인 서비스 반환용 헤더 정보
securityToken	ChannelSecurityToken	서버가 발행한 Security Token
channelId	BaseDataType	SecureChannel에 대한 고유 식별자
tokenId	ByteString	Security Token별 고유 식별자
createdAt	UtcTime	Security Token이 생성된 시각
revisedLifetime	Duration	Security Token의 수명 시간
serverNonce	ByteString	다른 요청에는 사용되지 않는 무작위 수

2. CloseSecureChannel

■ CloseSecureChannel(보안 채널 종료): SecureChannel을 종료하는 서비스이다.

요청 파라미터 중에 채널의 식별자인 secureChannelId(보안 채널 ID)를 가지고 있어서, 종료하고자 하는 채널 식별자를 서버에 전송한다. 그러면, 서버는 그 채널을 종료하게 된다.

- Session(세션) 서비스 셋: 서버−클라이언트 어플리케이션 간 세션의 개설, 활성화, 종료 및 취소를 위한 서비스이다. 단위 서비스로는 CreateSession, ActivateSession, CloseSession, Cancel이 있다.

<그림 24>는 Session 서비스 셋 개념이다. 이 서비스 셋은 커뮤니케이션 스택 상의 SecureChannel(보안 채널)을 기반으로 어플리케이션 간 보안성 있고 신뢰성 있는 연결을 위함이다. Session은 서버−클라이언트가 합의한 기간이 지나도록 서비스 요청이 없으면 서버에 의해 종료된다. 이는 서버의 리소스 부하를 낮추기 위함이다. Session이 종료되면 클라이언트는 다시 Session 개설을 요청해야 한다. 친절한 클라이언트라면 CloseSession(세션 종료)을 요청하여 이전 Session을 종료시키는 것이 필요하다.

<그림 24> Session 서비스 셋 개념

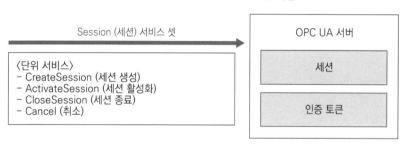

1. CreateSession

- CreateSession(세션 생성): 클라이언트가 세션을 생성할 때 사용하는 서비스이다. 서버는 세션을 고유하게 식별하는 데 중요한 두 개의 값을 반환한다. 하나는 sessionId(세션 ID)로서, 서버의 어드레스 스페이스에서의 세션 식별자이다. 다른 하나는 authentificationToken(인증 토큰)으로서, 서버가 그 세션을 위해 할당한 식별자이다.

서버－클라이언트는 우선적으로 SecureChannel(보안 채널)을 개설하며, 이 채널에는 서버의 authentificationToken과 관련한 고유 식별자 정보가 있다. 그래서, 세션 생성에 사용된 동일한 SecureChannel인 경우에 한하여 그 authentificationToken을 가진 요청에 대한 서비스를 제공한다. <표 10>은 CreateSession 서비스의 파라미터이다.

○ <표 10> CreateSession 서비스 파라미터

Name(명칭)	Type(타입)	Description(설명)
Request(요청)		
requestHeader	RequestHeader	일반적인 서비스 요청용 헤더 정보
clientDescription	ApplicationDescription	클라이언트 어플리케이션 정보
serverUri	String	서버의 URI
endpointUrl	String	세션 엔드포인트 접근에 사용되는 클라이언트의 네트워크 주소
sessionName	String	세션 명칭
clientNonce	ByteString	다른 요청에 사용되지 않는 무작위 수
clientCertificate	ApplicationInstance Certificate	클라이언트에 의해 이슈된 어플리케이션 인스턴스 인증
RequestedSession Timeout	Duration	세션 연결 최대 가능 기간
maxResponseMessage Size	UInt32	반환 메시지의 바이트 최대 크기
Response(반환)		
responseHeader	ResponseHeader	일반적인 서비스 반환용 헤더 정보
sessionId	NodeId	서버가 할당한 세션의 NodeId
authentificationToken	SessionAuthentification Token	서버가 할당한 세션의 고유 식별자 정보
revisedSessionTimeout	Duration	서버가 허용하는 세션 연결 최대 가능 기간
severNonce	ByteString	다른 요청에 사용되지 않는 무작위 수
serverCertificate	ApplicationInstance Certificate	서버에 의해 이슈된 어플리케이션 인스턴스 인증
serverEndpoints[]	EndpointDescription	서버가 제공하는 Endpoint 목록

Name(명칭)	Type(타입)	Description(설명)
serverSignature	SignatureData	서버 인증과 관련한 프라이빗 키에 의한 서명 정보
maxRequestMessageSize	UInt32	요청 메시지의 바이트 최대 크기

2. ActivateSession

- ActivateSession(세션 활성화): 세션 사용자의 인증에 사용되는 서비스이다. 부가적으로 세션의 사용자 변경, 언어 변경, 새로운 SecureChannel(보안 채널)로의 할당에 사용한다.

클라이언트의 사용자 계정과 암호가 이 서비스를 통하여 서버로 전달된다. 이 서비스는 클라이언트에 의해 호출되며, 세션 활성화가 이루어지면 다른 서비스들의 이용이 가능해 진다. 클라이언트는 CreateSession(세션 생성)이 이루어진 동일 어플리케이션에서 ActivateSession을 사용할 수 있다. ActivateSession의 userIdentityToken(사용자 식별 토큰) 파라미터에 사용자 계정과 암호를 담아 서버에게 전달하며, 서버는 접근이 인증된 사용자인지를 판별한다.

3. CloseSession

- CloseSession(세션 종료): 세션을 종료하는 서비스이다. 클라이언트가 더 이상 서버와 연결이 필요 없을 때 사용한다.

CloseSession 실행 후, CloseSecureChannel(보안 채널 종료)을 이용하면 그 채널 또한 종료하게 된다. CloseSession의 deleteSubscriptions(구독 삭제) 파라미터를 이용하여 구독의 삭제를 할 수 있다. 이 값이 TRUE이면 세션에서의 모든 구독을 지우게 되며, FALSE이면 타임아웃되어 자동 종료되기 전까지 그 세션의 구독을 유지할 수 있다.

4. Cancel

- Cancel(취소): 클라이언트가 요청하였으나 아직 처리되지 않은 서비스를 취소하는 서비스이다.

SECTION 06 NodeManagement

- NodeManagement(노드 관리) 서비스 셋: 클라이언트가 어드레스 스페이스상에서 노드와 참조를 더하거나 삭제하는 서비스이다. 단위 서비스로는 AddNodes, AddReferences, DeleteNodes, DeleteReferences가 있다.

앞의 서비스 셋들은 서버–클라이언트 간 접속과 통신을 위한 것이라면, 지금부터는 데이터 교환을 위한 서비스 셋이라고 보면 된다. <그림 25>는 Node Management 서비스 셋 개념이다. 클라이언트가 서버에 의해 제공되는 어드레스 스페이스에 접근하여 정보를 획득할 때, 필요시에는 클라이언트가 노드와 참조의 가감을 서버에게 요청할 수 있다.

<그림 25> NodeManagement 서비스 셋 개념

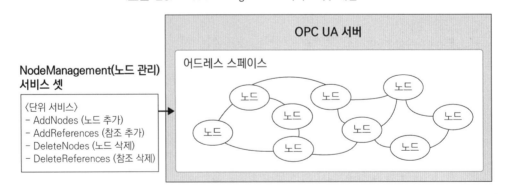

1. AddNodes

- AddNodes(노드 추가): 어드레스 스페이스에 하나 이상의 노드를 추가하는 서비스이다.

이 서비스를 이용하여 추가되는 노드는 지정한 부모 노드의 자식 노드(child node)로 삽입된다. 이는 어드레스 스페이스의 기존 노드 연결을 깨지 않기 위함이다. 또한, 추가 노드에 대한 인스턴스 선언의 모델링 규칙이 존재하면 이를 준수해야 한다. 클라이언트가 노드 추가를 요청할 때, 어드레스 스페이스의 구조를 깬다거나 모델링 규칙을 어기면 서버가 받아들일 수 없다는 것이다. 클라이언트가 서버 접속을 종료하더라도 추가된 노드는 어드레스 스페이스에 계속 존재한다. <표 11>은 AddNodes 서비스의 파라미터이다. 참고로 <표 2>의 serviceResult 파라미터가 서비스 콜 수준의 StatusCode이며, <표 11>의 statusCode 파라미터가 오퍼레이션 수준의 StatusCode이다.

◐ <표 11> AddNodes 서비스 파라미터

Name(명칭)	Type(타입)	Description(설명)
Request(요청)		
requestHeader	RequestHeader	일반적인 서비스 요청용 헤더 정보
nodesToAdd[]	AddNodesItem	추가하고자 하는 노드 목록
parentNodeId	ExpandedNodeId	참조 관계에서의 부모 노드 식별자
referenceTypeId	NodeId	참조 관계에서의 계층적 참조 타입의 NodeId
requestedNewNodeId	ExpandedNodeId	클라이언트가 요청하는 추가 노드의 Expanded NodeId
browseName	QualifiedName	추가 노드의 브라우즈 명칭
nodeClass	NodeClass	추가 노드의 노드 클래스
nodeAttributes	ExtensibleParameter NodeAttributes	노드 클래스에 대한 속성
typeDefinition	ExpandedNodeId	추가 노드의 타입 정의에 대한 NodeId
Response(반환)		
responseHeader	ResponseHeader	일반적인 서비스 반환용 헤더 정보
results[]	AddNodesResult	추가 노드 처리 결과 목록

Name(명칭)	Type(타입)	Description(설명)
statusCode	StatusCode	추가 노드의 상태코드
addedNodeId	NodeId	서버가 할당한 추가 노드의 NodeId
diagnosticInfos[]	DiagnosticInfo	추가 노드 처리에 대한 진단 정보

2. AddReferences

■ AddReferences(참조 추가): 하나 이상의 참조를 추가하는 서비스이다.

클라이언트는 참조 노드를 정의한 후 서버에게 추가를 요청한다. 이 서비스 요청 시, NodeClass(노드 클래스)타입의 targetNodeClass(타깃 노드 클래스) 파라미터가 있다. 이는 추가된 참조가 타깃 노드의 노드 클래스와 일치하는지를 검증하는 데 사용한다. <표 12>는 AddReferences 서비스의 파라미터이다.

○ <표 12> AddReferences 서비스 파라미터

Name(명칭)	Type(타입)	Description(설명)
Request(요청)		
requestHeader	RequestHeader	일반적인 서비스 요청용 헤더 정보
referencesToAdd[]	AddReferencesItem	SourceNode에 추가하고자 하는 노드 목록
sourceNodeId	NodeId	참조가 추가되는 노드의 NodeId
referenceTypeId	NodeId	추가 참조를 정의하는 참조 타입의 NodeId
isForward	Boolean	추가 참조의 방향성(TRUE: 순방향, FALSE: 역방향)
targetServerUri	String	원격 서버의 URI칭
targetNodeId	ExpandedNodeId	타깃 노드의 ExpandedNodeId
targetNodeClass	NodeClass	타깃 노드의 노드 클래스
Response(반환)		
responseHeader	ResponseHeader	일반적인 서비스 반환용 헤더 정보
results[]	StatusCode	추가 참조 처리 결과 목록
diagnosticInfos[]	DiagnosticInfo	추가 참조 처리에 대한 진단 정보

3. DeleteNodes

- DeleteNodes(노드 삭제): 어드레스 스페이스상에서 하나 이상의 노드를 지우는 서비스이다.

이 서비스가 실행되면, 삭제된 노드를 모니터링하던 클라이언트에게는 Bad_NodeId Unknown이라는 상태코드가 통지된다.

4. DeleteReferences

- DeleteReferences(참조 삭제): 하나 이상의 참조를 지우는 서비스이다.

이 서비스가 실행되면, 그 참조 노드가 삭제된다. 삭제된 참조가 있는 뷰(view)에서는 ViewVersion(뷰 버전) 특성 값이 갱신된다.

SECTION 07 View

- View(뷰) 서비스 셋: 클라이언트가 어드레스 스페이스 또는 뷰에 있는 노드들을 검색하고 읽기 위한 브라우징 서비스이다. 단위 서비스로는 Browse, Browse Next, TranslateBrowsePathsToNodeIds, RegisterNodes, UnregisterNodes가 있다.

<그림 26>은 View 서비스 셋 개념이다. View는 서버에 의해 제공되는 일종의 읽기 전용 정보 창이다. 클라이언트는 뷰와 관련된 작업을 요청할 수 있다. 데이터 베이스에서의 뷰와 유사하다.

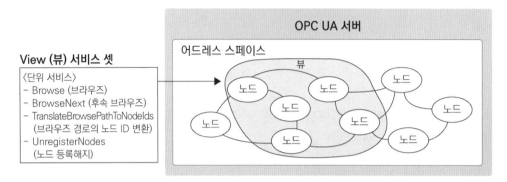

〈그림 26〉 View 서비스 셋 개념

1. Browse

- Browse(브라우즈): 클라이언트가 어드레스 스페이스상의 노드들을 탐색하는 서비스이다. 때로는 탐색의 필터링을 위하여 사용하기도 한다.

이 서비스에 의해 서버는 요청된 노드들의 목록을 반환한다. 서버의 시작 노드 (최상위 노드)가 우선적으로 제공되며, 이 시작 노드로부터 참조 관계로 구조화된 하위 노드들이 검색된다. 고구마를 캐면 고구마 줄기들이 따라 나오는 것을 상상하면 된다. <표 13>은 Browse 서비스의 파라미터이다.

○ 〈표 13〉 Browse 서비스 파라미터

Name(명칭)	Type(타입)	Description(설명)
Request(요청)		
requestHeader	RequestHeader	일반적인 서비스 요청용 헤더 정보
view	ViewDescription	브라우즈 하는 뷰의 상세
requestedMaxReferences PerNode	Counter	클라이언트가 요청하는 시작 노드로부터 연결되는 최대 참조 개수
nodesToBrowse[]	BrowseDescription	브라우즈하는 노드 목록
nodeId	NodeId	브라우즈되는 노드들의 NodeId
browseDirection	EnumBrowseDirection	참조의 방향(FOWARD_0: 순방향, INVERSE_1: 역방향, BOTH_2: 양방향)

Name(명칭)	Type(타입)	Description(설명)
referenceTypeId	NodeId	뒤따르는 참조 타입의 NodeId
includeSubtypes	Boolean	참조타입의 하위타입 포함 여부 (TRUE: 포함, FALSE: 미포함)
nodeClassMask	UInt32	타깃 노드의 노드 클래스
resultMask	UInt32	참조 파라미터 종류 설정
Response(반환)		
responseHeader	ResponseHeader	일반적인 서비스 반환용 헤더 정보
results[]	StatusCode	브라우즈 결과의 목록
diagnosticInfos[]	DiagnosticInfo	브라우즈 처리에 대한 진단 정보

2. BrowseNext

■ BrowseNext(후속 브라우즈): 선행된 Browse 또는 BrowseNext 서비스 결과에 대한 다음 결과를 이어서 받기 위한 서비스이다.

이 서비스는 서버가 많은 양의 정보를 한 번에 전달하기 불가할 때, 남은 정보를 브라우징 하기 위하여 사용한다. 정말로 많은 양의 정보를 보낼 때 또는 클라이언트가 이전 Browse(브라우즈)에서 반환 받는 정보량에 제약을 걸었을 때가 있다. 이 서비스는 이전 Browse 또는 다른 BrowseNext와 동일한 세션에서 처리되어야 한다.

3. TranslateBrowsePathsToNodeIds

■ TranslateBrowsePathsToNodeIds(브라우즈 경로의 노드 ID 변환): 브라우즈 경로 (BrowsePath)를 노드 식별자(NodeId)로 변환을 요청하는 서비스이다.

객체 타입 및 인스턴스 선언에서 동일 BrowsePath(브라우즈 경로)를 사용함으로써, 그 객체 타입을 이용하는 객체의 인스턴스에 접근한다. 그 객체 인스턴스는 각 노드의 고유 식별자인 NodeId(노드 ID)로 구분된다. 그래서, 클라이언트가 원하는 인스턴스를 가져오기 위해서는 BrowsePath를 NodeId로 변환하는 서비스가 필요하다. BrowsePath를 정의할 때에는 시작 노드(starting node)에 대한 상대적 경로(relative path)를 이용한다. 클라이언트는 Browse를 이용하여 이미 시작 노드를 알고 있다. <표 14>는 TranslateBrowsePathsToNodeIds 서비스의 파라미터이다. 구체적인 내용은 2부 3장 8절을 참고 바란다.

○ <표 14> TranslateBrowsePathsToNodeIds 서비스 파라미터

Name(명칭)	Type(타입)	Description(설명)
Request(요청)		
requestHeader	RequestHeader	일반적인 서비스 요청용 헤더 정보
browsePaths[]	BrowsePath	클라이언트가 받기 원하는 NodeId들의 브라우즈 경로
startingNode	NodeId	브라우즈 경로의 시작 노드
relativePath	RelativePath	시작 노드로부터의 상대적 경로
Response(반환)		
responseHeader	ResponseHeader	일반적인 서비스 반환용 헤더 정보
results[]	BrowsePathResult	반환된 브라우즈 경로 목록
statusCode	StatusCode	브라우즈 경로의 상태코드
targets[]	BrowsePathTarget	시작 노드로부터의 상대적 경로의 타깃 목록(동일 타입 정의를 사용하는 여러 인스턴스들이 있을 수 있으므로, 복수 개의 타깃이 존재할 수 있음)
targetId	ExpandedNodeId	각 타깃의 ExpandedNodeId
remainingPathIndex	Index	상대적 경로 목록에서 처리되지 않은 요소의 인덱스
diagnosticInfos[]	DiagnosticInfo	반환된 브라우즈 경로 목록에 대한 진단 정보

4. RegisterNodes

- RegisterNodes(노드 등록): 클라이언트가 반복적으로 접근하는 노드들을 등록하는 서비스이다.

이 서비스는 데이터 쓰기(write)와 메소드 호출에 대한 주기적·반복적인 접근을 최적화하기 위하여 사용한다. 필요한 NodeId(노드 ID)만 등록함으로써 데이터 전송량을 줄이는 데 사용될 수 있다. 또한, 서버는 클라이언트가 필요한 노드들을 파악할 수 있으므로, 이에 대한 최적화가 가능하다. 그러나 이 서비스를 데이터의 주기적·반복적인 읽기(read)에 사용하지 말 것을 추천하는데, OPC UA가 이미 데이터 읽기에 최적화된 메커니즘을 제공하고 있기 때문이다[3].

5. UnregisterNodes

- UnregisterNodes(노드 등록 해지): 등록된 노드들을 해지하기 위한 서비스이다. 이 서비스를 통하여 서버의 리소스 부하를 줄일 수 있다.

SECTION 08 Query

- Query(질의) 서비스 셋: 클라이언트가 필터링된 정보의 검색을 위하여 서버에게 요청하는 쿼리에 대한 서비스이다. 단위 서비스로는 QueryFirst와 QueryNext가 있다.

<그림 27>은 Query 서비스 셋 개념이다. 클라이언트는 쿼리 관련 작업을 요청할 수 있다. View는 시작 노드를 찾고 반환 노드들의 개수를 줄이기 위한 필터링을 위함이다. 반면, Query는 필터링을 위한 질의를 정의하여 이 질의에 만족하는 노드 셋을 반환 받기 위함이다. 각각 데이터베이스의 뷰(view)와 쿼리(query)에 대응되는 개념이다. 그래서 서로 차이가 있다. Query는 타입 정의 노드와 하위 속성을 정의하게 된다. 그리고 필터링 조건을 정의한다. SQL의 select문에서 object.attribute로 표현하는 것 그리고 where문에서 필터링 조건(때 where height >= 100, where name = 'john')을 걸어두는 것과 유사하다. 클라이언트가 Query를 요청하면, 서버는 질의에 부합하는 인스턴스를 찾아 배열형 queryDataSets(질의 데이터셋)를 반환한다. SQL의 반환 테이블인 ResultSet과 유사하다.

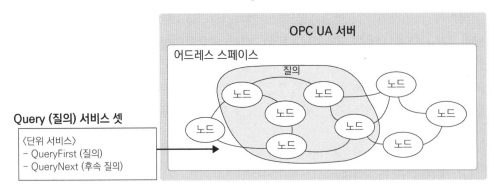

<그림 27> Query 서비스 셋 개념

1. QueryFirst

■ QueryFirst(질의): 클라이언트가 서버에게 질의를 발의하는 서비스이다.

QueryFirst를 이용하여 반환 받고자 하는 nodeType(노드 타입)과 dataToReturn(반환 데이터) 목록을 정의한다. 그리고 ContentFilter(컨텐츠 필터) 타입의 Filter(필터)를 이용하여 필터링 조건을 규정한다. <표 15>는 QueryFirst 서비스의 파라미터이다.

◉ <표 15> QueryFirst 서비스 파라미터

Name(명칭)	Type(타입)	Description(설명)
Request(요청)		
requestHeader	RequestHeader	일반적인 서비스 요청용 헤더 정보
View	ViewDescription	쿼리하는 뷰의 상세
nodeTypes[]	NodeTypeDescription	노드 타입의 상세
typeDefinitionNode	ExpandedNodeId	반환받고자 하는 인스턴스가 속한 타입 정의 노드의 식별자
includeSubtypes	Boolean	타입 정의 노드의 서브 타입에 대한 인스턴스 포함 유무
dataToReturn[]	QueryDataDescription	타입 정의 노드에 포함된 반환받고자 하는 속성 또는 참조 상세
relativePath	RelativePath	시작 노드로부터의 상대적 경로

Name(명칭)	Type(타입)	Description(설명)
attributeId	IntegerId	속성의 ID
indexRange	NumericRange	반환받는 배열의 차원 정의
Filter	ContentFilter	질의 조건
maxDataSetsToReturn	Counter	서버로부터 반환받고자하는 QueryDataSet의 갯수
maxReferencesToReturn	Counter	각 QueryDataSet에서 반환받기를 원하는 참조의 개수
Response(반환)		
responseHeader	ResponseHeader	일반적인 서비스 반환용 헤더 정보
queryDataSets[]	QueryDataSet	서버에 의해 반환되는 질의 결과에 대한 데이터 셋
continuationPoint	ContinuationPoint	서버가 결정하는 쿼리 결과의 제약 (QueryNext를 위해 사용)
parsingResults[]	ParsingResult	쿼리 처리 결과 목록
statusCode	StatusCode	요청된 NodeTypeDescription에 대한 상태코드
dataStatusCodes[]	StatusCode	각 dataToReturn에 대한 상태코드
dataDiagnosticInfos[]	DiagnosticInfo	dataToReturn에 대한 진단 정보
diagnosticInfos[]	DiagnosticInfo	요청된 NodeTypeDescription에 대한 진단 정보
filterResult	ContentFilterResult	필터 처리와 관련된 에러

2. QueryNext

- QueryNext(후속 질의): 선행 QueryFirst 또는 다른 QueryNext의 결과에 대한 다음 결과를 이어서 받기 위한 서비스이다.

이 서비스는 서버가 많은 양의 정보를 한 번에 전달하기 불가할 때, 남은 정보를 받아올 때 사용한다. 정말로 많은 양의 정보를 보낼 때 또는 클라이언트가 이전 QueryFirst(질의)에서 반환 받는 정보량에 제약을 걸었을 때이다. <표 15>의 continuationPoint(연속점) 파라미터의 제약에 의해 QueryNext가 작동된다. 먼저 서버가 continuationPoint 값만큼 queryDataSets(질의 데이터 셋)을 반환한다. 그리고 나서 클라이언트는 continuationPoint을 QueryNext에 포함하여 서버로 보내면, 서버는 이 continuationPoint을 감안하여 그 다음 queryDataSets을 반환하는 메커니즘이다. 이 서비스는 이전 QueryFirst 또는 다른 QueryNext와 동일한 세션에서 처리되어야 한다.

■ Attribute(속성) 서비스 셋: 클라이언트가 어드레스 스페이스상의 노드들에 대한 현재 또는 과거 속성(attribute) 값을 읽고 쓰기 위한 서비스이다. 단위 서비스로는 Read, HistoryRead, Write, HistoryUpdate 서비스가 있다.

<그림 28>은 Attribute 서비스 셋 개념이다. 이 서비스 셋은 객체 타입 노드, 객체 노드, 변수 타입 노드, 변수 노드, 참조 노드 및 데이터 타입 노드안에 존재하는 속성들에 접근한다. 현재 속성 값을 읽기(read) 및 쓰기(write) 위하여 그리고 과거 속성 값의 읽기와 쓰기를 위해서도 사용한다. 또한, 어드레스 스페이스의 메타 데이터를 정의한 노드들의 속성을 읽고 쓰기 위하여 사용할 수 있다.

<그림 28> Attribute 서비스 셋 개념

<단위 서비스>
- Read (읽기)
- HistoryRead (과거 속성 읽기)
- Write (쓰기)
- HistoryUpdate (과거 속성 갱신)

Attribute (속성) 서비스 셋

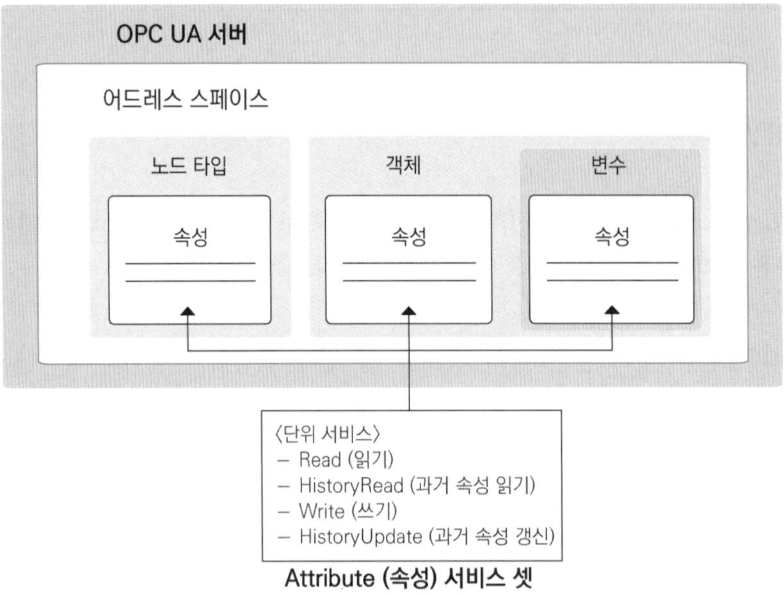

1. Read

- Read(읽기): 하나 이상의 노드에 포함된 하나 이상의 속성을 읽기 위한 서비스이다.

이 서비스는 일회성이나 이벤트성일 때 혹은 속성 값들을 벌크로 가져올 때 사용하는 것을 추천한다. 일반적으로 모든 노드의 속성 값을 읽을 수 있다. 이후에 설명할 MonitoredItem(모니터 아이템)과 Subscription(구독) 서비스 셋에도 유사한 데이터 읽기 서비스들이 존재한다. 이 두 서비스 셋은 지속적이면서 주기적이거나 아니면 구독 형태의 데이터 읽기에 적합하다.

변수의 속성에 대한 읽기 권한은 AccessLevel(접근 수준) 또는 UserAccessLevel(사용자 접근 수준)에 의하여 지정된다. 이 속성의 CurrentRead(현재 데이터 읽기)가 TRUE이면 읽기 가능, FALSE이면 읽기 불가능을 나타낸다. 속성이 배열형인 경우, 배열 전체, 배열 일부 또는 배열의 개별 항목 형태로 선택적인 읽기가 가능하다. maxAge(최대 기간) 파라미터를 통하여 반환 받고자 하는 속성의 유효 기간을 설정하며, 그 기간 안의 속성 값들을 읽을 수 있다. <표 16>은 Read 서비스의 파라미터이다.

○ <표 16> Read 서비스 파라미터

Name(명칭)	Type(타입)	Description(설명)
Request(요청)		
requestHeader	RequestHeader	일반적인 서비스 요청용 헤더 정보
maxAge	Duration	읽고자 하는 속성값의 최대 기간 (0인 경우, 현재 값 읽기)
timestampsToReturn	EnumTimestamps ToReturn	서버가 반환할 때의 타임스탬프 종류(SOURCE_0: 소스, SERVER_1: 서버, BOTH_2: 소스 및 서버, NEITHER_3: 둘 다 아님)
nodesToRead[]	ReadValueId	읽고자 하는 노드 목록과 그들의 속성들
nodeId	NodeId	읽고자 하는 노드의 식별자
attributeId	IntegerId	노드 내 속성의 식별자
indexRange	NumericRange	배열형 속성에서 읽고자 하는 요소들의 범위
dataEncoding	QualifiedName	DataTypeEncoding의 BrowseName

Name(명칭)	Type(타입)	Description(설명)
Response(반환)		
responseHeader	ResponseHeader	일반적인 서비스 반환용 헤더 정보
results[]	DataValue	반환되는 속성 값 목록
diagnosticInfos[]	DiagnosticInfo	요청된 Read 서비스에 대한 진단 정보

2. HistoryRead

■ HistoryRead(과거 속성 읽기): 하나 이상의 노드에 대한 과거의 속성 값 또는 과거의 이벤트를 읽기 위한 서비스이다.

과거 속성이나 이벤트가 어드레스 스페이스상에 나타나 있지 않아도, 클라이언트가 이 서비스를 요청하면 서버는 과거 속성 값 또는 이벤트를 제공할 필요가 있다. Read(읽기)와 마찬가지로, AccessLevel(접근 수준) 속성의 HistoryRead(과거 데이터 읽기)가 TRUE이면 읽기 가능, FALSE이면 읽기 불가능을 나타낸다. 과거 이벤트 접근은 EventNotifier 속성에 따라 가능하기도 불가능하기도 하다.

3. Write

■ Write(쓰기): 하나 이상의 노드에 포함된 하나 이상의 속성에 값을 쓰기 위한 서비스이다.

원칙적으로 Write는 변수 노드의 값 속성에 대해서만 적용 가능하다. 변수 속성의 쓰기 권한은 AccessLevel(접근 수준) 또는 UserAccessLevel(사용자 접근 수준)에 의해 부여되며, CurrentWrite(현재 데이터 쓰기)가 TRUE이면 쓰기 가능, FALSE이면 쓰기 불가능이다. 서버가 승인하는 한, 그 외 노드의 속성도 쓰기는 가능하다. 이 쓰기 권한은 WriteMask(쓰기 마스크) 또는 UserWriteMask(사용자 쓰기 마스크)에 의해 부여된다. Read와 마찬가지로, 배열형 속성은 배열 전체, 배열 부분 또는 배열의 개별 항목 형태로 쓰기가 가능하다. <표 17>은 Write 서비스의 파라미터이다. Read는 읽고자 하는 nodeId(노드 ID), attributeId(속성 ID) 및 indexRange(배열 범위)의 식별 파라미터가 있다. Write는 실제 값을 쓰기 위한 value 파라미터가 추가된 것을 알 수 있다.

○ <표 17> Write 서비스 파라미터

Name(명칭)	Type(타입)	Description(설명)
Request(요청)		
requestHeader	RequestHeader	일반적인 서비스 요청용 헤더 정보
nodesToWrite[]	WriteValue	쓰고자 하는 노드 목록과 그들의 속성들
nodeId	NodeId	쓰고자 하는 속성이 포함된 노드의 식별자
attributeId	IntegerId	노드 내 속성의 식별자
indexRange	NumericRange	배열형 속성에서 쓰고자 하는 요소들의 범위
value	DataValue	쓰고자 하는 속성의 실제 값
Response(반환)		
responseHeader	ResponseHeader	일반적인 서비스 반환용 헤더 정보
results[]	StatusCode	쓰기 결과에 대한 상태코드
diagnosticInfos[]	DiagnosticInfo	요청된 Write 서비스에 대한 진단 정보

4. HistoryUpdate

■ HistoryUpdate(과거 속성 갱신): 하나 이상의 노드에 대한 과거의 속성 값 또는 과거의 이벤트를 갱신하기 위한 서비스이다.

가능한 활동은 삽입(insert), 교체(replace) 또는 삭제(delete)이다. 마찬가지로, Access Level(접근 수준) 또는 UserAccessLevel(사용자 접근 수준)의 HistoryWrite(과거 데이터 쓰기)가 TRUE이면 가능, FALSE이면 불가능이다.

- Method(메소드) 서비스 셋: 클라이언트가 어드레스 스페이스상의 객체 타입 및 객체 노드에 존재하는 메소드를 호출하는 서비스이다. 단위 서비스로는 Call 하나만 있다.

<그림 29>는 Method 서비스 셋 개념이다. 클라이언트가 입력 매개변수와 함께 메소드를 호출하면, 서버는 메소드를 실행한 후 처리 결과인 출력 매개변수와 상태 코드를 반환한다. 메소드 실행 시간은 주어진 환경 및 메소드 기능에 따라 상이하다. 서버에 어떤 메소드들이 있는지는 Browse 및 Query 서비스를 이용하여 탐색할 수 있다.

<그림 29> Method 서비스 셋 개념

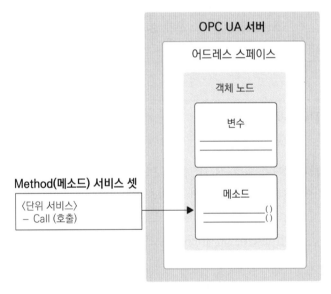

1. Call

- Call(호출): 메소드를 호출하기 위한 서비스이다.

메소드를 호출하려면 클라이언트는 해당 객체 노드 및 메소드의 식별자와 함께 입력 매개변수(inputArguments) 값을 보낸다. 서버는 메소드를 실행시키며, 메소드의 결과를 results(결과)에 담아서 반환한다. 만약 메소드가 호출된 세션이 종료되면, 서버에서의 메소드 작업과는 별개로 그 메소드의 실행 결과는 클라이언트에게 전달되지 않고 소멸된다. <표 18>은 Call 서비스의 파라미터이다.

○ <표 18> Call 서비스 파라미터

Name(명칭)	Type(타입)	Description(설명)
Request(요청)		
requestHeader	RequestHeader	일반적인 서비스 요청용 헤더 정보
methodsToCall[]	CallMethodRequest	호출하는 메소드 목록
objectId	NodeId	메소드가 포함된 객체 또는 객체 타입의 NodeId
methodId	NodeId	호출하는 메소드의 NodeId
inputArguments[]	BaseDataType	입력 매개변수 값 목록
Response(반환)		
responseHeader	ResponseHeader	일반적인 서비스 반환용 헤더 정보
results[]	CallMethodResult	메소드 호출 결과
statusCode	StatusCode	실행된 메소드별 상태코드
inputArgumentResults[]	StatusCode	입력 매개변수별 처리 결과의 상태코드
inputArgumentDiagnosticInfos[]	DiagnosticInfo	입력 매개변수별 진단 정보
outputArguments[]	BaseDataType	출력 매개변수 값 목록
diagnosticInfos[]	DiagnosticInfo	요청된 Call 서비스에 대한 진단 정보

SECTION 11 MonitoredItem

■ MonitoredItem(모니터 아이템) 서비스 셋: 클라이언트가 서버로부터 모니터링하고자 하는 아이템들(노드, 변수, 속성, 이벤트 등)을 생성, 수정 및 삭제하는 서비스이다. 단위 서비스로는 CreateMonitoredItems, ModifyMonitoredItems, SetMonitoring

Mode, SetTriggering, DeleteMonitoredItems가 있다.

<그림 30>은 MonitoredItem과 Subscription(구독) 서비스 셋의 개념이다. Subscription은 클라이언트가 필요한 구독의 생성, 수정 및 삭제를 위한 서비스이다. 데이터 수집 역할의 클라이언트라면 데이터 수집 용도로 MonitoredItem과 Subscription을 많이 사용할 것이다.

<그림 30> MonitoredItem과 Subscription 서비스 셋 개념

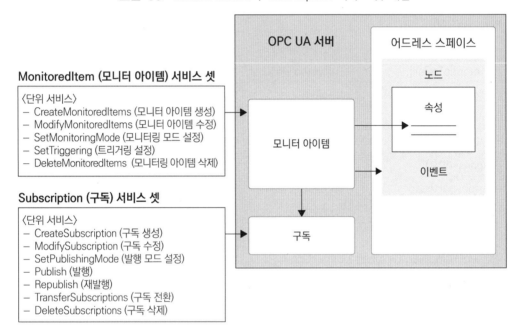

클라이언트는 모니터링하고자 하는 즉, 데이터를 수집하고자 하는 아이템들을 서버에 등록한다. 그 아이템에서 현재 값이나 변동 값이 발생하는 경우, 서버는 구독 서비스에 의하여 클라이언트에게 그 아이템의 변경에 대한 통지(notification) 메시지를 발송한다. 클라이언트는 수집 데이터와 처리 결과를 포함한 통지 메시지를 받아서 원하는 작업을 수행하는 것이다. RSS(Really Simple Syndication) 서비스와 유사하다. RSS는 인터넷상의 수많은 정보 중 이용자가 원하는 것만 골라볼 수 있는 맞춤형 정보 제공 서비스이다. 컨텐츠 업데이트가 자주 일어나는 웹사이트에서 업데이트된 컨텐츠를 구독하기 위하여 사용한다. RSS에서 구독하고자 하는 웹사이트를 등록하면, 사용자는 업데이트된 컨텐츠를 구독하는 과정과 유사하다.

클라이언트는 데이터와 이벤트 구독을 위하여 MonitoredItem을 정의한다. 각 MonitoredItem은 모니터링되는 항목을 정의하고, Subscription에 의해 클라이언트에게 전달되는 Notification(통지)을 생성한다. Notification은 데이터 변경 및 이벤트 발생의 여부를 서술하는 데이터 구조이다. Notification은 서버가 발행하며, NotificationMessages(통지 메시지)에 담겨서 클라이언트에게 전송된다. Subscription은 설정된 발행 주기(publishing interval)에 맞추어서 주기적으로 통지 메시지를 클라이언트에게 전달한다.

MonitoredItem은 트리거링(triggering)에 의한 MonitoredItem의 추가가 가능하다. 하나의 MonitoredItem이 있고 여기에 여러 개의 MonitoredItem들이 연결되어 있다고 하자. 만약 그 MonitoredItem이 트리거 되면, 연결된 MonitoredItem들도 활성화되고 각자 독립적인 수명주기를 갖는 방식이다.

<그림 31>은 MonitoredItem의 메커니즘을 설명하고 있다. MonitoredItem을 정의할 때, 다음의 MonitoringParameter(모니터링 파라미터) 설정이 필요하다.

<그림 31> MonitoredItem 메커니즘

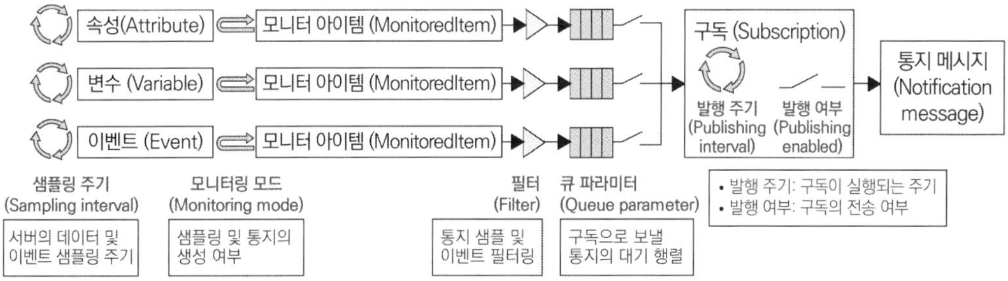

- 샘플링 주기(sampling interval): 서버가 변수 값의 변화를 체크하는 주기이다.

- 모니터링 모드(monitoring mode): MonitoredItem의 샘플링 활성화 또는 비활성화 여부를 설정한다. 그리고 Notification의 활성화 또는 비활성화 여부를 설정한다.

- 필터(filter): 서버가 각 MonitoredItem에 대하여 Notification을 생성할지 말지를 결정한다. 필터의 종류는 MonitoredItem에 따라 다르다. MonitoredItem이 변수 값일 때에는 DataChangeFilter(데이터 변화 필터)와 AggregateFilter(집계 필터)를, 이벤트일 때는 EventFilter(이벤트 필터)를 사용한다.

■ 큐 파라미터(queue parameter): QueueSize(큐 사이즈)와 DiscardOldest(最古 샘플 버림)으로 구성되며, 샘플링에 의한 Notification의 큐를 설정한다. Notification 이 QueueSize를 초과할 때, DiscardOldest 정책에 따라 큐의 정책이 달라진 다. <그림 32>와 같이, DiscardOldest가 TRUE이면 순차적으로 가장 오래된 Notification을 버린다. FALSE이면 가장 최근 Notification이 바로 이전 Notification을 대체하게 된다. 클라이언트는 QueueSize가 컸으면 하지만, 서버 는 리소스의 부담이 발생하므로 서버가 결정한 QueueSize를 클라이언트에게 반환하기도 한다.

<그림 32> Queue 오버플로우 정책[5]

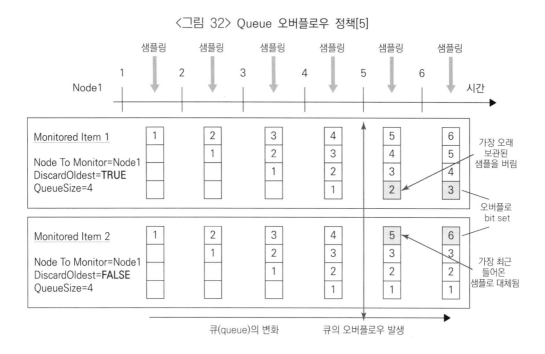

1. CreateMonitoredItems

■ CreateMonitoredItems(모니터링 아이템 생성): Subscription(구독)을 위한 Monito redItem(모니터 아이템)을 생성하고 초기 설정을 위한 서비스이다.

클라이언트가 요청한 MonitoredItem 목록과 MonitoringParameter(모니터링 파라미터)에 의거하여 서버는 MonitoredItem 등록 절차를 수행한다. 클라이언트는 더 많은 MonitoredItem의 등록을 원하지만, 서버의 성능에 영향을 미친다. 서버는 자신의 상태 및 역량을 기준으로 수정된 MonitoringParameter를 반환할 수 있다. 클라이언트가 접근이 거부된 모니터링 아이템을 생성하는 경우, 서버는 이에 대한 거부 상태코드를 반환한다. 모니터링 아이템을 생성했더라도 어드레스 스페이스에서 그 아이템을 삭제할 수 있다. 이때 서버는 아이템이 없음에 대한 상태코드를 반환한다. <표 19>는 CreateMonitoredItems 서비스의 파라미터이다.

◉ <표 19> CreateMonitoredItems 서비스 파라미터

Name(명칭)	Type(타입)	Description(설명)
Request(요청)		
requestHeader	RequestHeader	일반적인 서비스 요청용 헤더 정보
subscriptionId	IntegerId	MonitoredItem의 Subscription을 위한 서버가 할당한 식별자
timestampsToReturn	EnumTimestampsToReturn	MonitoredItem에 대한 타임스탬프 종류
itemsToCreate[]	MonitoredItemCreateRequest	Subscription을 위하여 생성하고자 하는 MonitoredItem 목록
itemsToMonitor	ReadValueId	어드레스 스페이스상의 모니터링될 아이템의 식별자
monitoringMode	EnumMonitoringMode	샘플링(sampling)과 통지(notification)에 대한 모니터링 모드
requestedParameters	MonitoringParameters	클라이언트가 요청하는 모니터링 파라미터
clientHandle	IntegerId	MonitoredItem에 대한 클라이언트가 지정한 식별자
samplingInterval	Duration	샘플링 주기
filter	ExtensibleParameter MonitoringFilter	서버가 각 MonitoredItem에 대하여 Notification을 생성할지 말지를 결정
queueSize	Counter	MonitoredItem의 큐 사이즈
discardOldest	Boolean	큐에서의 가장 오래된 Notification의 처리 여부
Response(반환)		
responseHeader	ResponseHeader	일반적인 서비스 반환용 헤더 정보
results[]	MonitoredItemCreateResult	생성된 MonitoredItem의 결과 목록

Name(명칭)	Type(타입)	Description(설명)
statusCode	StatusCode	각 MonitoredItem의 상태코드
monitoredItemId	IntegerId	서버가 할당한 MonitoredItem의 식별자
revisedSampling Interval	Duration	서버가 사용할 실제 샘플링 주기
revisedQueueSize	Counter	서버가 사용할 실제 큐 사이즈
filterResult	ExtensibleParameter MonitoringFilterResult	filter에 대한 서버의 실제 파라미터 값 또는 처리에러 값
diagnosticInfos[]	DiagnosticInfo	요청된 MonitoredItem 생성에 대한 진단 정보

2. ModifyMonitoredItems

- ModifyMonitoredItems(모니터 아이템 수정): Subscription(구독) 안의 MonitoredItem(모니터 아이템)을 수정하는 서비스이다.

이 서비스가 호출되면, 서버는 바로 MonitoredItem에 대한 수정 작업이 이루어진다. 필요에 따라 MonitoringParameter(모니터링 파라미터)를 수정할 수 있다.

3. SetMonitoringMode

- SetMonitoringMode(모니터링 모드 설정): Subscription(구독) 안의 MonitoredItem(모니터 아이템)에 대한 모니터링 모드(monitoringMode)를 설정하는 서비스이다.

monitoringMode는 열거형 타입이다. DISABLED_0은 샘플링(sampling)과 통지(notification) 불가, SAMPLING_1은 샘플링 가능과 통지 불가, REPORTING_2는 샘플링과 통지 모두 가능을 나타낸다.

4. SetTriggering

- SetTriggering(트리거링 설정): 트리거링 하는 그리고 트리거링 되는 MonitoredItem

(모니터 아이템)을 생성하거나 삭제하는 서비스이다.

앞에서 설명한 트리거링(triggering)에 대한 설정이다. 한 MonitoredItem이 트리거 되면 연결된 MonitoredItem들도 활성화된다.

5. DeleteMonitoredItems

- DeleteMonitoredItems(모니터 아이템 삭제): Subscription(구독) 안의 MonitoredItem (모니터 아이템)을 삭제하는 서비스이다.

클라이언트가 불필요한 MonitoredItem을 삭제할 때 요청하는 서비스이다. 트리거 링하는 MonitoredItem이 삭제되는 경우, 트리거링 되는 MonitoredItem들과의 연결 이 끊긴다. 트리거링되는 MonitoredItem은 고유의 수명주기를 가지므로 삭제되는 것이 아니다. 트리거링하는 MonitoredItem과의 연결이 끊긴다는 것이다.

SECTION 12 Subscription

- Subscription(구독) 서비스 셋: 서버가 클라이언트에게 데이터나 이벤트에 대한 통 지를 위한 서비스이다. 단위 서비스로는 CreateSubscription, ModifySubscription, SetPublishingMode, Publish, Republish, TransferSubscriptions, DeleteSubscriptions 가 있다.

클라이언트가 서버에 등록한 MonitoredItem(모니터 아이템)에 대하여 구독을 신청 하고 발행을 요청하면, 서버는 MonitoredItem에 대하여 발행에 대한 반환으로서 NotificationMessage(통지 메시지)를 클라이언트에게 보내는 것이다. MonitoredItem 서비스 셋만 가지고 서버가 데이터를 전송하는 것은 아니다. MonitoredItem은 관심 있 는 데이터 항목이나 이벤트를 서버에 등록만 하는 것이다. 실제 데이터와 이벤트 전송 은 Subscription 서비스 셋에 의하여 실시되며, NotificationMessage 안의 Notification

Data(통지 데이터)에 담겨져서 전송된다.

데이터 사용자에게는 가장 필요한 서비스 셋이지만, Subscription의 메커니즘은 이해하기 쉽지 않다. 단순하게 서버가 데이터나 이벤트 정보를 메시지에 담아 클라이언트에게 전달하면 되는 것 아닌가라고 생각할 수 있다. 그런데, OPC UA에서는 서버-클라이언트 간 데이터 교환의 신뢰성과 완벽성을 추구하다보니, 여러 장치가 심겨져 있다. 서버의 장애나 네트워크 일시 단절 등으로 데이터 손실 문제가 발생했을 때, 이러한 문제의 감지 및 극복을 위한 장치가 대표적이다. 클라이언트가 데이터 손실의 인지 및 손실 규모를 파악한 후 손실 데이터를 재요청하도록, 서버는 Subscription의 로직(현재 상태, 조건, 액션, 다음 상태) 및 필요 정보를 제공하고 있다.

<그림 33>은 Subscription 메커니즘을 나타낸 것이다. 클라이언트의 발행 요청은 큐(queue)에 쌓인다(<그림 31>의 큐와는 다른 것이다). 서버는 이를 순차적으로 처리하여 발행 반환을 수행한다. 클라이언트가 구독 생성을 요청하고 등록된 MonitoredItem 중에서 발행 요청한 항목에 대해서만 서버가 처리하여 통지 메시지를 보낸다.

<그림 33> Subscription 메커니즘

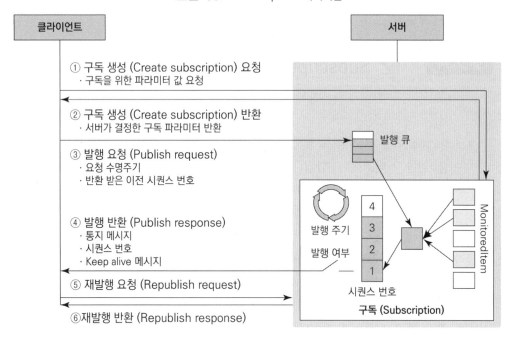

<그림 34>는 SDK에서 MonitoredItem 서비스 셋과 Subscription 서비스 셋의 오

퍼레이션 호출 순서를 나타낸다. CreateSubscription을 이용하여 subscriptionID를 생성한다. 그 후, CreateMonitored Item을 이용하여 subscriptionID와 MonitoredItem 목록을 연결한다.

<그림 34> MonitoredItem 및 Subscription 호출 순서

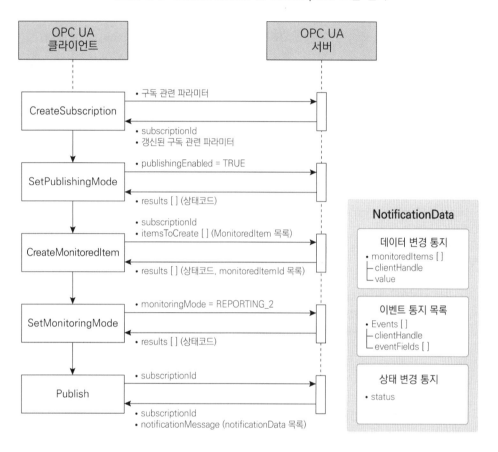

발행 요청과 반환에 대하여 각각의 수명 주기가 있으므로, 통지 메시지가 제때 전달되는지 파악할 수 있다. 클라이언트가 발행 요청을 했을 때, 서버는 통지할 사항이 없더라도 서버에 연결되었음(keep alive)을 알리는 빈 메시지를 보낸다. 서버는 통지 메시지 안에 시퀀스 번호를 부여하여 전송한다. 클라이언트는 수령된 시퀀스 번호를 다음 발행 요청에 포함하여 서버에게 전달한다. 이러한 방법으로 서버는 클라이언트가 제대로 통지 메시지를 받고 있는지 파악이 가능하다. 예를 들어, 서버는 5번까지 보냈는데, 클라이언트가 3번까지 받았다고 답신하면, 4와 5의 통지 메

시지가 손실된 것이다. 서버는 손실된 4번과 5번을 클라이언트에게 알려주고, 클라이언트는 4번과 5번의 재발행을 요청한다. Subscription의 핵심 전달자인 통지 메시지(notification message)의 요구사항을 정리하면 다음과 같다[3].

- 서버가 통지 메시지(notification message)를 트리거하여 전송한다.

- 클라이언트가 서버에게 발행 요청에 대한 수명 주기(life ping)를 보낸다.

- 서버가 클라이언트에게 통지할 사항이 없더라도 연결 유효(keep alive) 메시지를 보낸다.

- 클라이언트가 메시지 손실을 인지하기 위하여 서버는 통지 메시지 안에 시퀀스 번호를 포함하여 전송한다.

- 클라이언트는 수령한 시퀀스 번호를 서버에게 보낸다.

- 손실된 통지 메시지가 있으면 서버가 이 메시지를 재전송한다.

✔ **Explanation/**

3장 서비스의 발행(publish)과 구독(subscription)은 2장 시스템의 Pub-Sub과는 다른 개념이다. 2장에서의 발행과 구독은 Pub-Sub 구조를 의미하는 반면, 3장에서의 구독은 데이터 교환을 위한 서비스 셋이다. 그리고 발행은 구독 서비스 셋 안의 하나의 서비스이다.

1. CreateSubscription

- CreateSubscription(구독 생성): 구독을 생성하기 위한 서비스이다. 주로 Subscription(구독) 생성에 필요한 파라미터들을 설정하는 용도이다.

이 서비스에 의하여 Subscription이 생성된다. 이 서비스의 설정을 기반으로 MonitoredItem(모니터 아이템)에 대하여 모니터링을 하고, Notification(통지)을 발행한다. 클라이언트가 Publish 서비스를 요청하면 서버는 이에 대한 Notification을 반환하게 되는 것이다. <표 20>은 CreateSubscription 서비스의 파라미터이다.

◎ <표 20> CreateSubscription 서비스 파라미터

Name(명칭)	Type(타입)	Description(설명)
Request(요청)		
requestHeader	RequestHeader	일반적인 서비스 요청용 헤더 정보
requestedPublishingInterval	Duration	주기적인 통지 메시지 전달을 위해 요청하는 발행 주기(밀리초)
requestedLifetimeCount	Counter	클라이언트의 무활동으로 인하여 발행 주기가 종료되는 수명 주기 횟수 (KeepAliveCount의 최소 3배 이상이어야 함)
requestedMaxKeepAliveCount	Counter	서버가 클라이언트에 보내는 keep alive 메시지의 최대 횟수
maxNotificationsPerPublish	Counter	하나의 Publish 반환에 대한 최대 notification 개수
publishingEnabled	Boolean	구독에 대한 Publishing 가능 여부 (TRUE: 가능, FALSE: 불가능)
priority	Byte	구독의 상대적 우선순위
Response(반환)		
responseHeader	ResponseHeader	일반적인 서비스 반환용 헤더 정보
subscriptionId	IntegerId	구독을 위하여 서버가 할당한 식별자 (서버 내에서 고유함)
revisedPublishingInterval	Duration	서버가 결정한 발행 주기
revisedLifetimeCount	Counter	서버가 결정한 수명 주기 횟수
revisedMaxKeepAliveCount	Counter	서버가 결정한 keep alive 메시지의 최대 횟수

2. ModifySubscription

■ ModifySubscription(구독 수정): 구독(subscription)을 수정하기 위한 서비스이다.

<표 20>의 Request에 subscriptionId(구독 ID) 서비스 파라미터가 추가된다. 이 식별자는 서버로부터 받는다.

3. SetPublishingMode

- SetPublishingMode(발행 모드 설정): 하나 이상의 구독에 대하여 통지 메시지의 전송 여부를 설정하는 서비스이다.

서버에서 발행한 subscriptionId(구독 ID)에 대한 통지 메시지의 발행 여부를 불리언형 publishingEnabled(발행 가능) 파라미터를 이용하여 설정한다.

4. Publish

- Publish(발행): 서버에게 통지 메시지 또는 연결 유효(keep alive) 메시지의 반환을 요청하는 서비스이다. 통지 메시지 수령에 대한 답신을 보내는 데 사용하는 서비스이기도 하다.

CreateSubscription(구독 생성)의 파라미터를 기준으로, 서버에 의해 할당된 subscriptionId(구독 ID)에 대한 NotificationMessage(통지 메시지)를 요청한다. 서버는 NotificationMessage를 반환하는데, 이 안의 NotificationData(통지 데이터) 목록에 데이터 및 이벤트 변경 정보를 담아서 보낸다. NotificationData는 통지되는 정보의 유형에 따라 다른 구조를 가진다. 정보 유형으로는 데이터 변경(data change), 이벤트 발생(event notification) 및 구독 상태코드 변경(status change)이 있다. <표 21>은 Publish 서비스의 파라미터이다. <표 22>는 NotificationData의 유형별 파라미터이다.

○ <표 21> Publish 서비스 파라미터

Name(명칭)	Type(타입)	Description(설명)
Request(요청)		
requestHeader	RequestHeader	일반적인 서비스 요청용 헤더 정보
subscriptionAcknowledgements[]	SubscriptionAcknowledgement	구독에 의한 통지 메시지 수령 정보 목록
subscriptionId	IntegerId	구독을 위하여 서버가 할당한 식별자

Name(명칭)	Type(타입)	Description(설명)
sequenceNumber	Counter	수령한 통지 메시지의 일련 번호
Response(반환)		
responseHeader	ResponseHeader	일반적인 서비스 반환용 헤더 정보
subscriptionId	IntegerId	구독을 위하여 서버가 할당한 식별자
availableSequence Numbers[]	Counter	클라이언트가 수령받지 못한 통지 메시지의 일련 번호 목록
moreNotifications	Boolean	하나의 반환에 모든 통지를 담는지 여부 (TRUE: 하나의 반환에 못 담음, FALSE: 하나의 반환에 모두 담음)
notificationMessage	NotificationMessage	통지 메시지 정보
sequenceNumber	Counter	통지 메시지의 일련 번호
publishTime	UtcTime	메시지가 클라이언트에게 보내진 시각
notificationData[]	ExtensibleParameter NotificationData	통지 유형(데이터 변경, 이벤트, 구독 상태 변경)에 따라 구조화되는 통지 데이터
results[]	StatusCode	메시지 수령의 결과에 대한 상태코드 목록
diagnosticInfos[]	DiagnosticInfo	Publish에 대한 진단 정보 목록

○ <표 22> NotificationData 파라미터

Name(명칭)	Type(타입)	Description(설명)
Data Change Notification (데이터 변경 통지)	Structure	데이터 변경의 NotificationData 구조
monitoredItems[]	MonitoredItem Notification	변화가 감지된 MonitoredItem 목록
clientHandle	IntegerId	클라이언트에 의해 핸들링되는 MonitoredItem의 식별자
value	DataValue	모니터링되는 속성의 상태코드, 값과 타임스탬프
diagnosticInfos[]	DiagnosticInfo	데이터 변경 통지의 진단 정보
Event Notification List (이벤트 통지 목록)	Structure	이벤트 발생의 NotificationData 구조
events[]	EventFieldList	전달되는 이벤트 목록
clientHandle	IntegerId	클라이언트에 의해 핸들링되는 MonitoredItem의 식별자

Name(명칭)	Type(타입)	Description(설명)
eventFields[]	BaseDataType	이벤트 필드의 목록
Status Change Notification (상태 변경 통지)	Structure	구독 상태코드의 NotificationData 구조
status	StatusCode	변경된 상태에 대한 상태코드
diagnosticInfo	DiagnosticInfo	상태 변경 통지의 진단 정보

5. Republish

- Republish(재발행): 수령하지 못한 통지 메시지의 재전송을 요청하기 위한 서비스이다.

앞서 설명한 Subscription 메커니즘 중에서 재발행을 위한 서비스이다. 클라이언트는 전달받지 못한 통지 메시지의 시퀀스 번호를 파악하고, 서버에게 그 통지 메시지의 재전송을 요청하는 것이다. 해당 구독에 대한 식별자와 재전송이 필요한 시퀀스 번호를 요청하는데, 각각 subscriptionID(구독 ID)와 retransmitSequenceNumber (재전송 시퀀스 번호) 파라미터로 표현된다.

6. TransferSubscriptions

- TransferSubscriptions(구독 전환): 구독을 다른 세션으로 옮기는 데 사용하는 서비스이다.

클라이언트가 세션을 다시 개시할 때, 그 세션으로의 구독 변경을 요청할 때 사용한다. 또는 하나의 클라이언트가 다른 클라이언트의 구독을 인계(take over) 받을 때 사용한다. 서버는 해당 구독을 새로운 세션으로 전환하며, 전환된 결과를 통지 메시지의 StatusChangeNotification(상태 변경 통지)에 담아서 반환한다.

7. DeleteSubscriptions

■ DeleteSubscriptions(구독 삭제): 세션 내의 하나 이상의 구독을 삭제하기 위한 서비스이다.

클라이언트는 삭제하고자 하는 구독의 subscriptionId(구독 ID)를 서버측으로 보낸다. 서버는 구독의 삭제 결과를 반환한다.

CHAPTER 04

서비스 운영

OPC UA 서비스 운영의 이슈 중에서 서버 탐색, 리던던시, 감사 및 보안을 설명한다. 3장의 OPC UA 서비스 셋을 바탕으로, 서버−클라이언트 기반의 서비스 운영이 이루어진다. 운영을 하다보면 여러 가지 이슈들이 존재하는데 핵심 이슈들을 다루고자 하는 것이다. 사실, 여기서 다루는 이슈들은 OPC UA뿐만 아니라 통상적인 서버−클라이언트 기반 서비스 운영에서도 언급되는 이슈들이다.

SECTION 01 서버 탐색

'클라이언트가 OPC UA 서비스를 이용하려면 가장 먼저 해야 할 것은?'에 대한 답은 원하는 서버를 찾는 것이다. 이를 위하여 OPC UA에서 클라이언트가 서버를 탐색하고 데이터 교환을 위한 보안 채널을 개시하는 과정(인증 과정 제외)을 설명한다. 3장 4절 Discovery 서비스 셋과 관련이 있다. 여기서는 서버 탐색 유형과 메커니즘을 다룬다. 참고로 Part 4에서는 탐색 서비스를, Part 12에서는 탐색에 필요한 엔티티를 규정하고 있다.

OPC UA 서버는 다양한 형태로 구현되며, 다양한 구성을 가지며, 다양한 공간에 위치할 수 있다. 일대일 또는 국소적 범위 내에서 서버를 탐색하는 것은 비교적 쉽지만, 전 세계에 흩어진 수많은 서버들 중에서 원하는 서버를 탐색하는 것은 쉽지 않은 일이다. 그래서 OPC UA는 국소적(local) 그리고 광역적(global) 서버의 탐색 메커니즘을 제공하고 있다. 다음은 탐색 메커니즘의 기본 엔티티들이다.

- 세션 엔드포인트(session endpoint): 서버에 포함된 엔티티로서, 클라이언트가 보안 채널 및 세션의 개시를 요청하는 메시지를 수령하는 역할을 한다.

- 탐색 엔드포인트(discovery endpoint): 서버에 포함된 엔티티로서, 클라이언트의 엔드포인트 요청 메시지를 수령하고 서버의 엔드포인트 정보를 반환하는 역할을 한다.

- 로컬 탐색 서버(local discovery server): 다수의 서버가 동일한 싱글 머신에서 운영될 때, 탐색 엔드포인트 요청 및 반환을 수행한다.

- 글로벌 탐색 서버(global discovery server): 다수의 서버가 인터넷상에 흩어져 있을 때, 탐색 엔드포인트 요청 및 반환을 수행한다. URL 또는 IP 주소를 포함한 서버 접속 정보를 제공한다.

3장 4절의 설명대로, 서버들은 RegisterServer(서버 등록) 서비스를 이용하여 탐색 서버에 서버 정보를 등록한다. 그 후, 클라이언트는 이용하고자 하는 목표 서버를 탐색하고, 그 서버의 구성 정보를 수집한다. 목표 서버를 찾게 되면, Secure Channel(보안 채널)을 열어달라고 요청한다. 서버 연결이 완료되면 그때의 연결 정보를 재사용하여 재접속하므로, 매번 서버 탐색 과정을 거칠 필요는 없다.

탐색 메커니즘은 단순 탐색, 로컬 탐색, 글로벌 탐색의 3가지 형태가 있다. <그림 35>는 단순 탐색의 시스템 구성 및 작동 절차를 나타낸다. 클라이언트가 이미 서버의 주소를 알고 있어서 별도의 서버 탐색이 필요 없는 경우이다. 클라이언트는 서버에 GetEndpoints(엔드포인트 얻기)를 요청하면, 서버는 사용가능한 Endpoint(엔드포인트) 목록을 반환한다. 클라이언트는 Endpoint 목록에서 적절한 세션 엔드포인트를 선택한 후, OpenSecureChannel(보안 채널 개시)을 요청하여 연결을 성립한다.

<그림 35> 서버 단순 탐색 방식

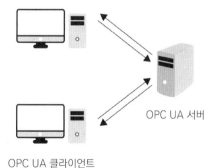

OPC UA 서버

OPC UA 클라이언트

(a) 시스템 구성

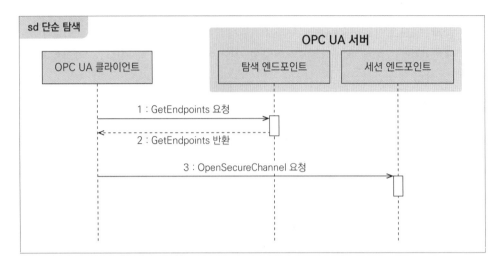

(b) 작동 절차

<그림 36>은 로컬 탐색을 나타낸다. 한 개의 머신에서 여러 서버들이 운영될 때 또는 특정 범위 안에서 서버들이 존재할 때, 목표 서버를 탐색하는 경우이다. 클라이언트가 로컬 탐색 서버에 FindServers(서버 발견)를 요청하여 ServerDescriptions(서버 상세) 목록을 받아온다. 이 목록에는 각 서버의 DiscoveryURL(탐색 URL)이 포함되므로, 목표 서버의 DiscoveryURL을 알 수 있다.

<그림 36> 서버 로컬 탐색 방식

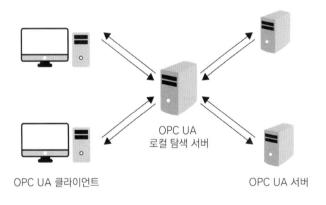

(a) 시스템 구성

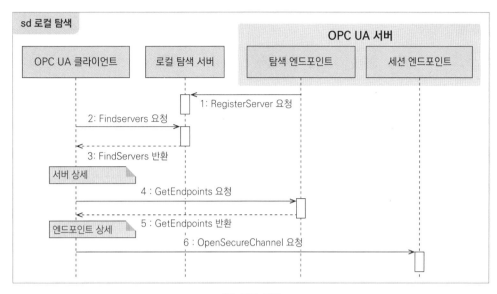

(b) 작동 절차

<그림 37>은 글로벌 탐색을 나타낸다. 여러 서버들이 인터넷상에 흩어져 있을 때 목표 서버를 탐색하는 경우이다. 클라이언트는 글로벌 탐색 서버로부터 로컬 탐색 서버의 주소를 받아온 후, 로컬 탐색 방법을 이용하여 목표 서버에 접근하는 단계적인 방법을 취한다. 또는 글로벌 탐색 서버로부터 직접적으로 목표 서버의 주소를 받아와서 접근할 수도 있다.

<그림 37> 서버 글로벌 탐색 방식

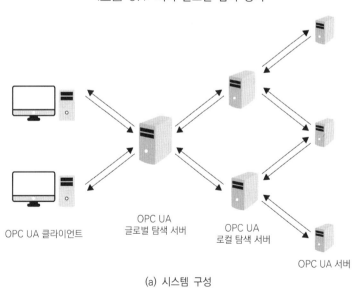

(a) 시스템 구성

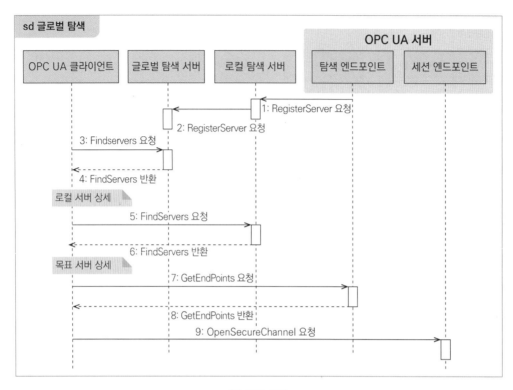

(b) 작동 절차

02 리던던시

리던던시(다중화, redundancy)는 메인 서버나 클라이언트 시스템에 장애가 발생할 때에도 시스템 전체의 기능이 문제없이 유지되는 지속성(continuity)을 의미한다. 리던던시를 구현하는 방법은 무엇이 있을까? 메인 시스템을 모사한(mirroring) 즉, 메인 시스템과 동일한 백업 시스템을 동시에 운영하다가 메인 시스템에 문제가 발생하면 그 백업 시스템으로 매끄럽게 작업을 이관하는 것이다. 물론 이 과정은 다양하고 복잡한 메커니즘이 필요하다. 리던던시는 하나 이상의 복제 시스템이 존재해야 하는 것이 필요하다. 서버 리던던시를 위해서는 하나 이상의 백업 서버가 존재해야 한다. 반대로 클라이언트 리던던시를 위해서는 하나 이상의 백업 클라이언트가 존재해야 한다. 네트워크의 리던던시 또한 마찬가지이다. OPC UA에서는 시스템 운영의 신뢰성을 높이기 위한 서버, 클라이언트 및 네트워크 리던던시를 지원한다. 리던던시 보장을 위한 메커니즘은 OPC UA의 서비스나 데이터 구조를 활용하여 구현된다. 본 절에서는 서버와 클라이언트의 리던던시를 설명한다.

✔ **Explanation/ 리던던시와 백업(backup)**

둘 다 데이터의 보호를 위함이고 문제의 발생에 대비하기 위한 활동이다. 리던던시는 시스템 장애 중의 지속적인 데이터 교환을 위함인 반면, 백업은 데이터 손실에 대비하여 데이터 사본을 생성하고 저장하는 것을 의미한다. 백업 시스템이 리던던시를 위하여 사용될 수 있다. [https://www.lightedge.com/]

---

1. 서버 리던던시

- 서버 리던던시(server redundancy): 서버의 장애 발생시에도 지속적으로 클라이언트와 동일한 활동을 수행하도록 서버측의 리던던시를 해결한 것이다. 메인 서버와 백업 서버의 집합을 리던던시 서버 셋(redundancy server set)이라고 한다.

리던던시 서버 셋 안에서는 동일한 어드레스 스페이스 정보를 가지며, 동일한 노드 식별자, 브라우즈 경로와 서비스 레벨 설정 값을 갖는다. 즉, 복제된 서버를 갖는 것이다. 다만, 서버 진단 노드와 같은 로컬 서버 네임스페이스 노드만은 서버마다 다르다. 서버 리던던시에는 다음과 같이 투명과 비투명 방식이 있다.

- 투명(transparent) 서버 리던던시: 서버의 대체 작동(failover)은 전적으로 서버에 의해 해결되는 방식이다. 클라이언트는 대체 작동이 발생했는지 인지하지 못하고, 어떠한 활동도 할 필요가 없다.

- 비투명(non-transparent) 서버 리던던시: 서버의 대체 작동 정보가 클라이언트에게 전달되며, 서버와 클라이언트가 함께 리던던시를 확보하기 위한 활동을 한다.

투명 리던던시에는 메인 서버를 그대로 모사한(mirrored) 백업 서버가 존재하며, 이 서버들은 완전 동일한 데이터와 세션을 가진다. <그림 38>과 같이, 메인 서버의 장애가 발생하면, 그 이후의 클라이언트 요청들은 백업 서버로 전송되고, 그 백

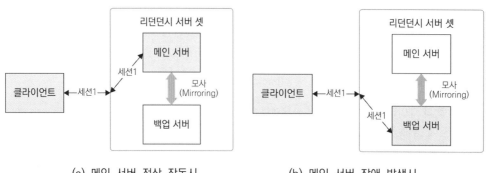

<그림 38> 투명 서버 리던던시

(a) 메인 서버 정상 작동시   (b) 메인 서버 장애 발생시

업 서버가 반환한다. 클라이언트는 특별히 할 일은 없으나, 어드레스 스페이스에서 그 백업 서버의 접근 정보를 찾을 수 있다. Part 5의 ServerRedundancyType(서버 리던던시 타입) 객체 타입과 하위 타입인 TransparentRedundancyType(투명 리던던시 타입)을 이용하여 백업 서버 정보를 어드레스 스페이스에 올릴 수 있다[7].

비투명 리던던시는 서버의 대체 작동이 발생하면, 클라이언트도 이를 인지하고 적절한 대응 활동을 한다. 클라이언트가 서버 장애를 인지하려면, 서버는 자신의 상태 정보를 클라이언트에게 전달할 필요가 있다. 이때, 서버가 구체적인 상태 정보를 알려주면 클라이언트는 더 적절한 활동을 할 수 있을 것이다.

<그림 39>는 비투명 서버 리던던시를 나타낸다. ServerRedundancyType의 하위 객체 타입인 NonTransparentRedundancyType(비투명 리던던시 타입)을 이용하여 이 방식에 필요한 정보를 어드레스 스페이스에 올리게 된다. 이러한 용도로 서비스 레벨(service level)과 서버 대체 작동 모드(server failover mode)가 정의되어 있다. 그

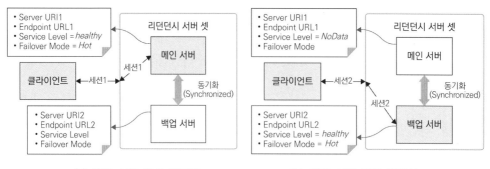

<그림 39> 비투명 서버 리던던시

(a) 메인 서버 정상 작동시   (b) 메인 서버 장애 발생시

리고 각 서버는 고유의 서버 URI와 엔드포인트 URL을 갖고 있다. 메인 서버의 장애 발생시, 서버 대체 작동 모드에 따라 정해진 활동을 수행함으로써, 백업 서버에 연결되어 요청과 반환을 하게 된다.

서비스 레벨에는 Maintenance, NoData, Degraded, Healthy가 있으며, 각각 0~0, 1~1, 2~199, 200~255 내의 바이트 값을 갖는다. 바이트 지정 알고리즘은 리던던시 서버 셋의 서버들에 동일하게 적용되어야 한다. Maintenance는 유지보수 및 업데이트로 인하여 서버 접속이 불가함, NoData는 서버 연결은 되나 가용한 데이터가 없음, Degraded는 부분적으로만 운영됨, Healthy는 완전 가용함을 의미한다. 서버 대체 작동 모드에는 Cold, Warm, Hot, HotAndMirrored가 있다. <표 23>은 각 모드별 클라이언트 및 백업 서버의 활동을 나타낸다.

◐ <표 23> 서버 대체 작동 모드(server failover mode) 및 활동

모드	설명	클라이언트 및 백업 서버 서비스 및 활동	
		초기상태	Failover 상태 (백업 서버로 요청)
Cold	메인 서버만 활성화되어 있고, 백업 서버들은 가용이 불가능하거나 작동이 되지 않는 상태	• 없음	• OpenSecureChannel() • CreateSession() • ActivateSession() • CreateSubscriptions() • CreateMonitoredItems() • 샘플링 활성화 • Publish()
Warm	백업 서버는 활성화되어 있으나, 실제 데이터 접근은 불가능한 상태	• OpenSecureChannel() • CreateSession() • ActivateSession() • CreateSubscriptions() • CreateMonitoredItems()	• 샘플링 활성화 • Publish()
Hot	메인 서버가 사용가능하고, 백업 서버도 메인 서버의 역할을 수행할 수 있는 상태	• OpenSecureChannel() • CreateSession() • ActivateSession() • CreateSubscriptions() • CreateMonitoredItems() • 샘플링 활성화	• Publish()
HotAnd Mirrored	메인 서버 및 백업 서버가 사용가능하나, 둘 중 하나만 사용할 수 있는 상태(Transparent 서버 리던던시와 유사하며, 백업 서버에게는 Subscription 정보를 재요청해야 함)	• 없음	• OpenSecureChannel() • ActivateSession() • Subscription 재요청

비투명 서버 리던던시의 방법 중 하나로 프록시 서버(proxy server)]를 배치하는 방법이 있다. 다만, 공식적인 방법은 아니고 정보 제공(informative) 차원에서 안내하고 있다[5]. 프록시 서버는 일종의 중계 서버로서, 엔드−투−엔드 시스템 사이에서 대리로 통신을 수행하는 서버이다. 클라이언트는 서버와 직접 통신하는 것이 아니라 프록시 서버와 통신하는 것이다. 프록시 서버는 요청과 반환 데이터를 캐시에 저장하고 중계하는 것이다. <그림 40>은 프록시 서버를 이용한 리던던시 방법이다. 클라이언트 측에 프록시 서버를 배치한다. 클라이언트는 프록시 서버와 통신을 하게 되고, 서버는 프록시 서버와 통신을 하게 된다. 메인 서버에 장애가 발생하게 되면, 프록시 서버가 나서서 백업 서버와 연결을 시도한다. 이렇게 되면, 진짜 클라이언트는 투명 서버 리던던시 방식으로 즉, 메인 서버의 장애가 발생하여도 특별한 활동 없이 지속적으로 데이터 교환이 가능해진다. 이때, 프록시 서버는 백업 서버로의 신규 세션을 요청하고, 구독의 전환을 위하여 TransferSubscriptions(구독 전환) 서비스를 사용한다.

<그림 40> 프록시 서버 기반 리던던시

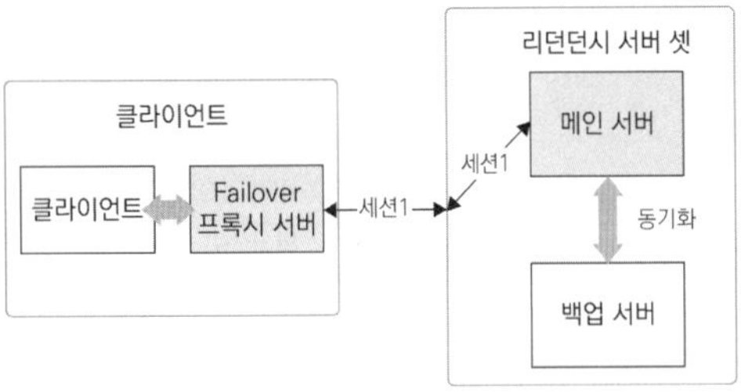

(a) 메인 서버 정상 작동시 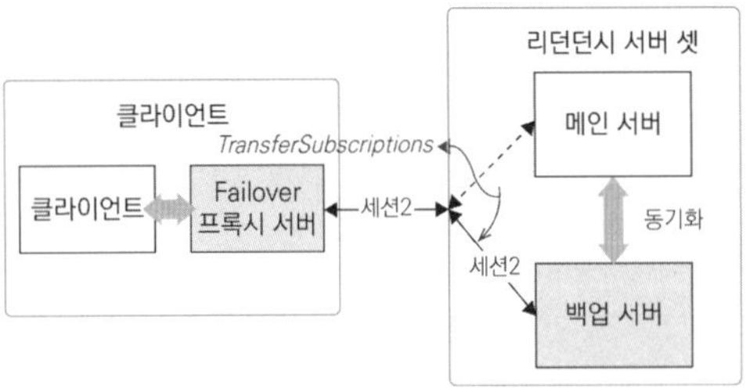   (b) 메인 서버 장애 발생시

2. 클라이언트 리던던시

■ 클라이언트 리던던시(client redundancy): 클라이언트의 장애 발생시 지속적으로 동일한 활동을 수행하도록 클라이언트 측의 리던던시를 해결한 것이다. 서버가 아니라 클라이언트에서 장애가 발생했을 때의 경우이다.

예를 들어, 여러 생산 설비 서버들로부터 데이터를 받아오는 메인 MES 클라이언트에서 장애가 발생하면 데이터 수집이 불가하여 생산 활동에 악영향을 미치는 경우이다. 클라이언트 리던던시도 백업 클라이언트와 TransferSubscriptions(구독 전환)를 이용하여 해결한다. <그림 41>은 클라이언트 리던던시를 나타낸다. 백업 클라이언트는 어드레스 스페이스상에서 메인 클라이언트의 세션 정보를 모니터링한다. 메인 클라이언트의 장애가 발생하여 세션 상태의 변경이 발생하면, 백업 클라이언트는 TransferSubscriptions를 이용하여 모든 구독 정보를 받아오게 된다. 세션 수명주기와 구독 수명주기는 상호 독립적이므로, 메인 클라이언트의 구독을 인계받을 수 있다. 서버는 전환된 구독을 새로운 세션으로 할당하여 백업 클라이언트와 데이터를 교환하게 된다.

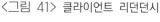

<그림 41> 클라이언트 리던던시

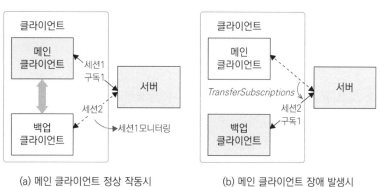

(a) 메인 클라이언트 정상 작동시   (b) 메인 클라이언트 장애 발생시

SECTION 03 감사

감사(audit)는 정상과 비정상 상태에 관계없이 OPC UA 어플리케이션의 활동을 추적하는 것이다. 서버와 클라이언트 간 발생하는 모든 커뮤니케이션 이력을 추적함으로써, 어떤 문제의 발생에 따른 단서와 기록을 제공하기 위함이다. 여기서, 문제라 함은 오류 발생, 감독 기관의 점검 요청 그리고 보안 사고에 대한 추적 및 수사 등이 있다. 보통의 어플리케이션들도 감사 활동을 하는 것이 보편적이다. 감사를 위해 가장 널리 쓰이는 방법은 로그(log)를 기록하는 것이다. 이벤트 발생에 따른 로그를 남김으로써, 언제 어디서 누가 무엇을 하였는지에 대한 과거 및 현재 활동의 추적이 가능해진다. OPC UA도 감사 로그(audit log)를 남기는 것이 감사 활동

의 기본이다. OPC UA의 감사는 주로 서버-클라이언트 간 커뮤니케이션의 이력을 중심으로 정의한다. 필요하다면, 서버나 클라이언트 내부의 활동에 대해서 스스로의 로그를 만들 수도 있다. 다음의 두 가지 방법을 사용하여 감사를 수행한다.

- 로그 정보를 서버에 저장하는 방식: 서버는 감사 이벤트를 생성하고 로그 파일 또는 데이터베이스에 로그 정보를 저장한다.
- 로그 정보를 서버와 클라이언트가 공유하는 방식: 서버는 감사 이벤트를 생성하고 발간함으로써, 그 이벤트를 클라이언트가 구독하여 로그 정보를 저장하고 활용한다.

1. 감사 로그

- 감사 로그(audit log): 어플리케이션에서 발생한 이벤트에 대한 정보를 기록한 것이다. 각 감사 로그에는 이 로그에 접근하기 위한 식별자인 감사 진입 ID(audit entry ID)가 부여된다.

클라이언트가 서비스 요청시 감사 진입 ID를 생성하며, 이 식별자는 각 서비스의 감사 로그에 접근하는 키 역할을 한다. 클라이언트가 이 식별자를 생성하지 않으면, 서버가 그 로그의 접근을 위한 식별자를 부여할 수도 있다. 감사 진입 ID를 이용함으로써, 어플리케이션의 감사 로그에 대한 추적을 가능하게 한다.
<그림 42>는 감사 로그의 예시이다. 클라이언트가 하나의 서비스 요청 메시지를 보낼 때, 이 서비스의 감사 로그에 대응하는 감사 진입 ID를 부여한다. 서버는 클라이언트 명칭과 감사 진입 ID를 포함한 감사 로그 정보를 생성한다.

<그림 42> 감사 로그 예시

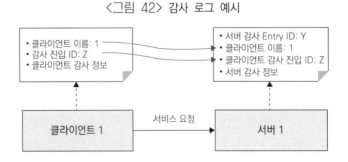

2. 감사 이벤트와 서비스 감사

■ 감사 이벤트(audit event): 감사 활동이 발생했을 때에 대한 이벤트이다. OPC
UA의 일반적인 이벤트와는 다르다. 이벤트 타입으로 정의되지만 감사에 특화
된 이벤트이다.

Part 5에서 AuditEventType(감사 이벤트 타입)을 최상위로 하는 감사 이벤트의 타
입들을 정의하고 있다[7]. 클라이언트는 감사 이벤트를 다른 이벤트와 같은 방법으
로 구독할 수 있다.

<그림 43>은 감사 이벤트 타입의 계층 구조 및 서비스 셋과의 매핑 관계를 나
타낸다. 예를 들어, SecureChannel(보안 채널) 서비스 셋은 AuditChannelEventType
(감사 채널 이벤트 타입)과 AuditCertificateEventType(감사 인증 이벤트 타입)을 이용한
다. SecureChannel 하위의 OpenSecureChannel(보안 채널 개시)은 이 단위 서비스에
특화된 AuditOpenSecureChannelEventType(감사 보안 채널 개시 이벤트 타입)을 사용
하는 반면, CloseSecureChannel(보안 채널 종료)은 상위의 AuditChannelEventType
을 그대로 사용한다. 이와 같이, 보안 채널 및 세션과 같이 보안에 민감한 서비스

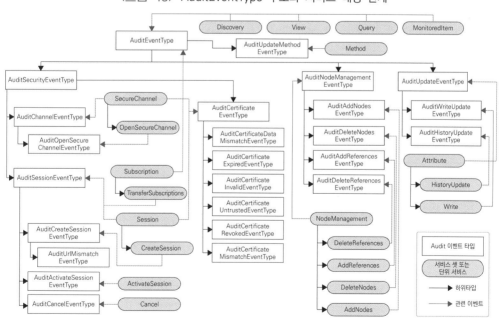

<그림 43> AuditEventType 구조와 서비스 매핑 관계

셋에 특화된 감사 이벤트 타입들이 포진해 있다. 서버에서의 수정을 요청하는 단위 서비스, 예를 들면 NodeManagement(노드 관리)와 Attribute(속성)의 쓰기(write) 관련 단위 서비스에 대해서도 특화된 감사 이벤트 타입을 사용한다. 반면, 수정을 필요하지 않는 읽기(read) 관련 단위 서비스는 최상위 AuditEventType을 감사 이벤트로 사용한다. 여기서, AuditCertificateEventType은 사용자 접근 권한 여부나 권한기간 만료 등과 같이 접근 인증에 대한 이벤트 정보를 담는다. <표 24>는 AuditEventType의 이벤트 정의 테이블이다. ActionTimeStamp(활동 타임스탬프), Status (상태), SeverId(서버 ID), ClientAuditEntryId(클라이언트 감사 진입 ID), ClientUserId (클라이언트 사용자 ID) 특성이 필수(mandatory)로 지정되어 있다.

◉ <표 24> AuditEventType 정의 테이블

Attribute	Value					
BrowseName	AuditEventType					
IsAbstract	True					
References	NodeClass	BrowseName	DataType	TypeDefinition	ModellingRule
HasSubType	ObjectType	AuditSecurityEventType	Part 5 참고		
HasSubType	ObjectType	AuditNodeManagement EventType	Part 5 참고		
HasSubType	ObjectType	AuditUpdateEventType	Part 5 참고		
HasSubType	ObjectType	AuditUpdateMethod EventType	Part 5 참고		
HasProperty	Variable	ActionTimeStamp	UtcTime	PropertyType	Mandatory
HasProperty	Variable	Status	Boolean	PropertyType	Mandatory
HasProperty	Variable	ServerId	String	PropertyType	Mandatory
HasProperty	Variable	ClientAuditEntryId	String	PropertyType	Mandatory
HasProperty	Variable	ClientUserId	String	PropertyType	Mandatory

SECTION 04 보안

보안(security)은 IT 시스템에서 매우 중요하다. OPC UA도 마찬가지이다. OPC UA는 보안의 중요성을 강조하고자 Part 2에서 보안 모델(security model)을 정의하고 있는 것으로 추정된다(Part 3 어드레스 스페이스 모델 보다 앞이다). OPC UA에서는 보안의 강화를 위하여 다양한 정보 모델과 메커니즘을 제공한다. 클래식 OPC와 대비하여 개선된 부분이기도 하다. 그런데, 보안 전문가가 아니라면 보안을 제대로 이해하고 활용하기는 쉽지 않다. 다행히도 OPC UA의 보안을 위한 구현은 빌트인(built-in) 개념이다. OPC UA SDK나 지원 도구에는 많은 보안 기능들이 구현되어 있다. SDK의 연결(connection)과 해제(disconnection) 기능 안에 보안 API들이 캡슐화(encapsulated)되어 있어서, 개발자들이 보안을 위해 구현해야 하는 코드의 복잡성을 줄였다고 한다[3]. 본 절에서는 OPC UA의 보안에 대한 환경, 위협, 목표, 아키텍쳐, 정책과 프로파일 그리고 메커니즘을 설명한다.

1. 보안 환경

OPC UA는 다양한 산업 분야, 다양한 계층, 다양한 시스템들간의 데이터 교환을 위한 프로토콜이므로, 보안 위협에 노출될 수밖에 없다. OPC UA가 외부와 단절된 영역에서만 적용된다면, 그 영역 경계에 방화벽(firewall) 보안 개체를 구축함으로써 어느 정도의 보안 위협을 줄일 수 있다. 그렇다고 100%의 보안성을 보장하지는 않을 것이다. 그런데, OPC UA는 인터넷과 연결되는 심지어는 클라우드와도 연결되는 개방성과 통합성을 추구하므로, 인터넷을 통한 보안 위협에 노출되기 쉽다. 따라서, OPC UA는 보안 위협으로부터의 보호를 위하여 다양한 보안 메커니즘, 프로토콜 및 커뮤니케이션을 제공하고 있다.

<그림 44>는 OPC UA 보안 환경(security environment)을 나타낸다. 서버-클라이언트가 동일 호스트상에 있다면 외부 침입으로부터 비교적 쉽게 보호가 가능하다. 각 계층 네트워크와 인터넷이 연결되는 입구마다 그 네트워크와 인터넷 망을 분리하는 보안 개체를 배치함으로써 적절한 보호 조치가 가능하다. 만약 계층 네트워크 안에서 침입이 발생하면, OPC UA 보안 메커니즘에 의해서 보호가 가능하다. 보안의 수준은 일률적으로 결정되기 보다는 보안의 대상이 되는 어플리케이션 구

조, 네트워크와 자산 그리고 기술적 역량, 감사 기관의 규정 등에 따라 유연하게 구성될 필요가 있다.

<그림 44> OPC UA 보안 환경 예시

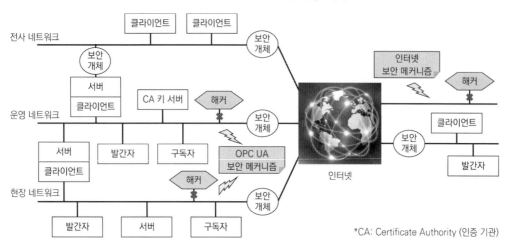

2. 보안 위협

OPC UA는 보안 위협에 대한 보호 조치 방법들을 제공하고 있다. 다음은 OPC UA에 전개될 수 있는 알려진 14가지 보안 위협(security threats)을 정리한 것이다[8].

■ Message flooding(메시지 폭주): 해커가 매우 많은 양의 메시지를 보낸다든지 하나의 메시지에 매우 많은 요청을 보내는 위협이다. 서버의 자원이나 네트워크에 과부하가 걸려 서비스 거부(denial of service)가 발생할 수 있다.

■ Resource exhaustion(자원 소진): 해커가 시스템 자원을 차지하려고 최대 허용 수준까지 메시지 요청을 보내는 위협이다. 예를 들어, 서버가 10개 세션을 열었는데, 침입자가 그 10개 세션을 모두 차지해 버리는 경우이다. 다른 인증 사용자가 그 시스템 자원을 사용하지 못하는 서비스 거부가 발생할 수 있다.

■ Application crash(어플리케이션 충돌): 해커가 어플리케이션을 멈추도록 특정 메시지를 보내는 위협이다. 서버로 메시지를 보내어 서버를 다운시키거나 클라이언트로 메시지를 보내어 클라이언트를 다운시키게 하여 서비스 거부를 일으킬 수 있다.

- Eavesdropping(도청): 해커가 민감한 정보를 빼오는 위협이다. 이로 인하여 보안 사고나 후속 침입이 가능하다.

- Message spoofing(메시지 위조): 해커가 위조 메시지 또는 위조 식별 정보를 보내어 특정 프로세스를 진행하게 만드는 위협이다. 해커는 인가되지 않은 활동이나 해킹 활동 감지 무력화를 수행할 수 있다.

- Message alteration(메시지 변조): 해커가 메시지를 중간에 낚아채서 이 메시지를 변조하여 보내는 위협이다.

- Message replay(메시지 리플레이): 해커가 메시지를 중간에 낚아채서 수정 없이 나중에 보내는 위협이다. 예를 들어, 밸브를 개방하라는 메시지를 가로챈 후, 이 메시지를 나중에 보냄으로써 문제를 야기할 수 있다.

- Malformed message(비정상 메시지): 해커가 잘못된 형태, 구조, 데이터의 메시지로 조작하여 보내는 위협이다. 비정상 메시지를 받은 어플리케이션은 비인가된 활동이나 불필요한 정보를 처리하게 됨으로써, 서비스 거부나 저하가 발생할 수 있다.

- Server profiling(서버 프로파일링): 해커가 서버나 클라이언트의 접근 정보, 유형, 버전 및 벤더 등의 정보를 프로파일링 하는 위협이다. 이러한 정보를 편취하여 서버나 클라이언트의 통제권을 가져올 수 있다.

- Session hijacking(세션 하이재킹): 해커가 세션을 중간에서 가로채서 그 세션안의 메시지들을 중간에 가로채거나 악용하는 위협이다. 그 세션의 데이터나 활동에 대한 비인가 접근이 발생할 수 있다.

- Rogue server(위조 서버): 해커가 악의적인 서버를 구축하거나 비승인 인스턴스를 생성하는 위협이다.

- Rogue publisher(위조 발간자): 해커가 악의적인 발간용 서버를 구축하거나 비승인 인스턴스를 생성하는 위협이다.

- Compromising user credentials(사용자 인증 편취): 사용자 ID, 비밀번호, 인증, 키 등 사용자 인증 정보를 편취하는 위협이다. 편취를 통하여 그 사용자의 접근 권한 내의 활동과 정보를 악용할 수 있다.

- Repudiation(부인): 해커가 어플리케이션의 접근 불가 또는 서비스의 불이행을

만드는 위협이다. 직접적인 공격은 아니나, 어플리케이션의 신뢰성을 저하시킬 수 있다.

3. 보안 목표

OPC UA는 14가지 보안 위협을 최소화하기 위한 보안 목표(security objectives)를 수립하고 있다. 보안 목표는 보안 위협을 정의하고, 시스템 취약 부분을 발굴하여 합당한 보호 조치를 취하기 위함이다. 궁극적으로는 해킹의 방지 및 빠른 회복을 달성하기 위함이다. 다음은 OPC UA의 7가지 보안 목표를 정리한 것이다[8].

- Authentication(인증): 서버, 클라이언트나 사용자 등의 개체가 그들의 식별 정보를 승인하는 것이다.

- Authorization(권한): 엔티티의 권한 수준에 의하여 읽고, 쓰고, 실행하기 등의 특정 작업이 승인되는 것이다. 예를 들어, 관리자(admin) 계정자는 시스템의 모든 기능의 사용이 가능하지만, 관찰자(observer) 계정자는 시스템의 읽기 기능만 사용가능하다.

- Confidentiality(기밀성): 교환되거나 메모리에 있거나 저장된 데이터에 기밀성을 보장하는 것이다. 특정 데이터에 대하여 강화된 기밀성을 위한 데이터 암호화 기술을 사용할 수 있다.

- Integrity(무결성): 송신자가 보낸 정보와 수신자가 받은 정보가 일치하는 것이다.

- Auditability(감사성): 시스템이 정상 또는 비정상 상태에서도 활동의 추적이 가능한 것이다.

- Availability(가용성): 시스템이 손상되더라도 운영을 가능하게 하는 것이다. 구동되어야 하는 시스템이 꺼지거나 시스템 자원의 과부화가 발생함에도 불구하고 그 시스템은 가용되어야 한다.

- Non-repudiation(부인방지): 메시지의 송수신 후에 그 사실을 사후에 증명함으로써 사실 부인을 방지하는 것이다.

<표 25>는 보안 위협과 보안 목표를 매핑한 것이다. Part 2에서는 각 보안 위협으로부터의 보호를 위한 메커니즘들을 규정하고 있다[8]. 예를 들어, 도청(eavesdropping)은 인증(authentication), 권한(authorization), 기밀성(confidentiality)에 영향을 미칠 수 있으므로, 이를 보호하기 위한 데이터 암호화(encryption) 메커니즘을 제공한다. 메시지 위조(message spoofing)는 권한(authorization)에 영향을 미친다. 이때, 메시지의 서명(sign) 메커니즘과 유효 메시지의 SessionId(세션 ID), SecureChannelId(보안 채널 ID), RequestedId(요청 ID), Timestamp(타임스탬프)와 시퀀스 번호를 통한 보호 메커니즘을 제공한다.

○ <표 25> OPC UA 보안 위협-목표 매핑 관계

보안 목표 / 보안 위협	인증	권한	기밀성	무결성	감사성	가용성	부인방지
메시지 폭주					○		
자원 소진					○		
어플리케이션 충돌					○		
도청	○	○	○				
메시지 위조		○					
메시지 변조	○	○		○	○		○
메시지 리플레이	○	○					
비정상 메시지						○	
서버 프로파일링	○	○	○	○	○	○	○
세션 하이재킹	○	○	○	○	○	○	○
위조 서버	○	○	○		○	○	
위조 발간자	○	○	○		○	○	
사용자 인증 편취	○	○	○				
부인							○

4. 보안 아키텍처, 정책 및 프로파일

■ 보안 아키텍처(security architecture): OPC UA 시스템 구조상에서 각 계층이 책임지는 보안 역할을 정의한 것이다.

■ 보안 정책(security policy): 어떤 보안 메커니즘(서명, 암호화, 키 생성 알고리즘 등)이 사용되는지를 정의한 것이다. 일반적인 보안 정책은 조직의 보안 관련 활동 및 지침을 의미하지만, OPC UA에서는 기술적 상세(technical specification) 수준의 것이다. 보안 정책은 보안 프로파일(security profile)에서 명시가 된다.

■ 보안 프로파일(security profiles): 프로파일 중에서 보안 관련 기능에 대한 프로파일이다.

<그림 45>는 서버–클라이언트 구조에서의 보안 아키텍처를 나타낸다. 어플리케이션 계층에서는 세션상에서 사용자의 인증(authentication)과 권한(authorization)이 이루어진다. 세션 서비스 셋에서는 이러한 인증과 권한에 필요한 정보를 정의하고 있다(3장 5절 참고). 커뮤니케이션 계층에서는 보안 채널(secure channel)과 어플리케이션 인스턴스 인증(application instance certificate)이 보안 역할을 수행한다. 보안 채널은 디지털 서명(digital signature)을 통하여 무결성(integrity)을 유지하고, 메시지 암호화를 통하여 기밀성(confidentiality)을 유지한다. 어플리케이션 인스턴스 인증은 어플리케이션이 다른 어플리케이션에 대한 인증 및 권한을 수행하는 것이다. 이 인증은 X.509 인증 방식을 차용한다. 전송 계층에서는 소켓 연결을 통하여 데이터의 송수신이 이루어진다. 이때, 시스템 가용성(availability)을 유지하도록 오류 복구 메커니즘이 적용되어야 한다.

<그림 45> 서버-클라이언트 구조의 보안 아키텍처

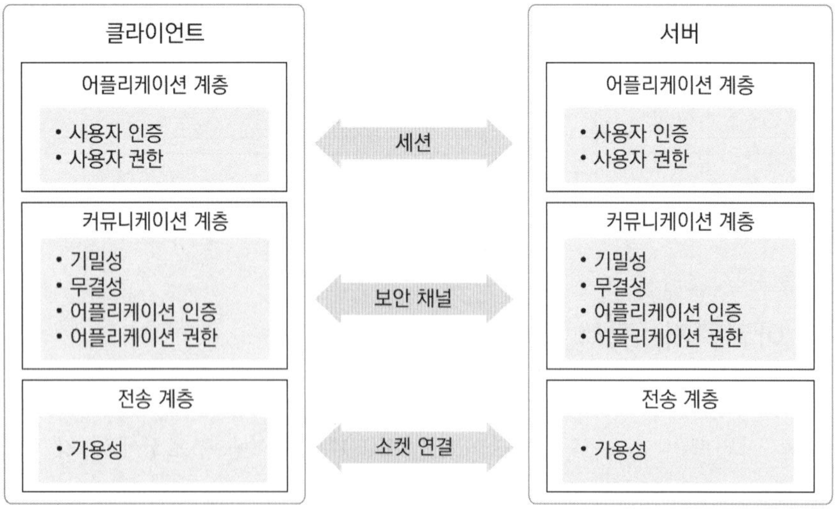

<그림 46>은 Pub-Sub 구조에서의 보안 아키텍처를 나타낸다. 브로커(broker)의 유무에 따라 두 가지 형태가 있다(2장 2절 참고). 브로커가 없는 경우(broker-less), 대칭 키 기반 암호화(symmetric encryption) 알고리즘에 의해 기밀성과 무결성을 지원한다. 브로커가 있는 경우도 양측 간의 대칭 키 암호화 알고리즘에 의해 기밀성과 무결성을 지원한다. 발간자와 구독자가 브로커에 접속해야 하므로, 브로커에서 어플리케이션 또는 사용자의 인증이 자연스럽게 이루어진다.

<그림 46> Pub-Sub 구조의 보안 아키텍처

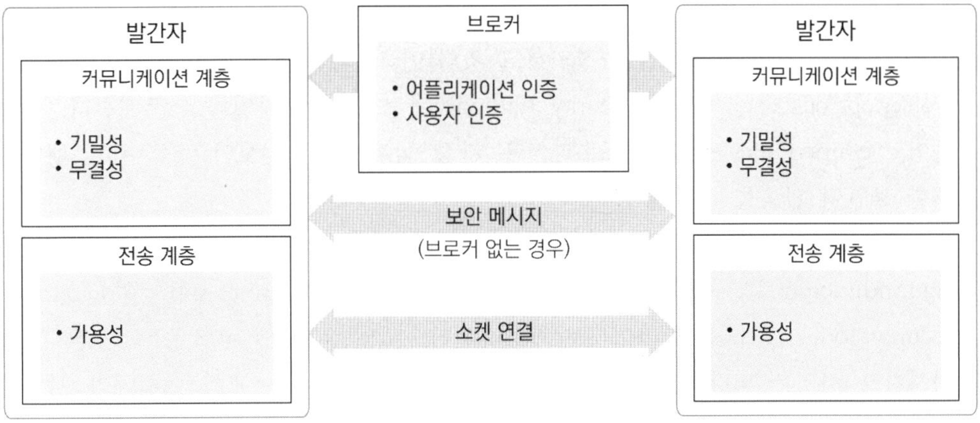

✔ **Explanation/**

- X.509 인증(certificate): ITU-T에서 표준화한 공개 키 기반 구조의 인증 서비스이다. X.509에서는 인증 서비스 구조, 공개 키 인증 프로토콜과 인증서 형식을 규정하고 있다.
- 대칭 키(symmetric key): 송수신자가 동일한 키(공유 비밀 키)를 갖고, 같은 키로 암호화 및 역암호화(복호화) 과정을 수행한다.
- 비대칭 키(asymmetric key): 공개 키(public key) 암호 방식으로서, 공개키는 공개하고, 비밀 키만 안전하게 유지하는 방식이다. 공개 키는 암호화할 때 사용하는 키이며, 비밀 키는 암호를 풀 때 사용하는 키이므로, 두 키가 수학적인 쌍을 이루어야 한다.
[www.ktword.co.kr]

서버-클라이언트 구조에서는 서버가 지원하는 보안 정책들을 공시하면, 클라이언트는 그 중에서 하나의 보안 정책을 선택한다. 이러한 선택은 보안 채널이 개시될 때 서버와 클라이언트 간의 합의에 의해 이루어진다. 일반적으로 어플리케이션이 설치될 때 관리자(administrator)에 의하여 결정된다. 추후에 보안 정책 수정도 가능하다. 클라이언트는 다른 클라이언트가 사용하는 것과는 다른 보안 정책을 선택할 수 있다. 반면, Pub-Sub 구조에서는 발간자가 생성하는 데이터 셋에 보안 정책이 포함되며, 모든 구독자는 이 보안 정책을 반드시 준수해야 한다.

원래 프로파일(profiles)은 어플리케이션에서 지원하는 기능성을 정의하며, OPC UA 제품들은 프로파일을 기준으로 인증을 받게 된다(1부 2장 5절 참고). 그래서, 보안뿐만 아니라 다른 기능들도 명시가 되는데, 이 중에서 보안 기능(예 암호화 알고리즘)만을 추린 것이 보안 프로파일이다. 보안 정책은 이러한 보안 프로파일들로 명시되며, 이 중에서 최소 하나의 보안 정책을 선택하여 보안 채널 및 세션을 개설하게 된다.

Part 7에서 보안 프로파일을 정의하고 있다[9]. 그리고 프로파일 웹페이지(https://profiles.opcfoundation.org)의 Security Category에 보안 프로파일들이 존재한다. 예를 들어, SecurityPolicy-None 프로파일은 가장 낮은 수준의 보안 정책이고, 채널에 대한 보안이 없음을 의미한다.

더불어, 보안 관련하여 보안 모드(security mode)라는 것이 있으며, None, Sign, SignAndEncrypt로 구성된다. 이 모드는 OpenSecureChannel(보안 채널 개설)의 securityMode(보안모드) 파라미터로 명시 된다. None은 보안 미적용, Sign은 모든 메시지가 서명은 되나 암호화 되지 않음, SignAndEncrypt는 모든 메시지가 서명되고 암호화됨을 의미한다.

5. 보안 메커니즘

Part 4에서는 Part 2의 보안 모델에서 명시한 보안 요구사항을 만족하기 위한 보안 메커니즘(security mechanisms)을 제공하고 있다. 여기서는 어플리케이션 인스턴스 인증, 보안 채널, 세션, 사용자 이관, 권한을 설명한다.

■ 어플리케이션 인스턴스 인증(Application Instance Certificate: AIC): 모든 OPC UA 어플리케이션은 AIC를 받아야 한다. 이 인증은 X.509 기반이며, OPC UA 어플리케이션이 인증된 인스턴스임을 규정한다.

이 인증 절차는 어플리케이션이 설치(install)될 때, 자동적으로 수행된다. <그림 47>은 AIC의 작동 절차이며, 절차 중의 교환 정보를 나타낸다. 어플리케이션은

OPC UA 제품을, 관리자는 그 어플리케이션의 관리 책임자를, 인증 기관(Certificate Authority: CA)는 디지털 인증을 발행하는 주체이다.

<그림 47> 어플리케이션 인스턴스 인증 절차

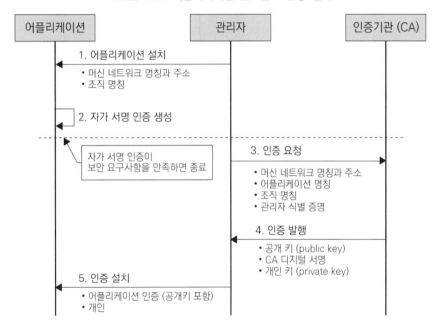

- 보안 채널(secure channel): 세션 생성 이전에 보안 채널을 개설할 때의 보안 메커니즘이다. 보안 채널은 서버와 클라이언트가 서명되고 암호화된 메시지 교환에 사용되는 인증을 얻어야 한다.

<그림 48>은 보안 채널 개시의 작동절차이다. 서버의 탐색 및 OpenSecureChannel (보안 채널 개시) 과정 중에서 발생하는 보안 관련 절차를 설명한다. GetEndpoints (엔드포인트 얻기)에서 서버의 여러 서버 정책(security policy)들과 보안 모드(security mode)들이 공지된다. OpenSecureChannel에서 클라이언트는 선택한 서버 정책과 보안모드를 요청 파라미터에 담아 보냄으로써, 부인방지를 시도한다.

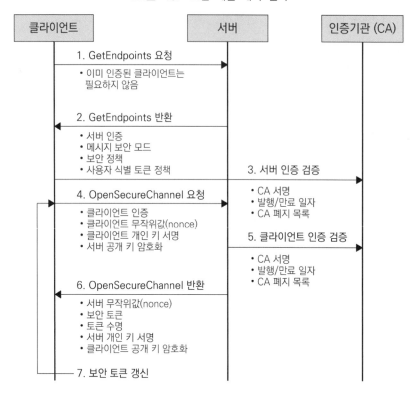

<그림 48> 보안 채널 개시 절차

■ 세션(session): 개설된 보안 채널 상에서 세션을 생성할 때의 보안 메커니즘이다.

<그림 49>는 세션 생성의 작동 절차이다. CreateSession(세션 생성)과 Activate Session(세션 활성화) 과정 중의 보안 절차를 설명한다. 보안 채널에서 결정된 보안 정책과 보안 모드를 준수하여 메시지들이 보안화된다. ID 제공자(identity provider) 는 클라이언트에 의해 제공되는 사용자 토큰을 확인하거나 사용자의 접근 권한을 알려주는 주체이다. 커버로스(Kerberos), WS-Trust 서버 또는 사설 데이터베이스 형태로 구현될 수 있다.

<그림 49> 세션 생성의 보안 절차

- 사용자 이관(impersonation): 세션 상에서 클라이언트의 사용자가 다른 사용자에게 권한을 이관할 때의 보안 메커니즘이다.

이러한 일들이 산업 현장에서 발생할 수 있는데, 대표적인 예가 교대 근무로 인한 기존 작업자의 권한을 교대 작업자에게 이양하는 경우이다. <그림 50>은 사용자 이관의 작동 절차이다. ActivateSession(세션 활성화)를 이용하여 새로운 사용자의 식별 토큰을 전송하고, ID 제공자가 확인하여 인증한다.

<그림 50> 사용자 이관의 보안 절차

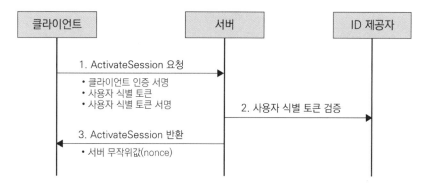

■ 권한(authorization): 클라이언트의 사용자별 접근 가능한 활동과 데이터에 대한 권한을 제한할 때의 보안 메커니즘이다.

기본적으로는 <그림 49>의 세션 생성 중에 서버가 권한 부여의 책임을 지고, ID 제공자는 인증(authentication)의 책임을 진다. 이를 보다 고도화한 방법인 권한 서비스(Authorization Service: AS)를 이용할 수 있다. 이 권한 서비스는 클라이언트의 사용자에게 권한을 정의한 접근 토큰(access token)을 제공한다. 이 서비스는 클라이언트와 ID 제공자간 연결 방식에 따라 두 가지 방법이 있다. <그림 51> (a)는 간접적인 방법이다. 클라이언트가 AS에게 토큰을 요청, AS가 ID 제공자에게 자격 검증을 요청, AS가 클라이언트에게 접근 토큰을 제공한다. <그림 51> (b)는 직접적인 방법이다. 클라이언트가 ID 제공자에게 인증 요청, 클라이언트가 AS에게 접근 토큰을 요청, AS가 클라이언트에게 접근 토큰을 제공한다.

<그림 51> 권한 절차

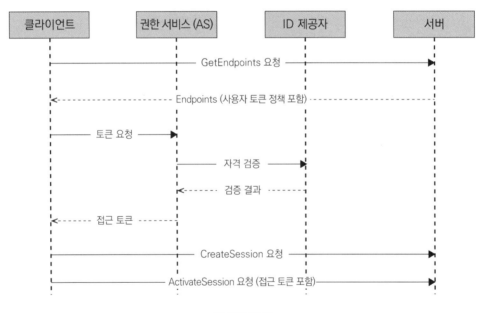

(a) 간접적 방법

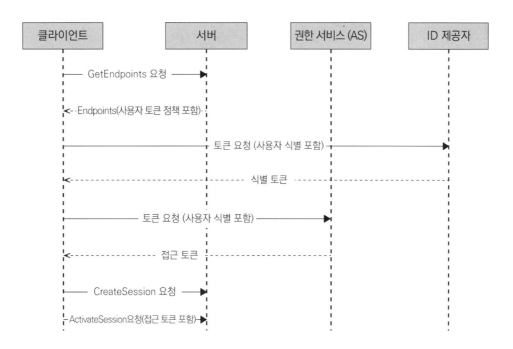

(b) 직접적 방법

CHAPTER 05

매핑

OPC UA 시스템 및 서비스와 현존하는 기술간의 매핑을 설명한다. OPC UA 정보 모델과 서비스는 규격화되어 있기는 하나 곧바로 구현이 이루어지는 것은 아니다. 즉, 사람은 이해하고 해석할 수 있으나 기계는 이해하고 해석할 수 없다. 이는 매핑을 통하여 해결되고 실제 구현에 가까워진다.

SECTION 01 개념

이쯤에서 질문을 내고자 한다. 첫 번째 질문은 OPC UA 정보 모델이 그대로 실세계에서 교환가능할까? 두 번째 질문은 OPC UA 서비스가 그대로 실행가능할까? 답은 둘 다 '아직 아니다'이다. 첫 번째 질문은 비록 지정한 구조 및 문법에 의거하여 OPC UA 정보 모델을 만들었지만, 실제로는 특정 언어 형태로 구현되지 않은 정보 모델이기 때문이다. 실세계에서 정보 모델이 사용되려면, 실세계에서 사용중인 언어로 정보 모델이 표현되어야 한다. 클래스 다이어그램을 그렸다고 해서 바로 구현되는 것이 아닌 것과 같다. 클래스 다이어그램은 추상적 모델이며, 이 모델이 Java나 C++과 같은 프로그래밍 언어로 쓰여야만 구현이 가능한 것과 같다. 두 번째 질문도 OPC UA 서비스는 추상적으로 정의되어 있기 때문이다. 보안화 환경은 실제 사용중인 보안 프로토콜상에서 구현되어야 한다. 메시지 교환도 실제 사용중인 통신 프로토콜상에서 구현되어야 한다. 결론적으로, OPC UA 정보 모델과 서비스가 현존하는 구현 기술과 연결됨으로써, 실제로 활용할 수 있음을 의미한다. OPC UA에서는 이를 매핑(mapping) 또는 기술 매핑(technology mapping)이라고도 부른다.

Part 1부터 Part 5까지는 구현에 사용되는 기술에 독립적(independent), 중립적

(normative) 그리고 추상적(abstract) 형태로 서술되어 있다. 이 문건들은 구현의 상세화를 배제하고 있기 때문에, 내포한 정보만을 가지고는 OPC UA 어플리케이션 개발이 불가능하다. Part 6에서 이러한 추상적 상세 모델과 구현 기술간의 연결을 정의하고 있다.

굳이 왜 이런 복잡한 방법을 쓰고 있을까? 애당초 선별된 특정 기술을 이용하여 정보 모델과 서비스를 실체형으로 만들면 되지 않을까? 이는 기술의 수명주기 때문이라고 밝히고 있다[3]. 기술에는 도입 – 성장 – 성숙 – 도태라는 수명주기가 있다. 현재의 기술이 앞으로는 사라질 수도, 새로운 기술이 지배 기술이 될 수도 있다. 만약 정보 모델과 서비스를 특정 기술에 종속하였을 때, 이 기술이 도태되면 무용지물이 될 수도 있기 때문이다. OPC UA 워킹 그룹에서는 고민 끝에 정보 모델과 서비스를 추상적 방법으로 정의하되, 구현을 위하여 특정 기술과의 매핑은 별도로 정의하는 방법을 취했다고 한다[3]. 예를 들어, HTTP 기반 인터넷 프로토콜이 HTTPS로 대체되면, 다른 Part의 수정 필요 없이 Part 6만 HTTPS를 반영하여 갱신하면 된다. 실제로 이렇게 수정되었다. 설계와 구현은 어려우나, 유지보수는 쉬운 전략을 취한 것이다. 그래서 OPC UA는 이해하기 어렵지만 잘 만들어진 기술이다. 이러한 전략은 메타 모델링의 철학과도 일맥상통한다. 다음은 매핑의 정의이다.

- 매핑(mapping): 특정 기술을 이용하여 OPC UA 특징들을 구현하는 방법을 상세화한 것이다. 매핑에는 데이터 인코딩(data encoding), 보안 프로토콜(security protocol), 전송 프로토콜(transport protocol)이 있다. 예를 들어, OPC UA 바이너리 인코딩(binary encoding) 매핑은 데이터 인코딩의 하나로서, OPC UA 데이터 구조를 바이트 형태로 시리얼화하는 방법을 상세화한 것이다.

<그림 52>는 매핑 관점에서 스택 계층을 재구성한 것이다. 모든 OPC UA 어플리케이션의 커뮤니케이션은 메시지 교환에 근간한다. 메시지와 메시지 파라미터들은 Part 4에서 정의하지만, 이 메시지의 양식(format)은 Part 6의 데이터 인코딩과 전송 프로토콜에 의해 구체화한다. 데이터 인코딩은 OPC UA 메시지와 데이터 구조를 직렬화(serialize)하는 것으로서, Binary(이진), XML과 JSON 형태가 있다. 이 세 가지는 데이터 양식 및 표현 언어로서 많이 사용중인 기술이다. 전송 프로토콜은 어플리케이션 간에 직렬화된 메시지를 교환하는 방법으로서, UA TCP, UA HTTPS와 Web Socket이 있다. 어플리케이션과 스택의 인터페이스는 API 기반으로 이루어진다. API는 특정 개발 플랫폼에 의존적이다. 그래서, 개발 플랫폼별 SDK가 제공되

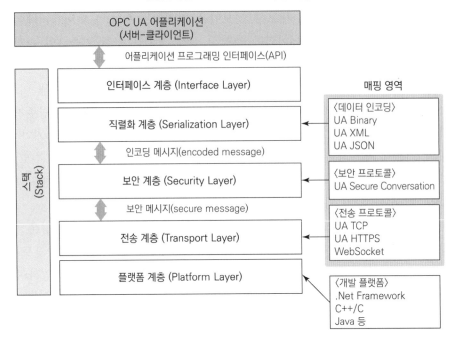

<그림 52> OPC UA 스택과 매핑

며, SDK 안에 존재하는 API들을 사용하게 된다. 그런데, OPC UA의 데이터 타입과 개발 플랫폼의 데이터 타입이 불일치하는 경우가 있다. 예를 들면 부호 없는 정수 (unsigned integer)인데, Java에서는 이러한 데이터 타입이 없다. Java API에서 부호 없는 정수의 처리를 위한 코드가 별도로 필요하다.

OPC UA 어플리케이션은 각 계층에서 구현을 위한 매핑 기술들을 하나 이상씩 결정하게 된다. 그럼으로써, 데이터 인코딩, 보안 프로토콜, 전송 프로토콜 매핑 간의 조합이 이루어지며, 이를 스택 프로파일(stack profile)이라 한다. 어플리케이션은 하나 이상의 스택 프로파일을 갖추게 되며, 이를 지원하는 어플리케이션이 되는 것이다.

SECTION 02 데이터 인코딩

■ 데이터 인코딩(data encoding): OPC UA 서비스와 데이터 구조를 직렬화하는 방법이다. 현재 Binary, XML과 JSON 방식이 있다. 직렬화(serialization)는 데이터를 메모리, 데이터베이스 또는 파일로 옮길 때 그 데이터를 순차적으로 변환하는 것을 의미한다. 반면, 역직렬화(deserialization)는 변환된 데이터를 원래의 데이터로 환원하는 것을 의미한다.

데이터 인코딩은 기본적으로 빌트인 데이터 타입(built-in data type)에서 정의된 인코딩 규칙을 기반으로 한다. 이러한 빌트인 데이터 타입은 데이터 구조를 정의할 뿐만 아니라, 메시지 안 파라미터의 데이터 형태를 정의할 때 사용한다(2부 3장 5절 참고). 일반적인 빌트인 데이터 타입은 객체지향 프로그래밍 언어에서도 보편적으로 사용하므로, 개발 플랫폼에서의 데이터 인코딩에는 무리가 없다. 그러나 OPC UA에 특화된 빌트인 데이터 타입인 Guid(전역 고유식별자), ByteString(바이트 문자열), Decimal(정수와 소수점 자리가 입력되는 십진수), ExtensionObject(확장 객체), Variant(이형집합)는 별도의 인코딩 규칙이 필요하다. 예를 들어, ExtensionObject는 구조적 데이터 타입을 위한 컨테이너 객체이다. 구조적 데이터 타입은 별도의 데이터 타입 인코딩 객체에 맞추어 인코딩이 되어야 한다. Variant는 다양한 빌트인 데이터 타입들로 구성되는 배열형 집합체이므로, Variant를 위한 별도의 인코딩 규칙이 필요하다.

1. OPC UA Binary

■ OPC UA 바이너리(Binary): 이진 시스템하에서 순차적 흐름으로 인코딩하는 방법이다. 바이너리는 0과 1로 이루어진 이진법으로서, 컴퓨터가 이해할 수 있는 가장 빠른 방법이다.

OPC UA Binary는 장치 레벨 이하의 어플리케이션에 적합하며, 데이터의 인코딩과 디코딩을 가볍고 효율적으로 수행할 수 있다. 그러나 사람이 직관적으로 이해하기는 어렵다. Binary는 사전에 정해진 각 필드에 빌트인 데이터 타입의 데이터를 순차적으로 인코딩한다. 각 데이터 타입의 필드들은 사전에 규약되어 있으므로, 필드 정보를 별도로 제공할 필요가 없다. 다만, ExtensionObject는 예외로서, 구조적 데이터 타입을 위한 식별자와 크기 정보를 제공해야 한다.

<그림 53>은 문자형 타입의 'OPCUA'를 Binary 인코딩한 예시이다. UTF−8 가변 길이 유니코드 인코딩으로서, 5글자 길이와 OPCUA를 16진수(hexadecimal) 및 2진수로 표현한 것이다.

<그림 53> 문자형의 Binary 인코딩 예시

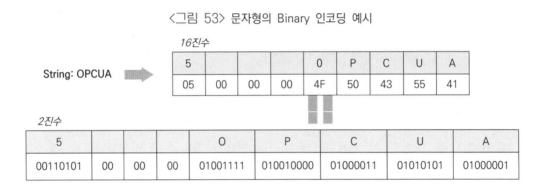

<그림 54>는 Guid 타입의 16진수 Binary로 인코딩한 것이다. Guid 구조는 <Data1: UInt32>−<Data2: UInt16>−<Data3: UInt16>−<Data4: Byte[0:1]>−<Data5: Byte[2:7]>로 구성된다. 참고로, Binary 인코딩은 2진수로 표현되지만, 알기 쉽도록 16진수로 표현한 것이다.

<그림 54> Guid의 Binary 인코딩 예시[10]

Guid: 72962B91-FA75-4AE6-8D28-B404DC7DAF63

Data1				Data2		Data3		Data4 & Data5							
91	2B	96	72	75	FA	E6	4A	8D	28	B4	O4	DC	7D	AF	63

2. OPC UA XML

- OPC UA XML: XML 스키마에 의거한 인코딩 방법이다. XML을 이용하므로 유연하고, 상호운용적이며 사람이 이해할 수 있는 형태로 인코딩과 디코딩을 할 수 있다.

OPC UA XML은 운영 레벨 이상의 어플리케이션에서 활용이 적합하다. XML 해석기를 구비한 다른 어플리케이션이나 개발 플랫폼에서도 XML 스키마의 해석이 가능하다. 무엇보다 OPC Foundation에서는 기본 정보 모델을 XML로 표현한 NodeSet(.xml) 파일과 스키마 정의(.xsd) 파일을 제공하고 있다. 이 파일들을 이용하면 개발 플랫폼에서 이 정보 모델을 사용가능하게 한다. <그림 55>는 XML 스키마의 최상위 요소(element)인 UANodeSet을 나타낸다.

<그림 55> UANodeSet XML 스키마

```
<xs:element name="UANodeSet">
  <xs:complexType>
    <xs:sequence>
      <xs:element name="NamespaceUris" type="UriTable" minOccurs="0" />
      <xs:element name="ServerUris" type="UriTable" minOccurs="0" />
      <xs:element name="Models" type="ModelTable" minOccurs="0" />
      <xs:element name="Aliases" type="AliasTable" minOccurs="0" />
      <xs:element name="Extensions" type="ListOfExtensions" minOccurs="0" />
      <xs:choice minOccurs="0" maxOccurs="unbounded">
        <xs:element name="UAObject" type="UAObject" />
        <xs:element name="UAVariable" type="UAVariable" />
        <xs:element name="UAMethod" type="UAMethod" />
        <xs:element name="UAView" type="UAView" />
        <xs:element name="UAObjectType" type="UAObjectType" />
        <xs:element name="UAVariableType" type="UAVariableType" />
        <xs:element name="UADataType" type="UADataType" />
        <xs:element name="UAReferenceType" type="UAReferenceType" />
      </xs:choice>
    </xs:sequence>
    <xs:attribute name="LastModified" type="xs:dateTime" />
  </xs:complexType>
</xs:element>
```

<그림 56>은 UaNodeSet 하위의 추상형 UANode이다. UaNode는 기본 노드 클래스에 대응된다(2부 <표 4> 참고). 그런데, 이 두 컨텐츠는 완전 일치하지 않는다. 이러한 불일치는 OPC UA와 XML의 서로 다른 시맨틱 규칙, 표현의 제약 그리고 구현의 용이성 등에 의해 발생한다.

일반적인 빌트인 데이터 타입은 통상적인 XML 규격에 종속되어 인코딩 된다. 예를 들면, 불리언형은 'xs:boolean', 문자형은 'xs:string'이다. 여기서 'xs:'는 XML 스키마에서의 요소 유형을 나타내는 접두사이다. <그림 57>은 문자형의 XML 인코딩, <그림 58>은 Guid의 XML 인코딩 방식을 나타낸다.

<그림 56> UANode XML 스키마

```
〈xs:complexType name="UANode"〉
  〈xs:sequence〉
    〈xs:element name="DisplayName" type="LocalizedText" minOccurs="0" maxOccurs="unbounded" /〉
    〈xs:element name="Description" type="LocalizedText" minOccurs="0" maxOccurs="unbounded" /〉
    〈xs:element name="Category" type="xs:string" minOccurs="0" maxOccurs="unbounded" /〉
    〈xs:element name="Documentation" type="xs:string" minOccurs="0" /〉
    〈xs:element name="References" type="ListOfReferences" minOccurs="0" /〉
    〈xs:element name="RolePermissions" type="ListOfRolePermissions" minOccurs="0" /〉
    〈xs:element name="Extensions" type="ListOfExtensions" minOccurs="0" /〉
  〈/xs:sequence〉
  〈xs:attribute name="NodeId" type="NodeId" use="required" /〉
  〈xs:attribute name="BrowseName" type="QualifiedName" use="required" /〉
  〈xs:attribute name="WriteMask" type="WriteMask" default="0" /〉
  〈xs:attribute name="UserWriteMask" type="WriteMask" default="0" /〉
  〈xs:attribute name="AccessRestrictions" type="AccessRestriction" default="0" /〉
  〈xs:attribute name="SymbolicName" type="SymbolicName" /〉
  〈xs:attribute name="ReleaseStatus" type="ReleaseStatus" default="Released" /〉
〈/xs:complexType〉
```

<그림 57> 문자형의 XML 인코딩 예시

String: OPCUA

```
〈xs:element name="String" type="xs:string" minOccurs="0" /〉
```

〈String〉OPCUA〈/String〉

<그림 58> Guid의 XML 인코딩 예시

Guid: 72962B91-FA75-4AE6-8D28-B404DC7DAF63

```
〈xs:complexType name="Guid"〉
  〈xs:sequence〉
    〈xs:element name="String" type="xs:string" minOccurs="0" /〉
  〈/xs:sequence〉
〈/xs:complexType〉
```

```
〈Guid〉
  〈String〉72962B91-FA75-4AE6-8D28-B404DC7DAF63〈/String〉
〈/Guid〉
```

<그림 59>는 OPC UA XML 스키마의 활용 예시이다. 4부에서 설명하겠지만, SDK는 기본 정보 모델을 기본적으로 탑재하고 있다. 그리고 SDK에서는 XML 스키마를 등록(import)하고 이 스키마로부터 클래스 코드를 생성할 수 있다. 이러한 방법으로 해당 스키마를 사용하는 서버-클라이언트를 구축할 수 있다. 모델링 도구를 이용하여 자신만의 정보 모델에 대한 XML 스키마를 생성할 수 있다. 이 스키마를 코드 생성기에 로드(load)하면 프로그래밍 언어에 대한 클래스 코드 패키지가 자동 생성된다. 이러한 방법으로 자신의 정보 모델을 사용하는 서버-클라이언트 구현이 가능해진다.

<그림 59> OPC UA XML 스키마 활용 방법[11]

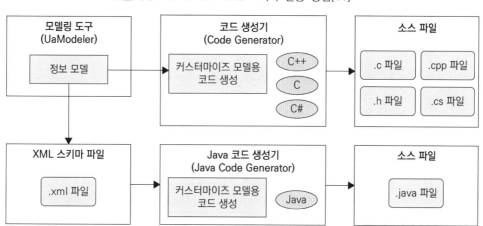

3. OPC UA JSON

- OPC UA JSON: JSON 스키마에 의거한 인코딩 방법이다. JSON을 이용하여 간결하고 빠른 인코딩과 디코딩을 수행한다.

JSON은 모든 프로그래밍 언어 간의 데이터 교환이 용이하도록 단순 텍스트 형식으로 정의된다[12]. object {"name1": "value1", "name2": "value2"}와 같은 형태로, 표현법은 간단하다. XML과 같은 마크업 언어이나, XML보다 간결하고 빠르게 인코딩과 디코딩이 진행된다. 앞의 XML 인코딩 규칙과 비교해 봐도 알 수 있다. 이러한 이유로 최근 모바일 또는 클라우드 컴퓨팅을 위한 입출력 포맷으로 많이 활용되고 있다. OPC UA JSON은 XML보다 최근에 정의되었으며, 자바스크립트 기반 어플리케이션이나 클라우드 컴퓨팅에서의 활용을 중요한 사용 사례로 뽑고 있다[10].

일반적인 빌트인 데이터 타입은 통상적인 JSON 규격에 종속되어 인코딩 된다. JSON의 데이터 타입은 object(객체), array(배열), string(문자), number(숫자), "true", "false", "null"밖에 없기 때문에 이 타입 중 하나로 변환한다. 예를 들어, 불리언형은 "true" 또는 "false"로, 정수형과 실수형은 JSON number로, 문자형과 Guid는 JSON string으로 인코딩한다. <표 26>은 NodeId에 대한 JSON object로의 인코딩을 나타낸다(2부 <표 16> 참고).

○ <표 26> NodeId의 JSON object 정의

명칭	설명
IdType	JSON number 형태의 IdentifierType(식별자 타입) 0 – UInt32 식별자(JSON number 형태) 1 – String 식별자(JSON string 형태) 2 – Guid 식별자(JSON string 형태) 3 – ByteString 식별자(JSON string 형태)
Id	식별자 값(IdType에서 형태 지정)
Namespace	UInt16형 NamespaceIndex(JSON number 형태)
예시	{"IdType": "0", "Id": "12345", "Namespace": "1"} {"IdType": "1", "Id": "/group1/device2/sensor3", "Namespace": "2"}

SECTION 03 보안 프로토콜

- 보안 프로토콜(security protocol): 어플리케이션 간 교환되는 메시지의 보안성과 무결성을 보장하는 규약이다. Part 4의 추상형 서비스와 보안적 메시지 교환을 구현하는 보안 프로토콜 기술과 매핑한 것이다.

원래는 WS(Web Service)–Secure Conversation과 OPC UA–Secure Conversation 방식이 있었다. 현재는 OPC UA–Secure Conversation만 사용되고, WS–Secure Conversation는 폐기되었다. WS–Secure Conversation는 OASIS에서 제정한 웹서

비스상의 데이터 교환의 보안 기술에 대한 프로토콜이다. 그런데, 이 규격은 XML 사용에 의한 오버헤드, 세션 핸들링 문제, 산업에서의 미활용, OPC UA 요구사항과의 불일치 등의 문제로 인하여 폐기되었다[3]. 그렇다고 OPC UA−Secure Conversation 방식이 완전 새로운 프로토콜은 아니다. 오히려 WS−Secure Conversation과 전송 계층 보안(Transport Layer Security: TLS)의 기술과 메커니즘을 접목하여 OPC UA에 맞춤화한 프로토콜이다.

1. OPC UA-Secure Conversation

- OPC UA−보안 대화(Secure Conversation: UASC): 바이너리로 인코딩된 OPC UA 메시지를 사용하여 커뮤니케이션의 보안을 달성하는 프로토콜이다. 데이터 가 포함된 원본 메시지에 보안 정보를 담은 헤더(header)와 푸터(footer)를 양 끝에 붙여서 교환하는 방식이다. 또한, 원본 메시지를 순차적으로 여러 개의 메시지 청크(message chunk)들로 분해하고, 각 청크에 보안 프로토콜을 적용한다.

전송 프로토콜에는 버퍼 크기의 제약이 있을 수 있다. 그래서 이 버퍼 크기보다 작은 단위로 메시지를 분할할 필요가 있다. 메시지 청크별 보안의 검증과 원본 메시지로의 재구성은 스택에서 담당하므로, 사용자가 별도로 구현할 필요는 없다.
<그림 60>은 UASC에서의 메시지 청크 구조를 나타낸다. 메시지 헤더(message header)는 어떤 타입의 메시지인지를 정의한다. OPN(OpenSecureChannel), CLO(Close SecureChannel), MSG(키 관련 메시지)라는 메시지 타입을 가지고 있다. 그리고 메시지 크기 및 SecureChannelId(보안 채널 ID)를 포함한 8바이트 구조체이다. 보안 헤더(security header)는 메시지에 적용된 암호 기법을 정의하는 것인데, 비대칭형(asymmetric)과 대칭형(symmetric)이 있다. 비대칭형은 오로지 OpenSecureChannel (보안 채널 개시)에서만 사용되며, 보안 정책과 인증 정보를 포함한다. 대칭형은 OpenSecureChannel 외의 다른 메시지에 사용되며, 오로지 메시지 암호화와 서명에 사용된 키 값인 TokenId(토큰 ID)만을 가진다. 시퀀스 헤더(sequence header)는 메시지 청크의 식별 번호를 가진다.
메시지 바디(message body)는 원본 메시지를 의미한다. 패딩(padding)은 데이터를 블록으로 암호화할 때 데이터가 그 블록 크기를 다 채우지 못하는 경우, 어떤 값으로 그 빈 블록을 채울 것인지에 대한 정보를 갖는다. 서명(signature)은 메시지 전송

후 서명의 변경이 있는지 또는 인증된 전송자로부터 메시지가 전송된 것인지를 확인하는 정보를 갖는다.

<그림 60> 보안 대화 메시지 청크 구조

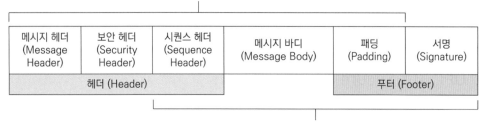

<그림 61>은 UASC에서의 메시지 청크 분할 및 헤더와 푸터의 적용을 나타낸다. 앞서 설명한대로, 하나의 원본 메시지는 전송 프로토콜별 버퍼 크기의 제약에 따라 순차적으로 메시지 청크로 분리된다. UASC가 원본 메시지 하나에 적용되는 것이 아니라, 분할된 메시지 청크별로 적용되는 것이다.

<그림 61> 메시지 청크 분할[10]

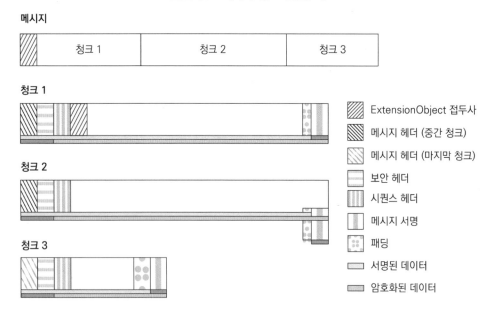

OpenSecureChannel 서비스 파라미터 중 일부는 원본 메시지가 아닌 보안 헤더에 포함되어 교환된다. 즉, 구현하려면 서비스 파라미터의 위치는 UASC를 따라야 한다는 것이다. <표 27>은 OpenSecureChannel 파라미터의 위치를 분류한 것이다. 이러한 점이 Part 4의 서비스는 추상형이며, Part 6의 보안 프로토콜은 실체형이라는 것에 대한 대표적 예시이다.

◎ <표 27> OPC UA-Secure Conversation의 OpenSecureChannel 서비스 파라미터

Name	Type	메시지 바디	메시지 헤더	보안 헤더
Request				
requestHeader	RequestHeader	○		
clientCertificate	ApplicationInstanceertificate			○
requestType	EnumSecurityTokenRequestType	○		
secureChannelId	BaseDataType		○	
securityMode	EnumMessageSecurityMode	○		
securityPolicyUri	String			○
clientNonce	ByteString	○		
requestedLifetime	Duration	○		
Response				
responseHeader	ResponseHeader	○		
securityToken	ChannelSecurityToken	○		
channelId	BaseDataType	○		
tokenId	ByteString	○		
createdAt	UtcTime	○		
revisedLifetime	Duration	○		
serverNonce	ByteString	○		

- 전송 프로토콜(transport protocol): OPC UA 스택의 전송 계층에서 서버와 클라이언트 간 전이중 전송 방식(full-duplex) 커뮤니케이션을 제공하는 방법이다.

전송 프로토콜 또한 OPC UA SDK에 구현되어 있다. 전송 프로토콜의 이해에 앞서서, OPC UA 연결 프로토콜(Connection Protocol: UACP)과 전송 연결(transport connection)의 이해가 필요하다.

- OPC UA 연결 프로토콜: 서버와 클라이언트 간 전이중 전송 방식 채널(full-duplex channel)에 대한 초기 성립을 의미한다.

UACP는 서버와 클라이언트 간 커뮤니케이션 연결이 시작될 때, 헬로(hello) 메시지와 접수(acknowledge) 메시지를 보내는 개념이다. UACP가 이루어진 후, 보안 채널과 세션이 생성된다.

<그림 62> 전송 프로토콜 메시지 청크 구조

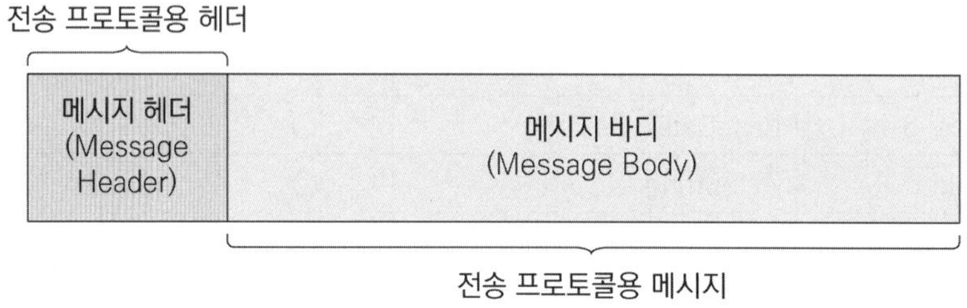

전송 프로토콜용 헤더

메시지 헤더 (Message Header)	메시지 바디 (Message Body)

전송 프로토콜용 메시지

<그림 62>는 UACP 메시지 청크 구조이다. <그림 60>의 UASC 메시지 청크 구조와 같이, 가장 앞에 메시지 헤더가 부착된다. UACP 메시지 헤더는 메시지 타입과 길이 정보를 갖는다. UASC의 메시지 헤더와 동일하게 8바이트 구조를 갖는다. UACP 메시지든 UASC 메시지든 동일한 메시지 헤더 구조를 갖도록 설계한 것이다. 메시지 컨텐츠를 모르더라도 메시지 타입을 통하여 UACP 메시지인지 UASC 메시지인지를 구분할 수 있다. UACP의 메시지 타입은 HEL(Hello), ACK(Acknowled

ge), ERR(Error), RHE(Reverse Hello)가 있다. 이 UACP 메시지 타입은 UASC 메시지 타입(OPN, CLO, MSG)과 다르므로, UASC인지 UACP인지 구분이 가능하다.

<그림 63> 연결 프로토콜 과정[10]

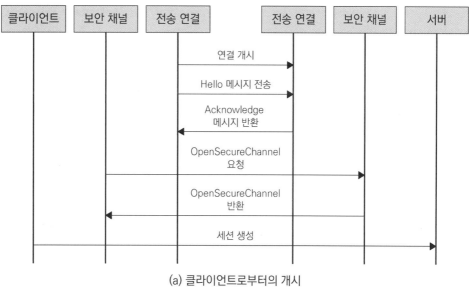

(a) 클라이언트로부터의 개시

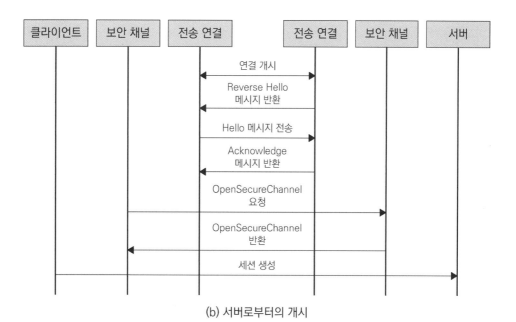

(b) 서버로부터의 개시

<그림 63>은 UACP의 과정을 나타낸다. <그림 63> (a)는 클라이언트가 연결을 개시하는 과정이다. 전송 연결 계층에서 클라이언트가 hello 메시지를 보내면 서버가 acknowledge 메시지를 반환한다. 그 후, 보안 채널과 세션이 성립된다. <그림 63> (b)는 서버가 연결을 개시하는 과정이다. 서버가 reverse hello 메시지를 통해 자신의 ServerUri(서버 URI)를 공표한 후, 클라이언트가 hello 메시지를 보내는 방식이다.

✓ **Explanation**

- 단방향(simplex 또는 one-way) 전송 방식: 한 방향으로만 전송이 가능(예 라디오, TV 방송)
- 반이중(half-duplex) 전송 방식: 양 방향 전송이 가능하나, 한 번에 하나의 전송이 가능 (예 무전기)
- 전이중(full-duplex) 전송 방식: 데이터 전송이 양방향이며, 동시에 양방향 전송이 가능 (예 전화기)
  [www.ktword.co.kr]

- 전송 연결: 메시지 교환에 사용되는 미들웨어에 특화된 연결을 의미한다. 예를 들어, 소켓(socket)은 TCP/IP를 위한 전송 연결이다.

OPC UA는 인터넷 기반 프로토콜을 중심으로 전송 연결을 정의하고 있다. Part 6에는 TCP, HTTPS, WebSockets 등 세 가지 전송 연결 방식이 정의되어 있다. SOAP/HTTP는 산업체에서 많이 사용하지 않는 관계로 삭제되었다. TCP, HTTPS와 WebSockets은 네트워크 분야에서 통용되는 기술이므로, 간단하게 개념만 설명한다.

1. OPC UA TCP

- OPC UA TCP: TCP/IP(Transmission Control Protocol/Internet Protocol) 프로토콜 기반의 서버-클라이언트 간 전이중 전송 방식 커뮤니케이션을 제공하는 전송 연결 방법이다.

이 방법의 엔드포인트 URL 형식은 'opc.tcp://localhost:포트'로 구성된다. 예를 들어, 'opc.tcp://xxx.xxx.xx.xx:4840'이다.

2. OPC UA HTTPS

- OPC UA HTTPS: HTTPS(HyperText Transfer Protocol over Secure Socket Layer) 기반의 서버-클라이언트 간 전이중 전송 방식 커뮤니케이션을 제공하는 전송 연결 방법이다.

HTTPS는 HTTP(HyperText Transfer Protocol)의 암호화된 버전으로서, 보안 소켓 계층(Secure Sockets Layer: SSL)과 전송 계층 보안(TLS)상에서 작동되는 인터넷 프로토콜 중 하나이다. 'https://'로 시작하는 주소가 HTTPS이다(예전에는 'http://'를 많이 사용하였는데 최근에는 'https://'를 많이 사용한다). 이 방법의 URL 형식은 'https://hostaddress' 또는 'https://localhost:포트'로 구성된다. 예를 들어, 'https://aml.hanyang.ac.kr'이다.

3. OPC UA WebSocket

- OPC UA WebSocket: WebSocket(웹소켓) 기반의 서버-클라이언트 간 전이중 전송 방식 커뮤니케이션을 제공하는 전송 연결 방법이다.

웹소켓은 브라우저 기반 어플리케이션과 연결되는 웹서버를 통한 양방향 통신 프로토콜이다. 가장 큰 특징은 웹 서버가 비동기식으로 클라이언트에게 데이터를 보내고, 클라이언트는 요청하지 않아도 자신의 브라우저에서 서버가 보낸 최신 데이터를 볼 수 있는 것이다. 이 방법의 엔드포인트 URL 형식은 'opc.wss//localhost:포트'이다. 'opc.wss://opcfoundation.org:443'가 그 예이다.

참 / 고 / 문 / 헌

[1] OPC Foundation (2017) OPC Unified Architecture Specification - Part 1: Overview and Concepts. Industry Standard Specification (1.04 버전).

[2] 윤청 (2018) 이해하기 쉬운 소프트웨어 공학 에센셜. 생능출판사.

[3] Mahnke, W., Leitner, S.H., Damm, M. (2009) OPC Unified Architecture. Springer-Verlag Berlin Heidelberg.

[4] OPC Foundation (2018) OPC Unified Architecture Specification - Part 14: PubSub. Industry Standard Specification (1.04 버전).

[5] OPC Foundation (2017) OPC Unified Architecture Specification - Part 4: Services. Industry Standard Specification (1.04 버전).

[6] OPC Foundation (2018) OPC Unified Architecture Specification - Part 12: Discovery and Global Services. Industry Standard Specification (1.04 버전).

[7] OPC Foundation (2017) OPC Unified Architecture Specification - Part 5: Information Model. Industry Standard Specification (1.04 버전).

[8] OPC Foundation (2018) OPC Unified Architecture Specification - Part 2: Security Model. Industry Standard Specification (1.04 버전).

[9] OPC Foundation (2017) OPC Unified Architecture Specification - Part 7: Profiles. Industry Standard Specification (1.04 버전).

[10] OPC Foundation (2017) OPC Unified Architecture Specification - Part 6: Mappings. Industry Standard Specification (1.04 버전).

[11] PROSYS OPC 홈페이지. https://prosysopc.com/products/

[12] JSON 홈페이지. https://www.json.org/json-ko.html

PART 04

구현

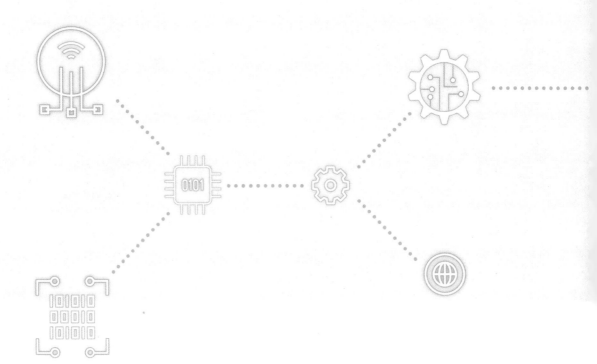

구현은 논리적으로 표현된 설계를 실제 작동하도록 프로그래밍으로 시스템을 창조하는 과정이다. 구현은 시간과 노력이 많이 들고 쉽지 않은 과정이다. 개념 이해가 필수적이고, 구현 도구를 잘 사용할 줄 알아야 하며, 하드웨어나 소프트웨어의 설계, 구현, 검증 및 전개의 과정이 수행되어야 하기 때문이다. 아무리 훌륭한 제품 개념이라도 CAD 도구를 이용하여 공학적으로 설계하지 못한다면 의미가 없는 것과 마찬가지이다. 4부에서는 OPC UA의 구현에 대하여 설명한다. 1장에서는 접근법, 2장에서는 구현 도구, 3장에서는 구현 사례를 소개한다.

CHAPTER 01

접근법

<그림 1> 구현 접근법 순서도

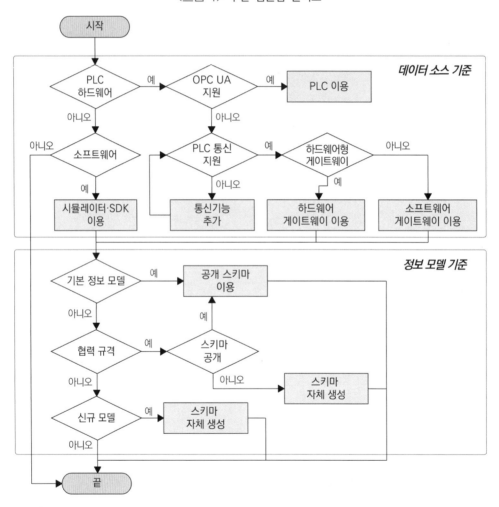

OPC UA 서비스와 시스템을 어떻게 구현하는지에 대한 접근법을 설명한다. <그림 1>은 데이터 소스 및 정보 모델 기준의 구현 접근법을 순서도로 표현한 것이

다. 데이터 수집의 시작점이 하드웨어이냐 소프트웨어이냐에 대한 기준(1절), 사용하는 정보 모델이 기본 정보 모델이냐 협력 규격이냐 자체 개발 모델이냐에 대한 기준(2절)으로 나누어서 설명한다.

OPC Foundation 홈페이지에서 OPC UA 인증 제품을 검색하든지 구글링을 통해서 필요한 구현 방법과 도구에 대한 유용한 정보를 얻을 수 있다. OPC UA 구현 관련 정보, 동영상, 도구들이 많이 공개되어 있다(일부는 유료이다).

> **SECTION** 01 데이터 소스 기준

데이터가 생성되는 소스(source)를 기준으로 구현 접근법을 설명한다. OPC UA의 사용 관점에서 가장 많이 원하는 것은 산업 현장에 있는 하드웨어 장치로부터 실제 데이터(real data)를 수집하여 산업 시스템의 상위 계층으로 보내는 것이다. 먼저, 하드웨어가 데이터 소스일 때, 어떻게 구현할 수 있는지를 설명한다. 그런데, 학교나 연구기관에서 근무하는 연구자들은 이러한 하드웨어를 보유하기 어렵다. 그래서 OPC UA 구현을 포기해야만 할까? 그렇지 않다. 소프트웨어적인 방법으로도 데이터 생성이 가능하다. 컴퓨터상에서 가상 데이터(virtual data)를 생성하고 이를 활용함으로써, 사무실에서도 연구 목적의 구현이 가능하다.

1. 하드웨어 소스

여기서 하드웨어(hardware)는 프로그래머블 로직 컨트롤러(PLC)를 중심으로 설명한다. PLC는 산업 현장에서 많이 사용하므로, 이러한 제한에 무리는 없다고 본다. 그 외에 수치제어기(CNC), 감시 제어 및 데이터 취득 시스템(SCADA)나 분산 제어 시스템(DCS)에 특화된 하드웨어도 있지만, PLC와 비슷할 것이라고 본다. PLC 도메인 특화 정보 모델은 2부 5장 3절을 참고 바란다.

시나리오는 PLC로부터 데이터를 획득하고, PLC와 연결된 OPC UA 서버가 데이터를 전송하면 클라이언트가 데이터를 획득하는 것이다. 사용자 입장에서 PLC와 OPC UA를 연결하려면, OPC UA 호환 하드웨어나 소프트웨어가 필요하다. 요약하자면, OPC UA 서버 기능이 내재된(임베디드된) PLC가 있으면 이 PLC를 사용한다. OPC

UA 서버 기능이 없으면, OPC UA 호환 게이트웨이를 붙이는 것이다. 클래식 OPC 를 사용중이면, OPC UA 마이그레이션(migration) 게이트웨이를 덧붙이는 것이다.

    <그림 2>는 PLC에 내재화된 OPC UA 서버를 이용하는 방법이다. 예를 들면 Siemens SIMATIC S7-1500가 있다. <그림 3>은 이 PLC의 Ladder 프로그램에서 서버를 셋팅하는 화면이다. (a)는 어플리케이션명과 서버 활성화, (b)는 포트 및 발간·샘플링 주기 설정, (c)는 보안 정책 선택, (d)는 사용자 인증 정보 입력, (e)는 발간하고자 하는 데이터 아이템 선택의 과정으로 이루어진다.

<그림 2> PLC 이용 구현 방법

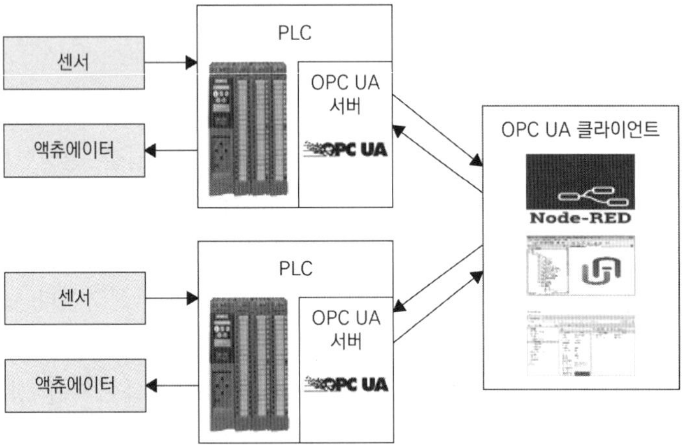

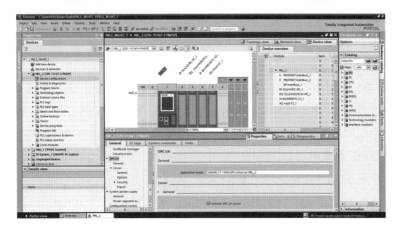

<그림 3> SIMATIC S7-1500의 OPC UA 서버 셋팅[1]

(a) 서버 활성화

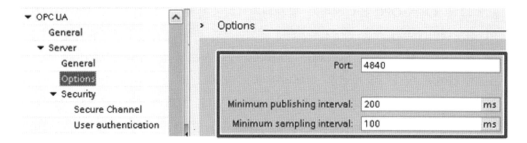

(b) 옵션 설정

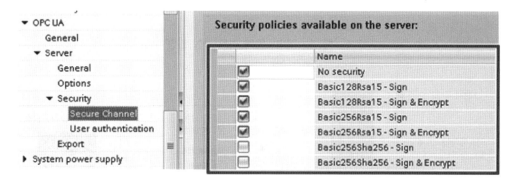

(c) 보안 정책 설정

(d) 사용자 인증 정보 입력

(e) 데이터 아이템 선택

<그림 4>는 OPC UA 서버가 탑재되지 않은 레거시 PLC를 OPC UA 게이트웨이 하드웨어(일부는 이를 산업사물인터넷 장치라고도 한다) 또는 소프트웨어를 이용하는 방법이다. 예를 들어 Kepware KepserverEx 하드웨어, Prosys Modbus Server 소프트웨어가 있다. 이 방법은 텔레비전에 셋탑 박스를 설치하는 개념과 유사하다. 과거에 텔레비전은 공중파 채널만 시청 가능하였다. 그런데 셋탑 박스를 설치함으로써, 다양한 채널과 서비스의 구독이 가능해졌다. 기존 PLC에 OPC UA 셋탑박스를 설치함으로써, 획득한 데이터를 이용하여 다양한 서비스를 활용할 수 있다. 당연히 이에 따른 비용은 든다.

<그림 4> 게이트웨이 이용 구현 방법

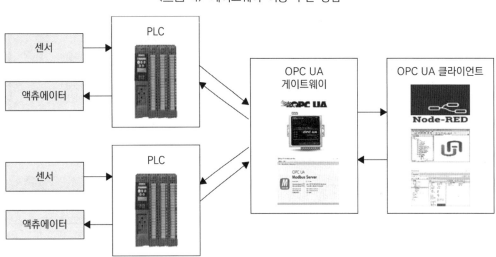

<그림 5>는 PLC로부터의 OPC UA 데이터 흐름을 나타낸다. 설비에 부착된 센서는 PLC 입력 모듈과 연결되어 PLC 처리장치로 센서 값을 보낸다. 이 센서 값은 PLC 메모리의 D영역(데이터 레지스터)에 16비트 또는 32비트 단위의 워드 형태로 저장된다. 참고로, X영역은 센서류 입력, Y영역은 모터류 출력에 대한 메모리 영역이다. PLC 메모리 영역과 OPC UA 데이터 맵이 존재하여, 이 센서 값이 OPC UA 데이터로 매핑된다. 이 데이터는 지정된 NodeID(노드 ID)의 Value(값)에 인스턴싱된다. 그 후에는 서버-클라이언트 통신 방법을 이용하여 데이터를 수집한다. PLC는 주로 OPC UA TCP 전송방식(opc.tcp://localhost:포트)을 이용하는 것으로 파악된다. 클라이언트는 PLC나 게이트웨이마다 존재하는 고유 IP를 이용하여 서버에 접근한다.

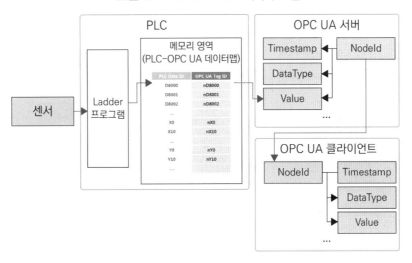

<그림 5> PLC-OPC UA 데이터 흐름

<그림 6>은 PLC와 OPC UA의 구동 과정을 나타낸다. <그림 6> (a)는 PLC 이용 과정이다. PLC가 서버를 내장하고 있으면 PLC 자체가 서버 역할을 하므로, 클라이언트는 그 PLC 주소에 직접 접근한다. <그림 6> (b)는 게이트웨이(gateway) 이용 과정이다. PLC와 게이트웨이가 다른 장치이므로 다른 주소를 갖는다. 클라이언트는 PLC가 아닌 게이트웨이의 주소를 이용하여 간접 접근한다. 사용하는 Ladder 프로그램, PLC, 게이트웨이에 따라 설정 방법은 다양하다. 클래식 OPC와의 마이그레이션(migration)도 가능하다. <그림 7>은 UaGateway 소프트웨어를 이용한 마이그레이션을 나타낸다. 클래식 OPC의 데이터 접근(DA), 알람 및 이벤트(AE), 과거 데이터 접근(HDA)가 OPC UA로 래핑(wrapping)되어 클라이언트에게 전송된다.

<그림 6> PLC와 OPC UA 구동 과정

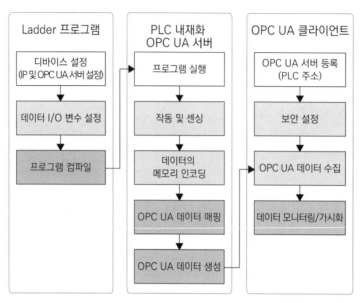

(a) PLC 이용

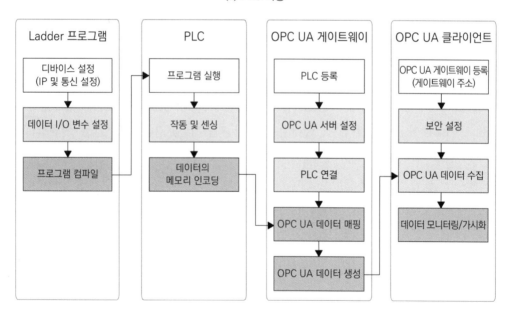

(b) 게이트웨이 이용

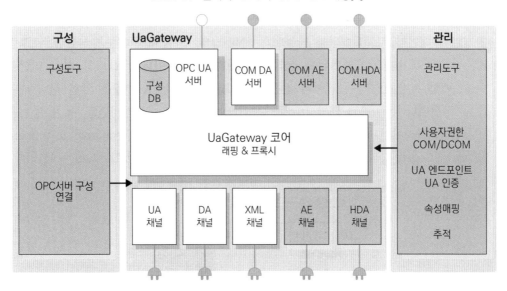

<그림 7> 클래식 OPC와 OPC UA 래핑[2]

✔ **Opinion**

> 이 책의 한계는 하드웨어와 OPC UA의 연결에 대한 실무적 수준의 지침서를 제공하고 있지 못한다는 것이다. 워낙 많은 사례와 많은 종류의 하드웨어가 존재하기 때문에 일일이 소개하기 어렵다. 산업 현장에서는 OPC UA 기능이 없는 PLC와 OPC UA의 구체적인 연결 방법을 필요로 할 것이다. 이에 대한 가이드를 제공하는 실무 지침서의 개발이 절실하다.

2. 소프트웨어 소스

소프트웨어 소스는 시뮬레이터(simulator)나 SDK를 이용하여 가상 데이터를 생성하는 방법이다. 연구와 교육 목적으로 OPC UA를 사용하는 독자도 많을 것이다. 산업 현장에서의 실제 데이터를 이용하는 것이 가장 좋은 방법이나, 현실적으로 실제 데이터를 획득하는 것은 쉽지 않다. 그래서 벤더들은 OPC UA 데이터 시뮬레이터를 제공하고 있다. 대표적으로 IBM NodeRed, Prosys Simulation Server, National Instrument LabView가 있다. 이 시뮬레이터를 이용하여 사무실에서도 가상 데이터를 만들고 활용할 수 있다. 다만, 의도된 또는 단순한 형태의 데이터가 생성되므로, 의도되지 않거나 복잡한 데이터를 만들려면 별도의 프로그래밍이 요구된다.

<그림 8>은 소프트웨어 기반 구현 방법을 나타낸다. <그림 8> (a)는 OPC UA 서버에 데이터 시뮬레이터를 내장한 것이다. 존재하는 데이터 시뮬레이터 또는 자신만의 데이터 시뮬레이터를 만들어서 서버 SDK 안에 내장하는 방식이다. <그림 8> (b)는 데이터 시뮬레이터를 분리한 것이다. 시뮬레이터가 별도의 서버 역할을 하고, 메인 서버 안에 시뮬레이터 전용 클라이언트를 만든다. 이것은 체인 서버 패턴으로 구현된다(3부 2장 1절 참고). 통신은 통상적인 서버-클라이언트 통신 방법을 이용한다. 클라이언트 도구로는 Unified Automation UaExpert, National Instrument Labview, Cogent OPC UA DataHub, Prosys OPC UA Monitor와 Browser 등이 있다.

<그림 8> 소프트웨어 기반 구현 방법

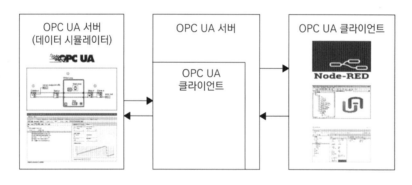

(a) 서버-클라이언트 패턴

(b) 체인 서버 패턴

정보 모델(information model) 기준의 구현 방법을 설명한다. 구현 측면에서는 어드레스 스페이스 모델을 계승하는 기본 정보 모델, 협력 규격 그리고 자체 개발 정보 모델 등 세 가지 관점에서의 구현 접근법이 필요하다.

1. 기본 정보 모델

기본 정보 모델(base information model)은 OPC UA 정보 모델을 실제로 사용하거나 개발자에 의한 모델링을 위해 필요한 표준화된 정보 모델을 제공하고 있다. OPC UA에서 가장 기본이 되는 정보 모델이므로, 이 모델만으로도 데이터 수집을 위해서는 큰 무리는 없을 것이다. OPC Foundation에서 기본 정보 모델의 XML 스키마(파일명: Opc.Ua.NodeSet2.xml, UaNodeSet.xsd)를 제공하고 있다. 또한, 정보 모델링 도구에서는 기본 정보 모델을 내재화하여 제공하고 있다. 예를 들어, 기본 정보 모델의 ServerType(서버 타입) 객체 타입을 살펴본다(2부 <표 20> 참고).

<그림 9>는 ServerType의 XML 스키마이다. ServerType 테이블과 비교해보면, 기본 정보 모델이 어떻게 XML 스키마로 표현되는지 알 수 있다. ObjectType(객체 타입), NodeId(노드 ID), BrowseName(브라우즈명), DisplayName(디스플레이명)이 주어진다. 하위 컴포넌트(component)와 특성(property) 간의 참조 관계가 정의되며, 이들의 연결은 NodeId로 이루어짐을 알 수 있다. 각 컴포넌트 및 특성도 주어진 구조에 의거하여 작성되어 있다. <그림 10>은 UaModeler 정보 모델링 도구에서의 ServerType을 나타낸다. 이 도구에서는 ServerType을 기본 셋팅으로 제공한다. 그리고 ServerType은 확정된 객체 타입이므로, 비활성화되어 있어 수정이 불가능하다.

SDK에서도 기본 정보 모델을 내재화하여 제공하기도 한다. SDK에서는 XML 스키마를 해석(parsing)하여 클래스 패키지를 생성한다. 사용자는 클래스 패키지를 임포트(import)하여 프로그래밍함으로써, 기본 정보 모델을 활용할 수 있는 것이다. 이 원리는 협력 규격 및 자체 개발 모델에서도 적용된다. 어딘가에 정보 모델의 XML 스키마가 존재한다면, 이를 가져와서 SDK에서 클래스 코드를 생성할 수 있다. 만약 XML 스키마가 없다면, 자체적으로 만든 후에 클래스 코드를 생성한다.

<그림 9> ServerType XML 스키마

```xml
<UAObjectType NodeId="i=2004" BrowseName="ServerType">
    <DisplayName>ServerType</DisplayName>
    <Documentation>https://reference.opcfoundation.org/v104/Core/docs/Part5/6.3.1</Documentation>
    <References>
        <Reference ReferenceType="HasProperty">i=2005</Reference>
        <Reference ReferenceType="HasProperty">i=2006</Reference>
        <Reference ReferenceType="HasProperty">i=15003</Reference>
        <Reference ReferenceType="HasComponent">i=2007</Reference>
        <Reference ReferenceType="HasProperty">i=2008</Reference>
        <Reference ReferenceType="HasProperty">i=2742</Reference>
        <Reference ReferenceType="HasProperty">i=12882</Reference>
        <Reference ReferenceType="HasProperty">i=17612</Reference>
        <Reference ReferenceType="HasComponent">i=2009</Reference>
        <Reference ReferenceType="HasComponent">i=2010</Reference>
        <Reference ReferenceType="HasComponent">i=2011</Reference>
        <Reference ReferenceType="HasComponent">i=2012</Reference>
        <Reference ReferenceType="HasComponent">i=11527</Reference>
        <Reference ReferenceType="HasComponent">i=11489</Reference>
        <Reference ReferenceType="HasComponent">i=12871</Reference>
        <Reference ReferenceType="HasComponent">i=12746</Reference>
        <Reference ReferenceType="HasComponent">i=12883</Reference>
        <Reference ReferenceType="HasSubtype" IsForward="false">i=58</Reference>
    </References>
</UAObjectType>
<UAVariable NodeId="i=2005" BrowseName="ServerArray" ParentNodeId="i=2004" DataType="String" ValueRank="1" ArrayDimensions="0" MinimumSamplingInterval="1000">
    <DisplayName>ServerArray</DisplayName>
    <References>
        <Reference ReferenceType="HasTypeDefinition">i=68</Reference>
        <Reference ReferenceType="HasModellingRule">i=78</Reference>
        <Reference ReferenceType="HasProperty" IsForward="false">i=2004</Reference>
    </References>
</UAVariable>
<UAVariable NodeId="i=2006" BrowseName="NamespaceArray" ParentNodeId="i=2004" DataType="String" ValueRank="1" ArrayDimensions="0" MinimumSamplingInterval="1000">
    <DisplayName>NamespaceArray</DisplayName>
    <References>
        <Reference ReferenceType="HasTypeDefinition">i=68</Reference>
        <Reference ReferenceType="HasModellingRule">i=78</Reference>
        <Reference ReferenceType="HasProperty" IsForward="false">i=2004</Reference>
    </References>
</UAVariable>
<UAVariable NodeId="i=15003" BrowseName="UrisVersion" ParentNodeId="i=2004" DataType="i=20998" MinimumSamplingInterval="1000">
    <DisplayName>UrisVersion</DisplayName>
    <References>
        <Reference ReferenceType="HasTypeDefinition">i=68</Reference>
        <Reference ReferenceType="HasModellingRule">i=80</Reference>
        <Reference ReferenceType="HasProperty" IsForward="false">i=2004</Reference>
    </References>
</UAVariable>
<UAVariable NodeId="i=2007" BrowseName="ServerStatus" ParentNodeId="i=2004" DataType="i=862" MinimumSamplingInterval="1000">
    <DisplayName>ServerStatus</DisplayName>
    <References>
        <Reference ReferenceType="HasComponent">i=3074</Reference>
        <Reference ReferenceType="HasComponent">i=3075</Reference>
        <Reference ReferenceType="HasComponent">i=3076</Reference>
        <Reference ReferenceType="HasComponent">i=3077</Reference>
        <Reference ReferenceType="HasComponent">i=3084</Reference>
        <Reference ReferenceType="HasComponent">i=3085</Reference>
        <Reference ReferenceType="HasTypeDefinition">i=2138</Reference>
        <Reference ReferenceType="HasModellingRule">i=78</Reference>
        <Reference ReferenceType="HasComponent" IsForward="false">i=2004</Reference>
    </References>
</UAVariable>
```

<그림 10> UaModeler의 ServerType

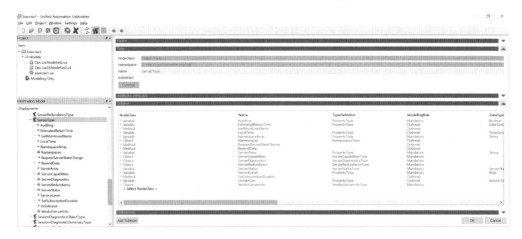

2. 협력 규격

협력 규격(companion specification)은 표준 정보 모델에 포함되지 않으면서 다른
도메인에 특화된 정보 모델을 정의한 것이다. 협력 규격을 이용하여 구현하고자 한
다면, 공개된 협력 규격의 스키마가 있는지 찾아볼 필요가 있다. 스키마가 존재하
면, 이를 이용하여 구현하면 된다. 만약 없다면, 직접 모델링을 해야 한다. 예를 들
어, PLCopen, FDI, AutomationML, MTConnect 협력 규격의 XML 스키마는 공개되
어 있다. UaModeler에서는 PLCopen 협력 규격의 스키마를 기본적으로 셋팅하고
있다. <그림 11>은 TopologyElementType(토폴로지 요소 타입)이 기구현된 예시이
다(2부 <그림 87> 참고).

<그림 11> UaModeler의 TopologyElementType

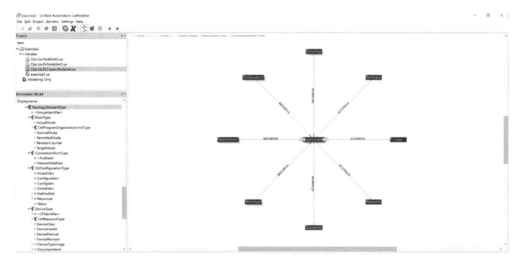

3. 자체 개발 정보 모델

자체 개발 정보 모델을 이용하려면 UaModeler와 같은 모델링 도구를 이용하여
정보 모델을 설계해야 한다. 그 후, 모델링 도구의 컴파일(compile) 기능을 이용하
여 XML 및 XSD 스키마를 생성한다. SDK에서는 생성된 스키마로부터 클래스 코드
들을 생성하고, 이를 프로그래밍에 사용하여 서버와 클라이언트를 구현하는 것이다.
3장 구현 사례에서 추가적으로 설명한다.

> **SECTION** 03 OPC UA 통합

산업 시스템 관점에서의 OPC UA 구현에 대하여 설명한다. OPC UA 기반 시스템 통합, 마이그레이션과 클라우드 연결을 설명한다.

1. 시스템 통합

OPC UA 시스템은 기본적으로 서버−클라이언트 구조이다. 그러므로, 주는 자와 받는 자의 집합체를 통하여 시스템 통합을 가능하게 한다. <그림 12>는 OPC UA 기반 시스템 통합 구조의 예시이다. 산업 시스템 구조 측면에서는 목적과 역할에 맞게 자유로운 서버와 클라이언트의 구성이 가능하다. 필드 레벨에서의 데이터 수집을 위해서는 현장에 존재하는 하드웨어와 연결한 OPC UA 서버가 필요하다. Pub−Sub 구조라면 발간자(publisher)가 필요하다. 만약, 하드웨어의 원격 제어를 구현하려면, 하드웨어와 연결된 클라이언트가 필요하다. 제어 및 운영 레벨에서도 목적과 역할에 맞게 서버와 클라이언트의 구성이 가능하다. 전사 레벨에서도 마찬

<그림 12> OPC UA 기반 시스템 통합[3]

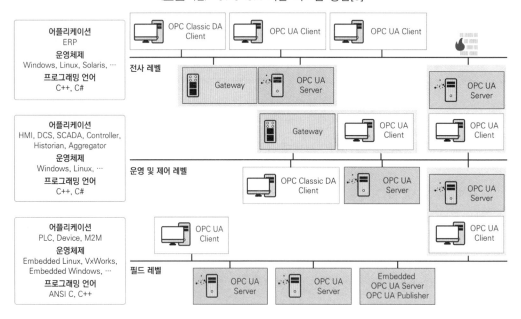

가지이다. 운영체제 측면에서는 OPC UA가 플랫폼 독립적이므로 Windows나 Linux와 관계없이 구현이 가능하다. 구현 언어 측면에서도 프로그래밍 언어에 독립적이므로 Java, C, C++, C#, Delphi 등으로의 구현이 가능하다. 최근에는 파이썬 및 모바일 프로그래밍을 지원하는 도구들도 공개되고 있다.

<그림 13>은 OPC UA 올인원(all-in-one) 솔루션 구성의 예시이다. PLC, 서버와 클라이언트, 데이터베이스 및 커넥터 등을 묶은 패키지를 통하여 구현과 유지보수의 용이성을 강조하고 있다. 최근에는 데이터베이스를 패키지에 포함한 솔루션이 증가하고 있는데, 데이터의 활용도가 증가하고 있기 때문이다. OPC UA를 통하여 수집된 데이터를 데이터베이스에 저장하고 관리함으로써, 데이터의 가치 활용과 신규 비즈니스 모델 개발을 시도하는 노력으로 풀이된다.

<그림 13> OPC UA 올인원 솔루션 예시[3]

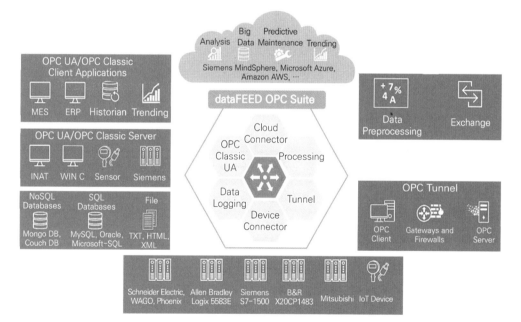

2. 마이그레이션

산업 현장에서 OPC UA 사용을 원한다면 마이그레이션(migration) 이슈가 존재한다. 기존에 사용하던 정보 모델이나 프로토콜로부터 OPC UA로의 이전과 통합을 위한 마이그레이션이 필요하다. Ethernet/IP, Profibus, Modbus, Profinet, EtherCAT

등 기존 PLC 프로토콜과의 마이그레이션 이슈가 있다. 이들을 OPC UA와 연결하는 것은 쉽지 않은 일이며 비용과 노력이 필요하다. 앞서 설명한 대로 하드웨어 또는 소프트웨어 형태의 게이트웨이를 활용하여 레거시 프로토콜과 OPC UA를 연결할 수 있다. <그림 14>는 Modbus Server 소프트웨어를 이용하여 Modbus 기반 PLC와 연결하는 구조를 나타낸다.

<그림 14> Modbus 통신의 마이그레이션[4]

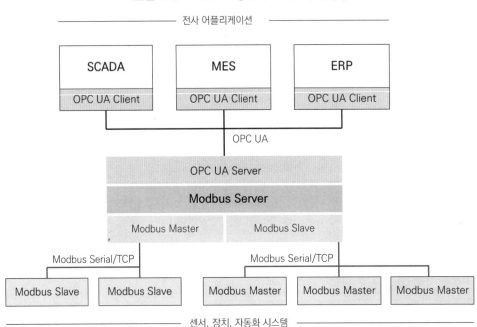

또 다른 이슈는 클래식 OPC와의 마이그레이션이다. 클래식 OPC를 사용중이라면 OPC UA로의 변환을 위한 게이트웨이를 사용할 수 있다. <그림 15>는 클래식 OPC를 위한 게이트웨이인 UaGateway를 사용한 경우이다. DCOM 기반 클래식 OPC가 OPC UA 형태로 데이터 교환 가능하도록 래퍼(wrapper)와 프록시(proxy) 기능을 제공한다.

✓ **Explanation**/ 마이그레이션(migration)

한 운영환경으로부터 다른 운영환경으로 옮겨가는 과정을 의미한다. 프로젝트에 따라 데이터 마이그레이션, 애플리케이션 마이그레이션, 운영 체제 마이그레이션, 클라우드 마이그레이션 등 한 가지 이상의 이동이 진행될 수 있다. [www.terms.co.kr, www.redhat.com]

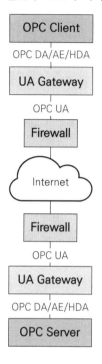

<그림 15> 클래식 OPC의 마이그레이션[4]

3. 클라우드 연결

최근 OPC UA의 움직임은 모바일뿐만 아니라 클라우드와의 연결을 도모하는 것이다. 클라우드 컴퓨팅(cloud computing)은 사용자가 컴퓨팅 자원을 직접 구축할 필요 없이 필요할 때마다 해당 자원에 접근하여 데이터를 처리하고 연산을 수행하도록 서비스를 제공하는 것이다[5]. 우리는 이미 구글드라이브나 드롭박스 등의 활용으로 이미 클라우드 컴퓨팅에 익숙해져 있다. 이러한 클라우드의 개념이 산업 분야에도 확산전개되고 있다. OPC UA 또한 이를 지원하는 도구 및 비즈니스 모델이 출현하고 있다. 마이크로소프트의 Azure, 아마존의 AWS와 지멘스의 MindSphere 등과 연결이 가능한 것으로 파악된다. 그리고 PLC로부터 클라우드로 직접적으로 연계해주는 커넥터들도 존재한다. Siemens SIMATIC S7-1500 PLC의 경우는 별도의 장치 없이도 MindSphere와 연결이 가능하다고 한다. <그림 16>은 Pub-Sub 구조를 이용하여 OPC UA와 Azure를 연결한 개념이다. MQTT 메시지 브로커를 이용하며, Azure가 구독자 역할을 한다.

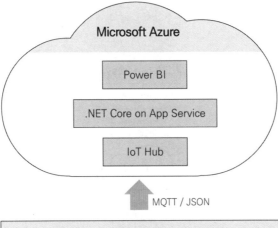

<그림 16> MQTT 기반 OPC UA-Azure 연결[4]

구현 도구

　　다양한 벤더의 많은 도구들이 있지만, UaModeler, Simulation Server, UaExpert, SDK for Java에 대해서 소개한다. 각각 정보 모델링, 서버, 클라이언트 및 개발 도구를 잘 대변하기 때문이다. 그리고 저자는 이 도구들을 주로 사용하였기 때문이다. 이 제품들만 사용해야 한다는 것은 아니다.

　　<표 1>은 ProsysOPC사의 제품 목록이다. 제품 목록을 통하여 어떠한 구현 도구들이 필요한지 파악 가능할 것이다. 벤더의 홈페이지에서 제품별 상세 내용, 매뉴얼, 프로그램 코드 및 어플리케이션의 정보 접근이 가능하다. 평가판은 대부분 무료로 제공되나, 일부 기능이나 상용화는 사용료 지불이 필요할 것이다.

◉ <표 1> ProsysOPC사 OPC UA 제품 목록

구분	제품명	용도
어플리케이션	OPC UA Monitor	수집된 OPC UA 데이터의 모니터링 및 시각화를 위한 클라이언트
	OPC UA Modbus Server	Modbus 통신을 사용하는 하드웨어와 연결하여 OPC UA 데이터를 전송하는 대체 서버
	OPC UA Historian	OPC UA 데이터를 데이터베이스에 저장하고 데이터를 추출할 수 있는 서버와 클라이언트
	OPC UA Gateway	클래식 OPC를 사용하는 레거시 시스템과의 마이그레이션을 위한 커넥터
개발 도구	OPC UA SDK for Java	OPC UA 서버와 클라이언트를 위한 Java 기반 소프트웨어 개발 도구
	OPC UA & Classic SDK for Delphi	OPC UA 및 클래식 OPC 서버와 클라이언트를 위한 Delphi 기반 소프트웨어 개발 도구
	OPC UA C/C++ SDK	OPC UA 서버와 클라이언트를 위한 ANSI C 또는 C++ 기반 소프트웨어 개발 도구
	OPC UA .NET SDK	OPC UA 서버와 클라이언트를 위한 .NET(C#) 기반 소프트웨어 개발 도구

구분	제품명	용도
	OPC UA Modeler	OPC UA 정보 모델링 및 XML 스키마 생성을 위한 개발 도구
테스트 도구	OPC UA Simulation Server	컴퓨터에서 OPC UA 가상 데이터 및 이벤트 생성을 위한 시뮬레이터
	OPC UA Browser	OPC UA 정보 모델 브라우징 및 데이터 모니터링을 위한 브라우저
	OPC UA Client for Android	Android용 모바일 OPC UA 클라이언트
	OPC Classic Simulation Server	컴퓨터에서 클래식 OPC 가상 데이터 및 이벤트 생성을 위한 시뮬레이터
	OPC Classic Client	클래식 OPC 정보 모델 브라우징 및 데이터 모니터링을 위한 클라이언트

SECTION 01 UaModeler

UaModeler(이하, Modeler, version 1.6.2 기준)는 자체 개발 정보 모델을 만들 때 사용하는 모델링 도구이다. Modeler는 기본 정보 모델을 기본적으로 제공한다. 그리고 새로운 객체 타입, 변수 타입, 참조 타입, 이벤트 타입 및 데이터 타입의 노드들을 추가할 수 있다. 객체의 생성도 가능하다. 정보 모델링을 위한 그래픽 시각화 기능도 제공한다. 모델링의 결과물은 프로그램 파일, 소스코드 및 XML 스키마로 출력된다.

<그림 17>은 Modeler와 SDK를 이용한 구현 과정을 나타낸다. Modeler에서 정보 모델을 생성하고 컴파일 하면, C계열은 직접적으로 클래스 코드가 생성된다. Java 는 간접적인 방식인데, Modeler에서는 XML 스키마를 생성한다. 그 후, Java SDK 와 연결된 Code Generator를 이용하면 그 스키마로부터 클래스 코드가 생성된다. 생성된 클래스 코드들을 SDK에 임포트함으로써, 이 정보 모델을 사용하는 서버와 클라이언트 구현이 가능해진다.

<그림 17> 정보 모델링 및 클래스 코드 생성

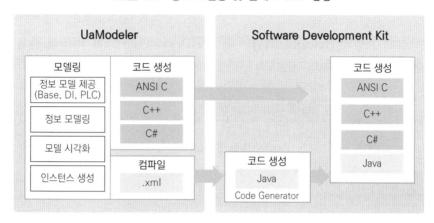

<그림 18>은 Modeler 메인 화면이다. 정보 모델 탐색창의 아이템을 선택하면 해당 아이템에 대한 Type View(서식형 뷰어)에서 확인 가능하다. 노드와 관계로 구성되는 Graphic View(그래픽 뷰어)로의 전환도 가능하다. 프로젝트 생성 시, 기본 정보 모델을 기본 셋팅으로 제공한다. 장치 통합(device integration) 정보 모델, PLC−OPC UA 정보 모델을 추가 모델로 제공하고 있다. 다음은 신규 객체 타입 생성, 신규 데이터 타입 생성, 신규 객체 생성, 컴파일 방법을 설명한다.

<그림 18> UaModeler 메인 화면

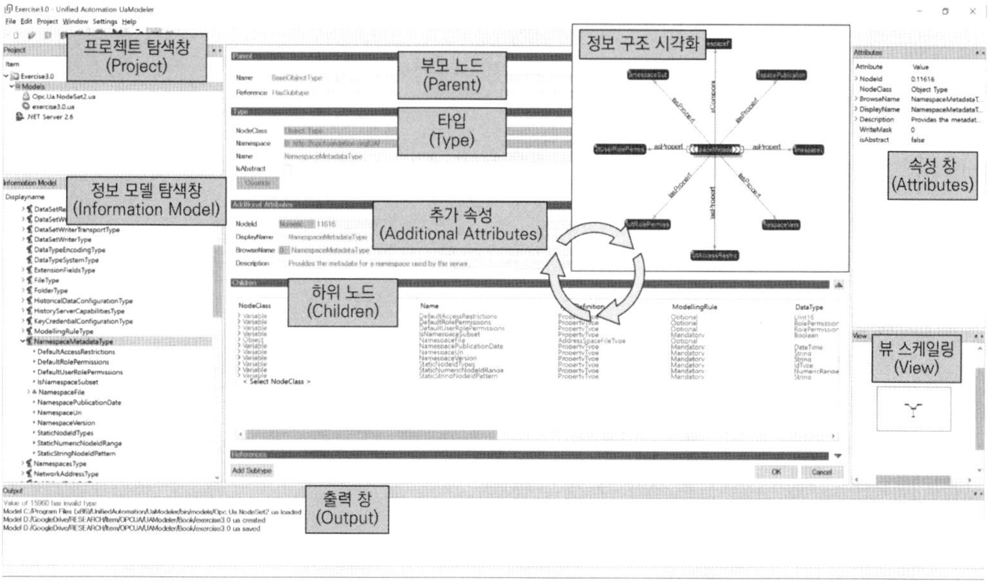

1. 신규 객체 타입 생성

기본 정보 모델의 BaseObjectType 하위에 DeviceType 객체 타입을 새롭게 추가하는 예시이다(<그림 19> 참고).

(1) 노드를 추가하려면, 정보 모델 탐색(Information Model)창에서 상속받고자 하는 ObjectType에서 오른쪽 마우스 버튼 및 Add New Type을 선택한다.

(2) Name 란에 노드 명칭 DeviceType을 입력한다. 그러면 자동적으로 DisplayName 과 BrowseName이 채워진다. 중복된 명칭은 피한다.

(3) 하위 노드(Children) 창에 하위 노드 클래스(Node Class)들을 정의한다. Object, Variable, Method의 3가지가 있다.

(4) 노드 클래스의 Name을 결정한다. 이때, 다른 노드 클래스의 Name들과 다른 명칭을 부여해야 한다. BrowseName에서 중복이 발생할 수 있기 때문이다.

(5) 타입 정의(Type Definition)를 결정한다. 드롭다운 리스트가 나타나고 Add another node를 선택하면, Type 리스트가 나타나고 원하는 Type을 선택한다. 노드 클래스가 Variable이면 BaseDataVariableType 또는 PropertyType 중 하나를 선택한다. BaseDataVariableType의 하위 타입 선택도 가능하다.

(6) 모델링 규칙(Modelling Rule)을 결정한다. Mandatory, Optional, Mandatory Placeholder, Optional Placeholder의 4가지 중 하나를 선택한다. Placeholder 는 리스트형 타입을 지정한다.

(7) 데이터 타입(Data Type)을 결정한다. 노드 클래스가 Variable일 때만 정의한다. Add another node를 선택하면, 데이터 타입 리스트가 팝업되고 원하는 데이터 타입을 선택한다.

(8) 만약, 서브 타입(Sub Type)이 필요하면 Add Subtype 버튼을 선택한다.

(9) 노드 타입의 정의가 완료되면 OK 버튼을 선택한다.

(10) 정보 모델 탐색 창에 DeviceType 객체 타입 노드가 BaseObjectType 하위에 생성되고, 하위 노드 클래스들도 생성되었음을 알 수 있다. '< >'표시는 Placeholder의 리스트형을 의미한다.

(11) 노드 클래스 아이템을 드래그 다운하면, 속성의 상세 정보가 나타나며 수정이 가능하다. 특히 참조 타입(ReferenceType)을 수정할 때 유용하다. 마찬가지로, Reference Type 리스트가 팝업된다.

〈그림 19〉 신규 객체 타입 생성

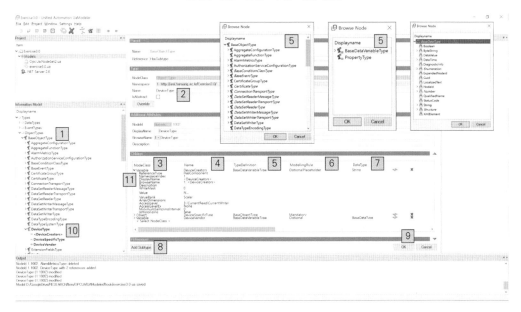

〈그림 19〉 신규 객체 타입 생성

2. 신규 데이터 타입 생성

열거형(enumeration) 데이터 타입 하위에 EnumDeviceType 데이터 타입을 추가하는 예시이다(〈그림 20〉 참고).

(1) 데이터 타입을 추가하려면, 정보 모델 탐색창에서 상속받고자 하는 Enumeration에서 오른쪽 마우스 버튼 및 Add New Enumerated DataType을 선택한다.

(2) Name 란에 타입 명칭 EnumDeviceType을 입력한다. 자동적으로 DisplayName과 BrowseName이 채워진다. 마찬가지로 중복 명칭은 피한다.

(3) 열거형 항목(EnumString)들을 작성한다. 각 EnumString에 대응되는 Value를 볼 수 있다. 각 항목의 순서 변경도 가능하다. 열거형 항목은 Int32형 Value로 핸들링된다(2부 3장 5절 참고).

(4) 데이터 타입의 정의가 완료되면 OK 버튼을 선택한다. 그러면 EnumDeviceType의 사용이 가능해진다.

(5) 〈그림 19〉의 DeviceComponentType 변수 노드를 추가한 경우이다. 데이터 타입을 EnumDeviceType으로 선택한 것이다.

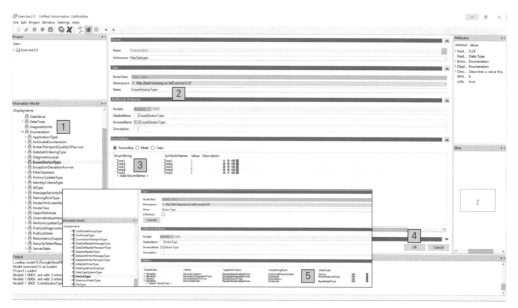

3. 신규 객체 생성

DeviceType 객체 타입을 인스턴싱한 DeviceType1 객체를 생성하는 예시이다 (〈그림 21〉 참고). Modeler에서 객체를 생성하는 것은 검증용으로만 추천한다. 인스턴스를 생성함으로써, 모델링된 타입 노드의 오류 여부를 확인할 수 있다. 적은 수의 인스턴스 생성은 가능하지만, 많은 수의 인스턴스를 일일이 생성하는 것은 비효율적이다. 서버 SDK를 이용하여 많은 인스턴스를 생성하는 것이 효율적일 것이다.

(1) 인스턴스를 추가하려면, 정보 모델 탐색창에서 Object 폴더에서 오른쪽 마우스 버튼 및 Add Instance를 선택한다.

(2) Name란에 인스턴스 명칭 DeviceType1을 입력한다.

(3) Type Definition란에서 DeviceType 객체 타입을 선택한다. 그러면 하위 노드 창에 자동적으로 필수적(Mandatory) 노드가 나타난다.

(4) 선택적(Optional) 노드를 인스턴싱하려면 Select optional components를 선택한다. 노드 선택 창이 팝업되며, 원하는 노드를 선택한다.

(5) 선택적 플레이스홀더(Optional Placeholder) 노드를 인스턴싱하려면 Select placeholder components를 선택한다. Placeholder 창이 팝업되며, 원하는 노드들을 추가

한다.

(6) 각 하위 노드들의 정보와 값을 입력한다. 정보 모델 탐색창에서 노드를 선택하면
그 노드의 정보 창이 나타나서 입력이 가능하다. 예를 들어, DeviceComponent
Type의 데이터 타입은 EnumDeviceType이고, 열거형 항목 중 하나인 Type1
을 선택할 수 있다.

(7) 인스턴싱이 완료되면 OK 버튼을 선택한다.

<그림 21> 신규 객체 생성

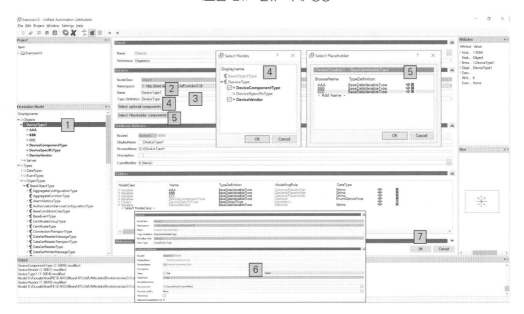

4. 컴파일

정보 모델이 완성된 후, XML 스키마 및 선택한 프로그래밍 언어의 프로그램 코
드가 생성되도록 컴파일을 실행한다. 컴파일 전에 일관성 체크(check consistency)
기능의 사용을 추천한다. 프로젝트 창에서 해당 정보 모델을 선택 후 오른쪽 마우
스 버튼 및 Check Consistency를 선택하면, <그림 22>와 같이 일관성 체크를 수
행할 수 있다. 그 후, 컴파일을 수행하면(아이콘 바의 파란색 톱니바퀴 아이콘), 설정된
폴더상에 <그림 23>과 같은 XML 스키마와 프로그램 코드들이 자동적으로 생성
된다. 이 경우는 .NET C#을 프로그램 언어로 선택한 경우이다. 프로그램 언어는

프로젝트 생성시 선택하는데, Java는 선택이 불가하다. Java는 <그림 17>의 방법대로 프로그램 코드를 만들어야 한다. 언젠가는 Java도 Modeler 안에 통합되지 않을까 한다.

<그림 22> 일관성 체크

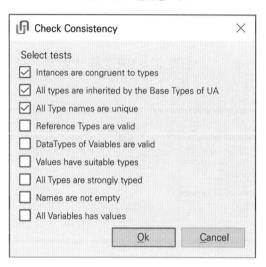

<그림 23> 컴파일된 프로그램 코드 및 XML 스키마

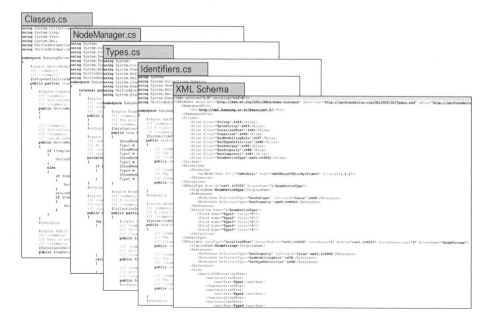

저자의 경우는 UaModeler 평가판에서 10개 이상 객체 타입의 컴파일이 안 되었다. 정식판을 구매하라는 메시지가 나타났었고, 구매하였더니 정상적으로 컴파일이 수행되었다. 약간 치사했지만 구매를 안 할 수가 없었다. 구매하는 것이 맞는 것 같기도 하다. 생각해볼 만한 하나의 비즈니스 모델인 것 같다.

SECTION 02 Simulation Server

Simulation Server(이하, Simulator, version 5.0.8 기준)는 독립적 형태의 소프트웨어로서, 가상 시뮬레이션 데이터를 제공하는 서버 어플리케이션이다. 주요 용도는 OPC UA 어플리케이션을 개발할 때, Simulator의 가상 데이터를 이용하여 서버 접근 및 데이터 수집의 정상 유무를 테스트하는 것이다. 그런데, 서버에서 구현되는 어드레스 스페이스, 기능 및 컨텐츠를 제공하므로, 서버 개발의 참조 어플리케이션으로도 유용하다.

Simulator는 객체, 타입 및 네임 스페이스에 대한 세 개의 시뮬레이션 기능을 제공한다. 그리고 Basic Mode(기본 모드)와 Expert Mode(전문가 모드) 선택이 가능하다. Basic Mode는 서버의 기본적인 상태(status), 객체(objects), 타입(types), 네임 스페이스(name spaces) 탭을 제공한다. Expert Mode는 어드레스 스페이스(address space), 엔드포인트(endpoints), 인증(certificates), 사용자(users), 세션(sessions), 접속 로그(connection log), 요청−반환 로그(req/res log) 탭을 추가적으로 제공한다. 여기서는 Expert Mode 기준으로 설명한다.

1. 상태(status) 탭

현재 서버의 정상작동 유무 및 접속 주소를 나타낸다(<그림 24> 참고). 설치 후 최초 실행의 경우에도 초기 세팅된 'opc.tcp://<hostname>:53530/OPCUA/SimulationServer' 주소로 작동이 시작된다.

(1) Server Status: Simulator를 실행시키면 개시 과정을 거친다. 서버가 정상 작동이면 'Running', 작동이 되지 않으면 'Error'가 표시된다.

(2) Connection Address: UA TCP 및 UA HTTPS에 대한 접속 주소가 나타난다. 주소 및 HTTPS 사용 여부는 엔드포인트 탭에서 설정 가능하다. 클라이언트는 이 접속 주소로 Simulator에 접속하게 된다.

<그림 24> Status 탭

2. 객체(objects) 탭

가상 데이터를 설정 및 생성하는 창이다(<그림 25> 참고). 기본 세팅으로 BaseData VariableType의 6개 가상 데이터를 생성하고 있다. 신호 유형(signal type)은 Constant (고정), Counter(카운터), Random(임의), Sawtooth(톱니), Sinusoid(정현파), Square(직사각파), Triangle(삼각파)이 있다. 데이터 타입(data type)은 Boolean, Sbyte, Byte, (U)Int16, (U)Int32, (U)Int64, Float, Double, String이 있다. 그리고 자신만의 가상 데이터를 생성할 수 있다. DeviceSensor1 변수의 가상 데이터를 생성하는 예시이다.

(1) Simulation::FolderType에서 오른쪽 마우스 버튼과 Add Node 및 Add Variable을 선택한다.

(2) 팝업창에서 변수명, 타입, 참조 타입 및 네임 스페이스를 설정한다. 자신만의 데이터 변수 DeviceSensor1이 생성된다.

(3) 생성된 변수의 신호 유형, 데이터 타입과 최소−최대값을 설정한다. 이 경우는 Random 신호, Double 데이터 타입, 최소값 −2, 최대값 2인 상황이다.

(4) 시계열 그래프를 통하여 신호의 정상적인 생성을 확인한다. 현재 타임스탬프의 Current Value(현재 값)가 인스턴싱된다.

(5) Start 또는 Stop 버튼을 이용하여 데이터의 생성을 키거나 끌 수 있다.

(6) 신호의 생성주기를 선택한다. 100~60,000밀리초 범위에서 설정 가능하다.

<그림 25> Objects 탭

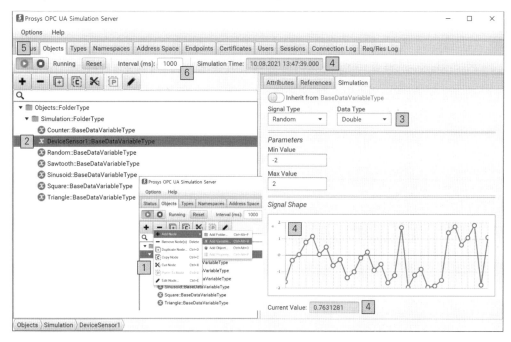

3. 타입(types) 탭

시뮬레이션 데이터를 다른 변수 타입에서 정의하거나 객체 및 변수 타입의 인스턴스 선언을 할 때 사용된다. 서버의 어드레스 스페이스에 대하여 폴더 형태로 구성되며, 객체 타입 탭과 변수 타입 탭으로 나누어져 있다. 객체 탭에서 동적인 시계열 데이터를 생성한다면, 타입 탭에서는 정적인 데이터를 생성하거나 수정한다.

4. 네임 스페이스(name space) 탭

서버의 네임 스페이스들을 설정할 때 사용된다(<그림 26> 참고).

(1) 체크박스: 해당 네임 스페이스의 활성화 또는 비활성화를 선택한다. 비활성화가 되면, 그 네임스페이스에 종속된 노드들이 비가시화 된다. 클라이언트에서는 그 노드 정보를 볼 수 없다.

(2) 인덱스(index): 서버 NamespaceArray에서의 번호를 의미한다. 0번은 'http://opcfoundation. org/UA'로 지정되어 있음을 알 수 있다.

(3) URI: 네임 스페이스의 고유 식별자를 나타낸다.

(4) Types: 해당 네임 스페이스에 종속된 타입 개수를 나타낸다.

(5) Instances: 해당 네임 스페이스에 종속된 인스턴스 개수를 나타낸다. Index 3의 경우 8개 인스턴스가 있는데, <그림 25>의 Objects::FolderType 하위에 8개 인스턴스가 있기 때문이다.

<그림 26> Name Space 탭

5. 어드레스 스페이스(address space) 탭

서버의 어드레스 스페이스를 가시화한다. 클라이언트는 이 어드레스 스페이스에 접근하여 데이터를 취득한다(<그림 27> 참고). DeviceSensor1 데이터 변수의 어드레스 스페이스 구성 및 생성된 타임스탬프와 값을 보여준다.

<그림 27> Address Space 탭

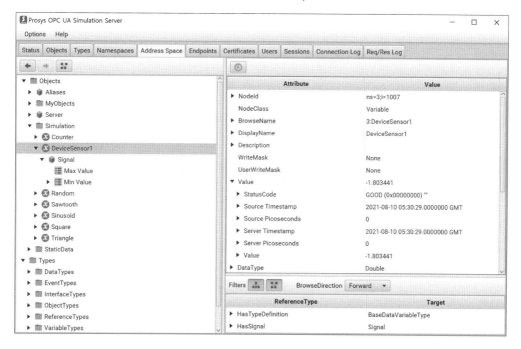

6. 엔드 포인트(endpoint) 탭

클라이언트가 접속하기 위한 접속 주소 및 보안 모드를 설정한다(<그림 28> 참고). 기본 세팅으로 UA TCP가 설정되어 있으며, UA HTTPS의 설정도 가능하다. 다만, HTTPS는 OPC UA에서의 통상적인 웹서버를 위한 HTTPS가 아니다. 실제 웹서버로 운영되는 것이 아니라, 테스트용으로 HTTPS의 메시지 전송 방식을 사용하는 것이다. 여기의 접속 주소를 수정한 후, Simulator를 재실행하면 <그림 24>의 접속 주소가 갱신된다. OPC UA의 보안 정책, 보안 모드 및 전송 계층 보안(TLS) 정책을 설정할 수 있다.

<그림 28> Endpoints 탭

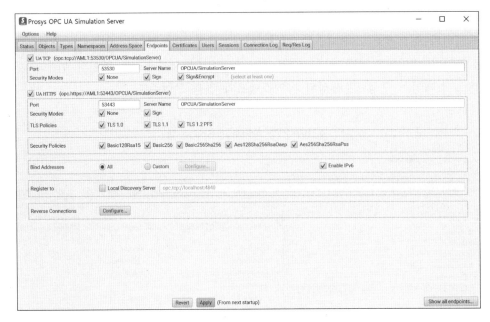

7. 인증(certificates) 탭

<그림 29> Certificate 탭

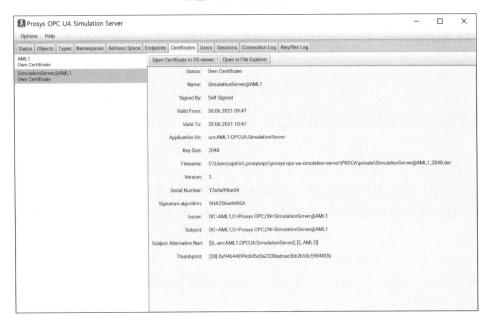

Simulator에 접근하는 클라이언트의 접속 여부를 허가한다(<그림 29> 참고). 클라이언트가 접속하면 인증 목록에 그 인증 정보가 추가된다. 기본 세팅으로는 Reject(거부)로 되어 있다. 관리자가 Trust(신뢰)로 변경하면, 그때부터 그 클라이언트는 Simulator의 접근이 허가된다. 이러한 인증 정보는 지정된 폴더에 인증서 파일 형태로 저장된다.

8. 사용자(users) 탭

사용자 계정의 추가, 삭제 및 수정을 수행한다.

9. 세션(sessions) 탭

현재 개설된 세션 정보를 가시화한다.

10. 접속 로그(connection log) 탭

클라이언트 접속에 대한 로그 정보를 가시화한다.

11. 요청-반환 로그(req/res log) 탭

클라이언트 – 서버의 요청과 반환에 대한 로그 정보를 가시화한다.

SECTION 03 UaExpert

UaExpert(이하 Expert, version 1.5.1 기준)는 OPC UA 클라이언트 어플리케이션이다. C++ 언어로 구현되었으며, 서버 연결을 포함한 데이터 접근, 알람 및 상태, 과거 데이터 트렌드 등의 모니터링을 위한 사용자 인터페이스를 제공한다[2]. 그리고 플러그인을 통하여 다양한 기능의 확장형 인터페이스를 제공한다. 이미 구현된 OPC UA 클라이언트라고 생각하면 된다. Simulator를 이용하여 서버의 구성 및 운영 환경을 이해했다면, Expert를 이용하여 클라이언트의 기능 및 운영 환경을 이해할 수 있을 것이다. Expert도 클라이언트 구현의 참조 어플리케이션으로 활용가능하다.

<그림 30> Expert 메인 화면

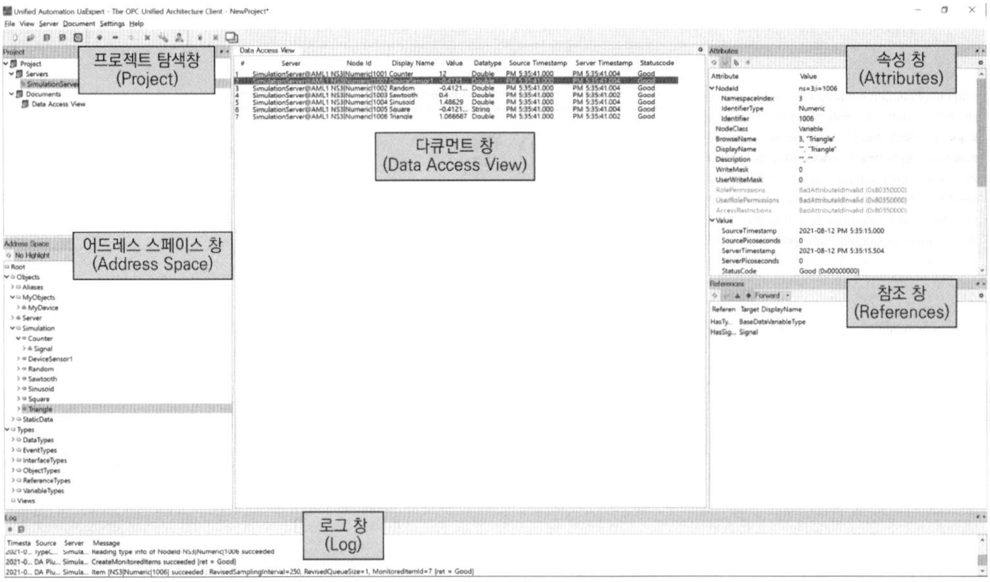

<그림 30>은 Expert 메인 화면이다. Project(프로젝트 탐색 창)에서는 서버 관리 및 프로젝트 파일 관리를 수행한다. Address Space(어드레스 스페이스 창)은 연결된 서버의 어드레스 스페이스를 트리 형태로 가시화한다. 이 예시는 앞의 Simulator에 접속한 화면이다. Simulation 폴더 안에 DeviceSensor1을 포함한 데이터 변수들을

확인할 수 있다. Document Access View(다큐먼트 창)은 사용자가 드래그&드롭에 의한 모니터링 항목을 가시화한다. Attributes(속성 창)은 어드레스 스페이스 창에서 선택한 항목의 속성 정보를, References(참조 창)은 참조 관계를 보여준다. Log(로그 창)은 상태 또는 에러 등의 로그 정보를 가시화한다.

1. 서버 등록

<그림 31> 서버 등록

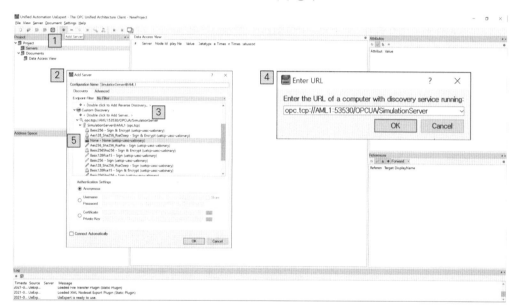

가장 먼저 하는 일은 서버를 새로 등록하는 과정이다(<그림 31> 참고).

(1) 프로젝트 탐색 창의 Servers 폴더에서 오른쪽 마우스 버튼 또는 아이콘 바의 '+'를 누른다.

(2) Add Server 팝업 창이 나타난다. 이미 등록된 서버라면 설정된 하위의 보안 인증 과정을 거친 후 그대로 사용하면 된다.

(3) 새로 등록하는 것이라면, Custom Discovery의 'Double click to Add Server'를 더블클릭한다.

(4) URL 입력 창이 팝업된다. 여기에 서버의 TCP 또는 HTTPS 주소를 입력한다.

(5) 설정된 하위의 보안 인증 과정을 거쳐서 인증이 완료되면 서버 등록이 완료

된다. Simulator에서는 다양한 보안 정책들을 제공하고 있음을 알 수 있다. 그
중에서 None을 선택한 경우이다.

2. 데이터 접근 창

서버로부터 구독하고자 하는 모니터링 아이템들을 등록한다(<그림 32> 참고).

(1) 어드레스 스페이스의 변수 항목을 선택하여 데이터 접근 창으로 드래그&드
롭하면 등록된다.
(2) 등록된 아이템의 구독이 수행된다. 구독 설정에 따라 타임스탬프와 데이터
값이 갱신됨을 알 수 있다.
(3) 구독 설정 창을 이용하여 구독 설정의 변경이 가능하다. 여기의 설정 파라미
터들은 3부 3장 11절과 12절을 참고한다.

<그림 32> 데이터 접근 창

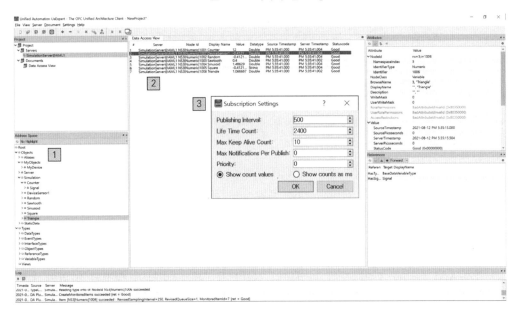

3. 트렌드 창

Expert는 플러그인 기능을 통하여 다양한 데이터 모니터링 기능을 제공한다. 대표적으로 트렌드 창(history trend view)이 있다(<그림 33> 참고).

(1) 프로젝트 탐색창의 Document 폴더에서 오른쪽 마우스 클릭 및 Add 메뉴를 선택한다.
(2) Add Document 창이 팝업되며, Document Type 목록이 나타난다.
(3) History Trend View를 선택한다. 다큐먼트 창에 뷰어가 생성된다.
(4) 어드레스 스페이스로부터 구독하고자 하는 모니터링 아이템을 구성 창에 드래그&드롭한다.
(5) Cycle Update의 Start 버튼을 누른다. 필요하면 Timespan 및 Update Interval을 변경한다.
(6) 구독되는 모니터링 아이템들의 데이터 트렌드가 가시화된다.

<그림 33> 트렌드 창

04 SDK for Java

　　SDK for Java(이하, SDK, version 4.5.8 기준)는 Java 환경에서 OPC UA 서버−클라이언트 또는 Pub−Sub 어플리케이션의 개발을 지원하는 도구이다. 개발자가 OPC UA 어플리케이션을 구현할 때 필요한 도구이다. 버그 수정 및 기능 확장을 위한 지속적인 업그레이드가 이루어지고 있다. ProsysOPC 홈페이지에서 SDK를 다운로드해야 한다[6]. SDK를 이용할 때 홈페이지 또는 매뉴얼을 참고한다. SDK와 Java 환경의 버전 호환 문제도 있을 수 있으므로 매뉴얼은 꼭 확인하길 바란다.

　　수차례 언급하였지만, Java를 포함한 다양한 프로그래밍 언어용 SDK들이 공개되고 있다. 그래서 각자의 개발 환경에 적합한 언어와 SDK를 선택하면 될 것이다. 여기서는 SDK 설치, 서버 및 클라이언트 테스트, Code Generator에 대한 간단한 소개를 한다. 설치 및 테스트가 완료되면 디버그 모드를 이용하여 코드의 흐름을 파악하기를 추천한다. 개발 환경은 다음과 같다.

- 운영체제: Windows 10 Pro for Workstations(64비트)
- 개발 플랫폼: Eclipse IDE for Java Developers(version: 2020−12)
- 실행 환경: JavaSE Runtime Environment(JRE)−1.8

☑ **Opinion**

이번 집필 중 가장 아쉬운 부분은 PLC-OPC UA 연결과 SDK 설명이다. 원래 의도는 수박 겉핥기가 아닌 구체적인 SDK 사용법을 작성하자는 것이었는데, 결국 수박 겉핥기가 되었다. 변명을 하자면, 저자는 전문 프로그래머가 아니어서 시행착오적으로 SDK를 사용하였다. 따라서, 우수한 수준의 프로그래밍을 했다고 볼 수 없기에 자칫 잘못된 정보를 전달해 줄 수 있다는 우려이다. 또 하나는 SDK에서 제공하는 매뉴얼만큼 구체적이고 전문적으로 작성할 자신이 없거니와, 별도의 책으로 만들어야 할 만큼 분량이 많아지기 때문이다. 저자보다 우수한 연구자가 이러한 아쉬운 부분을 채워주었으면 하는 바람이다.

1. SDK 설치

　　Eclipse Integrated Development Environment(IDE)에 SDK를 설치하는 과정이다. 일반적인 SDK 설치 과정과 유사하다. Java 프로젝트를 생성하고, 소스코드를 복사 및 붙여넣기하고, jar 파일을 라이브러리에 등록한다.

<그림 34> Java 프로젝트 생성

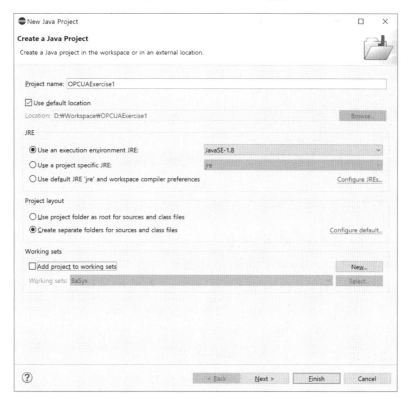

(1) Java Project 생성: IDE에서 Java Project를 생성한다(<그림 34> 참고). 프로젝트 명칭과 JRE 환경을 설정한다.
(2) 윈도우 탐색기에서 해당 프로젝트 폴더를 열고, lib 폴더를 생성한다. src 폴더도 필요한데, 디폴트로 생성되어 있을 것이다. 없다면 src 폴더도 생성한다.
(3) SDK의 samples/sampleconsoleserver/src/main/java 및 samples/sampleconsoleclient /src/main/java 폴더안의 파일들을 복사하고, 그 프로젝트의 src 폴더에 붙여 넣는다(.bat, .sh, pom.xml 파일은 복사할 필요 없다).
(4) SDK의 lib 폴더 안의 파일들을 복사하고, 윈도우 탐색기에서 그 프로젝트의 lib 폴더안에 붙여 넣는다.
(5) IDE의 Package Explorer 또는 Project Explorer에서 새로고침(refresh)를 한다. <그림 35>와 같이, 파일들이 프로젝트에 등록된다. 아직까지는 파일들에 에러 표시가 나타날 것이다.

〈그림 35〉 소스 코드 임포트

(6) IDE의 lib 폴더 안 jar 파일들을 모두 선택한 후, 마우스 오른쪽 클릭 및 Build Path의 Add to Build Path를 선택한다(〈그림 36〉 참고). 이 경우는 SDK에 있는 모든 jar 파일들을 임포트한 것이다. 설치가 제대로 되었다면 파일들의 에러 표시가 사라질 것이다. 일부 파일들에서 에러 표시가 여전히 있다면, import 및 package 경로의 불일치 문제일 수 있다. import나 package의 경로를 맞추어 주면 이 문제는 사라질 것이다.

(7) 필요한 경우, javadoc을 등록하며, 방법은 매뉴얼에 안내되어 있다.

〈그림 36〉 라이브러리 임포트

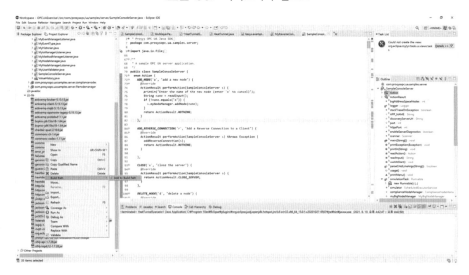

2. 서버 테스트

설치된 서버 SDK의 작동 유무를 확인한다. 일반적인 Java 어플리케이션 실행 (run) 방법을 따른다.

(1) 서버 패키지(com.prosysopc.ua.samples.server) 파일을 하나 선택한 후, 오른쪽 마우스를 클릭하고 Run As – Run Configuration을 선택한다.

(2) Run Configuration 창이 팝업되며, New launch configuration(아이콘 바의 '+')을 선택하고, Java 어플리케이션 실행을 등록한 후 실행한다(<그림 37> 참고). 처음에만 등록하면 되고, 그 다음부터는 Run As – Java Application을 선택하면 된다.

<그림 37> 서버 어플리케이션 실행 구성

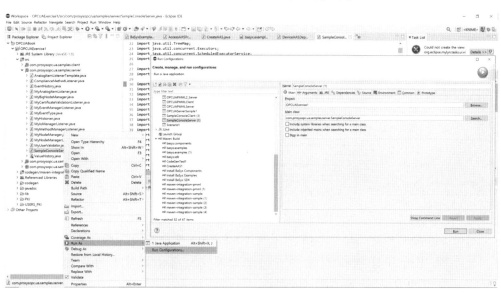

(3) 서버가 작동되기 시작하며, 콘솔창에 서버 개시 정보가 나타난다(<그림 38> 참고). 콘솔창의 서버 주소가 나타난다. 기본 셋팅으로 지정된 주소이며, SampleConsoleServer.java에서 수정이 가능하다.

(4) 콘솔창에서 명령어를 입력하고 엔터를 치면 서버 활동을 수행할 수 있다.
  • D: 서버 진단(server diagnostics) 활성화/비활성화
  • a: 노드 추가

- d: 노드 삭제
- e: 이벤트 발생
- r: 클라이언트와 역 접속
- x: 서버 종료

(5) 콘솔창 아래를 보면 예시용으로 알람 노드(Simulating alarm)가 자동적으로 생성되는 것을 볼 수 있다.

<그림 38> 서버 실행 결과

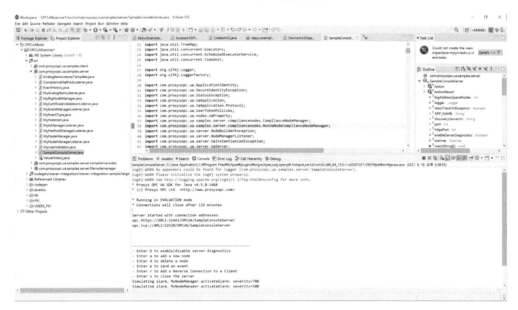

(6) SampleConsoleServer.java 파일에 void main 함수가 위치해 있다. 이 파일에서 서버 구성 정보 설정, 어드레스 스페이스 생성 그리고 자체 생성한 정보모델의 로딩 및 등록을 수행한다.

(7) MyNodeManager.java 파일에서 어드레스 스페이스 노드들을 관리한다. 기본정보 모델의 노드들을 생성, 수정 및 삭제를 할 수 있다. 그리고 자체 생성한정보 모델의 노드들에 대한 생성, 수정 및 삭제를 할 수 있다.

3. 클라이언트 테스트

설치된 클라이언트 SDK의 작동 유무를 확인한다. 여기서는 Simulator를 서버로 하는 클라이언트의 작동을 설명한다.

(1) 클라이언트 패키지(com.prosysopc.ua.samples.client) 파일을 하나 선택한 후, 오른쪽 마우스를 클릭하고 Run As – Run Configuration을 선택한다.

(2) Run Configuration 창이 팝업되며, New launch configuration(아이콘 바의 '+')을 선택하고, Java 어플리케이션 실행을 등록한 후 실행한다. 마찬가지로, 처음에만 등록하면 되고, 그 다음부터는 Run As – Java Application을 선택하면 된다.

(3) 클라이언트가 작동되기 시작하며, 콘솔창에 서버 주소를 입력하라는 메시지가 나타난다. opc.tcp://AML1:53530/OPCUA/SimulationServer로 입력한 경우이다(<그림 39> 참고).

<그림 39> 클라이언트 실행

(4) 보안 모드를 선택한다(n = None, s = Sign, e = SignAndEncrypt). 이 경우, None으로 입력한다.

<그림 40> 클라이언트 개시 결과

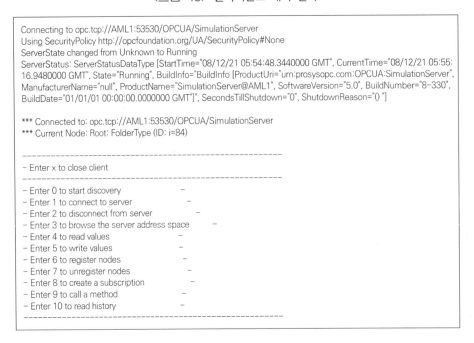

```
Connecting to opc.tcp://AML1:53530/OPCUA/SimulationServer
Using SecurityPolicy http://opcfoundation.org/UA/SecurityPolicy#None
ServerState changed from Unknown to Running
ServerStatus: ServerStatusDataType [StartTime="08/12/21 05:54:48.3440000 GMT", CurrentTime="08/12/21 05:55:
16.9480000 GMT", State="Running", BuildInfo="BuildInfo [ProductUri="urn:prosysopc.com:OPCUA:SimulationServer",
ManufacturerName="null", ProductName="SimulationServer@AML1", SoftwareVersion="5.0", BuildNumber="8-330",
BuildDate="01/01/01 00:00:00.0000000 GMT"]", SecondsTillShutdown="0", ShutdownReason="() "]

*** Connected to: opc.tcp://AML1:53530/OPCUA/SimulationServer
*** Current Node: Root: FolderType (ID: i=84)

---------------------------------------------------------
- Enter x to close client
---------------------------------------------------------
- Enter 0 to start discovery              -
- Enter 1 to connect to server
- Enter 2 to disconnect from server       -
- Enter 3 to browse the server address space    -
- Enter 4 to read values          -
- Enter 5 to write values         -
- Enter 6 to register nodes
- Enter 7 to unregister nodes       -
- Enter 8 to create a subscription    -
- Enter 9 to call a method
- Enter 10 to read history        -
---------------------------------------------------------
```

(5) 클라이언트가 작동하기 시작한다. <그림 40>과 같이 서버 접속 정보 및 클라이언트 활동 명령어 안내가 나타난다. 3부에서 설명한 서비스들을 이용하는 것이다.

- 0: 서버 탐색 시작
- 1: 서버 연결
- 2: 서버 연결 해제
- 3: 어드레스 스페이스 브라우징
- 4: 값 읽기
- 5: 값 쓰기
- 6: 노드 등록
- 7: 노드 등록 해지
- 8: 구독 시작
- 9: 메시지 호출
- 10: 과거 데이터 읽기
- x: 클라이언트 종료

(6) <그림 41>과 같이, 클라이언트의 접속 여부와 세션 생성은 Simulator에서도 확인 가능하다.

<그림 41> Simulator의 클라이언트 접속 로그

(7) 어드레스 스페이스 브라우징의 경우(3번 선택), 어드레스 스페이스에 있는 객체, 타입, 뷰 등의 확인이 가능하다(<그림 42> 참고). 이 경우는 Objects의 Simulation 폴더 타입으로 들어간 것이다. Simulation 폴더 안에 7개 데이터 변수들이 있음을 알 수 있다.

<그림 42> 어드레스 스페이스 브라우징

```
*** Current Node: Root: FolderType (ID: i=84)
0 – Objects: FolderType (ReferenceType=Organizes, BrowseName=Objects)
1 – Types: FolderType (ReferenceType=Organizes, BrowseName=Types)
2 – Views: FolderType (ReferenceType=Organizes, BrowseName=Views)
---------------------------------------------------------
– Enter node number to browse into that
– Enter a to show/hide all references
– Enter r to browse back to the root node
– Enter t to translate a BrowsePath to NodeId
– Enter x to select the current node and return to previous menu
---------------------------------------------------------
0 ← 입력 명령어 (Objects 선택)
*** Current Node: Objects: FolderType (ID: i=85)
0 – Server: ServerType (ReferenceType=Organizes, BrowseName=Server)
1 – Aliases: AliasNameCategoryType (ReferenceType=Organizes, BrowseName=Aliases)
2 – Simulation: FolderType (ReferenceType=Organizes, BrowseName=3:Simulation)
3 – StaticData: FolderType (ReferenceType=Organizes, BrowseName=5:StaticData)
4 – MyObjects: FolderType (ReferenceType=Organizes, BrowseName=6:MyObjects)
---------------------------------------------------------
– Enter node number to browse into that
– Enter a to show/hide all references
– Enter b to browse back to the previous node (Root)
– Enter u to browse up to the 'parent' node
– Enter r to browse back to the root node
– Enter t to translate a BrowsePath to NodeId
– Enter x to select the current node and return to previous menu
---------------------------------------------------------
2 ← 입력 명령어 (Simulation FolderType 선택)
*** Current Node: Simulation: FolderType (ID: ns=3:s=85/0:Simulation)
0 – Counter: BaseDataVariableType (ReferenceType=Organizes, BrowseName=3:Counter)
1 – Random: BaseDataVariableType (ReferenceType=Organizes, BrowseName=3:Random)
2 – Sawtooth: BaseDataVariableType (ReferenceType=Organizes, BrowseName=3:Sawtooth)
3 – Sinusoid: BaseDataVariableType (ReferenceType=Organizes, BrowseName=3:Sinusoid)
4 – Square: BaseDataVariableType (ReferenceType=Organizes, BrowseName=3:Square)
5 – Triangle: BaseDataVariableType (ReferenceType=Organizes, BrowseName=3:Triangle)
6 – DeviceSensor1: BaseDataVariableType (ReferenceType=Organizes, BrowseName=3:DeviceSensor1)
---------------------------------------------------------
– Enter node number to browse into that
– Enter a to show/hide all references
– Enter b to browse back to the previous node (Objects)
– Enter u to browse up to the 'parent' node
– Enter r to browse back to the root node
– Enter t to translate a BrowsePath to NodeId
– Enter x to select the current node and return to previous menu
---------------------------------------------------------
6 ← 입력 명령어 (DeviceSensor1 선택)
```

(8) DeviceSensor1의 값에 대한 구독을 생성한다. <그림 43>과 같이, 6번 노드를 선택하고, x를 입력한다. 그러면 6번 노드가 선택된 상태로, 이전 입력으로 돌아간다. 구독을 생성하고(8번), 구독하려는 노드 속성인 value를 선택한다(13번). 콘솔창에서 DeviceSensor1의 value 값이 일정 시간(1,000밀리초) 간격대로 구독되고 있음을 알 수 있다.

<그림 43> 구독 생성

```
*** Current Node: DeviceSensor1: BaseDataVariableType (ID: ns=3;i=1007)
0 - Signal: RandomSignalType (ReferenceType=HasSignal, BrowseName=2:Signal)
-------------------------------------------------------------
- Enter node number to browse into that
- Enter a to show/hide all references
- Enter b to browse back to the previous node (Simulation)
- Enter u to browse up to the 'parent' node
- Enter r to browse back to the root node
- Enter t to translate a BrowsePath to NodeId
- Enter x to select the current node and return to previous menu
-------------------------------------------------------------
x ← 입력 명령어 (이전 메뉴)
*** Connected to: opc.tcp://AML1:53530/OPCUA/SimulationServer
*** Current Node: DeviceSensor1: BaseDataVariableType (ID: ns=3;i=1007)
-------------------------------------------------------------
- Enter x to close client
-------------------------------------------------------------
- Enter 0 to start discovery            -
- Enter 1 to connect to server          -
- Enter 2 to disconnect from server     -
- Enter 3 to browse the server address space    -
- Enter 4 to read values                -
- Enter 5 to write values               -
- Enter 6 to register nodes             -
- Enter 7 to unregister nodes           -
- Enter 8 to create a subscription      -
- Enter 9 to call a method              -
- Enter 10 to read history              -
-------------------------------------------------------------
8 ← 입력 명령어 (구독 생성)
*** Subscribing to node: ns=3;i=1007
Select the node attribute.
1 - NodeId
2 - NodeClass
3 - BrowseName
4 - DisplayName
...
13 - Value
14 - DataType
15 - ValueRank
...
13 ← 입력 명령어 (Value 구독)
attribute: Value
월 8월 16 16:43:00 KST 2021 Subscription created: ID=4 lastAlive=null
...
-------------------------------------------------------------
Node: ns=3;i=1007.Value | Status: GOOD (0x00000000) "" | Value: -0.17441 | SourceTimestamp: 2021 8월 16 (KST) 16:43:01.000
Node: ns=3;i=1007.Value | Status: GOOD (0x00000000) "" | Value: 0.2641802 | SourceTimestamp: 2021 8월 16 (KST) 16:43:02.000
Node: ns=3;i=1007.Value | Status: GOOD (0x00000000) "" | Value: -0.8451951 | SourceTimestamp: 2021 8월 16 (KST) 16:43:03.000
```

(9) SampleConsoleClient.java 파일에 void main 함수가 위치해 있다. 이 파일에서 서버 접속 정보 설정, 어드레스 노드 탐색 및 접근을 수행한다.

4. Code Generator

Code Generator(이하, CodeGen)는 자체 개발한 정보 모델을 서버 및 클라이언트에서 사용하기 위한 지원 도구이다. <그림 17>에서 설명한 대로 Java에만 해당된다. 여기서는 SDK에 포함된 SampleTypes.xml을 이용하여, 클래스 코드 생성, 모델로딩 및 활용 예시를 설명한다. CodeGen 설치는 커맨드 창이나 메이븐을 이용하여 설치가 가능하다. 커맨드 창에서의 설치 방법은 매뉴얼을 참고하길 바란다. 여기서는 메이븐(maven)을 이용한 설치 방법을 설명한다. 이를 위해서는 메이븐(maven)에 대한 지식이 필요하다.

☑ **Explanation/ 메이븐(maven)** ────────────────────

아파치 소프트웨어 재단에서 개발하는 Java 기반 프로젝트의 라이프사이클 관리를 위한 빌드 도구이다. 컴파일과 빌드를 동시에 수행하고 테스트를 병행하거나 서버측의 배포 자원을 관리하는 환경을 제공한다.[나무위키]
저자가 이해하기로는 개발에는 다양한 Java 라이브러리를 온라인으로 공급하고, 라이브러리들이 갱신됨에 따른 버전 충돌이나 프로그램 에러 문제를 막기 위한 도구이다. 즉, 필요한 라이브러리를 등록해두면, 메이븐이 알아서 새로운 버전을 다운 받고 설치해주고 관리해주는 것이다. 라이브러리 개발자는 별도의 홈페이지에 일일이 업로드할 필요가 없어서 좋고, 사용자도 별도의 갱신 여부를 확인할 필요 없이 직접 설치할 수 있어서 좋다. 이러한 라이브러리의 버전 관리에는 유용하나, 저자와 같은 비전문가는 처음에 설정하는 것이 어렵다. 전문 프로그래머들은 Github와 함께 메이븐을 잘 활용한다.

---

(1) IDE 상의 빌드 도구로 메이븐을 설치한다. 구글링을 통하여 메이븐 설치 방법을 검색하면 된다. 메이븐이 익숙한 경우는 일반적인 사용법을 따르면 된다.
(2) SDK 안에 codegen\maven−integration\maven−install−helper 폴더의 메이븐 프로젝트가 CodeGen의 메이븐 플러그인이므로, 이를 프로젝트에 추가한다. codegen\maven−integration\maven−integration−sample 예제도 함께 제공하므로, 필요하면 프로젝트에 추가한다.
(3) maven−install−helper 폴더 안에 pom.xml에서 오른쪽 마우스 버튼 및 Run

As로 들어간 후, 메이븐 빌드 메뉴 중 Maven install을 선택한다(<그림 44> 참고). pom.xml은 Project Object Model의 약자로서, 프로젝트 관리 및 빌드에 필요한 설정과 의존성 관리 등의 정보를 가진 파일이다.

<그림 44> CodeGen 메이븐 인스톨

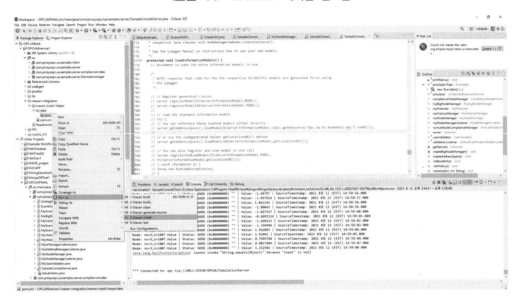

<그림 45> CodeGen 설치 결과

(4) 콘솔 창에 진행 메시지가 나타나며, 빌드가 정상적으로 이루어지면 'BUILD SUCCESS' 메시지가 나타난다(<그림 45> 참고).

(5) maven-integration-sample 폴더에 있는 pom.xml에서 오른쪽 마우스 버튼 및 Run As로 들어가고, 메이븐 빌드 메뉴 중 Maven generate-sources를 선택한다(<그림 46> 참고). 이 예시를 사용하지 않는 경우라면, 매뉴얼에 있는 pom.xml의 구조와 컨텐츠를 참고하길 바란다.

<그림 46> 메이븐 코드 생성

(6) 콘솔 창에 진행 메시지가 나타나며, 코드 생성이 정상적으로 완료되면 'BUILD SUCCESS' 메시지가 나타난다. 좌측 탐색 창과 같이 SampleTypes.xml의 Java 클래스 패키지와 코드들이 생성됨을 확인할 수 있다(<그림 47> 참고).

(7) Build Path에 생성된 코드 폴더를 추가한다. 해당 폴더 하위에 있는 target 폴더를 선택하면 된다(<그림 48> 참고). Build Path를 했는데 에러가 발생하는 경우는 package나 import 경로 오류 문제일 가능성이 높다.

<그림 47> 메이브 코드 생성 결과

<그림 48> Build Path 설정

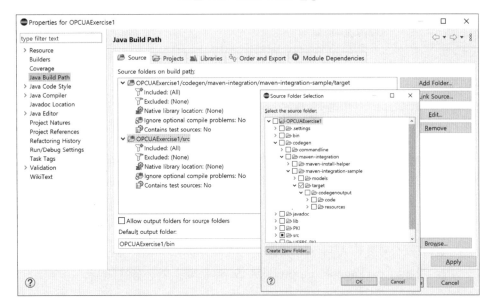

(8) 코드 생성이 완료되면, <그림 49>와 같이 SampleConsoleServer.java의 load
InformationModels() 오퍼레이션 안에서 server.registerModel(ServerCodegenModel
codegenModel)을 이용하여 등록한다. 그리고 XML 스키마 파일을 로드한다.

server.getAddressSpace().loadModel(URI path)을 이용한다.

(9) 여기까지 진행되면, 사용 준비가 완료된 것이다. 예시로 ValveObjectType인 SampleValve1 객체를 생성한다. <그림 49>와 같이, MyNodeManager.java 에서 생성한다.

<그림 49> 모델 등록, 로딩 및 객체 생성 코드

```
SampleConsoleServer.java

// loadInformationModels에서 모델 등록 및 로딩
protected void loadInformationModels() {

 // registerModel을 이용하여 ServerInformationModel 등록
 server.registerModel(codegenoutput.code.example.packagename.server.ServerInformationModel.MODEL);
 try
 {
  server.getAddressSpace().loadModel(new File(".. \\codegen\\maven-integration\\maven-integration-sample\\models\\SampleTypes.xml").toURI());
 }catch (Exception e) {
   throw new RuntimeException(e);
 }
}

MyNodeManager.java

// createAddressSpace에서 ValveObjectType 객체 생성
private void createAddressSpace() throws StatusException, UaInstantiationException {

 int ns = getNamespaceIndex();

 this.getEventManager().setListener(myEventManagerListener);

 final UaObject objectsFolder = getServer().getNodeManagerRoot().getObjectsFolder();
 final UaType baseObjectType = getServer().getNodeManagerRoot().getType(Identifiers.BaseObjectType);
 final UaType baseDataVariableType = getServer().getNodeManagerRoot().getType(Identifiers.BaseDataVariableType);

 final NodeId myObjectsFolderId = new NodeId(ns, "MyObjectsFolder");
 myObjectsFolder = createInstance(FolderTypeNode.class, "MyObjects", myObjectsFolderId);

 this.addNodeAndReference(objectsFolder, myObjectsFolder, Identifiers.Organizes);

 // ValveObjectType 객체의 NodeId, 인스턴스 생성 및 Object 폴더로 컴포넌트 추가
 final NodeId myValveId = new NodeId(ns, "MyValve");
 ValveObjectType sampleValve = createInstance(ValveObjectTypeNode.class, "SampleValve1", myValveId);
 myObjectsFolder.addComponent(sampleValve);
}
```

(10) 서버를 실행한 후, 클라이언트에서 SampleValve1 객체를 확인한 결과이다 (<그림 50> 참고).

<그림 50> 클라이언트에서의 객체 확인

```
*** Current Node: MyObjects: FolderType (ID: ns=3;s=MyObjectsFolder)
0 - MyDevice: MyDeviceType (ReferenceType=HasComponent, BrowseName=3:MyDevice)
1 - MyDevice: MyDeviceType (ReferenceType=HasNotifier, BrowseName=3:MyDevice)
2 - SampleValve1: ValveObjectType (ReferenceType=HasComponent, BrowseName=3:SampleValve1)
-----------------------------------------------------
- Enter node number to browse into that
- Enter a to show/hide all references
- Enter b to browse back to the previous node (Objects)
- Enter u to browse up to the 'parent' node
- Enter r to browse back to the root node
- Enter t to translate a BrowsePath to NodeId
- Enter x to select the current node and return to previous menu
-----------------------------------------------------

*** Current Node: SampleValve1: ValveObjectType (ID: ns=3;s=MyValve)
0 - FaultAlarm: TripAlarmType (ReferenceType=HasEventSource, BrowseName=2:FaultAlarm)
1 - FaultAlarm: TripAlarmType (ReferenceType=HasComponent, BrowseName=2:FaultAlarm)
2 - LastServiceTimes: ServiceDescriptionVariableType (ReferenceType=HasComponent, BrowseName=2:LastServiceTimes)
3 - Position: BaseDataVariableType (ReferenceType=HasComponent, BrowseName=2:Position)
4 - State: BaseDataVariableType (ReferenceType=HasComponent, BrowseName=2:State)
```

구현 사례

OPC UA 도메인 특화 정보 모델 개발 및 서버−클라이언트 시제품 구현 사례를 소개한다. 본 사례는 통계 및 데이터 마이닝 표현 모델의 사실상 표준 중 하나인 Predictive Modeling Markup Language(PMML)에 대한 OPC UA 도메인 특화 정보 모델을 만들고, 서버−클라이언트 어플리케이션 시제품을 개발한 것이다. 이론 및 상세는 참고문헌 [7] [8]을 참조한다. 여기서는 도메인 특화 정보 모델 생성 과정과 서버−클라이언트 개발 과정을 중심으로 설명한다. <그림 51>은 개발 과정을 도식화 한 것이다. 순차적으로 표현되어 있으나, 병렬적이고 반복적으로 진행되어야 한다. OPC UA 모델링 방법 이해의 설명은 생략한다.

<그림 51> 정보 모델링 및 시스템 개발 과정

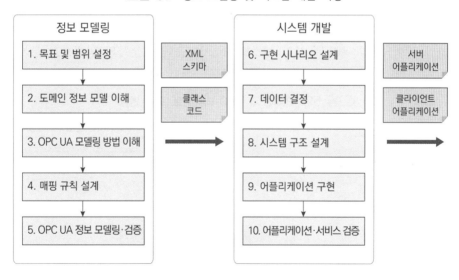

1. 목표 및 범위 설정

개발하고자 하는 정보 모델의 목표와 범위를 결정한다. 주어진 시간 및 자원을 감안하여 대상 도메인의 정보 모델 범위를 결정할 필요가 있다. 당연히 모든 범위를 포함하는 것이 좋으나, 현실적으로 어려울 수 있다. 중요하고 필요한 부분만을 발췌하여 개발하는 것도 효율적인 방법이다. 개발하고자 하는 도메인에 대한 OPC UA 정보 모델이 존재한다면, 이를 최대한 활용할 것을 추천한다.

사례

산업분야에서의 통계 및 데이터 마이닝 표현 모델의 상호운용적 교환을 위하여 OPC UA를 준수하는 도메인 특화 정보 모델을 개발하는 것을 목표로 한다. 다양한 표현 모델 중에서 PMML을 도메인으로 설정한다. PMML은 Data Mining Group(DMG)에서 개발한 표준이며, 통계 및 데이터 마이닝 모델뿐만 아니라 데이터 전·후처리를 표현하는 XML 기반 언어이다[9]. R, KNIME, SPSS, SAS, Tipco 등 데이터 분석 도구 및 Java, Spark, Python 등 프로그래밍 언어에서 PMML의 사용이 가능하다.

현재의 PMML은 범용적 언어이므로 산업 분야에 특화된 것은 아니다. 더불어, 산업 시스템의 구성요소(설비, 재공품, 어플리케이션 등)가 스스로 통계·데이터 마이닝 모델을 만들고 이를 다른 구성요소와 교환 및 공유하는 방법은 제한적이다. <그림 52>와 같이, 개발 목표는 산업 시스템 및 기기들이 표준화된 방법으로 통계·데이

<그림 52> PMML의 OPC UA 정보 모델 변환

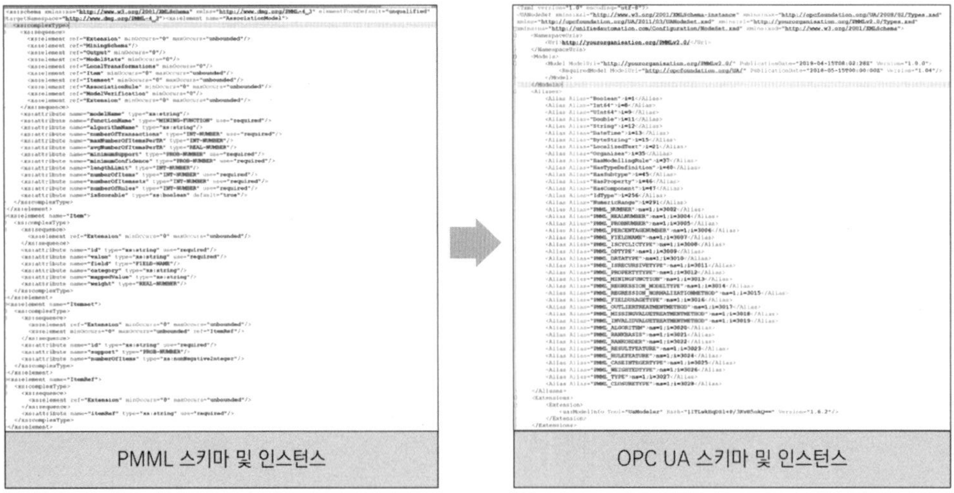

PMML 스키마 및 인스턴스 → OPC UA 스키마 및 인스턴스

터 마이닝 모델을 교환하도록 PMML의 OPC UA 도메인 특화 정보 모델(이하, PMML-OPC UA 모델)을 만든다. 나아가, 이 정보 모델을 바탕으로 인스턴스를 생성하고 교환하는 서버-클라이언트를 개발하는 것이다.

현재까지 공개된 PMML-OPC UA 모델은 없으므로, 자체 개발을 선택한다. PMML은 18개의 모형을 표현하고 있는데(version 4.4.1 기준), 이 중에서 회귀 모형(regression model) 및 인공신경망 모형(artificial neural network model)에 대해서만 설명한다.

2. 도메인 정보 모델 이해

도메인으로부터 OPC UA에 대한 정보 모델을 만드는 것이므로, 도메인과 OPC UA를 모두 알아야 한다. 도메인 정보 모델에 대한 개념뿐만 아니라 코드 레벨의 깊은 이해가 필요하다. 도메인 정보 모델은 정형화 그리고 구조화되어 있는 것이 유리하다. 친절한 설명까지 제공되고 있으면 더욱 좋다. 객체지향 개념의 구조나 언어를 취한 도메인 정보 모델일수록 모델링이 용이하다. 많은 도메인 정보 모델들은 객체지향 개념을 취하고 있다.

사례

PMML은 범용성 및 개방성을 목표로 XML 스키마를 공개하고 있고, 홈페이지에서 영문 설명을 제공하고 있다. <그림 53>은 PMML이 다루는 영역을 나타낸다.

<그림 53> PMML 범위 및 모형

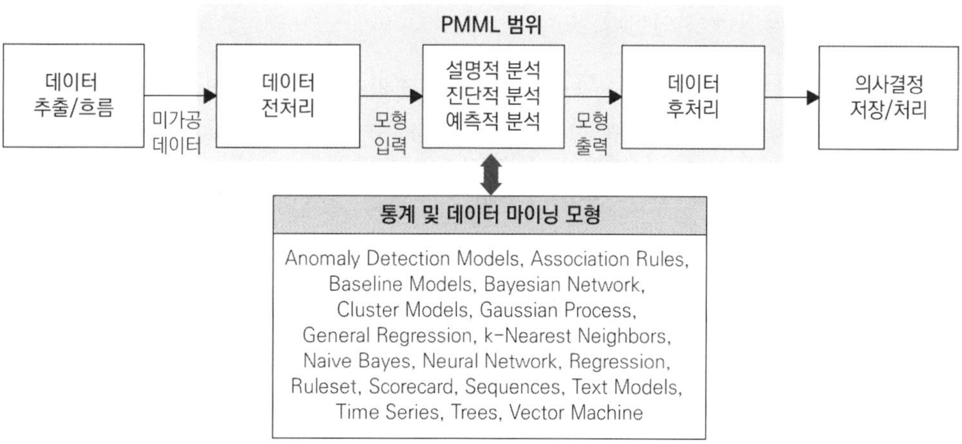

PMML 범위

데이터 추출/흐름 → 미가공 데이터 → 데이터 전처리 → 모형 입력 → 설명적 분석 진단적 분석 예측적 분석 → 모형 출력 → 데이터 후처리 → 의사결정 저장/처리

통계 및 데이터 마이닝 모형

Anomaly Detection Models, Association Rules,
Baseline Models, Bayesian Network,
Cluster Models, Gaussian Process,
General Regression, k-Nearest Neighbors,
Naive Bayes, Neural Network, Regression,
Ruleset, Scorecard, Sequences, Text Models,
Time Series, Trees, Vector Machine

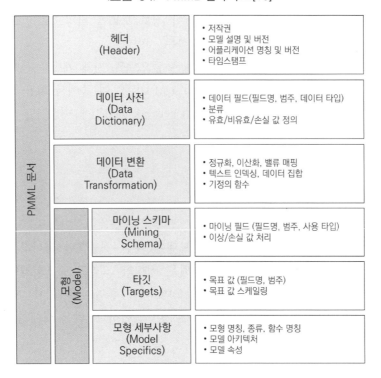

PMML은 설명적·예측적 모델 및 데이터 전·후처리를 구조적으로 표현한다[9]. 〈그림 54〉는 PMML 문서(document)의 구조(structure) 및 핵심요소(element)를 나타낸다. 다음은 핵심요소의 설명이다.

- 헤더(header): PMML 문서의 헤더 정보를 담는다.

- 데이터 사전(data dictionary): 모델에서 사용되는 데이터 필드(data field)의 변수 명칭 및 타입을 선언한다.

- 데이터 변환(data transformation): 데이터 전처리 영역으로서, 정규화(normalization), 이산화(discretization) 및 집합(aggregation) 등을 표현한다.

- 모형(model): 통계 혹은 데이터 마이닝 모형을 표현하는 요소이다.

- 마이닝 스키마(mining schema): 모형에서 사용되는 데이터 필드 및 각 데이터 필드의 상세 정보를 포함한다.

- 타깃(target): 데이터 후처리 영역으로서, 출력 데이터 필드 선언 및 예측값 등을 표현한다.

- 모형 세부사항(model specifics): 선택한 모형의 실제 구조, 변수 및 인스턴스를 표현한다. 모형마다 각기 다른 구조 및 변수들을 가지고 있다.

실제 PMML 문서는 XML 파일로 존재한다. 이 파일 안에 스키마에 맞추어 변수, 데이터 전·후처리 및 모형들이 인스턴싱된다. <그림 55>는 회귀 모형의 XML 스키마 예시이다. 그러므로, 실제 작업은 XML 기반 PMML 언어를 OPC UA 규격, 표현법 및 모델링 규칙을 준수하는 정보 모델로 변환하는 것이다.

<그림 55> 회귀 모형 XML 스키마[9]

```xml
<xs:element name="RegressionModel">
 <xs:complexType>
  <xs:sequence>
   <xs:element ref="Extension" minOccurs="0" maxOccurs="unbounded"/>
   <xs:element ref="MiningSchema"/>
   <xs:element ref="Output" minOccurs="0"/>
   <xs:element ref="ModelStats" minOccurs="0"/>
   <xs:element ref="ModelExplanation" minOccurs="0"/>
   <xs:element ref="Targets" minOccurs="0"/>
   <xs:element ref="LocalTransformations" minOccurs="0"/>
   <xs:element ref="RegressionTable" maxOccurs="unbounded"/>
   <xs:element ref="ModelVerification" minOccurs="0"/>
   <xs:element ref="Extension" minOccurs="0" maxOccurs="unbounded"/>
  </xs:sequence>
  <xs:attribute name="modelName" type="xs:string"/>
  <xs:attribute name="functionName" type="MINING-FUNCTION" use="required"/>
  <xs:attribute name="algorithmName" type="xs:string"/>
  <xs:attribute name="modelType" use="optional">
   <xs:simpleType>
    <xs:restriction base="xs:string">
     <xs:enumeration value="linearRegression"/>
     <xs:enumeration value="stepwisePolynomialRegression"/>
     <xs:enumeration value="logisticRegression"/>
    </xs:restriction>
   </xs:simpleType>
  </xs:attribute>
  <xs:attribute name="targetFieldName" type="FIELD-NAME" use="optional"/>
  <xs:attribute name="normalizationMethod" type="REGRESSIONNORMALIZATIONMETHOD" default="none"/>
  <xs:attribute name="isScorable" type="xs:boolean" default="true"/>
 </xs:complexType>
</xs:element>

<xs:simpleType name="REGRESSIONNORMALIZATIONMETHOD">
 <xs:restriction base="xs:string">
  <xs:enumeration value="none"/>
  <xs:enumeration value="simplemax"/>
  <xs:enumeration value="softmax"/>
  <xs:enumeration value="logit"/>
  <xs:enumeration value="probit"/>
  <xs:enumeration value="cloglog"/>
  <xs:enumeration value="exp"/>
  <xs:enumeration value="loglog"/>
  <xs:enumeration value="cauchit"/>
 </xs:restriction>
</xs:simpleType> …
```

3. 매핑 규칙 설계

도메인 정보 모델로부터 OPC UA 정보 모델로의 변환을 위한 매핑 규칙(mapping rule)을 설계한다. 도메인 영역에서 OPC UA 영역으로 넘어가는 과정에서 필요한 규칙이나 기준의 수립에 대한 것이다. 이 과정은 사람의 지식에 매우 의존적이다. 설계에 따라 정보 모델의 효과성과 효율성이 달라질 수 있다. 유연하게 설계할 수 있는 부분은 운영의 묘를 살려서 매핑 규칙을 설계하는 것이 바람직하다.

매핑 규칙 수립시 표현 언어와 구조 관점에서의 고민이 필요하다. 표현 언어 관점에서는 OPC UA가 바이너리, JSON, XML을 지원하므로 이 중에서 도메인 정보 모델에 맞는 최적의 언어를 선택하면 된다. 구조 관점에서는 의미론(semantic) 기반 매핑 규칙이 필요하다. 만약 도메인 모델과 OPC UA 정보 모델 간 일대일 대응 관계라면, 별도의 어려움 없이 매핑이 가능하다. 하지만 대부분의 도메인 정보 모델은 OPC UA의 그것과 일대일 대응 관계는 아닐 것이다. 따라서 일대일 대응이 가능한 경우는 일대일 매핑, 일대일 대응이 불가능한 경우는 의미론과 지식에 기반한 강제적인 매핑 관계를 지정해야 한다. OPC UA는 객체지향이므로 객체지향 도메인 정보 모델은 매핑 규칙 설계가 용이할 것이다. 강건한 모델링을 위해서는 매핑 규칙 설계와 정보 모델링 과정이 반복적이고 순환적으로 이루어질 필요가 있다.

> **사례**

표현 언어 관점에서는 PMML과 OPC UA 둘 다 XML을 지원하므로 XML을 표현 언어로 채택하는 것이 합리적이다. 구조 관점에서는 둘 다 객체지향 개념으로 설계되었지만, 완전 일대일 대응 관계는 아니다. 일대일 대응 관계인 것은 상호 매핑되는 노드와 관계를 취한다. 반면 일대일 대응 관계가 아닌 것은 의미론과 지식에 기반하여 노드와 관계를 강제적으로 매핑한다. <표 2>는 주요 매핑 규칙을 나타낸다.

○ <표 2> PMML-OPC UA 주요 매핑 규칙

번호	범주	PMML	OPC-UA	매핑 규칙 및 예시
1	객체 타입	Element	ObjectType	• PMML element는 OPC UA object type으로 매핑 (둘 다 클래스 개념으로서 일대일 매핑 관계) • PMML element 인스턴스는 OPC UA object로 표현

번호	범주	PMML	OPC-UA	매핑 규칙 및 예시
2	변수 타입	Attribute	Variable (Data Variable)	• PMML attribute는 OPC UA variable로 매핑 • PMML attribute가 동적·변환적 성격일 때, data variable로 매핑 예 회귀모형 계수값(업데이트에 의해 변경 가능)
3	변수 타입	Attribute	Variable (Property)	• PMML attribute가 정적·고정적 성격일 때, OPC UA property로 매핑 예 회귀모형 명칭(모형 식별자로서 변경 불가능)
4	데이터 타입	Attribute Type	Built-in DataType	• 통상적인 PMML data type은 OPC UA built-in data type으로 매핑 예 integer, float, string, boolean
5	데이터 타입	Attribute Type	User-defined DataType	• PMML에 특화된 data type은 OPC UA built-in data type 하위의 data type으로 새롭게 정의 예 FIELD-NAME은 String의 하위 data type으로 정의 • PMML enumeration은 OPC UA enumeration의 하위 타입으로 새롭게 정의 예 optype = {categorical, ordinal, continuous}
6	참조 타입	Ref	Reference Type	• PMML Ref는 OPC UA ReferenceType으로 매핑 • PMML 노드 관계에 따라 OPC UA HasSubtype(상속), HasComponent(컴포넌트), HasProperty(특성) 등으로 매핑 • 객체, 변수 및 데이터 타입을 선언할 때, HasTypeDefinition으로 연결
7	모델링 규칙	use =Required	Mandatory	• PMML attribute가 'required'일 때, OPC UA 'mandatory'로 매핑 예 PMML 회귀 모형의 계수
8	모델링 규칙	use =Optional	Optional	• PMML attribute가 'optional'일 때, OPC UA 'optional'로 매핑
9	모델링 규칙	Group	Placeholder	• PMML Group(복수개의 아이템이 존재하는 리스트)은 OPC UA Placeholder로 매핑
10	모델링 규칙	minOccurs/ maxOccurs	Placeholder	• PMML minOccurs 혹은 maxOccurs에 주어진 의미에 따라, OPC UA Mandatory Placeholder 혹은 Optional Placeholder로 매핑
11	객체	Document	Document Type	• PMML 'Document'는 OPC UA DocumentType으로 매핑 • 최상위 ObjectType으로 규정
12	객체	MODEL- ELEMENT	[abstract] Model Element ObjectType	• PMML 'Model-Element'는 OPC UA [abstract] Model ElementType으로 매핑(PMML의 'Model-Element'는 단순히 모형들을 나열한 것이나, OPC UA에서는 모형들의 공통 객체 및 속성들을 하나로 묶은 추상형으로 생성) • 실제 모형들은 이 추상형 객체 타입을 상속 받음

4. OPC UA 정보 모델링

설계된 매핑 규칙을 바탕으로, OPC UA 정보 모델링을 실시한다. 구현을 고려하여 정보 모델링 도구를 이용한다. 실제 도메인 정보 모델로부터 어드레스 스페이스모델과 기본 정보 모델을 계승한 도메인 특화 정보 모델을 만드는 것이다. 하향식(top-down) 방식으로 최상위 및 추상형 객체 타입을 먼저 모델링한 후, 상세 객체타입과 데이터 타입을 모델링한다. 반대로 상향식(bottom-up) 방식으로 상위 객체및 데이터 타입이 올바르게 구조화되었는지 확인한다. 이러한 과정을 반복한다.

✔️ **Opinion**

저자의 경우는 곧바로 정보 모델링 도구를 사용하지 않고, 우선 OPC UA 그래픽 표현법을 활용하여 연필과 지우개로 모델을 그렸다. 그 후, 도구를 이용하여 그래픽 모델을 구현하였다. 정보 모델링 중 많은 수정사항이 발생하기 때문이었다. 매핑 규칙 설계가 가장 머리 아픈과정이라면, 정보 모델링은 시간이 가장 오래 소요되는 과정이었다.

사례

설계된 매핑 규칙을 기반으로 PMML 스키마에 대한 OPC UA 정보 모델을 설계한다. <그림 56>은 최상위 수준 PMML-OPC UA 정보 모델이다. PMML의 reference type(참조 타입), element type(요소 타입), data variable type(데이터 변수타입), property type(특성 타입), data type(데이터 타입)은 각각 OPC UA의 Standard ReferenceType(표준 참조 타입), BaseObjectType(기본 객체 타입), BaseVariableType(기본 변수 타입), Built-inDataType(빌트인 데이터 타입)을 계승한 하위 타입(subtype)으로 정의한다.

PMML의 최상위 노드를 DocumentType(다큐먼트 타입)으로 정의하며, 이 안의 요소(element)들은 HasComponent 관계를 가진다. HeaderType(헤더 타입), DataDictionary Type(데이터 사전 타입), TransformationDictionaryType(변환 사전 타입), MiningBuild TaskType(마이닝 수립 작업 타입), TargetsType(타깃 타입)은 모든 PMML 문서에서공통적으로 사용되는 요소이다. 실제 모형들은 추상형 ModelElementType(모형 요소타입)으로부터 분기되며 모형별로 각기 다른 구조를 갖는다. PMML에서 통상적인데이터 타입은 OPC UA 빌트인 데이터 타입을 사용한다. PMML에 특화된 데이터타입이 있다면, OPC UA 빌트인 데이터 타입의 하위 타입(subtype)으로 정의한다.

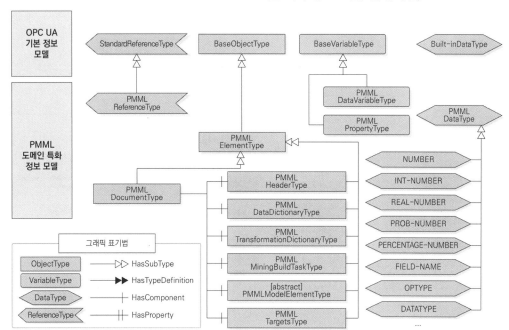

<그림 56> PMML-OPC UA 도메인 특화 정보 모델(최상위 수준)

<그림 57>은 회귀 모형의 PMML－OPC UA 정보 모델이다. 회귀 모형은 Regression ModelType 객체 타입을 가진다. 이 타입은 modelName(모형명), algorithm Name(알 고리즘명) 등의 특성들을 포함한다. modelType(모형 종류), functionName(함수명), normalizationMethod(정규화 방법)은 열거형 데이터 타입을 가진다. 열거 항목 중 하나를 택함으로써 회귀 모형의 종류를 결정한다. 식 (1)은 단변량 회귀모형 수식 에 대한 객체 타입과 변수를 나타낸다. 절편, 변수, 지수, 계수들은 회귀 모형에서 반드시 존재해야 하므로, 필수적(mandatory) 모델링 규칙을 갖는다.

$$y = b_0 + b_1 x + ... + b_k x^k \qquad (1)$$

b_0(절편): RegressionTableType의 intercept 변수

x(변수): NumericPredictorType의 name 변수

k(지수): NumericPredictorType의 exponent 변수

b_k(계수): NumericPredictorType의 coefficient 변수

<그림 57> PMML-OPC UA 회귀 모형 정보 모델

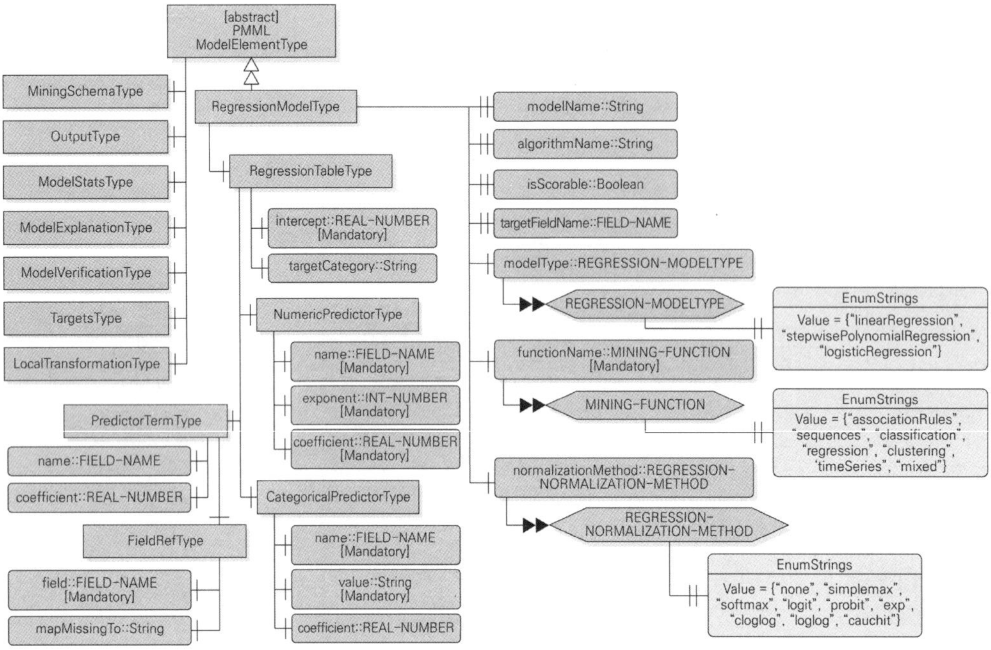

[abstract]
PMML
ModelElementType

MiningSchemaType

OutputType

ModelStatsType

ModelExplanationType

ModelVerificationType

TargetsType

LocalTransformationType

RegressionModelType

RegressionTableType

intercept::REAL-NUMBER
[Mandatory]

targetCategory::String

NumericPredictorType

name::FIELD-NAME
[Mandatory]

exponent::INT-NUMBER
[Mandatory]

coefficient::REAL-NUMBER
[Mandatory]

PredictorTermType

name::FIELD-NAME

coefficient::REAL-NUMBER

FieldRefType

field::FIELD-NAME
[Mandatory]

mapMissingTo::String

CategoricalPredictorType

name::FIELD-NAME
[Mandatory]

value::String
[Mandatory]

coefficient::REAL-NUMBER

modelName::String

algorithmName::String

isScorable::Boolean

targetFieldName::FIELD-NAME

modelType::REGRESSION-MODELTYPE

REGRESSION-MODELTYPE

EnumStrings
Value = {"linearRegression",
"stepwisePolynomialRegression",
"logisticRegression"}

functionName::MINING-FUNCTION
[Mandatory]

MINING-FUNCTION

EnumStrings
Value = {"associationRules",
"sequences", "classification",
"regression", "clustering",
"timeSeries", "mixed"}

normalizationMethod::REGRESSION-
NORMALIZATION-METHOD

REGRESSION-
NORMALIZATION-METHOD

EnumStrings
Value = {"none", "simplemax",
"softmax", "logit", "probit", "exp",
"cloglog", "loglog", "cauchit"}

<그림 58>은 인공신경망 모형의 PMML－OPC UA 정보 모델이다. 인공신경망 모형은 NeuralNetworkType 객체 타입을 가진다. 식 (2)는 인공신경망 모형 수식에 대한 객체 타입과 속성을 나타낸다. 인공신경망 모형은 NeuralInputsType(신경 입력 타입), NeuralLayerType(신경 계층 타입), NeuralOutputsType(신경 출력 타입)으로 구성된다. 각 계층에는 NeuronType(뉴런 타입)이 존재한다. activationFunction(활성화 함수)으로부터 뉴런의 bias(편향) 및 ConType(뉴런 관계 타입)의 weight(가중치)를 조정하여 출력변수 값을 도출한다. 계층 수는 NeuralNetworkType(신경망 타입)의 numberOfLayers(계층 수) 변수에서 정의한다. 계층별 뉴런 개수는 NeuralLayerType(신경 계층 타입)의 numberOfNeurons(뉴런 수) 변수에서 정의한다. 각 뉴런은 Neuron Type(뉴런 타입)의 id 변수에서 식별자를 부여한다.

$$y = f\left(b + \sum_{i=1}^{n} w_i x_i\right) \qquad (2)$$

b(편향): NeuronType의 bias 변수

x(변수): NeuralInputType내 DerivedFieldType의 name 변수

w(가중치): ConType의 weight 변수(from에서 가중치를 전달하는 뉴런 식별자 정의)

n(입력변수 개수): NeuralInputsType의 numberOfInputs

f(활성화 함수): NeuralNetworkType의 activationFunction

(NeuralLayerType의 activationFunction을 이용하여 계층마다 별도로 정의 가능)

<그림 58> PMML-OPC UA 인공신경망 모형 정보 모델

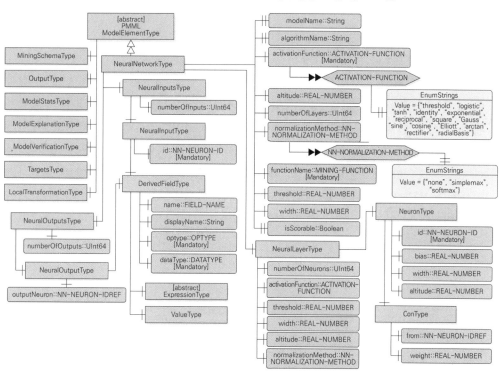

5. 구현 시나리오 설계

이제부터는 시스템 구현 영역이다. 시스템 구현은 통상적인 소프트웨어 공학을 따른다고 보면 된다. 먼저, 개발된 정보 모델을 활용하여 달성하고자 하는 시나리오를 설계할 필요가 있다. 구현의 목적, 범위, 흐름과 유스케이스를 결정하고, 정보 모델 및 시스템을 어떻게 적재적소에 활용할지 고민한다. 많은 시나리오가 데이터 소스 및 수집 방법에 의해 결정되고 제약되는 경향이 있다. 이 사례는 Simulator로부터 데이터를 획득한 사례이다.

구현 시나리오는: 1) 가상 밀링 공작기계로부터의 가공동력(machining power) 데이터 생성과 수집, 2) 서버에서의 회귀 모형 기반 가공동력 예측 모델 생성, 3) 가공동력 예측 모델의 PMML 문서 생성, 3) PMML 문서의 OPC UA 인스턴스 변환, 4) 클라이언트에서의 OPC UA 인스턴스 요청, 5) 서버에서의 OPC UA 인스턴스 제공이다(<그림 59> 참고). 참고로 Simulator를 제외한 모든 과정은 컴퓨터에서 자동적으로 수행되도록 구현하였다.

사례에서는 회귀 모형 기반 가공동력 예측 모델만을 설명한다. 입력 변수는 절삭속도, 이송속도, 절삭깊이와 절삭폭이라는 공정 파라미터이며, 출력 변수는 공작기계에서 절삭에 소요되는 가공동력(machining power)이다. 서버는 가공동력 데이터 셋을 수집한 후, 데이터 마이닝 도구를 이용하여 회귀 모형 기반 예측 모델을 생성한다. 서버는 PMML 생성 도구를 이용하여 예측 모델을 PMML 형태로 표현하고 PMML 문서를 생성한다. 그 후, PMML 문서를 PMML—OPC UA 정보 모델에 기반하여 인스턴스싱하고 인스턴스를 반환하는 것이다.

<그림 59> 구현 시나리오

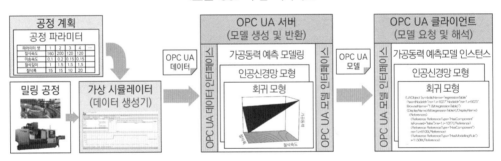

6. 데이터 결정

구현은 데이터 의존적이므로 데이터 생성 및 수집에 대한 상세 설계가 필요하다. 구현 시나리오 설계, 시스템 구조 설계와 병렬적으로 진행되기도 한다. 당연히 산업 현장에서 발생하는 실제 데이터를 사용하는 것이 사실적일 것이다. 그러나 많은 제약이 발생할 수 있다. 실제 데이터를 사용한다면 데이터 정제, 통합, 변형, 축소를 포함한 데이터 전처리에 대한 강건한 구현이 요구된다.

가상 밀링 공작기계는 Simulator를 이용하여 공정 파라미터에 따른 시계열적 가공동력 값을 생성한다. Simulator는 식 (3)에 의하여 가공동력 값을 생성한다. 가공동력은 절삭동력(실제 절삭에 의해 발생하는 동력)과 기계동력(공작기계 가동에 소요되는 동력)의 합으로 이루어진다[11].

$$P_m = P_c + P_t = \frac{c_d c_w f_z v_c z K}{60 \pi D \eta} + P_t \tag{3}$$

P_m(W): 가공동력, P_c(W): 절삭동력, P_t(W): 기계동력($=1000$), c_d(mm): 절삭깊이, c_w(mm): 절삭폭, f_z(mm/tooth): 날당 이송길이, v_c(m/min): 절삭속도, z: 절삭날 개수($=4$), K(MPa): 비절삭저항(날당 이송길이가 0.1, 0.15, 0.2 일 때, 각각 1950, 2075, 2200), D(mm): 공구직경 ($=32$), η : 에너지 효율($=0.8$)

식 (3)에 의해 Simulator는 공정 파라미터 입력에 따라 1초 주기로 가공동력 데이터를 생성한다. 이때, 가공동력 값에 ±1.5% 임의 오차 값을 부여한다. 박스−벤켄 실험계획법에 의거하여 4개 공정 파라미터의 요인(factor)에 대한 3 수준(level)을

〈그림 60〉 Simulator의 가공동력 데이터 생성

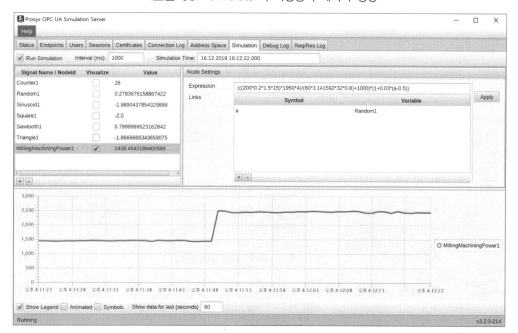

설계하며, 총 27회에 걸친 단위실험을 생성한다. 각 회에서는 30초 동안 가공동력 데이터를 생성하고, 30초가 지나면 다음 회에 대한 가공동력 데이터를 생성한다. <그림 60>은 Simulator를 이용한 가공동력 생성 예시이며, 해당 변수는 Milling MachiningPower1이다.

7. 시스템 구조 설계

데이터 연결부를 포함한 OPC UA 시스템 구조를 설계한다. 소프트웨어 공학에서는 다양한 측면의 설계도를 요구한다. 핵심적으로 필요한 기능도, 프로세스 흐름도, 데이터 흐름도, 구현 구조도 등에 집중할 필요가 있다. 개발 도구 후보를 탐색하고 가용성 및 사용가능성을 검토하여, 적절한 개발 도구를 결정할 필요가 있다.

사례

<그림 61>은 구현 구조도를 나타낸다. 사전 단계는 PMML—OPC UA 정보 모델링 및 클래스 코드화를 수행한다. 사용 단계는 데이터를 수집하고, 서버 및 클라이언트에서 모델 인스턴스를 요청 및 반환한다.

시스템 구조는 체인 서버(chained server) 패턴으로 설계한다. 서버 안에는 가상 공작기계로부터 데이터를 수집하고 PMML 문서를 생성하는 클라이언트가 필요하기

<그림 61> 구현 구조도

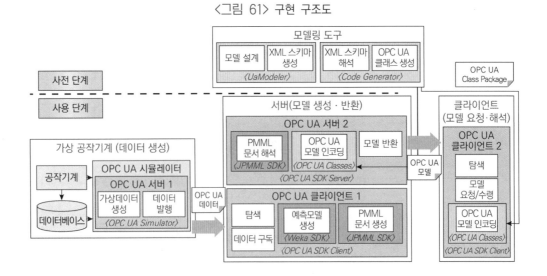

때문이다. 동시에 서버는 PMML-OPC UA 정보 모델 인스턴스를 생성하고 반환하는 역할이 필요하기 때문이다. 외부의 클라이언트는 서버에 연결하여 모델 인스턴스를 요청하고 반환받아 해석한다. 다음은 각 서브 시스템의 기능을 설명한다.

- 모델링 도구: PMML-OPC UA 정보 모델을 설계하고 이 모델을 컴파일하여 XML 스키마를 생성한다. 이 스키마를 프로그래밍에 사용하기 위하여 클래스 코드를 생성한다.

- 가상 공작기계: 실제 공작기계의 대안적인 가상 공작기계 서버이다. 앞서 언급한 대로, 공작기계의 가공동력 값을 생성하고, OPC UA 규격의 기계 모니터링 데이터를 발행한다.

- 서버: 클라이언트1은 가상 공작기계의 기계 모니터링 데이터를 구독한 후, 가공동력 예측 모델을 생성한다. 그 후, 이 모델의 PMML 인스턴스 및 문서를 생성한다. 서버2는 PMML 인스턴스 및 문서의 두 가지 형태를 입력받아서, PMML-OPC UA 인스턴스로 인코딩한다. 외부 클라이언트의 요청이 발생하면, PMML-OPC UA 인스턴스를 반환한다.

- 클라이언트: 서버로부터 PMML-OPC UA 인스턴스를 반환 받은 후, 그 인스턴스를 디코딩 및 해석한다. 이 인스턴스는 클라이언트의 특정 시나리오 목적을 위하여 사용된다. 클라이언트는 시나리오에 따라 공장 에너지 관리 시스템, 모델 저장소, 지능형 MES, 타 공작기계 등 다양한 형태를 염두할 수 있다.

8. 어플리케이션 구현

시스템 설계도를 바탕으로, 어플리케이션을 구현한다. 소프트웨어공학의 구현 과정에 해당된다. 시스템 구조 설계에서 선정한 개발 도구를 활용한다.

사례

<그림 61>에 사용한 개발 도구들이 표시되어 있다. 다음은 사용된 개발 도구이다.

- Eclipse Java Oxygen: Java 개발 환경

- UaModeler: XML기반 OPC UA 모델링 도구

- Java PMML: Java용 PMML 라이브러리[12]

- OPC UA SDK for Java: Java기반 OPC UA 서버−클라이언트 개발도구

- Code Generator for Java: Java기반 OPC UA 클래스 및 패키지 생성기

- OPC UA Simulation Server: OPC UA 데이터 생성용 시뮬레이터

- Weka: Java기반 데이터 마이닝 라이브러리[13]

다음은 각 서브 시스템의 구현에 대한 설명이다.

- 정보 모델링: UaModeler를 이용하여 PMML−OPC UA 정보 모델을 구현한다. 일관성 체크와 객체 생성 테스트를 통하여 오류 발견 및 수정의 과정을 거친다. <그림 62>는 <그림 57> RegressionModelType의 구현 예시이다. 컴파일을 수행하면, <그림 63>과 같은 PMML−OPC UA 정보 모델의 XML 스키마가 생성된다.

<그림 62> UaModeler의 RegressionModelType

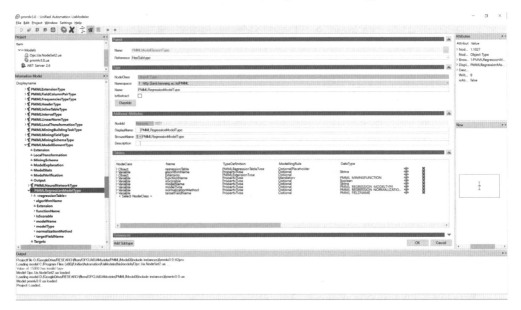

<그림 63> PMML-OPC UA 회귀 모형 스키마

```
〈UAObjectType NodeId="ns=1;i=1027" BrowseName="1:PMMLRegressionModelType"〉
〈DisplayName〉PMMLRegressionModelType〈/DisplayName〉
 〈References〉
  〈Reference ReferenceType="HasComponent"〉ns=1;i=5023〈/Reference〉
  〈Reference ReferenceType="HasProperty"〉ns=1;i=6050〈/Reference〉
  〈Reference ReferenceType="HasProperty"〉ns=1;i=6048〈/Reference〉
  〈Reference ReferenceType="HasProperty"〉ns=1;i=6056〈/Reference〉
  〈Reference ReferenceType="HasProperty"〉ns=1;i=6042〈/Reference〉
  〈Reference ReferenceType="HasProperty"〉ns=1;i=6052〈/Reference〉
  〈Reference ReferenceType="HasProperty"〉ns=1;i=6055〈/Reference〉
  〈Reference ReferenceType="HasSubtype" IsForward="false"〉ns=1;i=1008〈/Reference〉
  〈Reference ReferenceType="HasProperty"〉ns=1;i=6053〈/Reference〉 〈/References〉
〈/UAObjectType〉
〈UAObject SymbolicName="regressionTable" ParentNodeId="ns=1;i=1027" NodeId="ns=1;i=5023" BrowseName="1:&lt;regressionTable〉"〉
 〈DisplayName〉&lt;regressionTable〉〈/DisplayName〉
 〈References〉
  〈Reference ReferenceType="HasComponent" IsForward="false"〉ns=1;i=1027〈/Reference〉
  〈Reference ReferenceType="HasComponent"〉ns=1;i=6100〈/Reference〉
  〈Reference ReferenceType="HasModellingRule"〉i=11508〈/Reference〉
  〈Reference ReferenceType="HasTypeDefinition"〉ns=1;i=1028〈/Reference〉 〈/References〉
〈/UAObject〉
〈UAVariable DataType="PMML_REALNUMBER" ParentNodeId="ns=1;i=5023" NodeId="ns=1;i=6100" BrowseName="1:intercept" AccessLevel="3"〉
 〈DisplayName〉intercept〈/DisplayName〉
 〈References〉
  〈Reference ReferenceType="HasTypeDefinition"〉i=63〈/Reference〉
  〈Reference ReferenceType="HasComponent" IsForward="false"〉ns=1;i=5023〈/Reference〉
  〈Reference ReferenceType="HasModellingRule"〉i=78〈/Reference〉 〈/References〉
〈/UAVariable〉
〈UAVariable DataType="String" ParentNodeId="ns=1;i=1027" NodeId="ns=1;i=6050" BrowseName="1:algorithmName" AccessLevel="3"〉
 〈DisplayName〉algorithmName〈/DisplayName〉
 〈References〉
  〈Reference ReferenceType="HasProperty" IsForward="false"〉ns=1;i=1027〈/Reference〉
  〈Reference ReferenceType="HasModellingRule"〉i=80〈/Reference〉
  〈Reference ReferenceType="HasTypeDefinition"〉i=68〈/Reference〉 〈/References〉
〈/UAVariable〉
〈UAVariable DataType="PMML_MININGFUNCTION" ParentNodeId="ns=1;i=1027" NodeId="ns=1;i=6048" BrowseName="1:functionName" AccessLevel="3"〉
 〈DisplayName〉functionName〈/DisplayName〉
 〈References〉
  〈Reference ReferenceType="HasProperty" IsForward="false"〉ns=1;i=1027〈/Reference〉
  〈Reference ReferenceType="HasModellingRule"〉i=78〈/Reference〉
  〈Reference ReferenceType="HasTypeDefinition"〉i=68〈/Reference〉 〈/References〉
〈/UAVariable〉 …
```

- 클래스 코드 생성: CodeGen을 이용하여 XML 스키마 파일로부터 Java기반 클래스 코드들을 자동적으로 생성한다. CodeGen은 OPC UA 스키마 파일을 해석하여 Java 언어 형태의 클래스 코드 및 패키지들을 자동적으로 생성해주기 때문에, 프로그래밍 시간을 줄일 수 있다. 객체 및 변수에 대한 getter와 setter도 자동적으로 생성된다. 생성된 클래스의 패키지들을 SDK내 해당 프로젝트에 임포트함으로써, 인스턴스의 생성 및 해석이 가능해진다.

- 서버: SDK를 이용하여 서버를 구현한다. Simulator로부터 가공동력 데이터셋을 수집한 후, Weka를 이용하여 회귀 및 인공신경망 예측 모형들을 생성한다. 식 (4)는 Weka로부터 도출된 회귀 모형 형태의 가공동력 예측 모델이다. 이 예측 모델은 Java PMML을 이용하여 PMML 기반 예측 모델로 변환한다. Java PMML은 Java 클래스 인스턴스로부터 PMML 인스턴스 및 문서를 생성하는 기

능을 제공한다. 이것에 대한 역기능도 제공한다. <그림 64>는 Java PMML을 이용하여 식 (4)를 PMML 인스턴스로 생성한 결과이다. 그 후, PMML-OPC UA 클래스 코드를 이용하여 PMML 인스턴스를 OPC UA 클래스의 인스턴스로 변환한다. 이때, OPC UA 클래스 코드의 setter를 이용하여 객체 및 변수 값들을 설정한다. 같은 방법으로, PMML 문서를 OPC UA 클래스의 인스턴스로 변환하는 기능을 구현한다. 생성된 PMML-OPC UA 인스턴스는 클라이언트의 요청이 발생하면 이 인스턴스를 반환한다. 서버-클라이언트의 데이터 교환은 전송 메커니즘에서 제공하는 인증, 보안 및 전송 과정을 통하여 이루어진다.

$$P_m = 0.357v_c + 0.388f_z + 0.470c_d + 0.474c_w - 0.438 \qquad (4)$$

<그림 64> PMML-OPC UA 회귀 모형 인스턴스

```
<?xml version="1.0" encoding="UTF-8" standalone="yes"?>
<PMML xmlns="http://www.dmg.org/PMML-4_3" xmlns:data="http://jpmml.org/jpmml-model/InlineTable" version="4.3">
  <Header description="PMMLRegressionModelbyWeka">
    <Application name="JPMML" version="1.4.9"/>
  </Header>
  <DataDictionary numberOfFields="5">
    <DataField name="CuttingSpeed" optype="continuous" dataType="double"/>
    <DataField name="FeedPerTooth" optype="continuous" dataType="double"/>
    <DataField name="CuttingDepth" optype="continuous" dataType="double"/>
    <DataField name="CuttingWidth" optype="continuous" dataType="double"/>
    <DataField name="MachiningPower" optype="continuous" dataType="double"/>
  </DataDictionary>
  <RegressionModel modelName="LinearRegression" functionName="regression" algorithmName="LinearRegression"
  modelType="linearRegression" targetFieldName="MachiningPower" normalizationMethod="simplemax">
    <MiningSchema>
      <MiningField name="CuttingSpeed" usageType="active"/>
      <MiningField name="FeedPerTooth" usageType="active"/>
      <MiningField name="CuttingDepth" usageType="active"/>
      <MiningField name="CuttingWidth" usageType="active"/>
      <MiningField name="MachiningPower" usageType="predicted"/>
    </MiningSchema>
    <Output>
      <OutputField name="MachiningPower" optype="continuous" dataType="double" feature="predictedValue" value="MachiningPower"/>
    </Output>
    <RegressionTable intercept="-0.438" targetCategory="MachiningPower">
      <NumericPredictor name="CuttingSpeed" exponent="1" coefficient="0.357"/>
      <NumericPredictor name="FeedPerTooth" exponent="1" coefficient="0.388"/>
      <NumericPredictor name="CuttingDepth" exponent="1" coefficient="0.470"/>
      <NumericPredictor name="CuttingWidth" exponent="1" coefficient="0.474"/>
    </RegressionTable>
  </RegressionModel>
</PMML>
```

- 클라이언트: SDK를 이용하여 클라이언트를 구현한다. 클라이언트는 서버로부터 발행된 인스턴스를 전달받는다. 마찬가지로 PMML-OPC UA 클래스 코드를 이용하여 인스턴스를 해석한다. 이때, getter를 이용하여 객체 및 속성 값들을 받아온다.

9. 어플리케이션 · 서비스 검증

구현된 어플리케이션과 서비스가 정상적으로 작동하는지, 그리고 데이터 오류나 손실은 없는지 검증한다. 소프트웨어 공학의 통상적인 검증 단계이다.

사례

<그림 65>는 클라이언트에서 받은 <그림 64>의 PMML-OPC UA 인스턴스를 해석한 결과이다. 읽는 방법은 '객체 타입: BrowseName=객체식별자; 변수=값;'이다. 예를 들면, 첫 번째 줄은 객체 타입이 HeaderType이며, BrowseName은 'Reg1Header1', description은 'PMMLRegressionModelbyWeka'이다. 서버에서의 PMML-OPC UA 인스턴스와 클라이언트에서의 인스턴스를 비교하여 일치함을 확인한다. 결국, PMML이 OPC UA로 변환 가능하며, OPC UA 서버-클라이언트 상에서 데이터 누락 없이 교환 가능함을 확인한다.

<그림 65> 회귀 모형의 PMML-OPC UA 인스턴스

```
PMMLHeaderType: BrowseName=Reg1Header1; description=PMMLRegressionModelbyWeka;
PMMLApplicationType: BrowseName=Reg1Application1; name=JPMML; version=1.4.9;
PMMLDataDictionaryType: BrowseName=Reg1DataDictionary1; numberOfFields=5;
PMMLDataFieldType: BrowseName=Reg1DataField0; name=CuttingSpeed; dataType=Double; optype=continuous;
PMMLDataFieldType: BrowseName=Reg1DataField1; name=FeedPerTooth; dataType=Double; optype=continuous;
PMMLDataFieldType: BrowseName=Reg1DataField2; name=CuttingDepth; dataType=Double; optype=continuous;
PMMLDataFieldType: BrowseName=Reg1DataField3; name=CuttingWidth; dataType=Double; optype=continuous;
PMMLDataFieldType: BrowseName=Reg1DataField4; name=MachiningPower; dataType=Double; optype=continuous;
PMMLModelElementType: BrowseName=Reg1ModelElement1;
PMMLRegressionModelType: BrowseName=Reg1RegressionModel1; modelName=LinearRegression; algorithmName=LinearRegression;
    functionName=regression; normalizationMethod=simplemax; targetFieldName=MachiningPower; modelType=linearRegression;
PMMLMiningSchemaType: BrowseName=Reg1MiningSchema1;
PMMLMiningFieldType: BrowseName=Reg1MiningField0; name=CuttingSpeed; usageType=active;
PMMLMiningFieldType: BrowseName=Reg1MiningField1; name=FeedPerTooth; usageType=active;
PMMLMiningFieldType: BrowseName=Reg1MiningField2; name=CuttingDepth; usageType=active;
PMMLMiningFieldType: BrowseName=Reg1MiningField3; name=CuttingWidth; usageType=active;
PMMLMiningFieldType: BrowseName=Reg1MiningField4; name=MachiningPower; usageType=predicted;
PMMLOutputType: BrowseName=Reg1Output1;
PMMLOutputFieldType: BrowseName=Reg1OutputField0; name=MachiningPower; dataType=Double; feature=predictedValue; optype=continuous;
    value=MachiningPower;
PMMLRegressionTableType: BrowseName=Reg1RegressionTable0; intercept=-0.438; targetCategory=MachiningPower;
PMMLNumericPredictorType: BrowseName=Reg1NumericPredictor0; name=CuttingSpeed; coefficient=0.357;exponent=1;
PMMLNumericPredictorType: BrowseName=Reg1NumericPredictor1; name=FeedPerTooth; coefficient=0.388;exponent=1;
PMMLNumericPredictorType: BrowseName=Reg1NumericPredictor2; name=CuttingDepth; coefficient=0.470;exponent=1;
PMMLNumericPredictorType: BrowseName=Reg1NumericPredictor3; name=CuttingWidth; coefficient=0.474;exponent=1;
```

참/고/문/헌

[1]   Siemens (2018) OPC UA .NET client for the SIMATIC S7-1500 OPC UA server. 매뉴얼 (1.3 버전).

[2]   Unified Automation 홈페이지. https://www.unified-automation.com

[3]   한컴MDS 홈페이지.   https://www.hancommds.com

[4]   PROSYS OPC 홈페이지. https://prosysopc.com/products/

[5]   강원영 (2011) 최근 클라우드 컴퓨팅 서비스 동향. 한국인터넷진흥원 NET Term, 19-24.

[6]   PROSYSOPC. Prosys OPC UA SDK for Java Starting Guide. 매뉴얼 (4.0.0 버전).

[7]   신승준, 프리타 메일라니타사리 (2020) 상호운용적 제조지능화를 위한 OPC UA 기반 데이터 애널리틱스 표현 방법. 대한산업공학회지, 46(6), 580-592.

[8]   Shin, S.J. (2021) An OPC UA-compliant interface of data analytics models for interoperable manufacturing intelligence. IEEE Transactions on Industrial Informatics, 17(5), 3588-3598.

[9]   Data Mining Group 홈페이지. http://dmg.org

[10] Guazzelli, A., Zeller, M., Lin, W. C., and Williams, G. (2009), PMML: An open standard for sharing models. The R Journal, 1(1), 60-65.

[11] Mitsubishi Materials 홈페이지. https://www.mitsubishicarbide.net

[12] Openscoring 홈페이지. https://openscoring.io/

[13] Weka Github. https://github.com/Waikato/weka-3.8

PART 05

전망

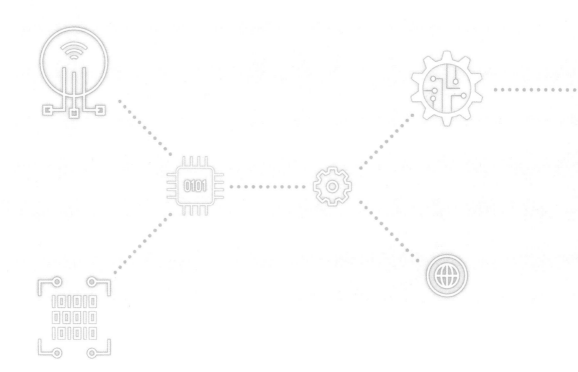

5부에서는 OPC UA의 전망에 대해 서술하고자 한다. 그렇다고 거창한 것은 아니며, OPC Foundation의 추진 전략이나 전망도 아니다. 저자의 주관적인 전망이자 미래 제조 산업의 청사진이다. 1장에서는 OPC UA와 자산관리쉘 통합을 다룬다. 2장에서는 저자가 제시하는 상호운용적 산업 지능화를 설명하며, 3장에서는 맺음말을 서술한다.

CHAPTER 01

자산관리쉘 통합

독일에서는 OPC UA와 함께 또 하나의 작품을 만들고 있다. 바로 자산관리쉘 (Administration Shell)이다. 1부에서 RAMI 4.0을 언급한 바 있다. 각 제조 강국에서는 국가의 현실을 감안한 스마트 공장 개발 및 보급을 위한 기준과 참고가 되는 참조 모델(reference model)을 개발하고 있다. 가장 유명한 것 중 하나가 독일의 RAMI 4.0이다. RAMI 4.0에서는 수평적 통합과 수직적 통합에 근간이 되는 상호운용성 통합 모델을 제시하고 있다[1]. RAMI 4.0에서 상호운용성의 중추적 역할을 하는 것이 OPC UA와 I4.0 컴포넌트(I4.0 component)이다. I4.0 컴포넌트는 산업 자산과 이에 대응되는 가상 객체 표현 모델을 일컫는다. I4.0 컴포넌트는 다양한 산업 자산들을 컴포넌트화하고 이들 간의 수평적이고 수직적인 구조화를 가능하게 한다. 또한, 산업 자산의 식별, 종류, 통신, 데이터 및 기술적 기능성에 대한 정보를 정형화하고 규격화한 형태로 공유를 가능하게 한다. I4.0 컴포넌트는 실제 산업 자산의 정보를 가상적·디지털적인 정보 컨테이너에 담는데, 이것이 자산관리쉘이다. 쉽게 말하면, I4.0 컴포넌트는 자산관리쉘이라는 그릇에 산업 자산의 정보를 담아서 교환하고 공유하는 것이다.

<그림 1>은 OPC UA와 자산관리쉘의 역할을 단순화한 것이다. OPC UA가 정보 컨베이어 벨트라면, 자산관리쉘은 컨테이너 역할을 하는 것이다. 자산에 대한 모든 정보가 자산관리쉘이라는 컨테이너에 담기고, 이 컨테이너들이 OPC UA라는 컨베이어 벨트를 통하여 전 세계의 모든 설비, 공장 및 시설에 연결되는 것이다. OPC UA 개발 방향은 자산관리쉘과의 통합을 추구하는 쪽으로 흘러가고 있다. 이미 이 둘의 통합을 염두에 두었기 때문에 이 흐름은 자연스럽다. 자산관리쉘 구현 도구들이 공개되고 있다. 그리고 OPC UA와 자산관리쉘 통합을 지원하는 개발도구들도 공개가 될 것으로 예상된다. 향후에는 OPC UA와 자산관리쉘 통합을 활용하여 어떤 시나리오를 개발하고 어떤 응용 기술을 개발하고 어떤 비즈니스 모델을 창출할지의 연구 개발이 전개될 것으로 예상된다. 자산관리쉘 내용은 참고문헌 [2]에 정리가 되어 있다.

<그림 1> OPC UA와 자산관리쉘 역할

SECTION 01 자산관리쉘

자산(asset)은 조직에서 가치가 있고 소유권을 가진 물리적 또는 비물질적 객체를 의미한다[3]. 물리적 자산으로는 생산 설비, 유틸리티, 컴퓨터, 액츄에이터, 센서, 제품, 자재 및 사람 등이 있다. 비물질적 자산에는 소프트웨어, 문서, 데이터, 서비스 등이 있다. 산업 시스템에 존재하는 모든 객체들을 산업 자산이라고 정의할 수 있다. 그런데, 산업 자산의 양은 매우 많으며, 종류와 용도 또한 다양하며, 공급자와 사용자도 천차만별이다. 산업 자산간 데이터 교환 방법 또한 다양하다. 이러한 이기종성(heterogeneity)으로 인하여 자산의 정보 고립과 자산간 정보 단절은 산업 시스템에서의 고질적인 문제로 다루어졌다. 이러한 문제를 해결할 수 있는 방법은 무엇이 있을까? 자산을 식별하고 자산의 정보를 공통적으로 표현함과 동시에, 자산들의 관계 및 계층을 유연하게 구성하며, 자산간의 정보 교환을 일관적으로 수행하는 즉, 표준화(standardization) 접근법을 통한 상호운용성 보장이 좋은 해결책이다. 이러한 목적을 위하여 자산관리쉘이 개발되었다. 자산관리쉘의 첫 번째 버전은

2018년, 두 번째는 2019년, 세 번째는 2020년에 공개되었다. 그리고 IEC 63278로 표준화 중인 것으로 파악된다. 빠른 속도로 규격화가 이루어지고 있다. 다음은 관리쉘과 자산관리쉘의 정의이다[4].

- 관리쉘(Administration Shell: AS): 실제 자산이 투영되지 않은 자산 표현 모델을 일컫는다.

- 자산관리쉘(Asset Administration Shell: AAS): I4.0 컴포넌트의 실제 자산이 투영된 가상적이고 디지털적이며 능동적인 표현 모델이다.

<그림 2>는 자산관리쉘 구조를 나타낸다. 크게 헤더(header)와 바디(body)로 구성된다. 헤더는 자산과 자산관리쉘 자체의 객체식별, 자산관리쉘간 관계 및 보안 등의 메타데이터를 담는다. 식별자는 글로벌하게 고유한 식별자를 사용할 수도 있고 자제 정의한 식별자를 사용할 수도 있다. 글로벌 식별자로는 URI, 국제 등록 데이터 식별자(International Registration Data Identifier: IRDI), 국제 자원 식별자(International

<그림 2> 자산관리쉘 구조

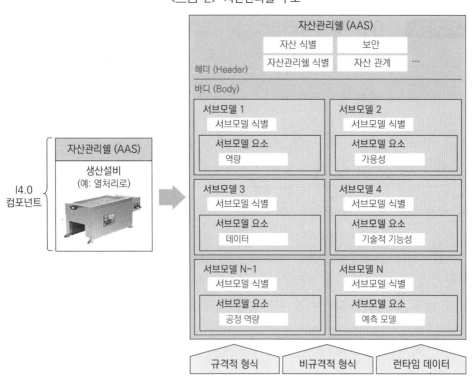

Resource Identifier: IRI) 등을 사용한다[5]. 바디는 자산관리쉘의 컨텐츠 영역으로서, 서브모델들의 집합이다.

<그림 3>과 같이, 서브모델(submodel)은 데이터(data)와 기능(function)으로 구성된다. 데이터는 자산의 디지털 데이터를 의미하며, 설계도면, 시뮬레이션 모델, 기능 블럭, 매뉴얼, 센싱 데이터 등이 예이다. 기능은 자산의 기술적 기능성(technical functionality)을 나타내며, 데이터 이외의 영역인 자산의 무형적 가치나 서비스를 의미한다. 예를 들어 자산의 공정 종류, 공정 역량과 성능, 상태 모니터링, 에너지 효율, 데이터 분석 모델이 있다.

<그림 3> 자산관리쉘의 서브 모델 예시[6]

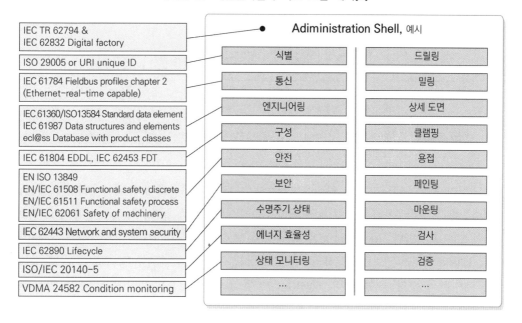

각 서브모델은 규격적인 형식뿐만 아니라 비규격적인 형식의 구조체를 구성할 수 있다. 규격적인 구조체의 예는 IEC 61360와 eCl@ss가 있다. 이 두 표준은 제품 사전(product dictionary)을 위한 정보 모델로서, 제품들을 클래스로 분류하고 각 제품별 속성 정보를 규격화한 것이다[3]. 비규격적이라는 것은 자유로운 형태로 서브모델을 만들 수 있다는 것이다. 서브모델은 다양한 데이터 요소(element)들을 담을 수 있다. 데이터 요소의 예로는 프로퍼티(특정값), 프로퍼티 범위, 파일, Binary Large Objects(Blob), 오퍼레이션, 이벤트, 엔티티 등이 있다[6]. 이러한 확장적인 데이터

표현력을 이용하면 어떠한 형태의 데이터나 기능을 담을 수 있다.

자산관리쉘의 종류는 타입(type)과 인스턴스(instance)가 있다. 자산관리쉘의 타입을 정의한 후, 그 타입 정의를 가져와서 인스턴스를 생성하는 것이다. 객체지향 프로그래밍의 클래스와 객체 개념과 유사하다. OPC UA의 객체 타입과 객체와도 유사하다. <그림 4>와 같이, 자산의 개발 단계에서 자산관리쉘 타입을 정의한다. 실제 자산으로 출현되는 제작 및 사용 단계에서 그 타입을 이용하여 인스턴스를 생성하는 것이다. 자산관리쉘의 표현 언어로는 XML, JSON, 자원 기술 프레임워크(Resource Description Framework: RDF) 그리고 OPC UA가 있다[5].

<그림 4> 제품 수명주기에 따른 자산관리쉘 종류

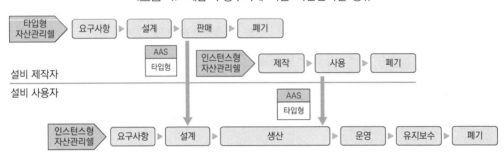

<그림 5> (a)는 클래스 다이어그램으로 표현한 자산관리쉘의 메타모델(metamodel)이다. 다음은 주요 클래스의 설명이다. 클래스 명칭 우측 상단에는 범용적인 관리 클래스를 표현한다. Identifiable은 객체식별 번호 및 버전, Referable은 참조 가능 여부, HasSemantics는 시맨틱 정의, Qualifiable은 적격여부 확인, HasDataSpecification은 데이터의 추가 속성 정의, HasKind는 타입 또는 인스턴스 여부를 해당 관리 클래스에서 정의한다.

■ AssetAdministrationShell(자산관리쉘): 자산관리쉘의 최상위 클래스이다. 고유한 객체식별자가 있어야 하며, Asset과 일대일 대응 관계이다. 복수 개의 Submodel을 가질 수 있다.

■ Asset(자산): 자산관리쉘로 표현되는 실제 자산에 대한 메타데이터 클래스이다. HasKind를 이용하여 타입인지, 인스턴스인지 선택한다.

■ Submodel(서브모델): 자산관리쉘의 디지털 데이터 및 기술적 기능성을 표현하는 클래스이다.

- SubmodelElement(서브모델 요소): Submodel과 합성의 관계이며 Submodel을 구성하는 여러 요소들을 포함한다. DataElement 외에 다른 데이터 형태(오퍼레이션, 이벤트, 엔티티 등)를 가질 수 있다.

<그림 5> (b)는 SubmodelElement의 하위 타입에 대한 메타모델이다. 다음은 주요 클래스의 설명이다.

- DataElement(데이터 요소): SubmodelElement를 상속받는 추상형 클래스이다. 속성, 범위, 파일, Blob 등 다양한 데이터 형태를 담을 수 있는 하위 클래스를 가진다.

- Property(프로퍼티): 범용적인 데이터 형태를 취하는 단수 개의 값을 갖는 클래스이다.

- Operation(오퍼레이션): 일종의 메소드와 같은 입력과 출력 변수를 갖는 클래스이다.

- Entity(엔티티): 엔티티를 표현하는 클래스이다.

- Event(이벤트): 이벤트를 나타내는 추상형 클래스이며, 하위의 BasicEvent 클래스를 가진다.

<그림 5> 자산관리쉘 메타모델[5]

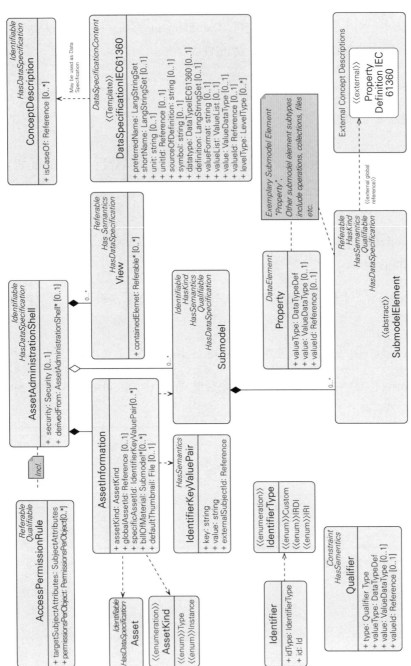

(a) 자산관리쉘

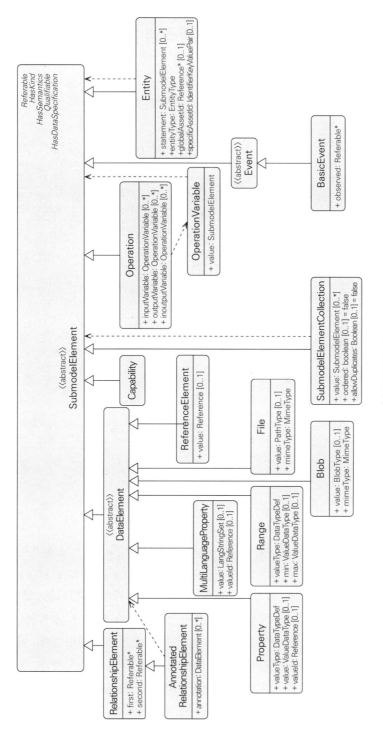

(b) 서브모델 요소

<그림 6> 자산관리쉘 시나리오 예시[5]

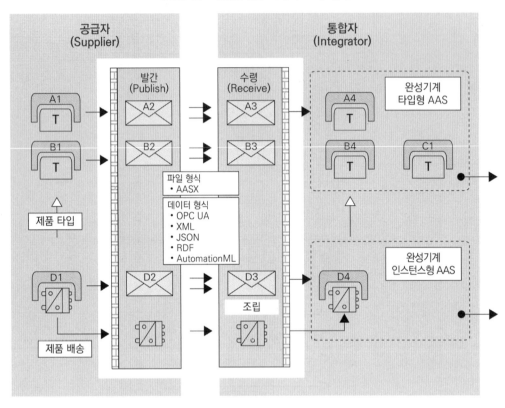

자산관리쉘을 이용하여 다양한 시나리오를 개발할 수 있다. <그림 6>은 두 가치 사슬 파트너가 자산관리쉘 정보를 교환하는 예시이다. 공급자(supplier)는 부품 공급 자이고, 통합자(integrator)는 부품들을 조립하여 최종 제품을 만드는 생산업자이다. 공급자는 타입 유형의 자산관리쉘을 생성하여 통합자에게 보낸다. 통합자는 공급자의 타입 유형 자산관리쉘로부터 인스턴스 유형의 자산관리쉘을 생성한다. 이때, 자산관 리쉘의 교환은 발간(publish)와 수령(receive) 과정에 의해 이루어진다. 발간과 수령 에서 편지는 자산관리쉘을, 화살표는 교환 방법을 나타낸다. 어떤 교환 방법으로 편지를 주고 받느냐의 이슈가 발생하는데 이 부분이 OPC UA와 관련이 있다. 자산 관리쉘 정보의 교환 방법은 파일 방식과 데이터 방식이 있다. 파일 방식은 AASX라

는 패키지 파일 그 자체를 교환하는 것이다. 데이터 방식은 XML, JSON, RDF, AutomationML 또는 OPC UA를 이용하는 것이다. RAMI 4.0에서는 OPC UA를 주요 교환 방식으로 규정하고 있다. 다만, 편의성을 위하여 XML, JSON, AutomationML 및 RDF 형태도 지원하는 것이다. 엄밀히 말하면, 교환 방법이라기보다는 각 표준 형식으로의 변환을 위한 매핑 규칙과 정보 모델을 규정하고 있다.

OPC UA와 자산관리쉘 통합은 자산관리쉘에 대한 OPC UA 도메인 특화 정보 모델로 귀결된다. 자산관리쉘도 하나의 도메인 정보 모델이므로 OPC UA로의 변환을 위한 매핑 규칙과 정보 모델을 정의할 수 있다. 이러한 통합 노력은 OPC Foundation, ZVEI와 독일기계설비공업협회(VDMA)가 조인트 워킹그룹을 구성하여 진행중이다. <그림 7>은 자산관리쉘과 서브모델의 OPC UA 정보 모델을 나타낸다. 매핑 규칙은 일반적 규칙과 상세적 규칙이 있다. 일반적 규칙은 공통적으로 적용되는 매핑 규칙이다. 상세적 규칙은 각 클래스에 적용되는 별도의 매핑 규칙이다. 다음은 일반적 규칙에 대한 설명이다[5].

- 자산관리쉘의 모든 클래스는 객체 타입으로 정의한다. 명칭은 접두사 'AAS' + 클래스명 + 접미사 'Type' 형태로 부여한다. 예를 들면, Asset은 AASAssetType으로 명명한다.

- OPC UA 데이터 타입에 매핑되지 않는 데이터 타입은 새롭게 정의한다. 명칭은 접두사 'AAS' + 클래스명 + 접미사 'DataType' 형태로 부여한다. 예를 들면, AssetKind는 AASAssetKindDataType으로 명명한다.

- 자산관리쉘 클래스에서 단순 데이터 타입을 가진 속성은 OPC UA 객체 타입 내에서 HasProperty 관계로 참조한다.

- 연관(association) 또는 집합(aggregation)의 다중성(cardinality)은 OPC UA 모델링 규칙을 따른다. Mandatory는 다중성이 1일 때, Optional은 0 또는 1일 때, OptionalPlaceholder는 0, 1 또는 그 이상일 때, MandatoryPlaceholder는 1 또는 그 이상일 때 사용한다.

- 자산관리쉘 클래스의 집합과 합성 관계의 속성들은 OPC UA 객체 타입 내에서 HasComponent 관계로 참조한다.

- OPC UA는 추상형 클래스의 다중 상속을 지원하지 않으므로 하위타입(subtype)으로 모델링될 수 없다(예 Identifiables, Qualifiables). 이러한 클래스들은 별도의 매핑 규칙을 적용한다. Identifiables와 Qualifiables는 인터페이스

클래스 형태로 선언하고 HasInterface 관계를 참조한다.

<그림 7> 자산관리쉘-OPC UA 도메인 특화 정보 모델[5]

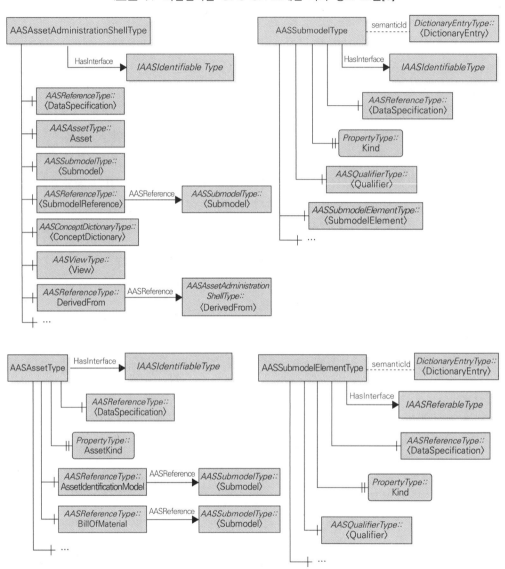

(a) 자산관리쉘

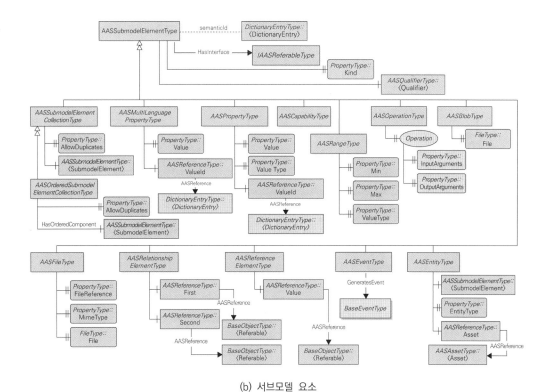

(b) 서브모델 요소

　　<그림 8>은 다른 시나리오로서, OPC UA와 자산관리쉘 통합을 활용한 유지보수 서비스이다. 제품 공급자(product provider)는 기계의 생산자, 고객(customer)은 기계 사용자, 서비스 공급자(service provider)는 제3자 서비스 제공자를 나타낸다. 제품 공급자는 기계에 대한 타입 유형의 자산관리쉘 타입을 생성하고, 고객은 인스턴스 유형의 자산관리쉘을 생성한다. 자산관리쉘 인스턴스 안에 각종 정보를 저장하고 관리하는 OPC UA 서버를 운용한다. 제품 공급자는 이 서버에 접근하여 자산 관리 서비스(fleet management)를, 서비스 제공자는 유지보수 서비스(maintenance service)를 수행한다.

　　이러한 시나리오들은 예시일 뿐이며, 다양한 시나리오의 개발이 가능하다. 앞서 설명하였지만, OPC UA는 일관적인 정보 모델과 데이터 교환 메커니즘을 제공하는 컨베이어 역할을, 자산관리쉘은 자산의 데이터, 정보와 지식을 담는 컨테이너 역할을 맡는다는 전제하에 시나리오를 설계하고 구현하는 것이다. 결론적으로, OPC UA와 자산관리쉘을 이용하여 데이터 측면의 수직적·수평적 통합은 달성가능하다고 본다. 이것이 독일 Platform Industrie4.0의 핵심 전략이다.

<그림 8> OPC UA와 자산관리쉘 통합 활용 예시[7]

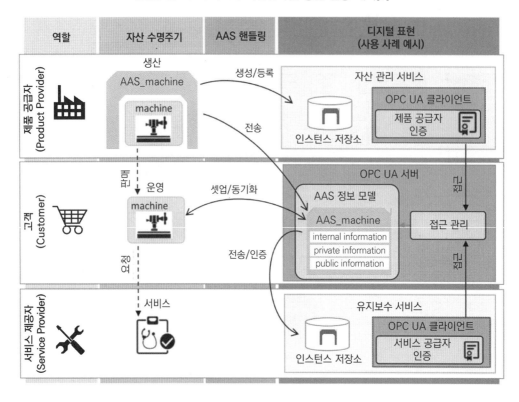

상호운용적 산업 지능화

저자가 생각하는 상호운용적 산업 지능화를 설명하고자 한다. 관심 없는 독자는 넘어가도 좋다. 다음은 주요 단어들을 정리한 것이다.

- 상호운용성(interoperability): 하나의 시스템이 동일 또는 이기종의 다른 시스템 과 아무런 제약없이 서로 호환되어 사용할 수 있는 성질이다.

- 산업 지능화(industrial intelligence): 산업 시스템의 데이터로부터 통찰력과 예지 력을 내포한 지능을 갖는 것이다. 산업 시스템에 의한 지능화, 자율화 및 협업 화를 도모함으로써 산업 시스템을 위한 생산성, 유연성 및 친환경성을 향상하 는 개념이다. 사람이 입력한 프로그램에 의해 자동적으로 수행하는 산업 자동 화(industrial automation)로부터 진일보한 개념이다.

- 상호운용적 산업 지능화(interoperable industrial intelligence): 데이터의 상호운용 성이 보장되는 환경하에서 산업 시스템에 포함된 객체별·객체 간 산업 지능 화를 달성하는 개념이다.

데이터로부터의 지능은 데이터 애널리틱스(data analytics)를 통한 설명적 (descriptive), 진단적(diagnostic), 예측적(predictive) 및 처방적(prescriptive) 모델로부터 획득될 수 있다[8]. 인공지능 모델이라 불러도 좋다. 이러한 모델들이 산업 시스템 에 적용되고 타 시스템들과 교환되고 공유됨으로써 목표 성능 향상을 위한 자동화, 자율화 및 협업화를 가능하게 하는 것이다. 최근의 산업 지능화는 상호운용성 보장 을 강조하고 있다[3]. 왜냐하면 산업 지능화의 대상이 국소적 영역이 아닌 모든 산 업 자산을 망라하는 총합적이고 광역적인 영역으로 확대되고 있기 때문이다. 이기 종 기기 및 시스템들이 아무런 제약 없이 데이터가 서로 호환되고 공유되는 환경을 구축함으로써, 개별 자산뿐만 아니라 전체 시스템을 아우르는 상호운용적 산업 지 능화의 실현이 필요해 지고 있다.

산업 분야에서는 다양한 관점의 상호운용성이 존재한다. 산업 시스템의 수직적 통합, 이기종 기기 간 수평적 통합, 가치사슬의 어플리케이션 통합, 컴퓨터지원 도구(CAx) 통합, 제품수명주기 데이터 통합, 클라우드와의 통합 등이 있다. 상호운용적 제조지능화를 위해서는 데이터 애널리틱스 모델의 통합이 추가적으로 필요하다. 모델 상호운용성(model interoperability)은 자산들이 언제 어디서나 데이터 애널리틱스 모델을 교환 및 공유하며 이를 활용하는 환경을 의미한다. 이 모델 상호운용성을 통하여 다양한 산업 지능화 시나리오 개발이 가능하다.

예를 들어, 지능형 공작기계가 에너지 예측을 하려면 데이터를 이용하여 가공조건별 에너지 예측 모델들을 스스로 생성해야 한다. 그런데, 공작기계는 중앙처리장치, 메모리 및 저장장치 등 하드웨어가 절삭이라는 본래의 용도에 최적화 되어 있고 하드웨어 성능의 제약이 존재한다. 그래서 상위 시스템이나 모델 저장소로 데이터 애널리틱스 모델들을 송신할 필요가 있다. 추후, 특정 가공조건에 대한 에너지 예측이 필요한 경우, 그 가공조건에 대응되는 모델을 수신하여 에너지를 예측한다. 이때, 모델의 송수신이 어렵다면 모델 획득이 불가하다. 따라서 모델이 언제 어디서나 공유되도록 수직적 관점에서의 모델 상호운용성이 필요하다.

한편, 서로 다른 공작기계들 간 협업을 통한 생산라인 전체의 에너지 예측이 필요한 경우이다. 복수 개의 공작기계들이 모델 교환 또는 모델 저장소로부터의 다운로드를 통하여 전체 에너지를 예측하게 된다. 만약 공작기계들이 각기 다른 언어로 데이터 애널리틱스 모델들을 표현한다면, 언어별 해석기가 별도로 구비되어야 한다. 그리고 공작기계들이 각기 다른 정보 구조로 모델들을 표현한다면, 모델들을 일관된 형태로 해석하기 어렵다. 따라서 이기종 공작기계간의 일관적이고 표준화된 모델 교환을 위해서는 수평적 관점의 모델 상호운용성이 필요하다. 이와 같이, 고도화된 스마트 공장을 위해서는 데이터 애널리틱스, 빅데이터, 인공지능, 사이버-물리 생산 시스템의 적용과 함께, 상호운용성이 보장된 산업 지능화 구현이 필요하다. <그림 9>는 Self-X라고 명명한 상호운용적 산업 지능화를 위한 스택(stack) 구조이다. <그림 10>은 요소기술 수준의 상세 구조이다. 다음은 각 계층의 설명이다.

- 산업 현장: 실제 제조 및 물류 활동이 이루어지는 공장이다.

- 데이터 인터페이스 및 네트워크: 데이터 인터페이스는 산업 데이터를 표현하거나 구조화하고 전송하기 위한 프로토콜이다. OPC UA가 이 계층에 포함된다. 데이터 네트워크는 산업 현장에서 사용할 수 있는 유무선 통신이다.

- 상황인지·분산형 데이터 인프라스트럭처: 양(volume), 다양성(variety) 및 속도

(velocity) 이슈를 가진, 소위 빅데이터의 효율적·효과적 활용을 위한 상황인식 기반 데이터 식별 및 분류를 수행하고 데이터의 수집·처리·저장·공급을 수행하는 데이터 마트이다.

■ 플랫폼 인텔리전스: 산업 데이터의 왜곡없고 막힘없는 교환을 위한 상호운용성을 보장하고, 데이터 애널리틱스로부터 지능을 부여하며, 산업 현장의 객체들이 가상화와 동기화된 디지털 트윈(사이버-물리 시스템)을 통하여 자율적이고 협업적인 의사결정을 수행하는 사이버-물리 생산 플랫폼이다.

■ 어플리케이션 인터페이스 및 네트워크: 어플리케이션 인터페이스는 어플리케이션 간 또는 클라우드로의 연결을 위한 프로토콜이다. 어플리케이션 네트워크는 어플리케이션 또는 사람과의 상호작용을 위한 유무선 통신이다. 데이터 인터페이스 및 네트워크가 여기서도 활용될 수 있다.

■ 산업 어플리케이션: 엔지니어 및 관리자가 사용하여 산업 현장의 기획, 설계, 분석 및 실행을 가능하게 하는 산업용 어플리케이션 및 서비스이다.

■ 시뮬레이션: 물리적 객체와 디지털 트윈이 연결되어 물리적 객체의 움직임이 디지털 트윈의 움직임으로 미러링되는 실시간 동기화 형태의 시뮬레이션이다.

■ 거버넌스: 구성요소 관리 및 프로세스 자동화를 수행하고, 디지털 트윈과 데이터의 수명주기 관리를 수행한다.

■ 보안: 외부의 침입이나 해킹을 방지하고, 사용 권한 및 인증을 관리한다.

■ 엣지 인텔리전스: 산업 현장의 설비, 재공품, 임베디드 디바이스, PLC 및 PC 등의 엣지 단에서 지능화를 구현한 것이다. 데이터 수집, 전처리, 분석 및 검증을 거쳐 목표 성능 최적화를 위한 적응제어(adaptive control) 또는 학습제어(learning control)를 실시간으로 수행한다.

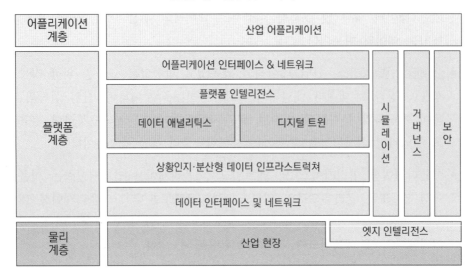

<그림 9> Self-X 스택 구조

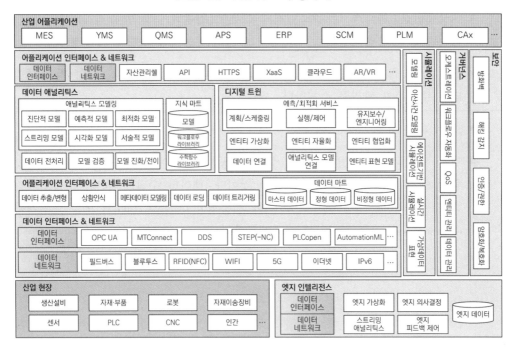

<그림 10> Self-X 스택 상세 구조

CHAPTER 03

맺음말

산업 현장에서 OPC UA를 꼭 써야만 하는가? 모순적이지만 저자의 대답은 '그렇지 않다'이다. 현재에 만족하고 기존의 엔지니어링 활동으로도 충분히 생산성과 품질을 높일 수 있다면 말이다. 그럼에도 불구하고 OPC UA는 왜 필요할까?

가만히 주위를 둘러보자. 어느 순간부터 IT 플랫폼 기업이 다양한 산업 영역에 침투하기 시작하였고, 많은 영역에서 시장을 장악하고 있음을 목격할 수 있다. 택시, 슈퍼마켓, 음식, 숙박과 같은 소비재 산업뿐만 아니라, 물류, 운송, 상거래 등 전문 산업 영역에서도 IT 플랫폼 기업들의 약진이 두드러지고 있다. 저자는 이러한 현상이 나타난 이유를 규모와 데이터라고 본다. 물론 경제적, 사회적, 기술적인 다른 원인들도 많지만, 이러한 기업들이 공통적으로 잘하는 것이 규모와 데이터이기 때문이다. 디지털 변환의 시대로 접어듦에 따라 규모의 경제, 승자 독식 구조, 부익부 빈익빈 현상은 점점 심화되고 있다. 규모가 클수록 시장 지배력 또한 커지는 것은 경영학적 인과관계이다. 공학적으로 보면 IT 플랫폼 기업들은 데이터를 다루는 데 능숙하다. 왜 많은 비용을 들였음에도 카카오톡을 무료로 배포하였겠는가? 데이터의 본질과 가치를 정확히 파악하였기 때문이다. 그리고 지속적이고 고도화된 데이터 수집과 분석 싸이클은 가치 창출로 이루어진다는 것을 간파하였기 때문이다.

다시 산업 현장으로 돌아와 보자. 대부분의 중소 제조기업들은 규모도 작고 데이터도 잘 모른다. 그런데, 규모는 하루아침에 키울 수는 없지만, 데이터는 가능하다. 진짜 하루아침은 아니지만, 의지만 있다면 빠른 시간 안에 데이터 수집과 분석 체계를 구축하는 것은 가능하다고 본다. 아직까지는 IT 플랫폼 기업이 제조 산업 분야에서 두각을 나타내고 있지는 않으나, 이미 진출은 시작하였다. 대표적인 것이 네이버 클라우드 플랫폼이다. IT 플랫폼 기업의 제조 분야 진출은 전혀 다른 형태로의 변화를 가져올 가능성이 높다. 이러한 변화의 소용돌이에 직면한 현실에서 중소 제조기업은 어떻게 해야 하는가 하는 근본적인 질문을 던지고 싶다. 규모는 키우지 못하더라도, 데이터만큼은 가능하지 않을까? 일단 한 번(Just Do It) 데이터 수집 체계를 만들어보는 것은 어떨까? 이를 토대로 품질을 예측해 보고 싶지는 않은

가? 데이터를 이용하여 그동안 못했던 것을 해보고 싶지는 않은가? 데이터를 이용하여 새로운 비즈니스 모델을 만들어보고 싶지는 않은가? 이러한 질문의 대답은 데이터이다. 스마트 공장의 핵심 자산은 데이터이다. 그래서 OPC UA가 필요하다.

데이터 수집 환경을 구축하고자 한다면, 다양한 데이터 인터페이스나 프로토콜 중에서 적합한 것을 선택해야 한다. 이미 사용중이거나 더 나은 기술이 있다고 생각하면 그것을 선택해도 좋다. 저자는 OPC UA를 추천한다. 이에 대한 필요성 및 이유는 이미 책에서 설명하였다. 글로벌적이고 확장적이고 일관적이며 많은 가능성을 제공하는 OPC UA를 선택하는 것이 어떨까?

OPC UA 또한 많은 한계를 가지고 있다. 첫 번째는 너무 어렵다는 것이다. OPC UA는 말 그대로 통합 아키텍처이므로 다양하고 깊은 전문 지식을 요구한다. OPC UA를 제대로 이해하고 구현할 수 있는 전문가는 국내에 많지 않은 것 같다. 두 번째는 또 다른 블랙박스가 되고 있다는 것이다. 첫 번째 한계에서 파생된 것이다. 일반 사용자는 OPC UA를 이해하기도 어렵고, 시스템을 설치하기도 어려우며, 시스템 내부에서 어떤 일이 일어나고 있는지 모를 수 있다. OPC UA가 개방성을 지향한다고 하나, 결국 핵심 벤더들만이 가치를 창출하는 반면 다수의 사용자들은 그 벤더들에 의존할 수밖에 없다. 세 번째는 국내 기술의 부족이다. 스마트 공장 관련 종사자 중에서 OPC UA를 들어보지 않은 종사자는 없을 것으로 생각한다. 그러나 OPC UA 관련 국산 제품이 개발되었다는 소식은 아쉽지만, 많이 들어본 적이 없다 (물론, 저자가 모를 수 있다). 스마트 공장에서 필수 기술로 다루어짐에도 불구하고 이렇게까지 국산화가 이루어지지 않은 기술은 많지 않은 것 같다. 앞으로 기술 종속 현상이 가속화되지 않을까 우려된다. 사실, 저자가 이 책을 집필한 이유가 바로 이러한 한계를 극복하고자 함이다. OPC UA가 어려운 기술이므로 일단 한글로라도 작성을 하면 이해가 되지 않을까 하는 기대, 자세히는 모르더라도 최소한 개념은 알고 사용하자는 기대, 무엇보다 국산 기술의 개발에 대한 기대에서 집필을 시작하였다. 언젠가는 이러한 기대가 현실로 이루어지길 희망한다.

참 / 고 / 문 / 헌

[1] Adolphs, P., Bedenbender, H., Dirzus, D., Ehlich, M., Epple, U., Hankel, M., Heidel, R., Hoffmeister, M., Huhle, H., Kärcher, B., Koziolek, H., Pichler, R., Pollmeier, S., Schewe, F., Walter, A., Waser, B., Wollschlaeger, M. (2015) Reference architecture model Industrie 4.0 (RAMI 4.0). VDI/ZVEI 보고서.

[2] 롤란트 하이델, 마이클 호프마이스터, 마틴 한켈, 우도 되브리히, 홍승호 (2020) 인더스트리 4.0. 스마트제조혁신추진단.

[3] Ministry of Economy and Finances in France, Federal Ministry for Economic Affairs and Energy in Germany, Plattform Industrie 4.0 in Germany, Ministero dello Sviluppo Economico in Italy, Piano Nazionale Impresa 4.0 in Italy (2018) The structure of the administration shell: Trilateral perspectives from France, Italy and Germany. 백서.

[4] Wagner, C., Grothoff, J., Epple, U., Drath, R., Malakuti, S., Grüner, S., Hoffmeister, M. and Zimermann, P. (2017) The role of the Industry 4.0 asset administration shell and the digital twin during the life cycle of a plant. 22nd IEEE International Conference on Emerging Technologies and Factory Automation, 12-15.

[5] Federal Ministry for Economic Affairs and Energy in Germany (2020) Details of the asset administration shell: Part 1 - The exchange of information between partners in the value chain of Industrie 4.0. ZVEI Specification (3.0 버전).

[6] German Electrical and Electronic Manufacturers' Association (2017) Examples of the Asset Administration Shell for Industrie 4.0 Components - Basic Part. 백서.

[7] Schmitt, J., Gamer, T., Platenius-Mohr, M., Malakuti, S., Finster, S. (2019) Authorization in asset administration shells using OPC UA. Automatisierungstechnik, 67(5), 429-442.

[8] Belhadi, A., Zkik, K., Cherrafi, A., Sha'ri M. Y. and El fezazi, S. (2019) Understanding big data analytics for manufacturing processes: Insights from literature review and multiple case studies. Computers & Industrial Engineering, 137, 106009.

색인

432

Open Platform Communications Unified Architecture

439

저자약력

신승준

고려대학교 기계공학과 학사
POSTECH 산업공학과 석사
POSTECH 산업경영공학과 박사
전 삼성전자 생산기술연구소 책임연구원
전 삼성SDS MES개발팀 책임컨설턴트
전 미국 National Institute of Standards and Technology 객원연구원
전 부경대학교 시스템경영공학부/기술경영전문대학원 조교수
현 한양대학교 산업융합학부/기술경영전문대학원 부교수

OPC UA기술

초판발행	2022년 6월 20일
지은이	신승준
펴낸이	안종만·안상준
편 집	전채린
기획/마케팅	오치웅
표지디자인	Benstory
제 작	고철민·조영환
펴낸곳	(주)**박영사**
	서울특별시 금천구 가산디지털2로 53, 210호(가산동, 한라시그마밸리)
	등록 1959. 3. 11. 제300-1959-1호(倫)
전 화	02)733-6771
f a x	02)736-4818
e-mail	pys@pybook.co.kr
homepage	www.pybook.co.kr
ISBN	979-11-303-1503-4 93530

정 가   42,000원